普通高等教育“十四五”规划教材

金属热处理原理及工艺

刘宗昌　冯佃臣　李 涛　编著

本书数字资源

北 京
冶 金 工 业 出 版 社
2022

内容提要

本书包括金属固态相变中五大转变原理、退火与正火、淬火与回火、化学热处理、变形与开裂等内容。采取继承与创新相结合的方法，阐述了近年来研究、发展的新理论、新工艺，能够更好地适用于教学、科研和工业应用。本书内容体系科学合理，章节安排更加符合教学规律，具有可读性、实用性。

本书可作为金属材料工程专业的教材和相关专业的教学参考书，可供冶金、铸造、锻压、焊接、热处理、压力加工等行业工程技术人员参考，有利于金属材料研发的科技人员的知识更新和创新应用。

图书在版编目(CIP)数据

金属热处理原理及工艺/刘宗昌，冯佃臣，李涛编著. —北京：冶金工业出版社，2022.6

普通高等教育“十四五”规划教材

ISBN 978-7-5024-9130-7

Ⅰ.①金… Ⅱ.①刘… ②冯… ③李… Ⅲ.①热处理—高等学校—教材 Ⅳ.①TG15

中国版本图书馆 CIP 数据核字（2022）第 061962 号

金属热处理原理及工艺

出版发行 冶金工业出版社　　**电　话** (010)64027926
地　址 北京市东城区嵩祝院北巷 39 号　　**邮　编** 100009
网　址 www. mip1953. com　　**电子信箱** service@ mip1953. com

责任编辑　于昕蕾　美术编辑　彭子赫　版式设计　郑小利
责任校对　郑　娟　责任印制　禹　蕊
北京印刷集团有限责任公司印刷
2022 年 6 月第 1 版，2022 年 6 月第 1 次印刷
787mm×1092mm　1/16；16. 75 印张；403 千字；252 页

定价 42. 00 元

投稿电话　(010)64027932　投稿信箱　tougao@cnmip. com. cn
营销中心电话　(010)64044283
冶金工业出版社天猫旗舰店　yjgycbs. tmall. com
(本书如有印装质量问题，本社营销中心负责退换)

前　言

20 世纪 80 年代，高等院校金属材料热处理专业应用《金属热处理原理》和《热处理工艺学》等教材组织教学。20 世纪 90 年代教学改革时，将金属热处理、铸造、焊接、压力加工、高温、粉末等专业合并为金属材料工程专业。金属热处理原理课程随之更名为金属固态相变作为专业的核心课程。

刘宗昌等于 2003 年撰写出版了《金属固态相变教程》，至 2020 年已出版第 3 版。2015 年撰写出版了《热处理工艺学》。两本书得到了广泛的应用。

“金属固态相变”和“热处理工艺学”是金属材料工程专业的必修课。有的院校分别设课，有的院校将这两门课合并讲授。根据现阶段该专业教学态势和热处理工业需求，有必要整合原理和工艺，所以撰写本书。

金属材料热处理行业是机械工业中的一个大行业，地位重要，从业人员较多，需要大量专业技术人才，因此加强热处理原理和工艺的教学是高等教育的责任。

搞好金属热处理需以固态相变原理、热处理工艺理论等作为指导，正确地理解和分析零部件在生产流程中的内在变化规律，切实解决热处理技术问题。现场工程师应在实践中认真学习相关的基础理论，并注意将理论转化为技术，实现热处理工艺技术的创新。

本书包括金属固态相变中五大转变原理、退火与正火、淬火与回火、化学热处理、变形与开裂等内容。采取继承与创新相结合的方法，阐述了近年来研究、发展的新理论、新工艺。

本书教学内容体系科学合理，章节安排更加符合教学规律，并设有思考题。全书共 12 章，配有电子课件，提高了教材的实用性，也有利于学生进行自主学习。

本书可作为金属材料工程专业的教学用书，作为相关专业的教学参考书，也可供冶金、铸造、锻压、焊接、热处理、压力加工等行业以及金属材料研发的科学技术人员知识更新和应用。

本书由刘宗昌教授策划，第1、2、8、9、11章由冯佃臣撰写，第3~5、12章由刘宗昌撰写，第6、7、10章由李涛撰写，最后由刘宗昌教授统稿。

本书在撰写过程中参考了许多书籍文献，在此谨向各位作者表示衷心的感谢。冀望多多交流，提出宝贵意见。

刘宗昌

2022年1月

目　录

第1篇　金属热处理原理（金属固态相变）

第2篇　金属热处理工艺

第1篇

金属热处理原理（金属固态相变）

金属热处理原理及工艺，分为两篇，第1篇讲述金属热处理原理，由于专业名称合并，对于铸锻焊、热处理、腐蚀、高温、粉末等专业也均需要学习相变理论，也可以按照《金属固态相变》课程讲述，金属热处理原理与金属固态相变是一个理论体系。

1 概 述

1.1 金属固态相变的种类

金属热处理过程中发生各种相变，有平衡转变，也有非平衡转变。

1.1.1 按平衡状态分类

1.1.1.1 平衡转变

定义：在极为缓慢的加热或冷却条件下形成符合状态图平衡组织的相的转变，属于平衡转变。平衡转变一般有：

A 纯金属的同素异构转变

定义：纯金属在温度、压力改变时，由一种晶体结构转变为另一种晶体结构的过程，称为同素异构转变。

金属的多形性是金属固态相变复杂性的根源。许多固态金属元素和非金属元素具有多种晶体结构，从元素周期表中查出具有多形性的元素均列在表1-1中。

表1-1中列举了12种金属元素和2种非金属元素的多种晶型。当金属元素形成金属间化合物、碳化物等化合物时晶型还会有许多复杂的变化。

从表1-1可见，Fe、Mn、U、Np是具有复杂多变的晶型的4种元素。国民经济中应用最广泛的铁及其铁基合金是典型的具有多形性转变的金属，是人类开发利用较早并对社会文明发挥了突出作用的金属。

纯铁的同素异构转变和铁基固溶体的多形性转变导致复杂多变的固态相变。

纯铁在常压下具有A_3和A_4两个相变点，低温和高温区都具有体心立方结构，即α-Fe、δ-Fe。而在A_3~A_4之间则存在面心立方的γ-Fe。

表 1-1　元素的多形性

元素符号	元素名称	原子序数	晶型	元素符号	元素名称	原子序数	晶型
Fe	铁	26	α 体心立方 γ 面心立方 δ 体心立方 ε 密集六角	Mn	锰	25	α 复杂立方 β 复杂立方 γ 面心四方 δ 面心立方
Cr	铬	24	α 体心立方 β 密集六角	Hf	铪	72	α 密集六角 β 体心立方
Ce	铈	58	α 面心立方 β 密集六角	La	镧	57	α 密集六角 β 面心立方
Ca	钙	20	α 面心立方 β 密集六角	Co	钴	27	α 密集六角 β 面心立方
$C_{金刚石}$ $C_{石墨}$	碳	6	钻石立方 六　角	U	铀	92	α 正交 β 四方 γ 体心立方
W	钨	74	α 体心立方 β 复杂立方	Zr	锆	40	α 密集六角 β 体心立方
Np	镎	93	α 正交 β 四方 γ 体心立方	S	硫	16	α 正交 β 单斜

Fe 与 C 形成 Fe-C 合金，含 0.0218%~2.0% C 的 Fe-C 合金称为钢。Fe-C 合金中加入合金元素形成 Fe-M-C 系合金，构成合金钢及铁基合金，形成多种代位固溶体、间隙固溶体、碳化物、金属间化合物等，导致复杂多变的固态相变。

B　多形性转变

定义：金属固溶体中的同素异构转变称为多形性转变。

纯金属中溶入溶质元素形成固溶体时，也发生同素异构转变。如奥氏体是碳及合金元素溶入 γ-Fe 的固溶体。奥氏体能转变为 α-铁素体、δ-铁素体。同素异构转变和多形性转变是固态相变的主要类型，是固态相变的根源之一。

C　共析分解，珠光体转变

定义：冷却时，固溶体同时分解为两个不同成分和结构相的固态相变称为共析转变。过冷奥氏体的共析分解产物是珠光体组织。共析分解生成的两个相的结构和成分都与反应相不同。如钢中的珠光体转变：$A \rightarrow F + Fe_3C$，是一分为二的过程，是两相共析、共生的过程。

D　平衡脱溶

在高温相中固溶了一定量的合金元素，当温度降低时溶解度下降，在缓慢冷却的条件下，过饱和固溶体将析出新相，此过程称为平衡脱溶。在这个转变中，母相不消失，但随着新相的析出，母相的成分和体积分数不断变化。新相的成分、结构与母相不同。例如，奥氏体在缓慢冷却时析出二次渗碳体，铁素体中析出三次渗碳体，就属于这种转变。

E 调幅分解

定义：某些合金在高温时形成单相的均匀的固溶体，缓慢冷却到某一温度范围内时，通过上坡扩散，分解为两相，其结构与原固溶体相同，但成分不同，是成分不均匀的固溶体，这种转变称为调幅分解。用反应式 $\alpha \rightarrow \alpha_1 + \alpha_2$ 表示。碳钢淬火得到的马氏体组织，在回火时脱溶，首先形成碳原子偏聚团，如科垂耳气团、弘津气团，实际上是调幅分解的第一阶段，即形成 G. P 区阶段。

1.1.1.2 非平衡转变

在非平衡加热或冷却条件下，平衡转变受到抑制，将发生平衡图上不能反映的转变类型，获得不平衡组织或亚稳态组织。钢中及有色合金中都能发生不平衡转变。如钢中可以发生伪共析转变、马氏体相变、贝氏体相变等。

A 伪共析转变

如图 1-1 所示，当奥氏体过冷到阴影区时，奥氏体同时满足了析出铁素体和渗碳体的条件，无论是亚共析钢，还是过共析钢，都能够获得单一的珠光体组织。这种珠光体组织中的铁素体和渗碳体的比例与平衡共析转变得到的珠光体不同，若是亚共析钢冷却得到的伪珠光体，其中的铁素体含量较多；若是过共析钢，则其伪珠光体中的渗碳体量较多。

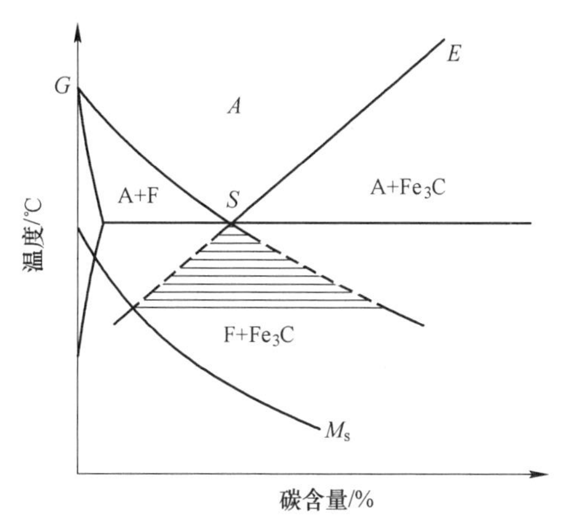

图 1-1 Fe-Fe_3C 相图中的伪共析示意图

定义：某些非共析成分的钢，当奥氏体以较快的速度冷却时，发生同时析出铁素体和渗碳体的共析转变，形成伪珠光体组织，这一过程称为伪共析转变。

含 V、Ti 的低碳合金钢空冷时发生的相间沉淀实际上是一种伪共析转变，得到铁素体基体上分布着特殊碳化物，如 VC，是珠光体转变产物。

B 钢中的马氏体相变

钢中马氏体相变是过冷奥氏体中所有原子集体协同的位移，经无扩散地进行的晶格重构的相变。

在钢中，将奥氏体以较大的冷却速度过冷到低温区，在马氏体点以下，奥氏体以无扩散方式发生转变，得到马氏体组织，如板条状马氏体、片状马氏体等组织形态。

不仅在有色金属及合金中，在非金属材料中也存在马氏体相变。

C　贝氏体相变

钢中的奥氏体过冷到中温区，在珠光体和马氏体转变温度之间，发生贝氏体转变。

钢中的贝氏体相变是过冷奥氏体在中温区发生的过渡性相变，形成以贝氏体铁素体为基体，贝氏体铁素体多为条片状，内部存在亚单元、较高密度位错亚结构，在贝氏体铁素体基体上可能分布着渗碳体或ε-碳化物或残留奥氏体等相的整合组织。

20世纪后半叶，贝氏体理论研究分为两个学派：切变学派和台阶扩散学派，存在激烈的学术争论。刘宗昌等认为贝氏体相变时，原子既不是切变位移，也不是扩散位移，而是半扩散相变，依靠界面原子非协同热激活跃迁位移而实现的相变。

D　非平衡脱溶

与平衡脱溶不同，合金固溶体在高温下溶入了较多的合金元素，之后快冷，固溶体中来不及析出新相，一直冷却到较低温度下，得到过饱和固溶体。然后，在室温或加热到其溶解度曲线以下的温度进行等温保持，从过饱和固溶体中析出新相，该新相的成分和结构与平衡沉淀相不同，这就是非平衡脱溶。

定义：合金经高温固溶处理后，在室温或加热到某一温度等温，过饱和固溶体中脱溶析出新相的过程，称为非平衡脱溶。

以碳原子过饱和的马氏体，重新加热到 $Fe\text{-}Fe_3C$ 相图的固溶线 PQ 以下的某一温度（A_1 以下）等温，过饱和的α-相中将析出与 Fe_3C 不同的新相，如 $\varepsilon\text{-}Fe_{2.4}C$、$\eta\text{-}Fe_2C$、$X\text{-}Fe_5C_2$ 等不平衡相，它们都是 Fe_3C 的过渡相。这也属于过饱和固溶体的非平衡脱溶沉淀，也是一种不平衡转变。

1.1.2　按原子迁移特征分类

固态相变发生相晶体结构的改造或化学成分的调整，需要原子迁移才能完成。按其迁移特征分为扩散型相变和无扩散型相变。

1.1.2.1　扩散型相变

相变时的新旧相界面处，在化学位差的驱动下，母相原子单个地、无序地、统计地越过界面进入新相，在新相中，原子打乱重排，新旧相原子排列顺序不同。界面不断向母相推移，称为相界面热激活迁移，它被原子扩散控制，是扩散激活能和温度的函数。

纯金属的多形性转变只是晶体结构的变化，而不发生成分的改变。新相的形成仅需要母相原子越过界面，并成为新相的一员，是依靠原子自扩散完成的。因此，界面推移速度取决于最前沿的原子跃过相界面的频率和新旧相原子化学位差。

扩散性相变分为界面扩散和体扩散两种位移方式，两种位移方式难以绝对分开，在某些温度下有相互交叉现象。

钢在加热时奥氏体的形成、冷却时奥氏体到珠光体转变的转变均为扩散性相变。

1.1.2.2　无扩散相变

马氏体相变属无扩散相变，新旧相的结构不同，但化学成分相同。母相中的原子集体协同地热激活位移，完成晶格重构。新旧相界面保持共格或半共格关系。如奥氏体转变为马氏体属于无扩散相变。

值得提及的是贝氏体相变。贝氏体相变是一个过渡性的相变，只有碳原子进行扩散。

铁原子和替换原子是难以扩散的，也称为半扩散性相变。在贝氏体相变中，界面处铁原子和替换原子以非协同热激活跃迁位移，形成贝氏体铁素体（BF），化学成分不发生改变，也是一种无扩散相变。

金属固态相变具有自组织机制，扩散与无扩散的原子跃迁方式是在外界条件变化时通过系统自组织调节的。如一定成分的奥氏体在 A_{r1} 温度下，以扩散方式进行共析分解；而温度降至 M_s 点时，则以无扩散方式进行马氏体转变；而在 B_s 与 M_s 之间温度，则发生过渡性质的贝氏体相变。表现为随着转变温度的降低，相变类型逐渐演化的规律。

1.2　过冷奥氏体相变动力学和转变贯序

1.2.1　动力学曲线和等温转变图

过冷奥氏体在各温度下均可测得等温转变动力学曲线，如图 1-2（a）所示。由于形核率主要受临界形核功控制，对冷却转变而言，形核功 ΔG^* 随着温度的降低，即过冷度增大而急剧地减小，故使形核率增加，转变速度加快。扩散型相变的线长大速度 v 也与温度有关，随温度降低，扩散系数 D 变小，v 则随 D 的减小而降低。这是两个相互矛盾的因素，它使得动力学曲线呈现 S 形，而转化为 TTT 图时则呈现 C 形，一般称为 C-曲线。

图 1-2（a）是依据 Johnson-Mehl 方程所作的等温转变曲线，上图是以时间为横坐标，转变量为纵坐标绘制的动力学曲线，表示了不同温度下的转变量与等温时间的关系。各温度的转变孕育期不等，转变速度在转变量 50%时最快。下图是上图的转换图形，本质相同，仅表现形式不同，转变量与时间的关系呈现 C 形，最早称 C-曲线，现称 TTT 图。

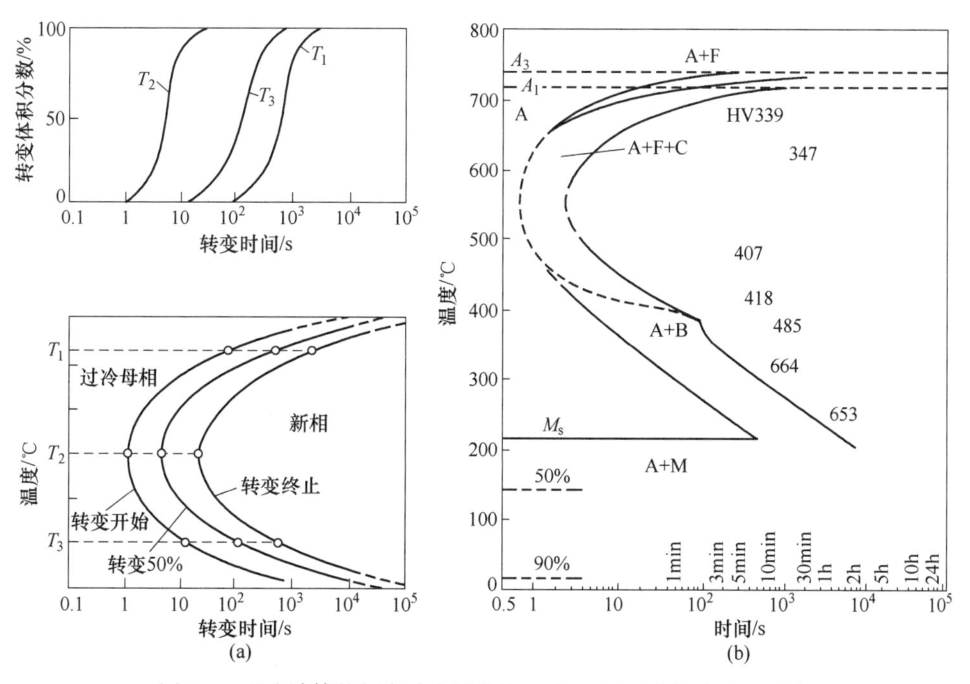

图 1-2　理论计算的相变动力学曲线（a）和 T8 等温转变图（b）

图 1-2（b）是共析碳素钢的 TTT 图。可见，在高温区发生珠光体转变，中温区进行贝氏体相变，低温区（M_s 以下）存在马氏体相变。在 550℃共析分解速度最快，转变所需时间最短，此称“鼻温”。

1.2.2　过冷奥氏体转变贯序

作为一个整合系统，过冷奥氏体从高温区→中温区→低温区发生一系列的相变，是从扩散型相变→“半扩散型相变”→无扩散型相变，即从共析分解→贝氏体相变→马氏体相变的一个逐级演化过程，有一个相变的温度贯序。从高温区的共析分解到低温区马氏体相变也是一个从量变到质变的过程，存在着相变产物和过程的过渡性、交叉性。对于共析碳素钢，其 TTT 图中，珠光体转变和贝氏体相变有相互重叠和交叉现象，表现为一条 C-曲线，当加入合金元素后可使两个转变曲线分开，甚至在两条曲线之间形成海湾区。具有海湾区的 TTT 图可清晰地反映了这一规律性，如图 1-3 所示。

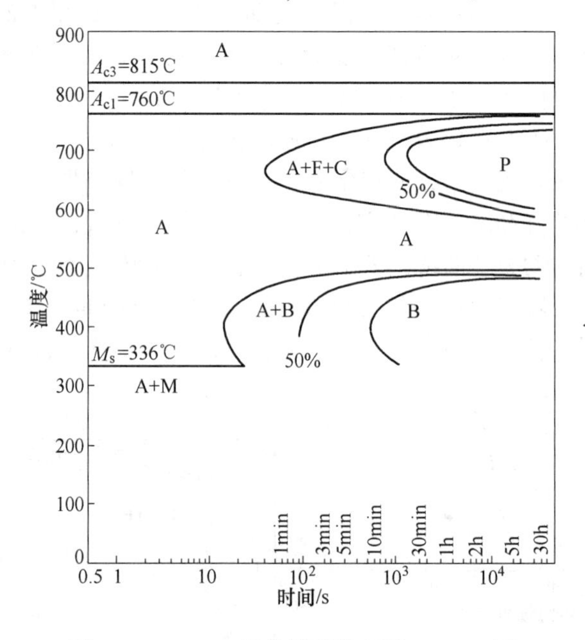

图 1-3　35Cr2Mo 钢的等温转变图——TTT 图

钢中的共析分解发生在 A_1 ~ B_s 之间的高温区，是过冷奥氏体在高温区的平衡分解或接近平衡的相变，其相变产物——珠光体，是平衡组织或准平衡组织。贝氏体相变是发生在 B_s 和马氏体相变温度之间的中温转变，是过冷奥氏体在中温转变区发生的非平衡相变，其相变产物贝氏体是非平衡组织。在某些合金钢中，珠光体和贝氏体相变之间还存在一个过冷奥氏体的亚稳区，即所谓海湾区，从而把珠光体转变和贝氏体相变完全分开。

铁原子和替换合金元素的原子在高温区的共析分解过程中是能够长程扩散的，依靠扩散形成富含碳原子和合金元素的碳化物。但在中温区则难以扩散，这是导致贝氏体相变不同于共析分解的重要原因。贝氏体相变既不是珠光体那样的扩散型相变，也不是马氏体那样的无扩散型相变，而是“半扩散相变”，即只有碳原子能够长程扩散，Fe

原子及替换合金元素的原子难以扩散。但也不是切变位移，而是原子非协同热激活跃迁过程。

作为一个整合系统，过冷奥氏体转变为珠光体、贝氏体、马氏体组织是一个组织形貌逐渐演化的过程。图 1-4 是随着相变温度的降低，组织结构逐渐演化的总结图解。可见，从 A_1 到 M_s 点以下，组织形貌从粗片状珠光体到细片状珠光体（索氏体），再到极细珠光体（托氏体）；魏氏组织介于共析分解和贝氏体相变之间，它包含条片状的铁素体和极细珠光体两种组织组成物，而其中的珠光体（确切地说是托氏体），是条片状铁素体形成后，其余的奥氏体分解为托氏体组织。

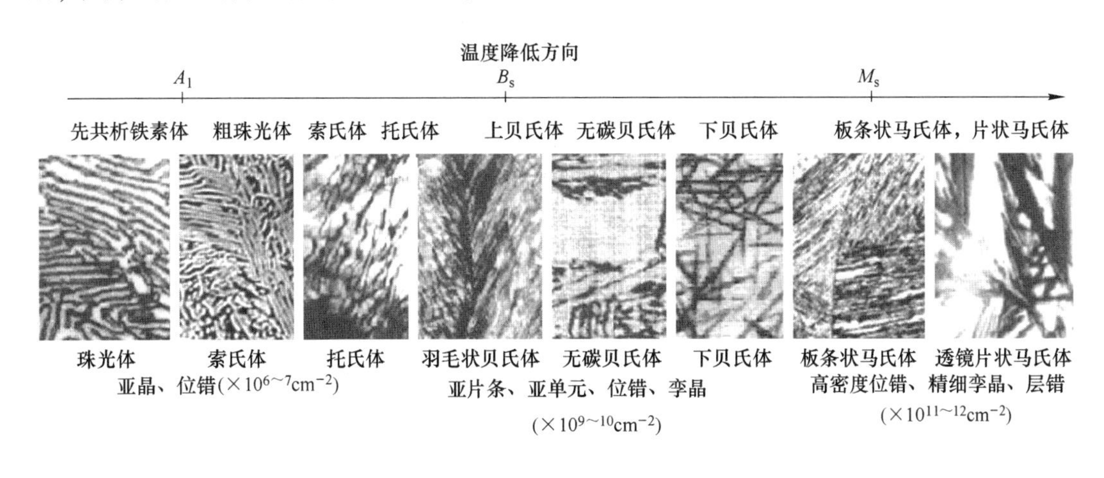

图 1-4 过冷奥氏体转变产物的形貌逐渐演化的图解

在中温区，上贝氏体是条片状形貌，下贝氏体是竹叶状，或针状。显然具有过渡性特征。

在 M_s 以下，组织形貌与贝氏体有相似之处，如板条状马氏体与条片状低碳贝氏体相似，下贝氏体与片状马氏体相似，但是马氏体形貌更加形形色色，如薄片状、薄板状、蝴蝶状、透镜片状、Z 字形或闪电形分布等。

珠光体是由铁素体和碳化物两相组成，是较为平衡的组织，铁素体中几乎是不含碳的。而且，位错密度不高，也没有孪晶和残留奥氏体。但马氏体、贝氏体组织中均有特殊的亚结构问题。贝氏体铁素体（α 相）是被碳过饱和的，但是过饱和程度不大，马氏体是碳的过饱和固溶体。马氏体组织中存在极高密度位错、层错或大量精细孪晶。在贝氏体组织中也同样存在亚结构，包括贝氏体铁素体的亚片条、亚单元、超细亚单元，较高密度的位错，近年来还发现精细孪晶等。

从共析分解到贝氏体相变再到马氏体相变是个逐渐演化的过程：珠光体组织由铁素体+碳化物两相组成；马氏体是单相组织。中温区转变产物由贝氏体铁素体+渗碳体组成、贝氏体铁素体+残留奥氏体组成、贝氏体铁素体+M/A 岛组成或贝氏体铁素体+渗碳体+奥氏体+马氏体等多相组成。表明中温贝氏体转变是个复杂的过渡性相变。

综上所述，过冷奥氏体随着温度的降低，转变贯序为：珠光体（粗珠光体、索氏体、托氏体）→上贝氏体（羽毛状贝氏体、粒状贝氏体、无碳贝氏体）→下贝氏体（片状、针状、竹叶状）→马氏体（板条状、片状、透镜片状、薄片状），如图 1-5 所示。

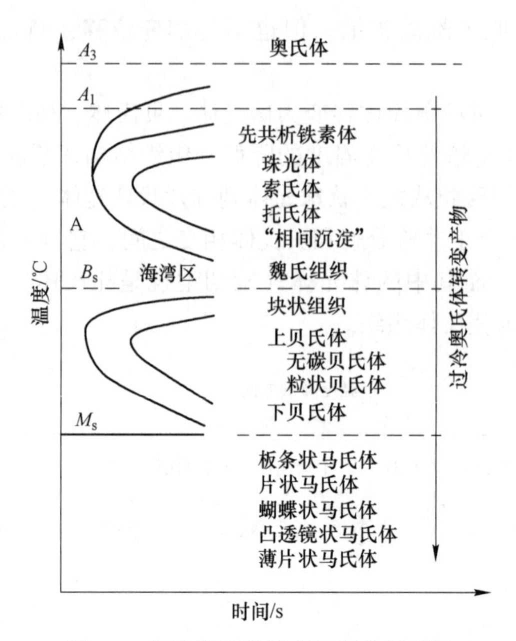

图 1-5　过冷奥氏体转变温度贯序图解

2 奥氏体的形成

钢件在热处理、热加工等热循环过程中，将改变钢的组织结构及其性能。而钢件的热循环过程中，大部分需要将钢加热到临界点以上进行奥氏体化，或部分奥氏体化。然后以某种必要的冷却速度冷却下来，以便得到一定的组织结构，获得某些预定的性能。

将钢加热奥氏体化，得到一定化学成分和形貌的奥氏体组织。此奥氏体组织当满足自组织条件时（如压力、温度等），将对本系统进行自组织演化。如在珠光体转变区，面心立方晶格的奥氏体改组为体心立方的铁素体+斜方的渗碳体的共析体结构；在中温区转变为贝氏体组织；在 M_s 点以下，面心立方的奥氏体转变为 bcc、bct、hcp 等晶格的马氏体组织。在不同的条件下，奥氏体会调动铁原子、碳原子或合金元素原子进行不同方式的运动，构建不同的晶格，即发生不同类型的固态相变。

加热得到的奥氏体的组织状态，包括奥氏体的成分、晶粒大小、亚结构、均匀性以及是否存在碳化物、夹杂物等其他相。这些对于奥氏体在随后冷却过程中得到的组织和性能有直接的影响，因此研究钢中的奥氏体的形成机理，把握控制奥氏体状态的方法，具有重要的实际意义。

2.1 奥 氏 体

以往，将奥氏体定义为：碳溶入 γ-Fe 中的固溶体。此定义不够严谨，因为奥氏体中不仅含有碳，还含有各种化学元素。奥氏体是多种化学元素构成的一个整合系统。实际工业用钢中的奥氏体，是有目的地控制含碳量，有时特意加入一定含量的合金元素。具备形成固溶体条件的合金元素，其原子半径与 Fe 原子半径相差不大的固溶于替换位置。还有一些化学元素难以固溶，则吸附于奥氏体晶界等晶格缺陷处，如稀土元素、B。奥氏体中还常存少量残留元素，如 Si、Mn 等，还有杂质元素如 S、P、O、N、H、As、Pb 等。因此，奥氏体的定义是：**奥氏体是碳或各种化学元素溶入 γ-Fe 中所形成的固溶体。**

2.1.1 奥氏体的组织形貌

奥氏体一般由等轴状的多边形晶粒组成，晶粒内有孪晶。在加热转变刚刚结束时的奥氏体晶粒比较细小，晶粒边界呈不规则的弧形。经过一段时间加热或保温，晶粒将长大，晶粒边界将趋向平直化。

铁碳相图中奥氏体是高温相，存在于临界点 A_1 温度以上，是珠光体逆共析转变而成。图 2-1（a）是 50CrVA 钢 1100℃ 加热 7min 形成的奥氏体组织（高温暗场像），是碳、铬、钒等元素溶入 γ-Fe 中的固溶体，白色网状为奥氏体晶粒的晶界，在个别晶粒中可以看到孪晶。

当钢中加入足够多的扩大 γ-Fe 相区的化学元素时，如 Ni、Mn 等，则可使奥氏体稳

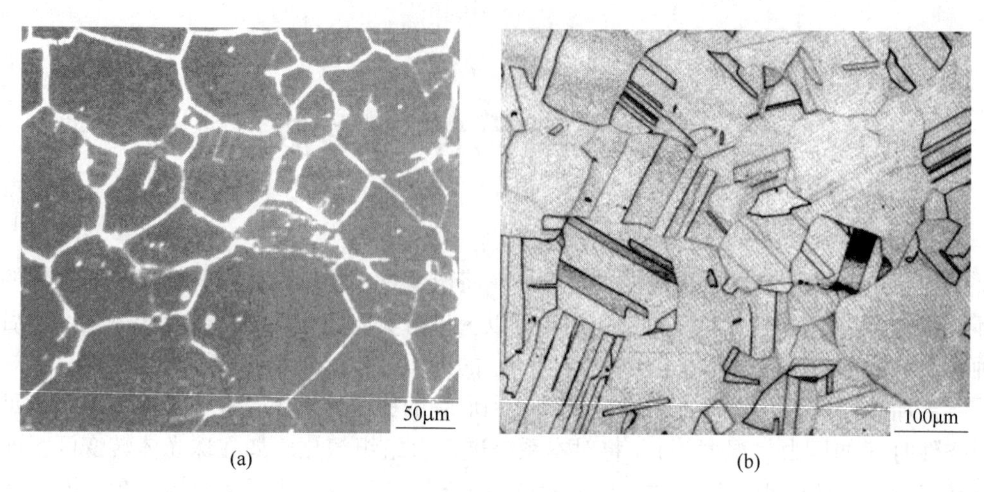

图2-1 钢中奥氏体组织形貌（OM）
（a）50CrVA钢的奥氏体晶粒（暗场像）；（b）304不锈钢的奥氏体和孪晶

定在室温，如奥氏体钢。图2-1（b）为奥氏体不锈钢1Cr18Ni9Ti在室温时的奥氏体组织，是γ-Fe中溶入了碳、铬、镍等化学元素形成的固溶体。可见，奥氏体晶粒中有许多孪晶。

2.1.2 奥氏体的晶体结构

奥氏体为面心立方结构。碳、氮等间隙原子均位于奥氏体晶胞八面体间隙的中心，即面心立方晶胞的中心或棱边的中点，如图2-2（a）所示。假如每一个八面体的中心各容纳一个碳原子，则碳的最大溶解度将为50%（原子数分数），约相当于质量分数的20%。实际上碳在奥氏体中的最大溶解度为2.11%（质量分数），这是由于γ-Fe的八面体间隙的半径仅为0.052nm，比碳原子的半径0.086nm小。碳原子溶入将使八面体发生较大的膨胀，产生畸变，溶入越多，畸变越大，晶格将不稳定，因此不是所有的八面体间隙中心都能溶入一个碳原子，溶解度是有限的。碳原子溶入奥氏体中，使奥氏体晶格点阵发生均匀对等的膨胀，点阵常数随着碳含量的增加而增大，如图2-2（b）所示。

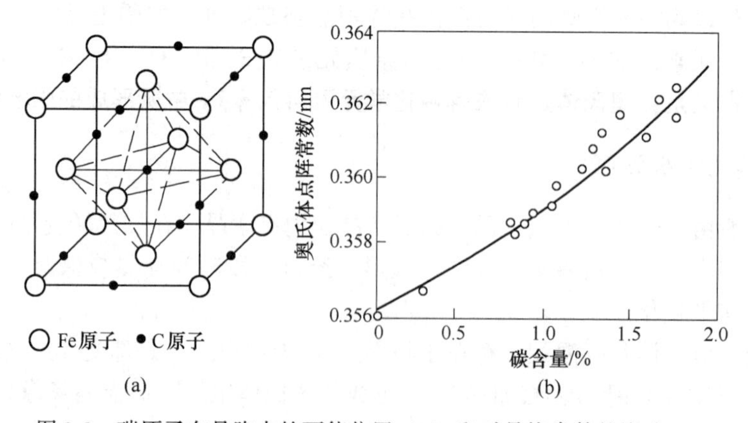

图2-2 碳原子在晶胞中的可能位置（a）和对晶格常数的影响（b）

大多数合金元素如Mn、Cr、Ni、Co、Si等，在γ-Fe中取代Fe原子的位置而形成置换固溶体。替换原子在奥氏体中溶解度各不相同，有的可无限溶解，有的溶解度甚微。少数元素，如硼，仅存在于晶体缺陷处，如晶界、位错等处。

2.1.3　奥氏体中的亚结构

奥氏体中存在晶体缺陷，如空位、位错、层错、亚晶和孪晶等。这些缺陷具有缺陷能或畸变能。在珠光体转变为奥氏体的过程中，会形成相变孪晶。众所周知，在外力作用下以孪生方式可以形成形变孪晶。在高温加热奥氏体化时，没有外加应力，形成的奥氏体中存在孪晶，此属相变孪晶。

图 2-3 为铬镍不锈钢经过 1000~1150℃ 固溶处理得到的退火孪晶组织。可以看见奥氏体晶粒中的退火孪晶有孪晶界。退火孪晶的形貌特征是：

（1）孪晶有平直的界面，即有一条平直的孪晶线；

（2）孪晶可横贯奥氏体晶粒，也可终止于晶粒内，有时呈现台阶状。

(a)　　(b)

图 2-3　18-8 型奥氏体不锈钢中的退火孪晶

（a）0Cr18Ni9；（b）1Cr18Ni9Ti

在奥氏体晶粒中观察到的孪晶片，平直的界面是共格孪晶界，平行于 {111} 晶面。孪晶的台阶和终端是非共格的。

层错也是一定温度下奥氏体中存在的晶体缺陷，但不是普遍现象，只在少数奥氏体中出现。例如，将含氮奥氏体不锈钢试样加热到 1100℃，保温 30min，水冷进行固溶处理，在透射电镜下观察，发现含氮奥氏体晶粒中存在大量层错，如图 2-4（a）所示。在高碳高锰钢奥氏体晶粒中也有层错。C、N 原子固溶于奥氏体的间隙中，在奥氏体晶粒形成和长大过程中，使 {111} 面错排，则形成层错。层错是晶体缺陷，但层错能较低，可在一定条件下稳定存在。层错是在一定温度下奥氏体中存在的晶体缺陷，存在层错能。

奥氏体中也存在位错亚结构，如图 2-4（b）所示，高温下形成的奥氏体中位错密度较低。

2.1.4　奥氏体成分的不均匀性

碳原子在奥氏体中的分布是不均匀的。如用统计理论进行计算的结果表明，在含 0.85% C 的奥氏体中可能存在大量的比平均碳浓度高八倍的微区，这相当于渗碳体的含碳量。这说明奥氏体中存在富碳区，相对地，应当有贫碳区。当奥氏体中含有碳化物形成元

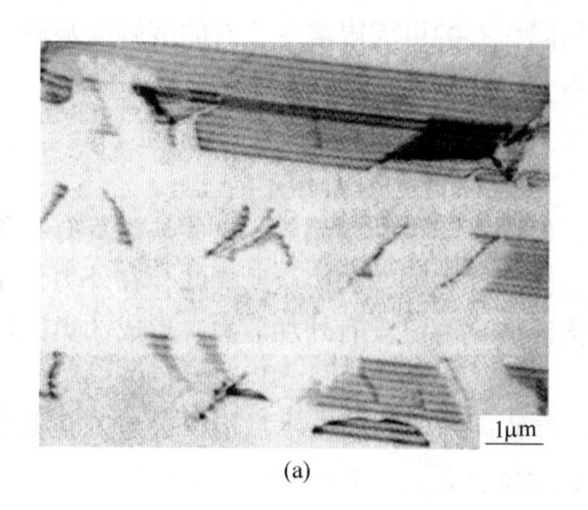

(a)

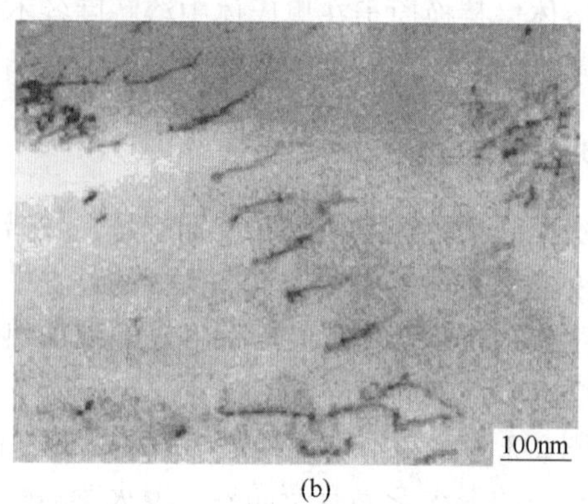

(b)

图 2-4　含氮奥氏体不锈钢中的层错(a) 和奥氏体中的位错 (b)（TEM）

素时，如 Cr、W、Nb、V、Ti 等，由于这些合金元素与碳原子具有较强的亲和力，因此这些合金元素周围的碳原子也容易偏聚。

奥氏体中存在晶体缺陷，如晶界、亚晶界、孪晶界、位错、层错等；当存在其他相时，还存在相界面。这些晶体缺陷处，畸变能较高。合金元素和杂质元素与这些缺陷发生交互作用，在缺陷处的溶质原子浓度往往大大超过基体的平均浓度，这种现象称为内吸附。例如在硼钢中，硼原子易于吸附在奥氏体晶界。碳原子、氮原子常在位错线上吸附，称为柯垂尔气团。溶质原子在层错附近偏聚，形成铃木气团。合金元素与位错和层错交互作用而形成偏聚态，是新相形核的有利位置。Mn、Cr、Si 等元素都能降低奥氏体的层错能，从而引起溶质原子的偏聚，并使扩展位错变宽。Nb、V、Ti 等原子也能富集于层错，形成偏聚，这有利于 VC 等特殊碳化物的形成。

总之，奥氏体中的碳和合金元素分布是不均匀的，均匀是相对的，不均匀是绝对的。材料的成分均质化是指宏观上的相对均匀。图 2-5 所示为碳含量（质量分数）为 0. 18%的钢，加热奥氏体化时，不同淬火温度和不同加热速度情况下，奥氏体中碳含量不均匀的图解。可见加热到 1200~1300℃时，该钢的原珠光体区域和原铁素体区域的碳含量仍然存在很大差别，碳含量仍然不均匀分布。

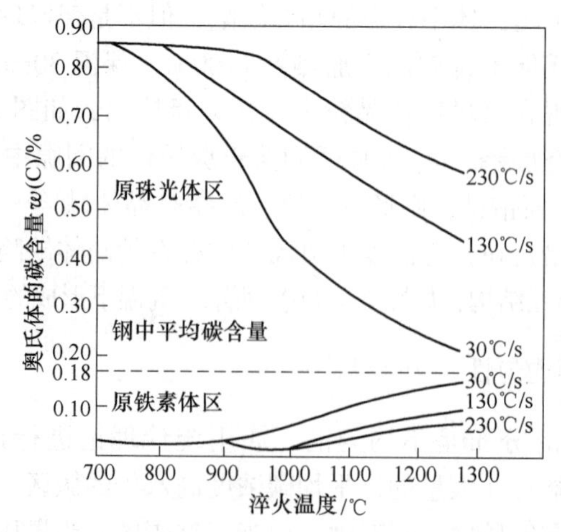

图 2-5　加热速度和淬火温度对 $w(C)=0.18\%$ 钢奥氏体碳含量不均匀的影响

2.1.5 奥氏体的性能

奥氏体是最密排的点阵结构，致密度高，故奥氏体的比体积比钢中铁素体、马氏体等相的比体积都小。因此，钢被加热到奥氏体相区时，体积收缩，冷却时，奥氏体转变为铁素体-珠光体等组织时，体积膨胀，容易引起内应力和变形。

奥氏体的点阵滑移系多，故奥氏体的塑性好，屈服强度低，易于加工塑性成型。因此，钢锭、钢坯、钢材一般被加热到1100℃以上奥氏体化，然后进行锻轧，塑性加工成材或加工成零部件。

一般钢中的奥氏体具有顺磁性，因此奥氏体钢可以作为无磁性钢。然而特殊成分的Fe-Ni软磁合金，也具有奥氏体组织，却具有铁磁性。

奥氏体的导热性差，线膨胀系数最大，比铁素体和渗碳体的平均线膨胀系数高约1倍，故奥氏体钢可以用来制造热膨胀灵敏的仪表元件。

在碳素钢中，铁素体、珠光体、马氏体、奥氏体和渗碳体的导热系数分别为77.1W/(m·K)、51.9W/(m·K)、29.3W/(m·K)、14.6W/(m·K) 和4.2W/(m·K)。可见，除渗碳体外，奥氏体的导热性最差。尤其是合金度较高的奥氏体钢更差，所以，厚钢件在热处理过程中，应当缓慢冷却和加热，以减小温差热应力，避免开裂。

2.2 奥氏体形成机理

将奥氏体冷却到临界点以下（如A_{r1}）时，将趋于亚稳状态，称其为过冷奥氏体。

在A_1以下较高温度将发生共析反应：$A \rightarrow F + Fe_3C$。将珠光体加热时，会发生逆共析反应：$F + Fe_3C \rightarrow A$。逆共析转变是高温下进行的扩散性相变，转变的全过程可以分为4个阶段，即：奥氏体形核、奥氏体晶核长大、剩余渗碳体溶解、奥氏体成分相对均匀化。各种钢的奥氏体形成过程有一些区别，亚共析钢、过共析钢、合金钢的奥氏体化过程中除了奥氏体形成的基本过程外，还有先共析相的溶解、合金碳化物的溶解等过程。

2.2.1 奥氏体形成的热力学条件

2.2.1.1 相变驱动力

如图2-6所示，珠光体向奥氏体转变的驱动力为其自由焓差ΔG_V。奥氏体和珠光体的自由焓均随温度的升高而降低，由于两条曲线斜率不同，因此必有一交点，该点即为Fe-C平衡图上的共析温度727℃，即临界点A_1。当温度低于A_1时，发生$A \rightarrow F + Fe_3C$的共析分解反应；当温度高于A_1时，奥氏体的自由焓低于珠光体的自由焓，珠光体将逆共析转变为奥氏体。按照自然辩证法的哲学原理，这些相变必须远离平衡态才能发生，即必须存在过冷度或过热度ΔT。

2.2.1.2 加热和冷却时的临界点

实际加热和冷却时的相变开始点不在A_1温度，转变存在滞后现象，即转变开始点随着加热速度的加快而升高。习惯上将在一定加热速度下（0.125℃/min）进行实际测定，测得的临界点用A_{c1}表示，冷却时的临界点以A_{r1}表示，如图2-6所示。

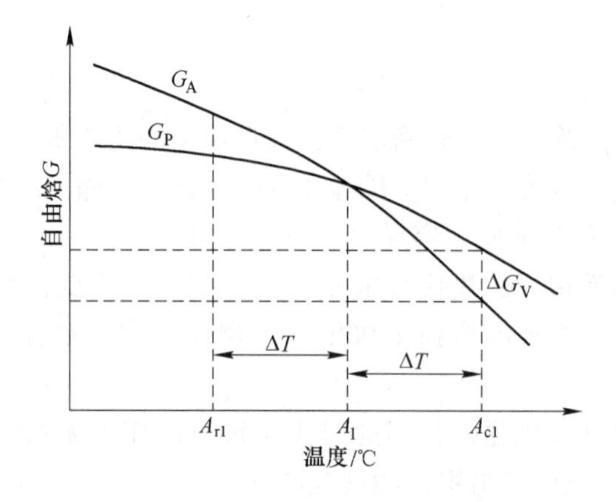

图 2-6　珠光体与奥氏体的自由焓与温度的关系

临界点 A_3 和 A_{cm} 也附加脚标 c、r，即：A_{c3}、A_{r3}、A_{ccm}、A_{rcm}。

2.2.2　奥氏体的形核

实验观察表明，奥氏体的形核位置通常在铁素体和渗碳体两相界面上，此外，珠光体领域的边界，铁素体嵌镶块边界都可以成为奥氏体的形核地点。这种不均匀形核现象，符合固态相变的一般规律。

一般认为奥氏体在铁素体和渗碳体交界面上形核。这是由于铁素体含碳量极低（0.02%以下），而渗碳体的含碳量又很高（6.67%），奥氏体的含碳量介于两者之间。在相界面上碳原子有吸附，含量较高，界面扩散速度又较快，容易形成较大的浓度涨落，使相界面某一微区达到形成奥氏体晶核所需的含碳量；此外在界面上能量也较高，容易造成能量涨落，以便满足形核功的需求；在两相界面处原子排列不规则，容易满足结构涨落的要求。所有这 3 个涨落在相界面处的优势，造成奥氏体晶核最容易在此处形成。

图 2-7（a）为 T8 钢加热时，奥氏体在相界面上形成的扫描电镜照片。图 2-7（b）表明加热到 845℃时，奥氏体在粒状渗碳体和铁素体交界面处形成，图中箭头所指为在粒状渗碳体周边形成了奥氏体，基体为铁素体。图 2-7（c）中奥氏体晶核在铁素体和渗碳体的界面上形成，是 Fe-2.6% Cr-0.96%C 合金（质量分数），加热到 800℃，保温 20s，奥氏体形核的透射电镜照片，可见奥氏体晶核在渗碳体和铁素体相界面上形成。

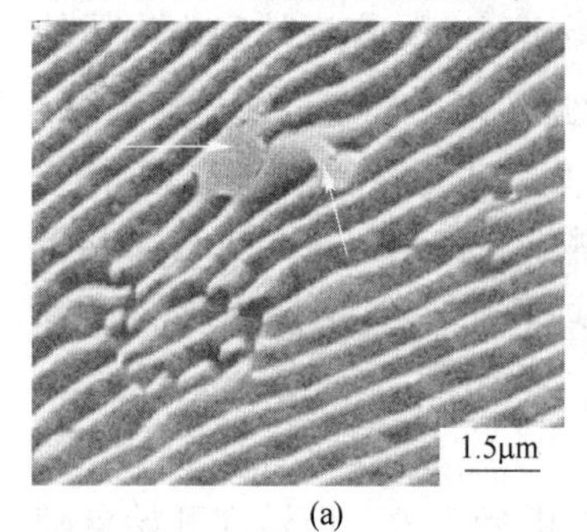

(a)

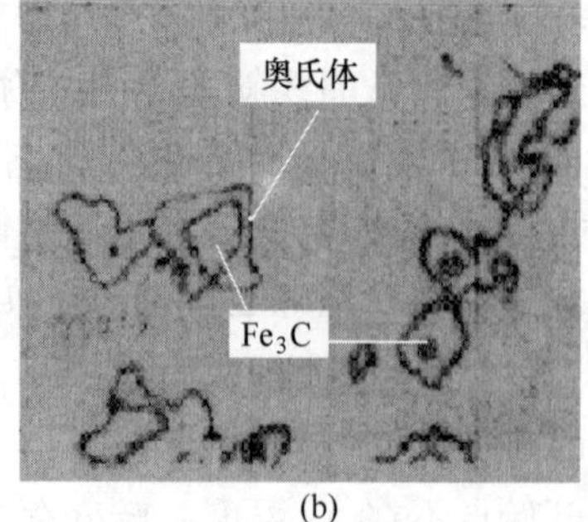

(b)

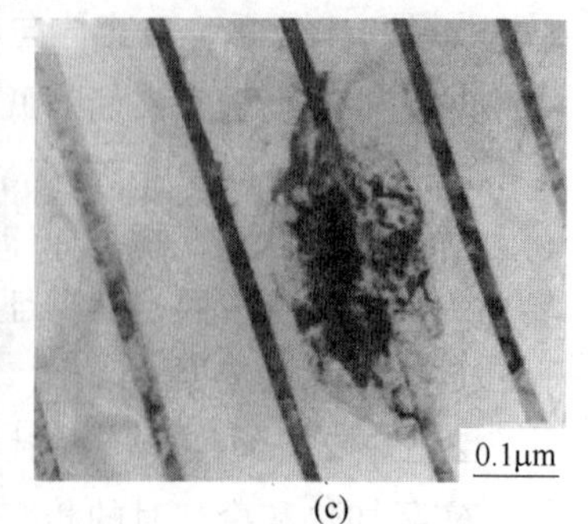

(c)

图 2-7　奥氏体的形核地点

（a）奥氏体在相界面上形成（SEM）；（b）奥氏体在渗碳体周边形核（OM）；
（c）奥氏体在铁素体和渗碳体的界面上形核（TEM）

奥氏体晶核也可以在原粗大的奥氏体晶界上（原始奥氏体晶界）形核并且长大，由于这样的晶界处富集了较多的碳原子和其他元素，为奥氏体形核提供了有利条件。图 2-8 所示为奥氏体在原始奥氏体晶界上形核，并形成许多细小的奥氏体晶粒。

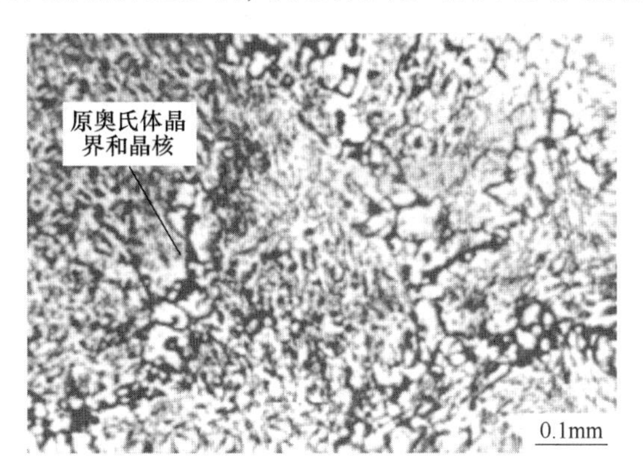

图 2-8　奥氏体晶核在原奥氏体晶界上形核

最近的观察表明，奥氏体也可在珠光体领域的边界上形核，如图 2-9 所示，图中的符号 M_2、M_1 表示奥氏体在冷却时转变为马氏体组织。

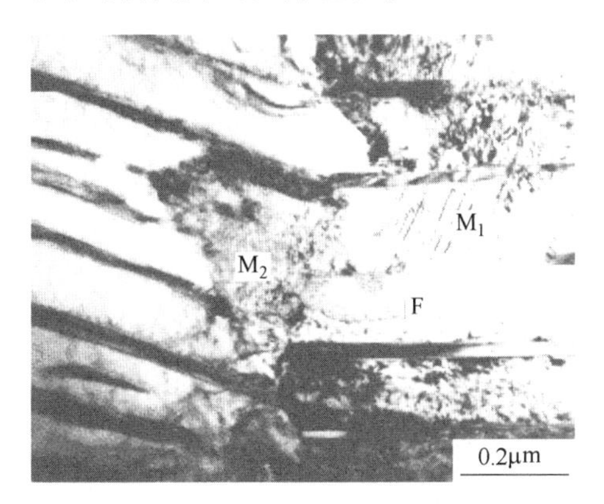

图 2-9　奥氏体在珠光体领域的边界上形核（TEM）

总之，奥氏体的形核是扩散型相变，可在渗碳体与铁素体相界面上形核，也可以在珠光体领域的交界面上形核，还可以在原奥氏体晶界上形核。这些界面易于满足形核的能量、结构和浓度 3 个涨落条件，符合相变形核的一般规律。

原始组织为粒状珠光体时，奥氏体在渗碳体颗粒与铁素体相界面上形核。如将粒状珠光体组织的 Fe-1.4C 合金加热到 770℃，等温 150s 后，立即在冰盐水激冷，并抛光、浸蚀后，在扫描电镜下观察，发现在渗碳体与铁素体的相界面上形成奥氏体，奥氏体在激冷过程中，由于其稳定性差，未能避开珠光体转变的“鼻温”，而转变为极细的片状珠光体组织，在一万多倍的电镜下，观察到片层状结构，为托氏体组织，如图 2-10 所示，在碳化物颗粒与铁素体的相界面上形成奥氏体。

新形成的奥氏体晶核与母相之间存在位向关系，在铁素体与铁素体边界上形成的奥氏体与其一侧的铁素体保持 K-S 关系，而与另一侧的铁素体没有位向关系，即：

$$\{111\}_A // \{011\}\alpha$$
$$\langle 110\rangle_A // \langle 111\rangle\alpha$$

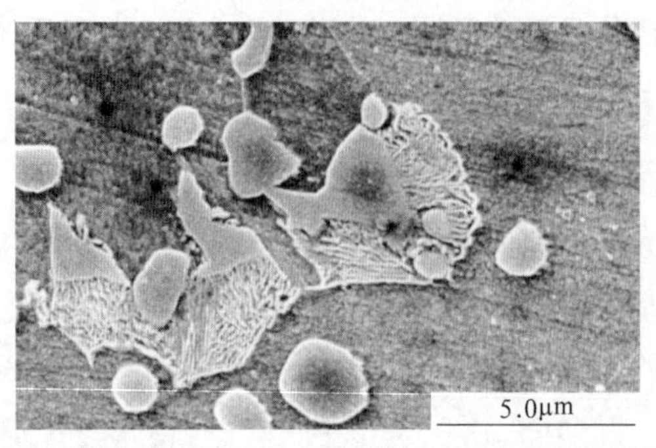

图 2-10　奥氏体在粒状珠光体相界面上形核，冷却时转变为托氏体（SEM）

2.2.3　奥氏体晶核的长大

加热到高温下奥氏体相区，晶格重构，成分改变，依靠原子扩散迁移来完成，所有原子均能够充分扩散，主要是体扩散，也伴有界面扩散，因此奥氏体的形成是扩散型相变。

2.2.3.1　奥氏体晶核长大

将退火的共析钢试样，其组织为片状珠光体，加热到 880℃，保温 5s 后水淬，奥氏体在珠光体中形核并且长大的情景如图 2-11（a）所示，可见奥氏体晶核大面积吞噬珠光体的情景。

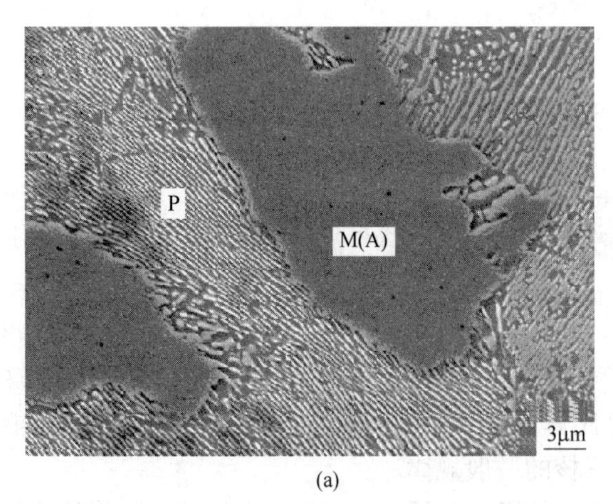

(a)

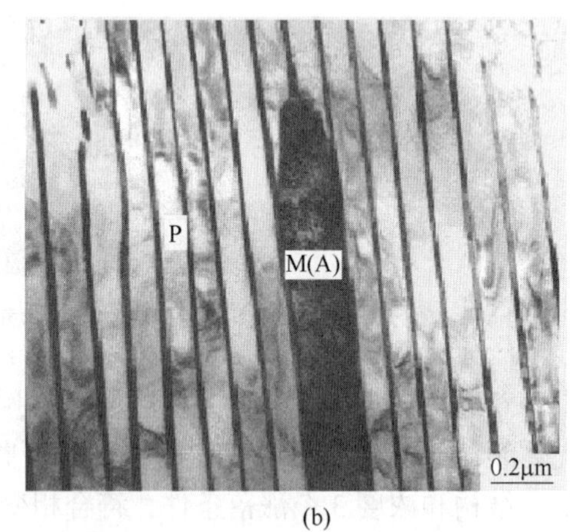

(b)

图 2-11　奥氏体在片状珠光体内长大
（a）SEM；（b）TEM

图 2-11（b）是 800℃加热 20s，一片铁素体和一片渗碳体同时形成奥氏体晶核，然后一起吞噬铁素体片和渗碳体片而长大的情形。奥氏体同时吃掉铁素体片和渗碳体片，测定长大速率为 0.65 ~ 1.375μm/s。

2.2.3.2　奥氏体晶核的长大机理

当在铁素体和渗碳体交界面上形成奥氏体晶核时，则形成了 γ-α 和 $\gamma\text{-}Fe_3C$ 两个新的相界面。那么实际上，奥氏体晶核的长大过程是两个相界面向原有的铁素体和渗碳体中推移的过程。若奥氏体在 A_{c1} 以上某一温度 T_1 形成，与渗碳体和铁素体相接触的相界面为平直的，如图 2-12（b）所示，则相界面处各相的碳浓度可由 $Fe-Fe_3C$ 相图确定，如图 2-12（a）所示。

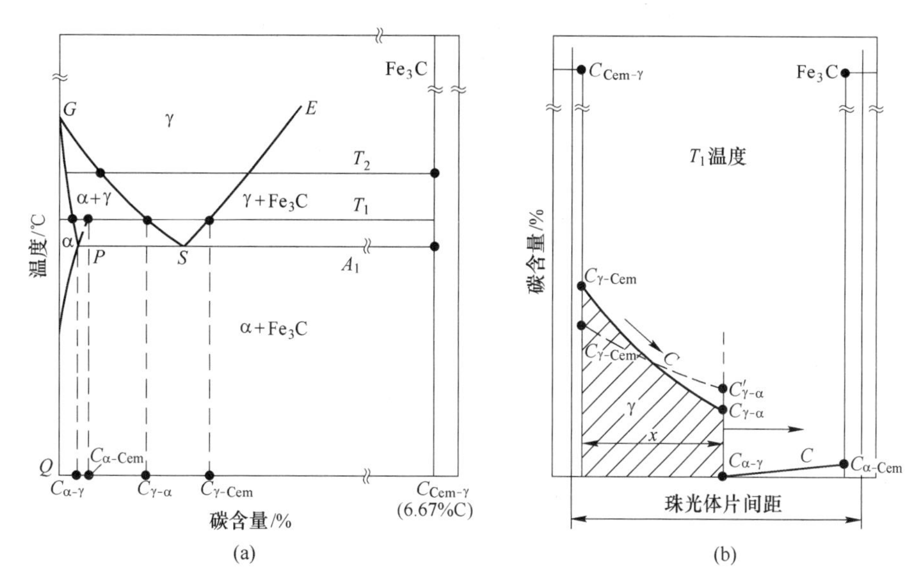

图 2-12　奥氏体晶核在珠光体中长大示意图

（a）奥氏体在 T_1 温度形核时各相的碳浓度；（b）晶核的相界面推移示意图

在奥氏体晶核内部，碳原子分布是不均匀的。与铁素体交界面处的奥氏体的含碳量标记为 $C_{γ\text{-}α}$，而与渗碳体交界面处的奥氏体的含碳量标记为 $C_{γ\text{-}Cem}$，显然，$C_{γ\text{-}Cem} > C_{γ\text{-}α}$，故在奥氏体中形成了浓度梯度，碳原子将以下坡扩散的方式向铁素体一侧扩散。一旦发生碳原子的扩散，则破坏了界面处的碳浓度平衡。为了恢复平衡，奥氏体向铁素体方向长大，低碳的铁素体转变为奥氏体则消耗一部分碳原子，使之重新降为 $C_{γ\text{-}α}$；而含碳量很高的渗碳体将溶解，使之界面处的奥氏体增为 $C_{γ\text{-}Cem}$。这时，奥氏体分别向铁素体和渗碳体两个方向推移，不断长大。这一长大过程是按照体扩散来描述的，实际上奥氏体晶核的长大过程中也有界面扩散发生。

此外，在铁素体中也存在碳原子的扩散，如图 2-12（b）所示。这种扩散也有促进奥氏体长大的作用，但由于铁素体中的碳浓度梯度很小，故对长大速度贡献不大。

一般情况下，由平衡组织加热转变得到的奥氏体晶粒，均长大成等轴晶粒。

由上述可见，奥氏体的长大是相界面推移的结果，即奥氏体不断向渗碳体推移，使得渗碳体不断溶解；奥氏体向铁素体推移，使得铁素体不断转变为奥氏体。对共析成分的珠光体向奥氏体的平衡转变，是逆共析反应，即 $F + Fe_3C \rightarrow A$，也就是说，奥氏体同时吞噬掉渗碳体和铁素体。但是在非平衡转变时，渗碳体片的溶解会滞后一些，如图 2-13 所示为共析钢的珠光体中，加热到 880℃，奥氏体晶核长大时，铁素体片消失得快一些，渗碳体片的溶解滞后一些。

在珠光体转变为奥氏体的过程中，在奥氏体晶粒中会形成孪晶。众所周知，在外力作

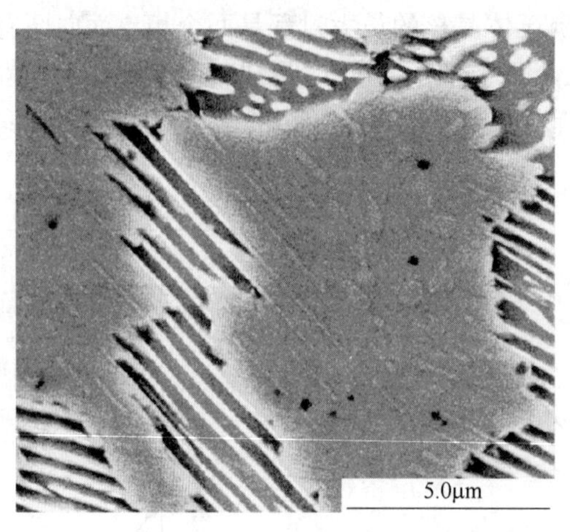

图2-13　T8钢奥氏体在珠光体中长大时渗碳体片的溶解滞后现象（SEM）

用下以孪生方式可以形成形变孪晶。在高温加热奥氏体化时，没有外加应力，奥氏体中的孪晶属相变孪晶。

2.2.4　渗碳体的溶解和奥氏体成分的相对均匀化

事实上，在奥氏体化过程中，铁素体和渗碳体并不是同时消失，铁素体往往先溶解完，而剩下渗碳体继续溶解，因此，在原来渗碳体存在的微区碳含量较高，而原来是铁素体的区域含碳量较低。显然，当渗碳体刚刚全部溶解完，铁素体刚刚全部转变为奥氏体之际，奥氏体中的碳分布是不均匀的。

图2-14为T8钢，加热到880℃，保温5s，形成的奥氏体在淬火时转变为马氏体（M），可见其中存在大量未溶解完毕的渗碳体片，显然，其中的渗碳体片已经变细变薄，这些残留渗碳体在继续加热保温过程中，将继续溶解。当其刚刚溶解结束时，在原渗碳体存在的区域，碳含量必然较高。奥氏体化的下一个过程是均匀化阶段。

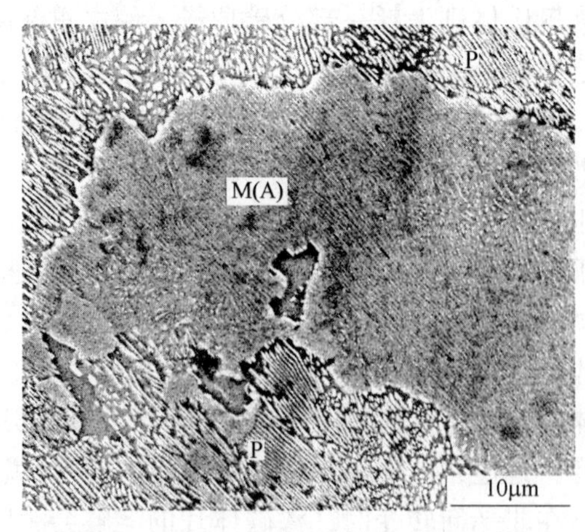

图2-14　T8钢已形成的奥氏体中存在大量残留渗碳体片（SEM）

综上所述，奥氏体的形成可以分为4个阶段：（1）形核；（2）晶核向铁素体和渗碳体两个方向长大；（3）剩余碳化物溶解；（4）奥氏体成分的相对均匀化。

2.2.5　亚共析钢的奥氏体化

亚共析钢的退火组织是先共析铁素体+珠光体的整合组织。当缓慢加热到 A_{c1} 温度时，珠光体首先向奥氏体转变，而其中的先共析铁素体相暂时保持不变。奥氏体晶核在相界面处形成，奥氏体晶核长大吞噬珠光体，直至珠光体完全消失，成为奥氏体+先共析铁素体的两相组织。随着加热温度的升高，奥氏体向铁素体扩展，即先共析铁素体溶入奥氏体中，最后全部变成细小的奥氏体晶粒。

25 钢为优质碳素结构钢，含碳量较低，退火后的组织由先共析铁素体和珠光体组成，如图 2-15 所示。将此原始组织加热到 700～850℃不同温度，然后淬火于盐水中，得到的组织 2-16 所示，可见，当加热到 730℃，奥氏体在珠光体中形成并长大，淬火后，马氏体量增加，硬度升高，如图 2-16（a）所示。在 830℃加热，奥氏体化过程已经完成，淬火后，得到单一的马氏体组织，如图 2-16（b）所示。

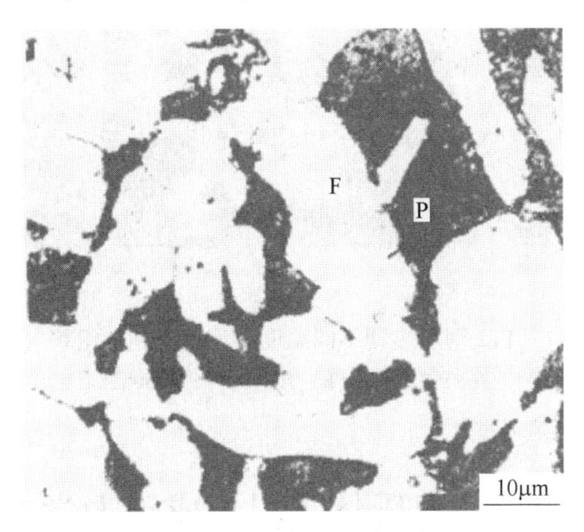

图 2-15　25 钢的退火组织

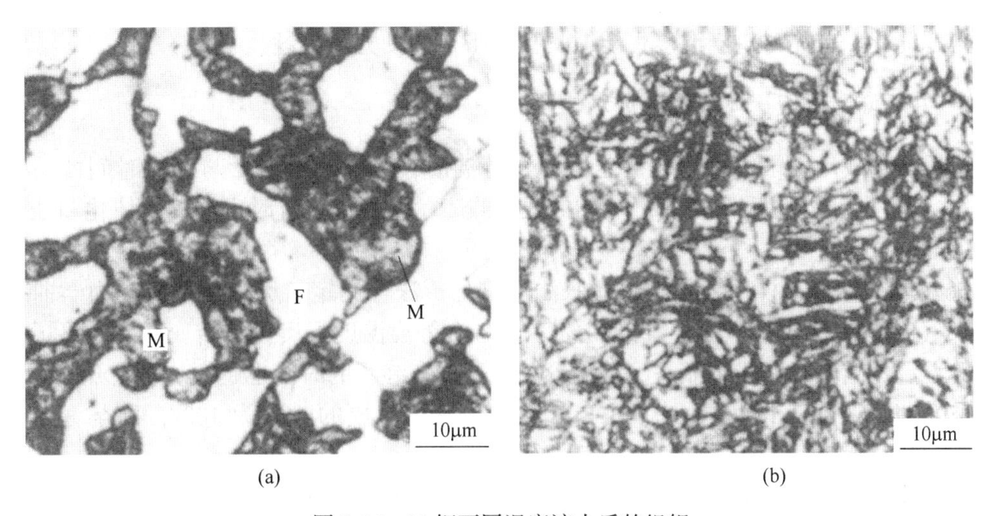

图 2-16　25 钢不同温度淬火后的组织

2.2.6　过共析钢奥氏体的形成

过共析钢的平衡组织由渗碳体+珠光体组成，这类钢的平衡组织为片状珠光体或粒状珠光体。以 T12 钢为例，选择其原始组织为片状珠光体+网状渗碳体（二次 Fe_3C）。将其进行不同温度（720～1000℃）的淬火。观察得到的组织。如图 2-17 为高温金相显微镜的观察结果，将 T12 钢加热到不同温度后淬火得到马氏体组织。图 2-17（a）是 725℃淬火得到的组织，其中白色大块状为奥氏体，冷却后淬火为马氏体组织，如图中 M(A) 所示，其余为珠光体组织。当淬火温度升高到 728℃时，奥氏体形成量大有增加，而珠光体仍然约占 25%，如图 2-17（b）所示，大部分珠光体已经转变为奥氏体，但还存在没有溶解完的碳化物，淬火后以颗粒状存在于灰白色的马氏体组织中。淬火温度升高到 750℃时，则得到细小的马氏体组织+未溶碳化物（网状），即晶界处的网状二次渗碳体尚未溶解（图 2-17（c）），需要升高温度，达到 A_{cm} 以上，网状碳化物才能全部溶入奥氏体中。

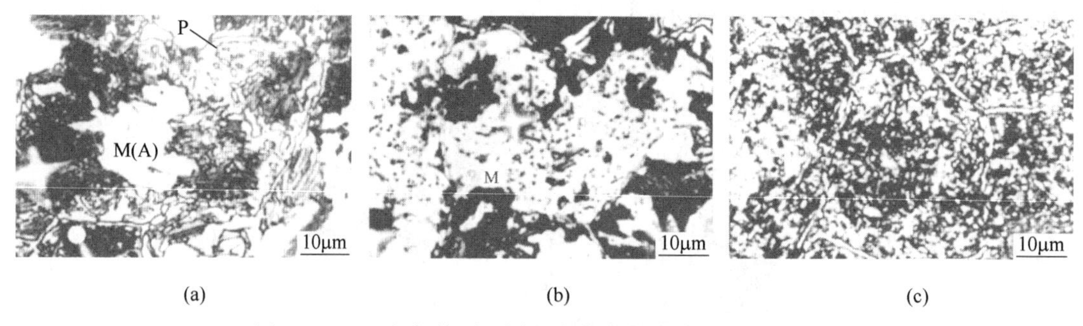

图 2-17　T12 钢加热到不同温度后淬火得到的组织（OM）
（a）725℃；（b）728℃；（c）750℃

2.3　奥氏体等温形成动力学

动力学即指形成速度的问题。钢的成分、原始组织、加热温度等均影响转变速度，为了使问题简化，首先讨论当温度恒定时奥氏体形成的动力学问题。

2.3.1　共析碳素钢奥氏体等温形成动力学

奥氏体形成动力学曲线是在一定温度下等温时，奥氏体形成量与等温时间的关系曲线。用“温度-时间-奥氏体转变量”的曲线形式表示的图形，有时也称奥氏体化曲线，简称 TTA 曲线。

等温 TTA 曲线可以用金相法、膨胀法、热分析法等测定。奥氏体形成动力学曲线如图 2-18（a）所示。由图可见，此曲线表示了各个等温温度下奥氏体转变开始及终了的时间。等温温度越高，曲线越靠左，等温形成的开始和终了的时间也越短。转变开始的时间称为孕育期。如图 2-18（a）中在 745℃奥氏体开始形成的时间为 100s，即孕育期。约 400s 时奥氏体转变量为 100%，即转变终了。

将上述动力学曲线综合绘在转变温度与时间坐标系上，即可得到奥氏体等温转变图，也称 TTA 曲线，如图 2-19（b）所示。采用全自动相变测量仪可以测得等温温度下转变膨

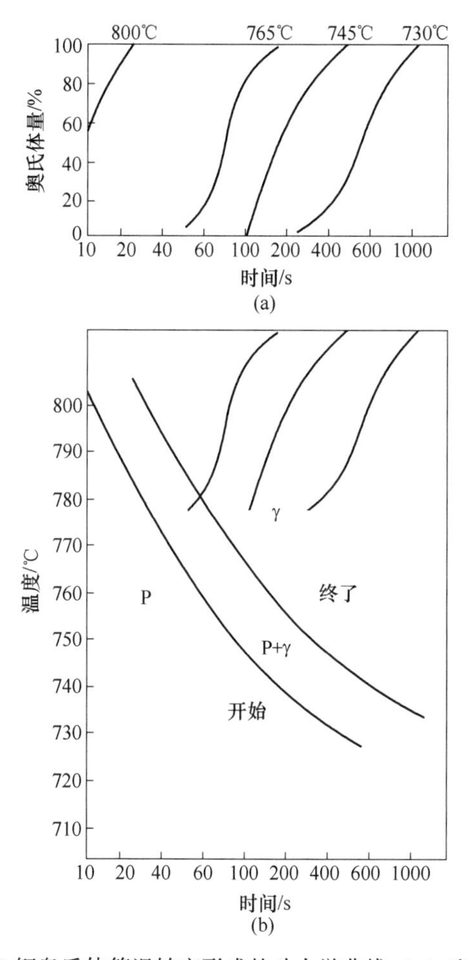

图 2-18 0.86% C 钢奥氏体等温转变形成的动力学曲线（a）和等温转变图（b）

胀曲线，当奥氏体形成时，试样体积收缩，转变量越大，体积收缩越大，奥氏体转变终了，收缩停止。配合金相法，则能够画出等温转变图。

共析碳钢中，奥氏体刚刚形成，铁素体刚刚消失之际，还存在剩余碳化物，继续等温，将继续溶解，碳化物溶解完毕后，奥氏体成分是不均匀的。奥氏体成分均匀化需要较长时间，严格地说，均匀化是相对的，不是绝对的，不存在绝对均匀的奥氏体。图 2-19 为共析钢奥氏体等温转变图。

2.3.2 亚共析碳素钢的等温 TTA 曲线

图 2-20、图 2-21 分别为 0.1% C 钢和 0.6% C 钢的等温 TTA 曲线。这两种钢在加热前的原始组织均为铁素体+珠光体两相的整合组织。从图中可见，转变开始线与共析钢的转变开始线的变化基本上一致。至于转变终了线，在 A_{c3} 温度以上，也是随着过热度的增加，终了线移向时间短的一侧。这和共析钢的转变终了线变化趋势一致。但在 $A_{c1} \sim A_{c3}$ 温度之间，转变终了线并不是随着过热度的增加而单调地移向时间短的一侧。而是以曲线形式向相反的方向延伸，呈现非线性关系。

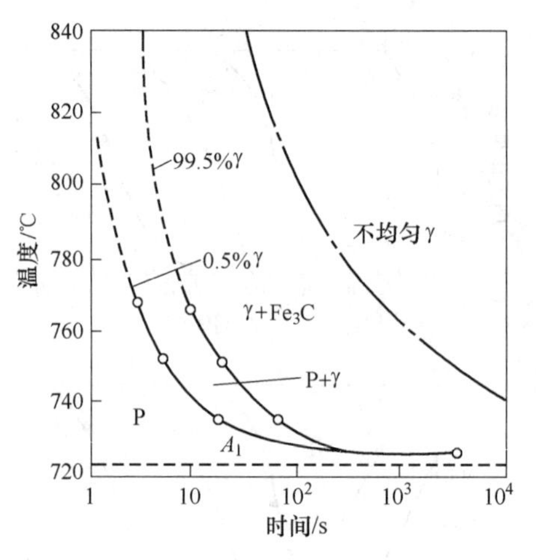

图 2-19 共析钢奥氏体等温转变图

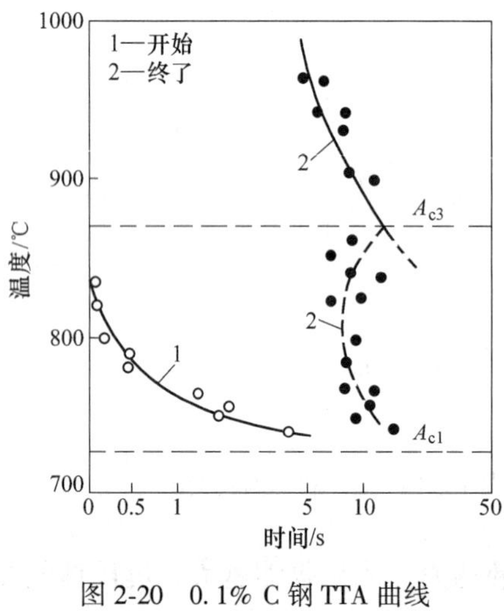

图 2-20 0.1% C 钢 TTA 曲线

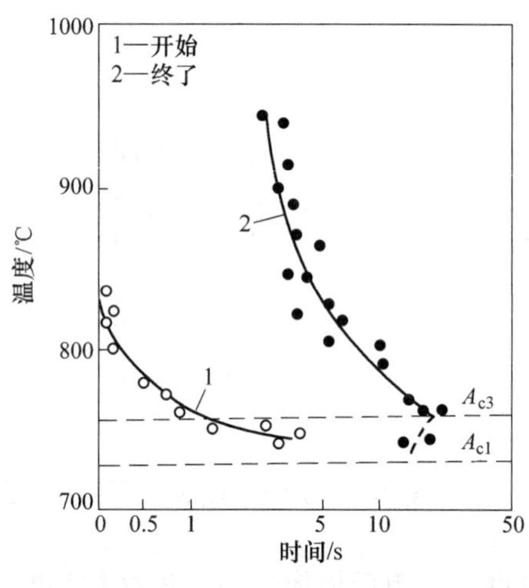

图 2-21 0.6% C 钢 TTA 曲线

过共析碳素钢的等温 TTA 曲线，与共析碳钢的等温 TTA 曲线基本相似。只是过共析钢中的碳化物溶解所需的时间较长。

2.3.3 连续加热时奥氏体形成的 TTA 曲线

连续加热时奥氏体形成的 TTA 曲线更符合大多数热处理加热过程的实际情况。图 2-22 为 0.7% C 钢连续加热的 TTA 曲线。其原始组织有铁素体+珠光体。图中的转变开始线 A_{c1}、A_{c3}，终了线 A_{c1f}，均随着加热速度的提高，而使转变温度升高。不过，对于大多数钢种来说，当超过一定加热速度后，转变开始线 A_{c1}、A_{c3} 就不再向温度升高的方向推进，而使开始线保持平坦。

图 2-22 所示为 0.7%C 钢连续加热的 TTA 曲线。上横坐标是加热速度（℃/s），下横坐标是加热时间（s）。其中，A_{c3s} 曲线表示 F、P 消失，还剩下碳化物 C，A_{c3f} 曲线表示碳化物 C 也消失了，之后为不均匀的奥氏体。

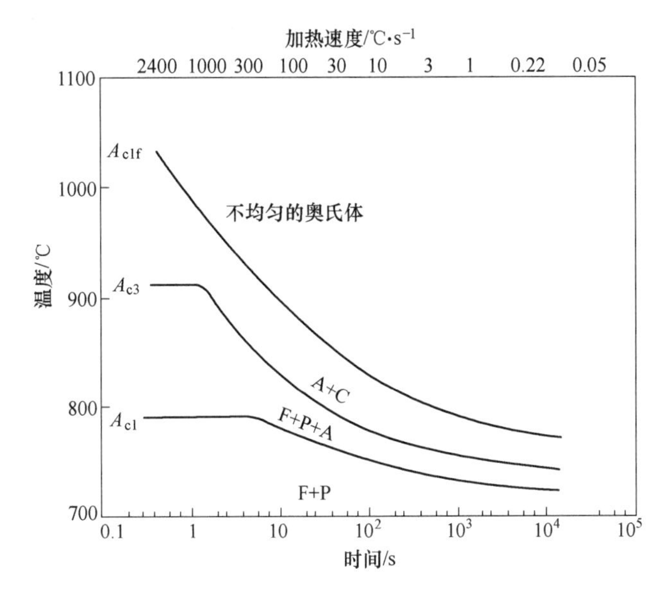

图 2-22 0.7% C 钢连续加热的 TTA 曲线

2.3.4 奥氏体的形核率和线生长速度

奥氏体的形成速度取决于形核率 N 和线生长速度 G。而在等温条件下，N 和 G 均为常数，见表 2-1。

表 2-1 奥氏体的形核率 N 和线生长速度 G 与温度的关系

转变温度/℃	形核率 $N/mm^{-3}\cdot s^{-1}$	线生长速度 $G/mm\cdot s^{-1}$	转变一半所需的时间/s
740	2280	0.0005	100
760	11000	0.010	9
780	51500	0.026	3
800	61600	0.041	1

2.3.4.1 形核率 N

在均匀形核条件下形核率与温度之间的关系可用下式表示：

$$N = C'e^{-\frac{Q}{KT}} \cdot e^{-\frac{W}{KT}} \tag{2-1}$$

式中 C'——常数；

Q——扩散激活能；

T——绝对温度；

K——玻耳兹曼常数；

W——形核功。

由式（2-1）可见，当奥氏体形成温度升高时，形核率 N 将以指数函数关系迅速增大，见表 2-1。引起形核率急剧增加的原因主要有两点：

（1）奥氏体形成温度升高时，相变驱动力增大使形核功 W 减小，因而奥氏体形核率增大；

（2）奥氏体化温度升高，元素扩散系数增大，扩散速度加快，因而促进奥氏体形核。

2.3.4.2 线生长速度 G

奥氏体位于铁素体和渗碳体之间时，受碳原子扩散控制，奥氏体两侧界面分别向铁素体和渗碳体推移。奥氏体长大线速度包括向两侧推移的速度。推移速度主要取决于碳原子在奥氏体中的传输速度。

根据扩散定律可以推导出奥氏体向铁素体和渗碳体推移的速度，由于铁素体、渗碳体中的碳浓度梯度很小，故为简化而将其忽略不计。则奥氏体向铁素体推移的线速度 $v_{\gamma \to \alpha}$ 及向渗碳体的推移速度 $v_{\gamma \to Fe_3C}$ 分别为：

$$v_{\gamma \to \alpha} = -K \frac{D_C^{\gamma} \cdot \frac{dc}{dx}}{C_{\gamma\text{-}\alpha}^{\gamma} - C_{\gamma\text{-}\alpha}^{\alpha}} \tag{2-2}$$

$$v_{\gamma \to Fe_3C} = -K \frac{D_C^{\gamma} \cdot \frac{dc}{dx}}{6.67 - C_{\gamma\text{-}Fe_3C}^{\gamma}} \tag{2-3}$$

式中 K——比例系数；

D_C^{γ}——碳在奥氏体中的扩散系数；

$\frac{dc}{dx}$——浓度梯度。

可见，奥氏体的线速度正比于扩散系数 D_C^{γ} 和浓度梯度 $\frac{dc}{dx}$，反比于相界面两侧碳浓度差。

将式（2-2）比式（2-3），即 $v_{\gamma \to \alpha}/v_{\gamma \to Fe_3C}$，即为界面向铁素体推移与向渗碳体推移速度之比 。

当奥氏体形成温度为780℃时，根据铁碳平衡图查得各相含碳量，代入上式，得：

$$\frac{v_{\gamma \to \alpha}}{v_{\gamma \to Fe_3C}} \approx 14$$

可见，奥氏体相界面向铁素体的推移速度比向渗碳体的推移速度快得多。平衡状态下片状珠光体的铁素体片厚度比渗碳体片的厚度约大7倍。所以，奥氏体等温形成时，估算起来，当奥氏体将铁素体全部吃完时，还剩下相当数量的渗碳体，如图2-23所示为T8钢在已形成的奥氏体中残留大量未溶的渗碳体片。下一个过程则是渗碳体的溶解，未溶的渗碳体继续溶入奥氏体中，形成碳含量不均匀的奥氏体。最后是奥氏体成分的均匀化阶段，实际上，难以得到成分绝对均匀的奥氏体。

奥氏体化温度升高时，形核率、长大速度均增大，奥氏体形成速度随温度升高而单调地增大。

2.3.5 影响奥氏体形成速度的因素

2.3.5.1 加热温度的影响

（1）奥氏体形成速度随着加热温度升高而迅速增大。转变孕育期变短，相应的转变终了时间也变短。

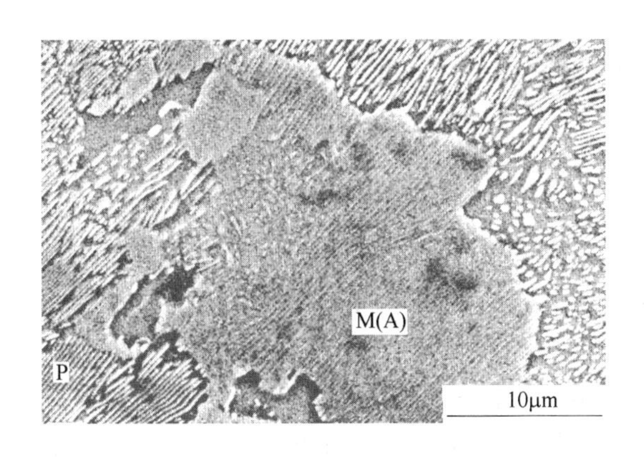

图 2-23 T8 钢中奥氏体形成后残留大量渗碳体片（SEM）

（2）随着奥氏体形成温度升高，形核率增长速率高于长大速度。如：转变温度从740℃升高到800℃时，形核率增加270倍，而长大速度只增加80倍，参见表2-1。因此，奥氏体形成温度越高，起始奥氏体晶粒越细小。

（3）随着奥氏体形成温度升高，奥氏体相界面向铁素体的推移速度比向渗碳体的推移速度变大，即奥氏体将铁素体全部吃完时，剩下的渗碳体量越多。

2.3.5.2 钢中含碳量、原始组织和合金元素的影响

A 含碳量的影响

钢中含碳量越高，奥氏体形成速度越快。这是由于含碳量增高，碳化物数量增多，增加了铁素体和渗碳体的相界面面积，因而增加了奥氏体的形核部位，使形核率增大。同时，碳化物数量的增加，使碳原子的扩散距离减小，碳和铁原子的扩散系数增大，这些因素均增大了奥氏体的形成速度，如图2-24所示。

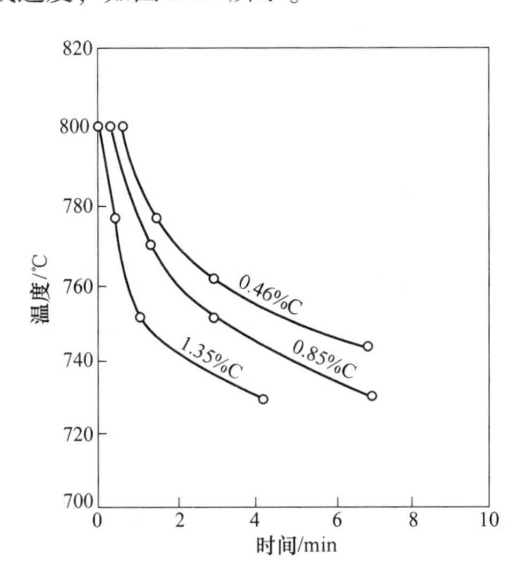

图 2-24 珠光体向奥氏体转变 50%所需的时间及含碳量的影响

B 原始组织的影响

钢的原始组织越细，奥氏体形成速度越快。因为原始组织中的碳化物分散度越高，相界面越多，形核率越大。同时，珠光体的片间距越小碳原子的扩散距离减小，奥氏体中的浓度梯度增大，从而，奥氏体形成速度加快。如原始组织为托氏体时奥氏体的形成速度比索氏体和粗珠光体都快。

珠光体中的碳化物有片状的，也有粒状的。试验表明，碳化物呈片状时，奥氏体的等温形成速度较粒状的快。如图2-25为0.9% C钢的片状和粒状珠光体的奥氏体等温形成动力学图。可见，在760℃，片状珠光体的奥氏体化转变完了的时间不足1min；而粒状珠光体则需5min以上。这是由于片状珠光体中的碳化物与铁素体的相界面面积大，易于溶解。片状珠光体转变为奥氏体时，受碳在奥氏体中扩散控制，而粒状珠光体转变时受碳在铁素体中的扩散控制。因此，前者转变速度快。

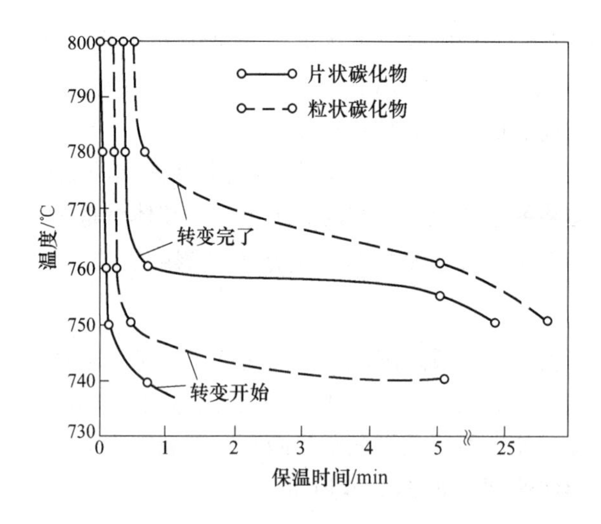

图2-25 片状和粒状珠光体的奥氏体等温形成动力学图

C 合金元素的影响

合金元素影响碳化物的稳定性，影响碳原子的扩散系数，而且，合金元素分布不均匀，故合金元素影响奥氏体形成的速度、碳化物的溶解以及奥氏体的均匀化。

(1) 对扩散系数的影响：强碳化物形成元素，如Cr、V、Mo、W等，降低碳在奥氏体中的扩散系数，因而减慢奥氏体的形成速度。非碳化物形成元素Co、Ni等增大碳在奥氏体中的扩散系数，因而加速奥氏体的形成。

(2) 合金元素改变临界点：合金元素改变了钢的临界点的位置，使转变在一个温度范围进行，改变了过热度，因而影响了奥氏体的形成速度。

(3) 合金元素影响珠光体的片层间距，改变碳在奥氏体中的溶解度，从而影响奥氏体的形成速度。

(4) 合金元素在奥氏体中分布不均匀，扩散系数仅仅为碳的1/1000~1/10000，因而，合金钢的奥氏体的均匀化需要更长的时间。

2.4 连续加热时奥氏体的形成特征

实际生产中，绝大多数情况下奥氏体是在连续加热过程中形成的，即在奥氏体形成过程中，温度还在不断升高。珠光体转变为奥氏体将吸收相变潜热，奥氏体升温过程中也不断吸收热量。只有外界供给的热量大于转变消耗的热量，供给的热量除了用于转变还有剩余时，多余的热量将使工件继续升温。

奥氏体连续加热时的转变也是形核、晶核长大的过程。但与等温转变相比，连续加热时的转变有如下几点特征。

2.4.1 相变在一个温度范围内完成

钢在连续加热时，奥氏体形成在一个温度范围内完成。加热速度越大，各阶段转变温度范围均向高温推移、扩大。

在以一定的速度加热时，奥氏体形成的实际热分析曲线如图 2-26 所示，呈现马鞍型。如果加热供给试样的热量 Q 等于转变所需消耗的热量 q，则全部热量用于形成奥氏体，温度不再上升，转变在等温下进行。但是，若加热速度较快时，使 $Q>q$，则外界供给的热量除了用于转变外尚有富余因而温度继续上升，但在临界点处由于吸收大量相变潜热，而使速度减慢，故偏离直线，如 aa_1 段；当奥氏体转变量最大时，短时间内吸收大量相变潜热，甚至升温 $q>Q$，温度则下降，出现 a_1c 段；之后，奥氏体转变量逐渐减少，致使 $Q>q$，温度复又升高。

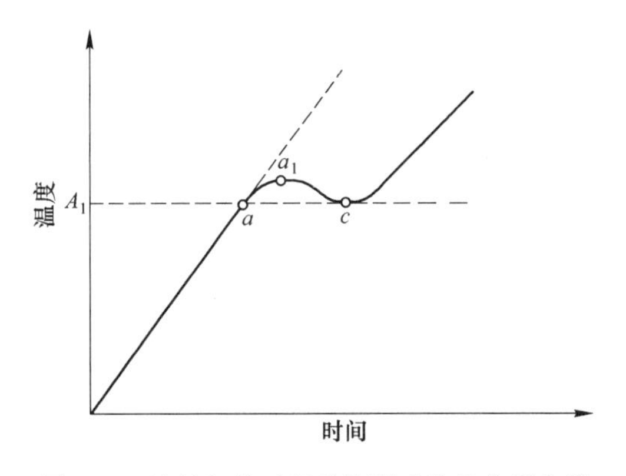

图 2-26 连续加热时奥氏体形成的热分析曲线

快速加热时，aa_1 段向高温延伸，a_1c 段也向高温推移，变成图 2-27 的样子。加热曲线的斜率越大，则表示加热速度越快。图中水平阶梯只是标志着奥氏体大量形成的阶段。水平台阶随着加热速度的增大而上升，而且相变在一个温度范围内进行。加热速度越快，转变温度越高，转变速度越快，转变所需时间越短。

2.4.2 奥氏体成分不均匀性随加热速度增大而增大

在快速加热情况下，碳化物来不及充分溶解，碳和合金元素的原子来不及充分扩散，因而，造成奥氏体中碳、合金元素浓度分布很不均匀。图 2-28 示出加热速度和淬火温度

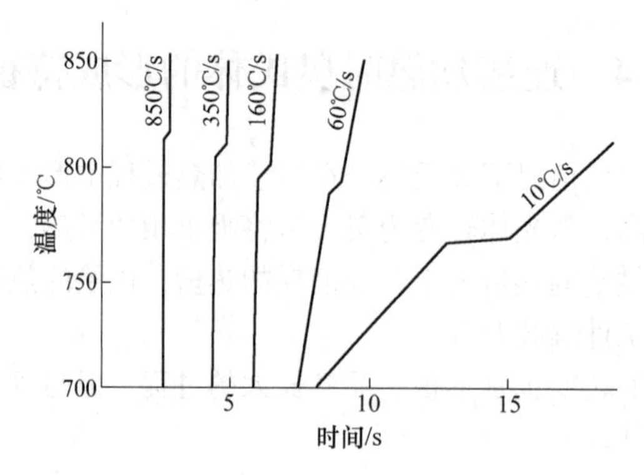

图 2-27　0.85% C 钢在不同加热速度下的加热曲线

对 40 钢奥氏体内高碳区最高碳浓度的影响。由图可见，加热速度从 50℃/s 到 230℃/s，奥氏体中存在高达 1.4%~1.7% C 的富碳区。

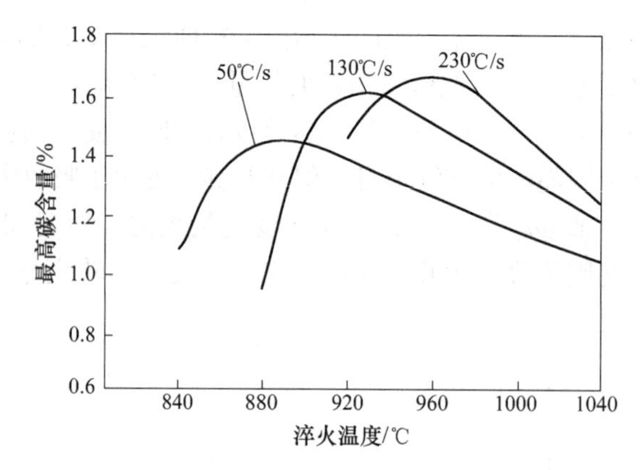

图 2-28　加热速度和淬火温度对 0.4% C 钢奥氏体中高碳区最高碳含量的影响

2.4.3　奥氏体起始晶粒随着加热速度增大而细化

快速加热时，过热度大，奥氏体形核率急剧增加，同时，加热时间又短，因而，奥氏体晶粒来不及长大，晶粒较细，甚至获得超细化的奥氏体晶粒。例如，采用超高频脉冲加热（时间为 10^{-8} s）淬火后，在 2 万倍的电子显微镜下也难以分辨奥氏体晶粒大小。

总之，在连续加热时，随着加热速度的增大，奥氏体化温度升高，可以细化奥氏体晶粒。同时，剩余碳化物的数量会增多，故奥氏体基体的平均碳含量较低。奥氏体中的碳、合金元素浓度分布不均匀性增大。这些因素均影响过冷奥氏体的冷却转变。

2.5　奥氏体晶粒长大

2.5.1　奥氏体晶粒长大现象

奥氏体晶粒刚刚形成时，较为细小，随着加热温度的升高，保温时间延长，奥氏体晶粒将长大。应用高温金相显微镜观察18Cr2Ni4WA钢的奥氏体晶粒长大现象，将钢分别真空加热到950℃、1000℃、1100℃、1200℃，均保温10min，观察并拍摄到暗场照片。加热到950℃以前，能够保持极细的奥氏体晶粒；当高于950℃奥氏体化时，奥氏体晶粒越来越大；加热到1000℃时保温，奥氏体晶粒有所长大；加热到1200℃时，奥氏体晶粒已经粗化，如图2-29所示。

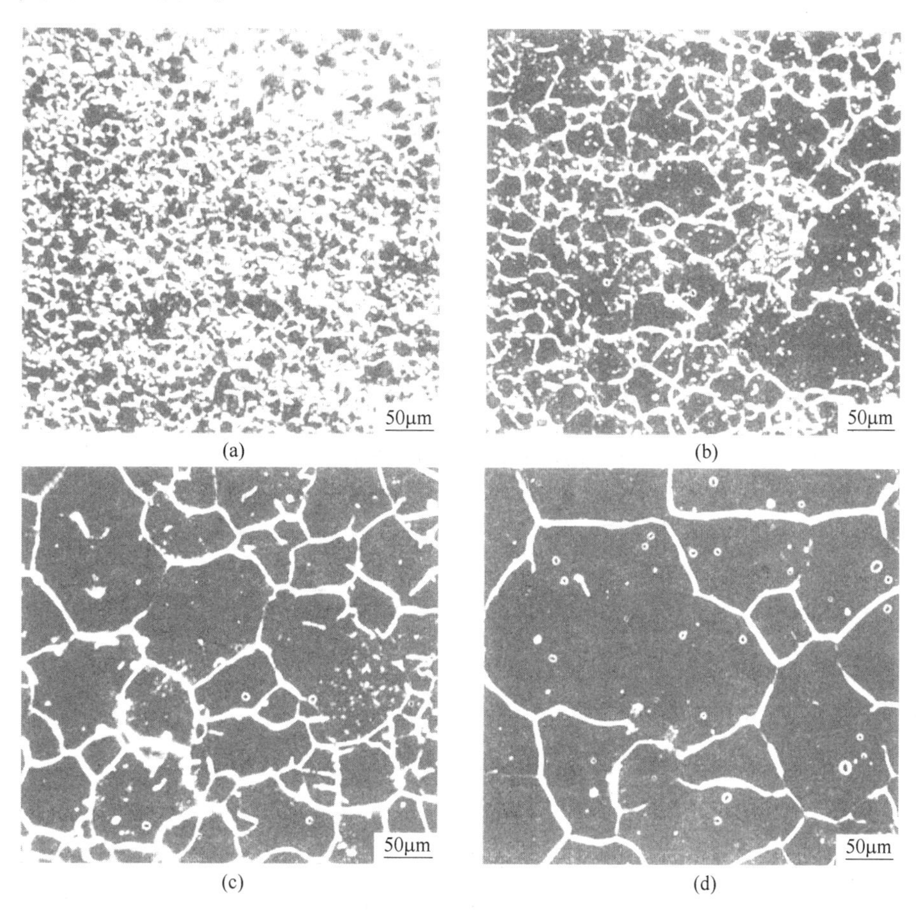

图2-29　18Cr2Ni4WA钢的奥氏体晶粒的长大

（a）950℃；（b）1000℃；（c）1100℃；（d）1200℃

奥氏体晶粒的长大动力学曲线一般按指数规律变化，分为3个阶段：即加速长大期、急剧长大期和减速期。图2-30为奥氏体晶粒长大动力学曲线，可见，奥氏体晶粒的平均面积随着加热温度的升高而增大，当奥氏体化温度一定时，随着保温时间的延长奥氏体晶粒的平均面积增大。从图2-30（a）可见，各种钢随着温度的升高，长大倾向不同，20钢800℃以上，随着温度的升高，奥氏体晶粒不断长大。20CrMnMo、18Cr2Ni4WA钢加热到1000℃以上，奥氏体晶粒才明显长大。从图2-30（b）可见，20钢随着保温时间的延长，奥氏体晶粒长大较快。而20CrMnMo钢长大较慢。各种钢在一定温度下，晶粒长大到一定大小时，则停止长大。每个加热温度都有一个晶粒长大期，奥氏体晶粒长大到一定大小后，长大趋势减缓直至停止长大。温度越高，奥氏体晶粒越大。但无论提高加热温度，还是延长保温时间，奥氏体晶粒长大到一定程度后则不再长大，如图2-31所示。

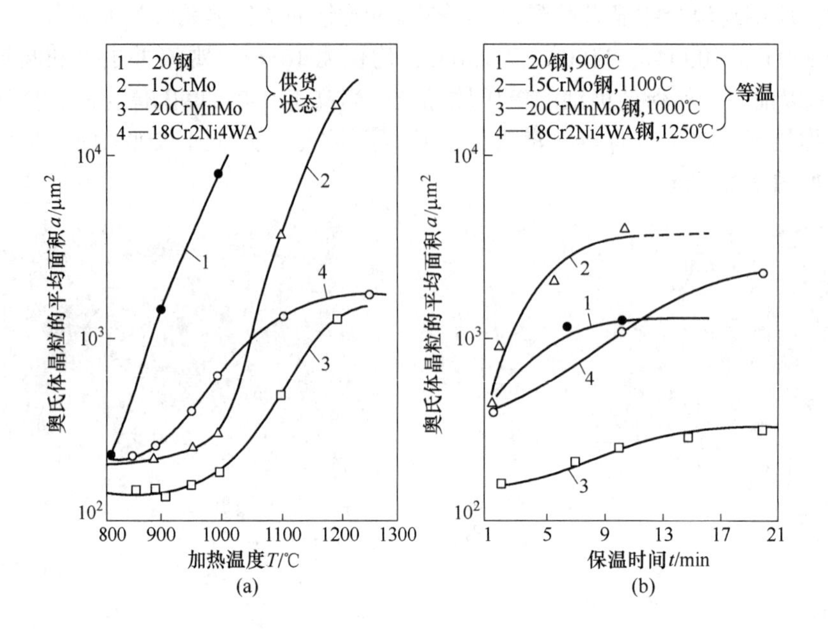

图 2-30　奥氏体晶粒长大动力学

（a）变温长大动力学曲线；（b）恒温长大动力学曲线

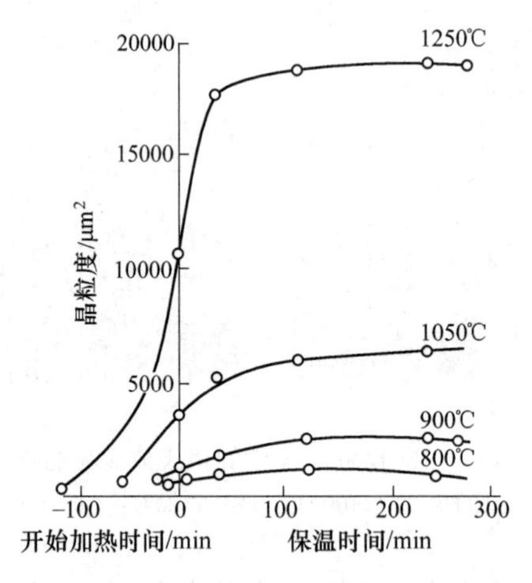

图 2-31　加热温度、时间对 0.48% C、0.82% Mn 钢奥氏体晶粒大小的影响

奥氏体晶粒长大是大晶粒吞噬小晶粒的过程。在每一个等温温度，都有一个长大加速期，当晶粒长大到一定尺度，其长大过程将减慢，最后趋于停止。等温时间的影响较小，而加热温度的影响较大。

加热时间一定时，奥氏体晶粒大小与温度之间的关系如图 2-32 所示。图中曲线 1 是不含铝的 C-Mn 钢的长大曲线，而曲线 2 为含 Nb-N 钢，可见曲线 2 在小于 1100℃时，随着加热温度升高，奥氏体晶粒不断长大，此称为正常长大。当温度高于 1100℃，继续加热，晶粒急剧突然长大，此称异常长大。该温度称为奥氏体的晶粒粗化温度。

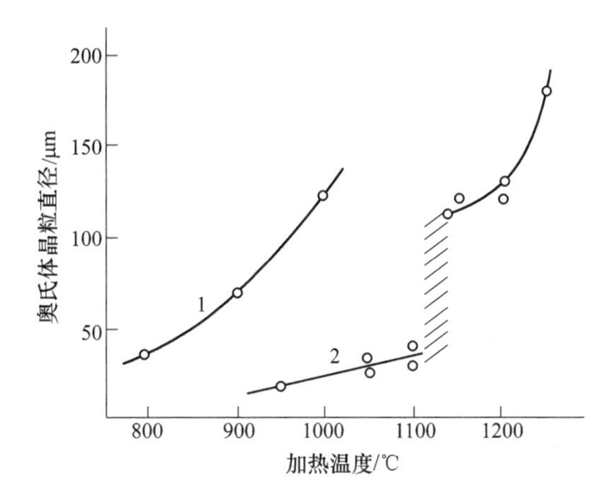

图 2-32 奥氏体晶粒直径与加热温度的关系

1—不含铝的 C-Mn 钢；2—含 Nb-N 钢

2.5.2 奥氏体晶粒长大机理

奥氏体晶粒长大是通过晶界的迁移进行的。晶界推移的驱动力来自奥氏体的晶界能。奥氏体的初始晶粒很细，界面积大，晶界能量高，晶粒长大将减少界面能，使系统能量降低，而趋于稳定。因此，在一定温度下，奥氏体晶粒会发生相互吞并的现象。总的趋势是大晶粒吃掉小晶粒。

晶界移动驱动力 P 为：

$$P = -\frac{dG}{4\pi R^2 \mathrm{d}R} = \frac{2\gamma}{R} \tag{2-4}$$

式（2-4）表明：由界面能提供的作用于单位面积晶界上的驱动力 P 与界面能 γ 成正比，而与 R 成反比。力的方向指向曲率中心。可以看出，界面能 γ 越大，驱动力越大。而界面曲率半径 R 越大，即晶粒直径越大，晶界越趋于平直，则长大驱动力 P 越小。

2.5.3 硬微粒对奥氏体晶界的钉扎作用

用铝脱氧的钢及含有 Nb、V、Ti 等元素的钢，钢中存在 AlN、NbC、VC、TiC 等微粒，这些相硬度很高，难以变形，存在于晶界上时，阻止奥氏体晶界移动，对晶界起了钉扎作用，在一定温度范围内保持奥氏体晶粒细小。

如果在奥氏体晶界上有一个球形硬微粒，设半径为 r，如图 2-33 所示。那么它与奥氏体的相界面的面积为 $4\pi r^2$，界面能为 $4\pi r^2\sigma_{相}$。

由于晶界向前移动，如图中所示，晶界从Ⅰ位置移到Ⅱ位置，则造成晶界的弯曲、变长，增加的相界面面积为 S，晶界能发生变化，故界面能升高为 $S\sigma$。这是一个非自发过程，所以移动困难，受到了一定的移动阻力。

晶界弯曲的几何证明如下：

在晶界与微粒的交点处，3 个界面处于平衡状态时，则有：

$$\frac{\sigma_{相}}{\sin\theta_1} = \frac{\sigma_{相}}{\sin\theta_2} \tag{2-5}$$

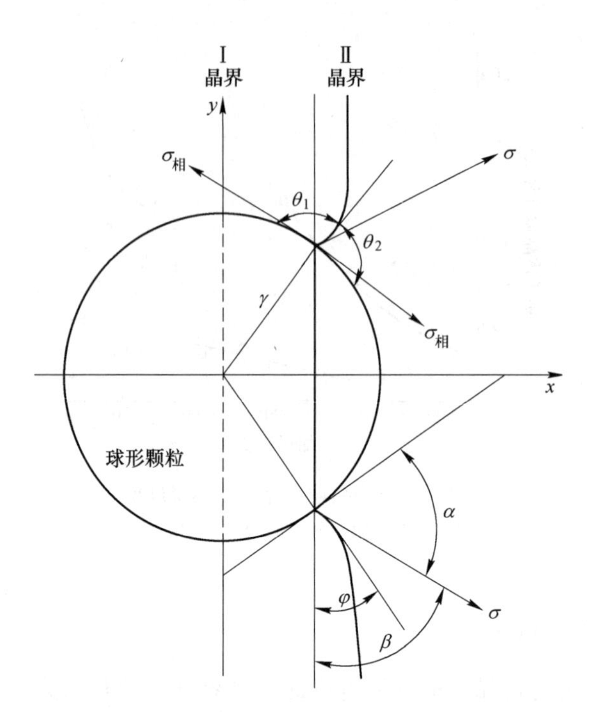

图 2-33　细小颗粒相与晶界之间交互作用示意图

因此，$\theta_1=\theta_2$。即晶界与微粒相界面应当垂直，那么离开微粒的晶界必然弯曲。这使得奥氏体晶粒交界面面积增加，使能量升高，等于阻止晶界右移，相当于有一个阻力 G 作用于奥氏体晶界。

设晶界从Ⅰ位移到Ⅱ位，晶界暂停移动，处于平衡态，那么，阻力的大小必须等于界面总张力在水平方向上的分力，即与 σ 在水平方向的分力相平衡。

微粒与晶粒相接触的周界长度 $L=2\pi r\cos\varphi$，那么，总的线张力 $F_{总}=2\pi r\cos\varphi\sigma'$，则在水平方向上的分力 $F_{分}=2\pi r\cos\varphi\sigma'\sin\beta$。已知 $\beta=90°+\varphi-\alpha$，所以：

$$F_{分}=2\pi r\cos\varphi\sigma'\cos(\alpha-\varphi) \tag{2-6}$$

式中　α——常数，其值与相界能有关；

　　φ——变量，随晶界与微粒的相对位置不同而变化。

平衡时，阻力 $G=F_{分}$，可见，$F_{分}$是 φ 的函数：$\varphi F_{分}=f(\varphi)$。可以求出 φ 变化时的最大阻力。取 $\dfrac{dF_{分}}{d\varphi}=0$，计算得 $\varphi=\dfrac{\alpha}{2}$ 时，阻力最大，即：

$$G_m=F_{max}=\pi r\sigma'(1+\cos\alpha) \tag{2-7}$$

设单位体积中有 N 个半径为 r 的微粒，所占的体积分数为 f，则可以证明最大阻力：

$$G_m=\frac{3f\sigma'(1+\cos\alpha)}{2r}$$

当 $\alpha=90°$，$\varphi=45°$ 时，最大阻力：

$$G_m=\frac{3f\sigma'}{2r} \tag{2-8}$$

从式（2-7）和式（2-8）可见，如果是一个微粒，其半径越大，则阻力越大。但是，在钢中往往存在较多的硬相微粒，当其体积分数 f 一定时，微粒越细，半径 r 越小，微粒数量越多，则对于晶界移动的阻力越大。

2.5.4 影响奥氏体晶粒长大的因素

奥氏体晶粒长大是界面迁移的过程，实质上是原子扩散的过程。它必将受到加热温度、保温时间、加热速度、钢的成分和原始组织以及沉淀颗粒的性质、数量、大小、分布等因素的影响。

2.5.4.1 加热温度和保温时间的影响

上已叙及，加热温度越高，保温时间越长，奥氏体晶粒越粗大。可见，每一个温度下，晶粒都有一个加速长大期，当晶粒长大到一定大小后，晶粒长大趋势变缓，最后停止长大。加热温度越高，晶粒长大越快。因此，为了获得较为细小的奥氏体晶粒，必须同时控制加热温度和保温时间。较低温度下保温时，时间因素影响较小。加热温度高时，保温时间的影响变大。因此，升高加热温度时，保温时间应当相应缩短。

2.5.4.2 化学成分的影响

钢中的碳含量增加时，碳原子在奥氏体中的扩散速度及铁的自扩散速度均增加。故奥氏体晶粒长大倾向变大。在不含有过剩碳化物的情况下，奥氏体晶粒容易长大。

钢中含有特殊碳化物、氮化物形成元素时，如 Ti、V、Al、Nb 等，形成熔点高、稳定性强、不易聚集长大的碳化物、氮化物，颗粒细小，弥散分布，阻碍晶粒长大。合金元素 W、Mo、Cr 的碳化物较易溶解，但也有阻碍晶粒长大的作用。但 Mn、P 元素有增大晶粒长大的作用。

在实际生产中，为了细化奥氏体晶粒，多用铝脱氧，生成大量 AlN，以阻碍奥氏体晶粒长大。加入微量的 Nb、V、Ti 等合金元素，形成弥散的 NbC、VC、TiC 等细小颗粒，也能阻碍奥氏体晶粒长大，达到细化晶粒的目的。图 2-34 所示为 $34CrNi_3MoV$ 钢淬火后的原奥氏体晶粒，由于钢中含有 Mo、V 等细化晶粒的元素，因而使奥氏体晶粒较为细小。

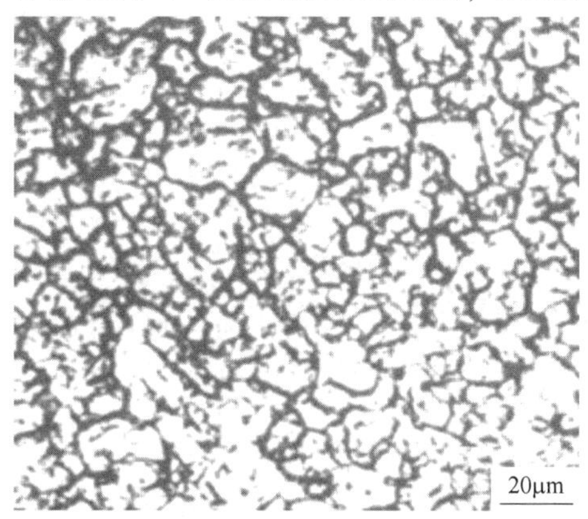

图 2-34 $34CrNi_3MoV$ 钢奥氏体晶粒（OM）

2.6 粗大奥氏体晶粒的遗传性及防止措施

合金钢构件在热处理时，往往出现由于锻、轧、铸、焊而形成的原始有序的粗晶组织。带有原始马氏体或贝氏体组织的钢，在加热时常出现这种现象。

将粗晶有序组织加热到高于 A_{c3}，可能导致形成的奥氏体晶粒与原始晶粒具有相同的形状、大小和取向，这种现象称为**组织遗传**。

在原始奥氏体晶粒粗大的情况下，若钢以非平衡组织（如马氏体或贝氏体）加热奥氏体化，则在一定的加热条件下，新形成的奥氏体晶粒会继承和恢复原始粗大的奥氏体晶粒。从图 2-35 可见 $34CrNi_3MoV$ 钢的粗大原始奥氏体晶粒。

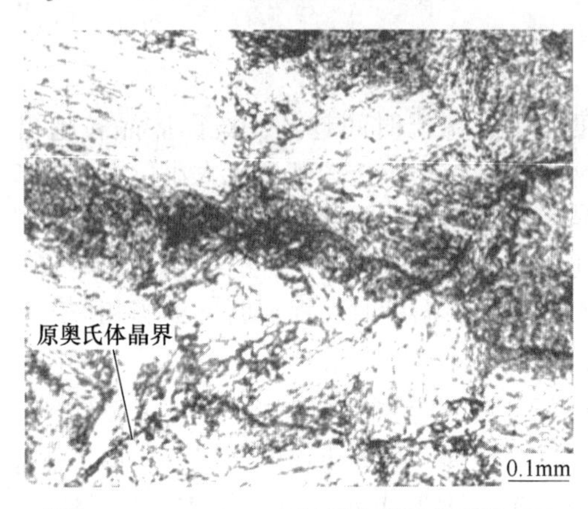

图 2-35　$34CrNi_3MoV$ 钢粗大奥氏体晶粒 OM

如果将这种粗晶有序组织继续加热，延长保温时间，还会使晶粒异常长大，造成混晶现象。出现组织遗传或混晶时，降低钢的韧性。

混晶即钢中金相组织中同时存在细晶粒和粗晶粒（1～4 级晶粒）的现象。如 $34CrNi_3MoV$ 钢是特别容易混晶的钢种。该钢的钢锭经过锻造后需要去氢退火，重结晶正火，淬火等多种工艺操作。锻件调质后，检验晶粒度，经常出现混晶，有时 7 级晶粒占 70%，其余为 3～4 级粗大晶粒，有时奥氏体晶粒异常长大到 1～2 级。图 2-36 为 $34CrNi_3MoV$ 钢锻件的混晶组织，可见既有粗大晶粒又有细晶粒。

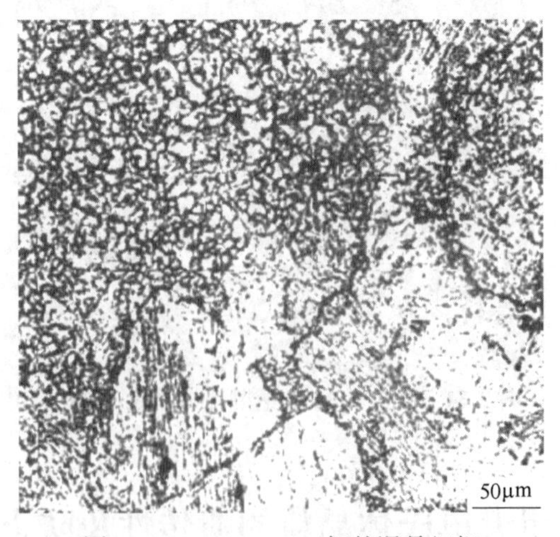

图 2-36　$34CrNi_3MoV$ 钢的混晶组织

为了杜绝这种晶粒异常长大现象，需要获得平衡组织再重新淬火，以避免组织遗传，消除混晶现象。保证组织性能合格。对于容易发生铁素体+珠光体转变的合金钢，为了纠正混晶现象，可以进行完全退火或正火，以便获得平衡的铁素体+珠光体组织，然后再进行调质处理，以免产生混晶现象。

调质处理之前，如果钢的原始组织为非平衡组织，如马氏体、回火马氏体、贝氏体、回火托氏体、魏氏组织等。这些组织中尚保留着明显的方向性，则容易出现组织遗传。合金化程度越高，加热速度越快，越容易出现组织遗传性。

对于原始组织为非平衡组织的合金钢，组织遗传是一个普遍的现象。同一种钢原始组织为贝氏体时比马氏体的遗传性强。原始组织为魏氏组织时也容易出现组织遗传。原始组织为铁素体-珠光体组织时，一般不发生组织遗传现象。

在生产中采用退火或高温回火，消除非平衡组织，实现 α 相的再结晶，获得细小的碳化物颗粒和铁素体的整合组织，可以避免组织遗传。采用等温退火比普通连续冷却退火好。

复习思考题

2-1 简述奥氏体的组织、亚结构特征。
2-2 能使奥氏体成分均匀吗？为什么？
2-3 何谓晶粒？晶粒为什么会长大？简述细化奥氏体晶粒的措施。
2-4 奥氏体的形核地点？
2-5 奥氏体晶粒异常长大的原因？为什么出现混晶？如何控制？
2-6 试说明临界点 A_1、A_3、A_{cm}与加热、冷却过程中的临界点之间有何关系？
2-7 共析钢的奥氏体形成过程，为什么铁素体先消失，渗碳体最后溶解完毕？
2-8 名词解释：
　　奥氏体；混晶；异常长大；组织遗传；相变孪晶。

3　珠光体相变与珠光体

过冷奥氏体冷却到 A_{r1} 温度将发生共析分解，转变为珠光体组织。早在 1864 年，索拜（Sorby）首先在碳素钢中观察到这种转变产物，并建议称为“珠光的组成物”（pearly constituent）。后来，定名为珠光体（pearlite）。

20 世纪上半叶对共析分解进行了大量的研究工作。但由于研究手段不够先进，珠光体转变的某些问题没有真正搞清，如珠光体的概念，领先相问题，共析分解机制等。在 20 世纪 60~80 年代，主要在马氏体和贝氏体相变等方面集中进行研究，而珠光体转变理论的研究缺乏迫切性，珠光体钢应用也有限，故研究受到冷落。20 世纪 80 年代以后，珠光体相变的研究又引起人们的兴趣。主要是由于珠光体钢和珠光体组织的应用有了新的发展。如重轨钢的索氏体组织及在线强化、非调质钢取代调质钢、高强度冷拔钢丝的研究开发等，这一切使共析转变的研究有了新的进展。

3.1　珠光体的定义和组织形貌

3.1.1　珠光体的定义

以往的书刊中称珠光体为“铁素体与渗碳体的机械混合物”。此概念不正确。钢中的珠光体是过冷奥氏体的共析分解产物，其相组成物是共析铁素体和共析渗碳体（或碳化物），是铁素体与碳化物以相界面有机结合，有序配合的。平衡状态下，铁素体和渗碳体两相是成一定比例的，并有一定相对量。此外，两相以界面相结合，各相之间存在一定的位向关系，如珠光体中的铁素体与渗碳体之间存在 Bagayatski 关系：

$$(001)_{Fe_3C} // (211)_{\alpha}$$

$$[100]_{Fe_3C} // [0\bar{1}1]_{\alpha}$$

$$[010]_{Fe_3C} // [1\bar{1}\bar{1}]_{\alpha}$$

总之，钢中的珠光体是共析铁素体和共析渗碳体（或碳化物）有机结合的整合组织，并非机械混合物。

珠光体相变的定义为：**过冷奥氏体在 A_{r1} 温度同时析出铁素体和渗碳体或合金碳化物两相构成珠光体组织的扩散型相变，称为珠光体相变。**

3.1.2　珠光体的组织形貌

在钢中，组成珠光体的相有铁素体、渗碳体、合金渗碳体以及各类合金碳化物，各相的形态与分布形形色色。珠光体的组织形貌有片状、细片状、极细片状的，点状、粒状、球状的，以及渗碳体不规则形态的类珠光体。此外，“相间沉淀”也是珠光体的一种组织形态。

按照片间距不同，片状珠光体可以分成珠光体、索氏体、托氏体3种。在光学显微镜下能够明显分辨出片层，片间距大于150nm的珠光体组织，称为珠光体；在光学显微镜下难以分辨片层，片间距为80~150nm的珠光体组织，称为索氏体；在更低温度下形成的片间距为30~80nm的珠光体，称托氏体（也称屈氏体），只有在电子显微镜下才能观察到其片层结构。图3-1为片状珠光体的扫描电镜照片，其中白色片条是渗碳体，黑色区域是铁素体。

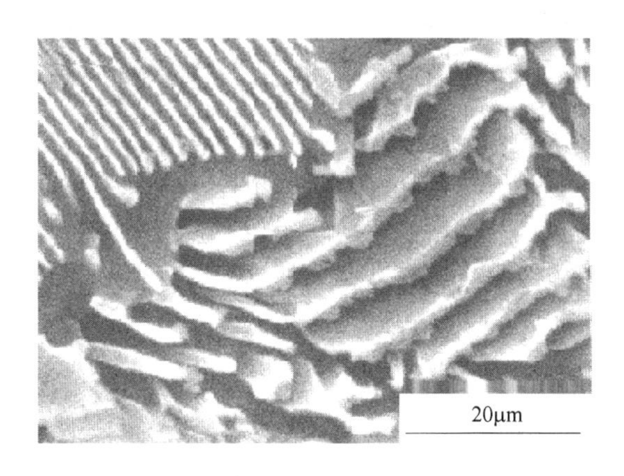

图3-1　片状珠光体的组织形貌（SEM）

珠光体是钢中最重要的组织之一。在共析或过共析钢中，渗碳体的体积分数超过12%。研究表明，珠光体钢经过室温大应变拉拔变形后，其强度可达5700MPa，是现今世界强度最高的结构材料之一。因此，片层结构的珠光体钢丝拉拔变形过程中的微观组织结构成为研究的热点。

当共析渗碳体（或碳化物）以颗粒状存在于铁素体基体时，称粒状珠光体，如图3-2所示。粒状珠光体可以通过不均匀的奥氏体缓慢冷却时分解而得，也可通过其他热处理方法获得。碳化物颗粒大小不等，一般为数百纳米到数千纳米。粒状珠光体较片状珠光体韧性好，硬度低，且淬火加热时不容易过热，是淬火前良好的预备组织。图3-2为含有1.4% C的超高碳钢的粒状珠光体的组织，其中渗碳体量较多，颗粒较为粗大。

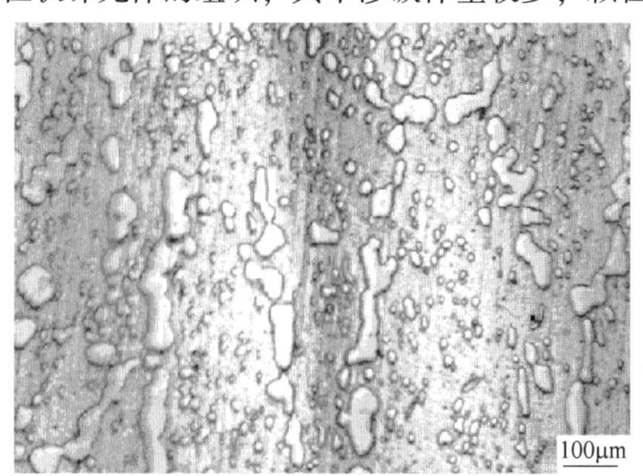

图3-2　Fe-1.4C合金的粒状珠光体的组织（OM）

类珠光体也是共析分解产物，是共析铁素体和碳化物的整合组织。当转变温度较低，或奥氏体成分不够均匀时，碳化物不能以整齐的片层状长大，杂乱曲折地分布于铁素体的基体上，即为类珠光体。图 3-3 所示为类珠光体的照片。可以看出，碳化物的形貌不规则，呈弯折片状、颗粒状、短棒状、杂乱地分布在铁素体基体上。

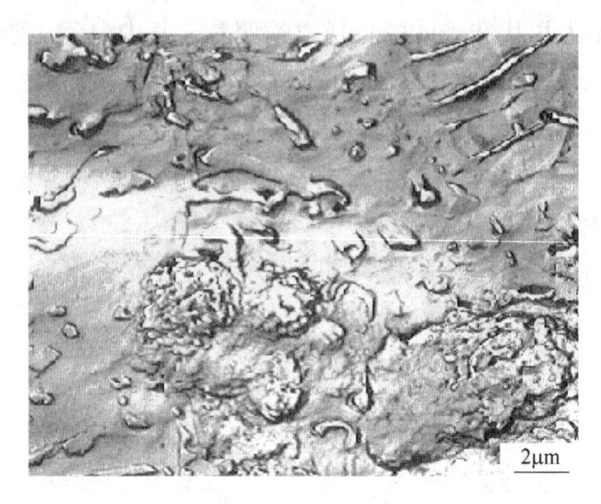

图 3-3　X45CrNiMo4 钢的类珠光体组织，二次复型（TEM）

图 3-4 为各类极细珠光体的电镜照片，可见，图 3-4（a）和（d）是片状珠光体；图 3-4（b）中的碳化物呈短棒状或断续片状；图 3-4（c）中碳化物呈颗粒状。

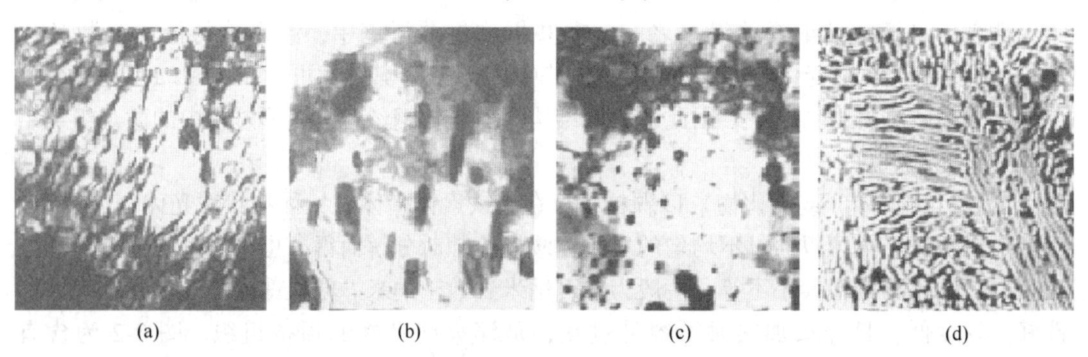

图 3-4　钢中各类珠光体组织（TEM）
（a），（d）片状珠光体；（b）碳化物呈短棒状或断续片状；（c）碳化物呈颗粒状

有色金属及合金中也有共析分解，形成与钢中的珠光体类似的组织。如铜合金中，Cu-Al、Cu-Sn、Cu-Be 系均存在共析转变。在铜铝合金中，在 565℃存在一个共析转变。合金中的 α 相是以铜为基的固溶体，β 相是以电子化合物 Cu_3Al 为基的固溶体，含 11. 8% Al 的铜合金在 565℃发生的共析分解反应为：

$$\beta_{(11.8)} \rightleftharpoons \alpha_{(9.4)} + \gamma_{2\,(15.6)}$$

平衡条件下，含 Al 大于 9. 4%的铜合金组织中才出现共析体。但在实际铸造生产中，含 7%~8%Al 的合金，就常有一部分共析体出现。其原因是，冷却速度大，β 相向 α 相析出不充分，剩余的 β 相在随后的冷却中转变为共析体。β 相具有体心立方结构，γ_2 相为面心立方结构。图 3-5 所示为 Cu-11. 8%Al 合金于 800℃固溶处理后炉冷得到的共析组织，共析组织中的白色基体为 α 固溶体，黑色片状或颗粒状的为 Cu-Al 合金的 γ_2 相。

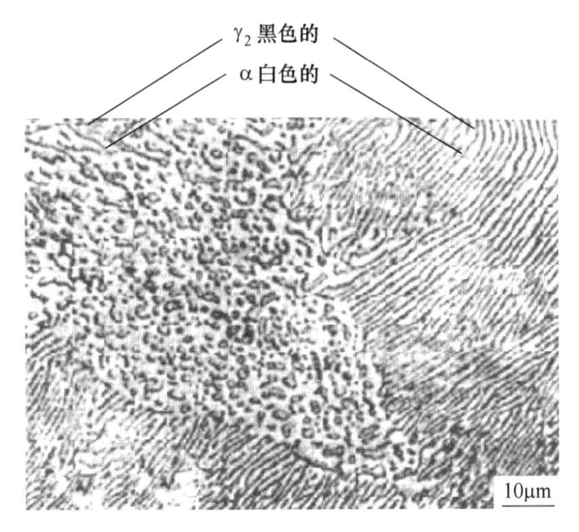

图 3-5 Cu-11.8%Al 的共析组织

3.1.3 珠光体的片间距

片状珠光体中，相邻两片渗碳体（或铁素体）中心之间的距离称为珠光体的片间距。对于某厂生产的共析碳素钢 T8，测定了轧态的珠光体片层间距 S_0，沿试样表面观察各个视场，测定片间距 S_0 为 150~212nm，图 3-6 为该钢的珠光体组织照片。

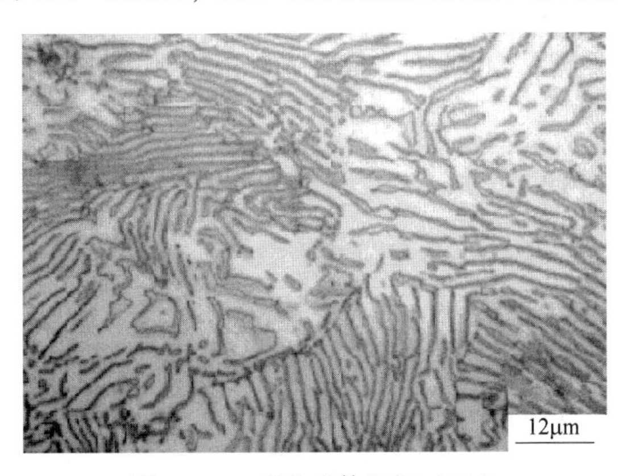

图 3-6 T8 钢珠光体组织（OM）

温度是影响珠光体片间距大小的主要因素之一。随着冷却速度增加，奥氏体转变温度降低，即过冷度不断增大，转变形成的珠光体片间距不断减小。原因是：（1）转变温度越低，碳原子扩散速度越小；（2）过冷度越大，形核率越高。这两个因素与温度的关系都是非线性的，所以珠光体的片间距与温度的关系也应当是非线性的。自然界大量存在的相互作用都是非线性的，线性作用只不过是非线性作用在一定条件下的近似。

以往的研究者将珠光体片间距与温度的关系简单化，处理为线性关系。如图 3-7 测得碳素钢珠光体片间距与过冷度的关系，曲线 1 是原图的直线，为线性关系，是不确切的。曲线 2 是本书作者重新描绘的，为非线性关系，较符合实际。过冷度越大，珠光体片间距越小，依次转变为珠光体、索氏体、托氏体，托氏体的片间距最小。只有当过冷度很小时，才有近似的线性关系，总的来看是非线性的。

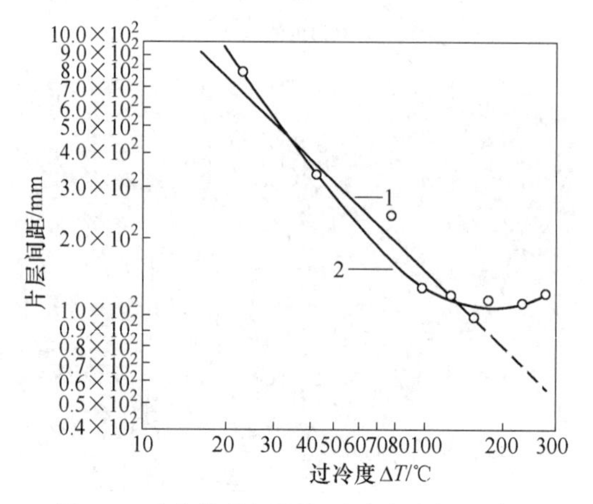

图 3-7　珠光体片间距与过冷度之间的关系

3.1.4　珠光体表面浮凸

以往认为珠光体转变不存在表面浮凸现象。2008 年，刘宗昌等应用扫描电镜和扫描隧道显微镜研究共析钢过冷奥氏体在试样表面转变的情况时，发现表面珠光体存在表面浮凸现象。珠光体表面浮凸的发现具有重要理论价值。

将 T8 钢在真空热处理炉中加热到 1050℃奥氏体化，保温后炉冷。对光亮的真空退火后的试样，不进行任何处理，即不经硝酸酒精浸蚀，随即用扫描电镜直接进行观察，结果发现具有珠光体组织形貌的表面浮凸，如图 3-8 所示。可见，试样表面白亮的片条是渗碳体的凸起，灰暗色片条为铁素体片，晶界灰暗色的为先共析铁素体。

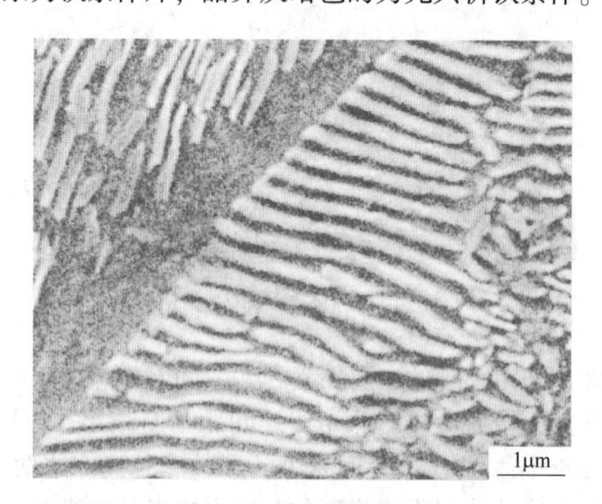

图 3-8　T8 钢片状珠光体表面浮凸（SEM）

将真空热处理后的试样，再直接用扫描隧道显微镜观测，发现试样表面存在浮凸，其形貌与片状珠光体组织一致。接着测定了浮凸的尺度。如图 3-9 所示，图 3-9（a）是片状珠光体的表面浮凸形貌，图 3-9（b）是对应的图 3-9（a）中的箭头所指的珠光体浮凸高度剖面线。

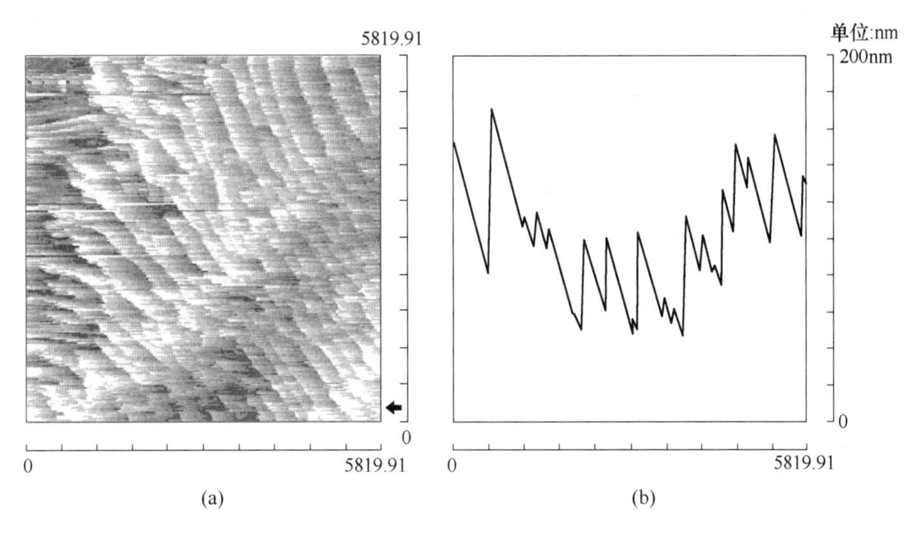

图 3-9 STM 片状珠光体表面浮凸
（a）STM 浮雕图像；（b）图（a）中箭头所指的高度剖面线

研究表明珠光体表面浮凸是由于各相比体积差引起的。过冷奥氏体的各类相变均为一级相变，即 $\left(\frac{\partial\mu^{\alpha}}{\partial p}\right)_T \neq \left(\frac{\partial\mu^{\beta}}{\partial p}\right)_T$，所以 $V^{\alpha} \neq V^{\beta}$。即新相和旧相体积不等。对于过冷奥氏体转变为马氏体、贝氏体、珠光体，体积都是膨胀的。过冷奥氏体在试样表面发生相变与在其内部转变具有不同的相变环境。因此，试样表面的奥氏体相变膨胀时，与试样内部不同，内部的奥氏体转变为珠光体时，相变膨胀受到三向压应力；而试样表面层的奥氏体转变时，试样表面上的两个方向，即 x、y 方向，新相长大受到 x 和 y 两个方向和 $-z$ 方向的压力或阻力，而垂直于表面的 $+z$ 方向上，可向空中自由膨胀，如图 3-10（a）所示。从而，在表面层的奥氏体转变时，必然产生不均匀的体积膨胀。如果应变 $\varepsilon_x = 0$，$\varepsilon_y = 0$，则体积膨胀造成的应变将集中在 z 向，即 $\varepsilon_z > 0$。造成表面鼓起，即浮凸。

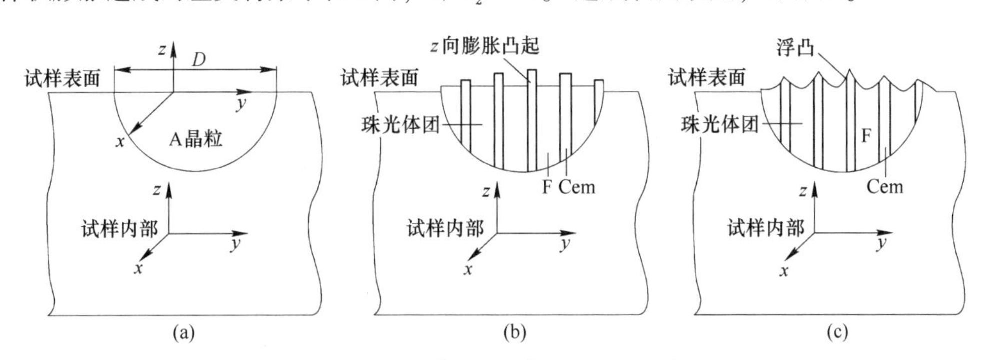

图 3-10 奥氏体→珠光体表面浮凸示意图
（a）直径为 D 的奥氏体晶粒被切于试样表面；（b）一个珠光体团中渗碳体片和铁素体片向 z 方向膨胀凸起分析图；（c）珠光体组织浮凸形貌形成示意图

应当指出，渗碳体片的膨胀凸起不是孤立的，它与两侧的铁素体片相连接，由于比体积不同，膨胀不协调，必然相互拉压而产生应变。形成复杂的表面畸变应力，从而引起表面畸变。各相之间的拉应力阻碍向表面的凸起，使得产生凸起部分和未凸起或凸起小的部分之间存在过渡区，由未凸起或凸起小的部分向凸起的峰值渐变，在高度剖面线上出现“山坡”，这样，渗碳体片应变而变成“∧”形，而铁素体应变成“∨”形，这就是珠光体浮凸高度剖面线上的曲线峰的形状的来源。

珠光体表面浮凸的成因是：当奥氏体转变为珠光体（$F+Fe_3C$）时，渗碳体和铁素体均比奥氏体的比体积大，体积膨胀。试样表面层的奥氏体转变为片状珠光体时，在垂直于表面的方向，膨胀的自由度较大，膨胀不均匀，因而产生浮雕，即形成表面浮凸效应。

总之，奥氏体过冷到 A_1 以下共析分解为铁素体和碳化物，形成各种形貌的珠光体组织，是奥氏体系统自组织的结果。珠光体有片状、粒状、针状、柱状、棒状、类珠光体以及“相间沉淀”等多种形貌，但其本质相同，均是铁素体基体上分布着碳化物的整合组织。珠光体相变时发生体积膨胀，在试样表面出现浮凸。

3.2　珠光体转变机理

3.2.1　珠光体转变热力学

过冷奥氏体在临界点 A_1 以下，将要发生珠光体相变。由于温度较高，原子能够充分扩散，相变所需的自由能较小，因此，在较小的过冷度下就可以发生转变。

钢中奥氏体共析分解为铁素体和渗碳体，通过实验测得共析钢奥氏体转变为珠光体的热焓，推导出各个温度下的奥氏体与珠光体的自由能之差，如图 3-11 所示。可见，自由能之差为负值时，过冷奥氏体分解为珠光体是自发的过程。自由能之差为零时，各种钢的转变温度在 710~730℃之间，即为临界点 A_1。

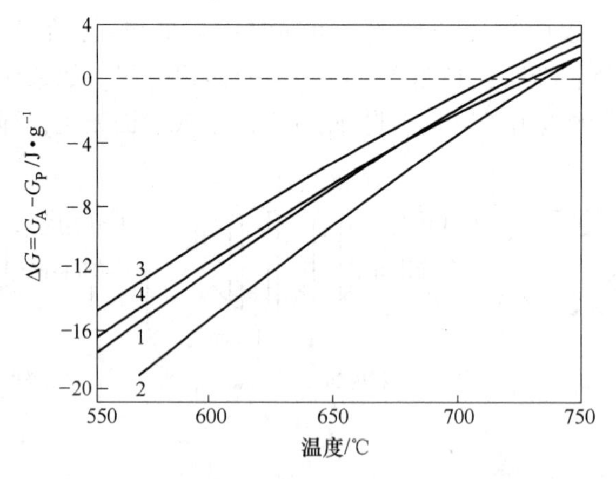

图 3-11　奥氏体与珠光体的自由能之差与温度的关系

1—碳素钢；2—1.9%Co 钢；3—1.8%Mn 钢；4—0.5%Mo 钢

应用奥氏体、铁素体和渗碳体各相的自由焓变化可以分析珠光体相变的温度条件和各相转化的途径。从图 3-12 可以看出，有 3 条自由能曲线，即 α、γ、渗碳体 Cem 3 个相的自由能随成分变化的曲线。从图中可见三条公切线，a 浓度的 α 与 c 浓度的 γ；a' 浓度的 α 加 Cem 相结合的自由能曲线（公切线）；d 浓度的 γ 加 Cem 相结合的自由能曲线（公切线)。可见，其中 a' 浓度的 α 加 Cem 的自由能曲线（公切线）处于最低的位置，因此，(铁素体+渗碳体) 是最终的转变产物。

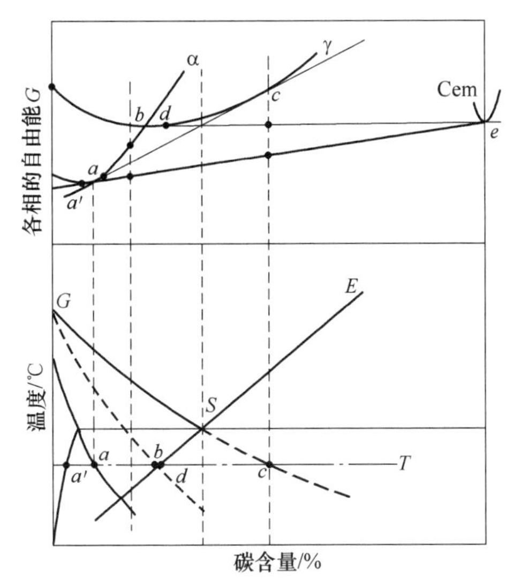

图 3-12　Fe-C 合金在 A_1 以下各相自由能变化示意图

从图中可见，含碳量大于 c 的 γ，可以转变为 d 浓度的 γ 加 Cem，更可以转变为 a' 浓度的 α 加 Cem。值得指出的是，具有共析成分的 γ，可以同时分解为 α+γ、α+Cem、γ+Cem 三相共存。由于浓度接近平衡态的铁素体+渗碳体的整合组织的自由能最低，所以过冷奥氏体分解的产物就是铁素体+渗碳体两相组成的整合组织，即珠光体。

3.2.2　珠光体相变机理

过冷奥氏体远离平衡态，在 A_{r1} 温度发生共析反应，如共析碳钢的共析反应式为：

$$A \longrightarrow P(F + Fe_3C)$$

珠光体（P）是过冷奥氏体共析分解的产物，由两相（$F+Fe_3C$）构成，是一个整体，作为一个反应的产物是同时同步生成的。钢中的珠光体是过冷奥氏体分解为共析铁素体和共析碳化物的过程。

过冷奥氏体中的贫碳区和富碳区是珠光体转变的一个必要条件。无论是高碳钢、中碳钢、还是低碳钢，在其奥氏体中本来就存在贫碳区和富碳区。碳原子在奥氏体中的分布是不均匀的，奥氏体均匀化是相对均匀，不均匀是绝对的。

按照系统科学的自组织理论，远离平衡态，必出现随机涨落，奥氏体中必将出现贫碳区和富碳区的涨落。加上随机出现的结构涨落、能量涨落，一旦满足形核条件时，则在贫碳区建构铁素体的同时，在富碳区也建构渗碳体（或碳化物），二者是同时同步，共析共生，非线性相互作用，互为因果，形成一个珠光体的晶核（$F+Fe_3C$）。这种演化机制属于放大型的因果正反馈作用，它使微小的随机涨落经过连续的相互作用逐级增强，而使原系统（奥氏体）瓦解，建构新的稳定结构（珠光体）。因此，奥氏体分解时，是铁素体和渗碳体共析共生，同步形核的整合机制，不存在领先相，如图 3-13 所示。至今，尚未发现珠光体转变时单独的铁素体领先相晶核或者单独的渗碳体领先相晶核，也是不可能被发现的。在以往的教科书中，往往以渗碳体为领先相进行讲述形核、长大的过程，是不符合实际的，如图 3-14 所示。

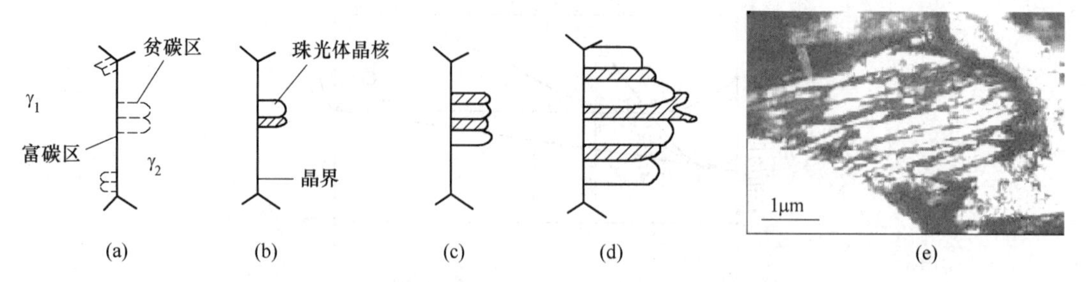

图 3-13　珠光体晶核（$F+Fe_3C$）的形成及长大新示意图

（a）在晶界处出现随机成分涨落；（b）形成珠光体晶核（$F+Fe_3C$）；（c），（d）晶核长大，形成珠光体团；（e）晶核在晶界形成并长大成珠光体团的 TEM 像

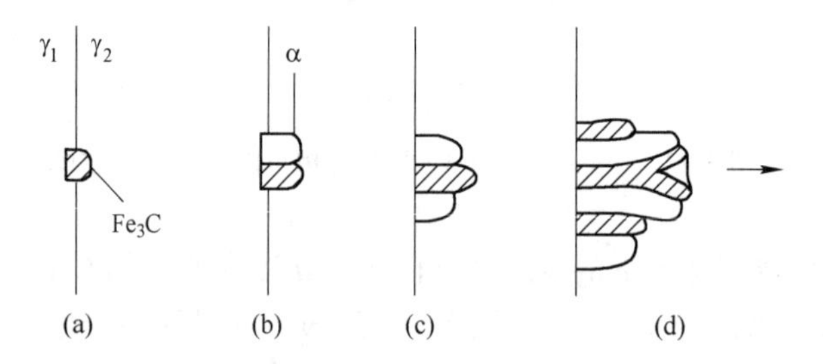

图 3-14　以渗碳体为领先相的形核、长大示意图

（a）渗碳体在晶界形核；（b）铁素体在渗碳体一侧形核；（c）重复形核长大；（d）分支长大

比较图 3-13 和图 3-14，可见在形核机制上有明显的不同。图 3-14（a）中在晶界上形成渗碳体的晶核，它不是珠光体的晶核，珠光体的晶核为两相（$F+Fe_3C$）。

如图 3-13（b）所示，珠光体晶核形成后，铁素体片和 Fe_3C 片将同时长大，它们各自旁侧的奥氏体中碳浓度将有不同的变化趋势。在铁素体旁侧的奥氏体中，碳原子逐渐增加，不断富碳，这有利于渗碳体的再形成；而渗碳体旁侧的奥氏体中，碳原子将不断贫化，这有利于铁素体的再形成。这样轮流出现，珠光体核不断长大，如图 3-13（c）~（e）所示，逐渐形成一个珠光体领域。图 3-13（e）为 42MnV 钢的珠光体晶核在奥氏体晶界形成并向一侧奥氏体晶粒内长大，形成的一个珠光体领域。

3.2.3　珠光体转变中的位向关系

研究指出，珠光体晶核在晶界形成时，存在位向关系。其中的渗碳体与两个奥氏体晶粒 γ_1、γ_2 中的一个（如 γ_1）保持一定的晶体学位向关系，即：

$$(100)_{Fe_3C} // (\bar{1}11)_{\gamma_1}$$
$$(010)_{Fe_3C} // (110)_{\gamma_1}$$
$$(101)_{Fe_3C} // (\bar{1}12)_{\gamma_1}$$

珠光体中的铁素体与 γ_2 保持 K-S 关系：

$$(110)_\alpha // (111)_\gamma$$

$$[1\bar{1}1]_\alpha // [0\bar{1}1]_\gamma$$

在珠光体中，铁素体和渗碳体之间的晶体学取向关系有两种，一种是 Pitsch-Petch 关系：

$$(001)_{Fe_3C} // (5\bar{2}\bar{1})_\alpha$$

$$[100]_{Fe_3C}\ (2°\sim3°)\ //\ [13\bar{1}]_\alpha$$

$$[010]_{Fe_3C}\ (2°\sim3°)\ //\ [113]_\alpha$$

另一种是 Bagayatski 关系：

$$(001)_{Fe_3C} // (211)_\alpha$$

$$[100]_{Fe_3C} // [0\bar{1}1]_\alpha$$

$$[010]_{Fe_3C} // [1\bar{1}\bar{1}]_\alpha$$

3.2.4 珠光体晶核的长大

珠光体晶核的长大过程有赖于碳从铁素体前沿富碳奥氏体向渗碳体前沿贫碳奥氏体中扩散，于是失碳的奥氏体发生晶格重构变为铁素体，增碳奥氏体则析出渗碳体，使渗碳体和铁素体实现长大。铁素体和渗碳体的交互形成、互为因果、非线性相互作用、重复进行、迅速沿着晶界展宽，使珠光体团长大。珠光体的长大依靠铁素体和渗碳体的协同长大进行。这样，由一个珠光体核长大而成的平行片区称为珠光体领域。

共析碳钢中珠光体的实测长大速度约为 50μm/s。可能与铁素体和渗碳体的非线性相互协同作用有关。如果按体扩散计算所得的铁素体长大速度为 0.16μm/s，渗碳体为 0.064μm/s。远小于珠光体长大的实测值。因此，认为珠光体长大速度主要通过界面扩散进行。如果界面扩散占主要地位，则以溶质原子的界面扩散系数 D_b 代替 D_c^γ，此时，珠光体领域的长大速度写为：

$$v = kD_b\ (\Delta T)^2 \tag{3-1}$$

式中，k 为比例系数；ΔT 为过冷度。

台阶机制长大是珠光体理论研究的一个新进展。共析铁素体和渗碳体两相与母相的相界面是由连续的长大台阶所耦合的。认为台阶长大有利于共析转变时的协同生长。转变时碳原子的位移和各相的相界面位置关系如图 3-15 所示。图 3-15（a）为一个珠光体晶核侧向长大和端向长大的示意图，图中的小箭头表示碳原子沿着 F/A 相界面的扩散方向。图 3-15（b）表示铁素体和渗碳体两相的界面位置。铁素体长大时，排出碳原子，使 F/A 相界面处碳原子浓度增加，其“邻居”即渗碳体的长大正需要消耗碳原子，使 C/A 相界面处的碳原子浓度降低，此时在化学势作用下，碳原子迅速沿着相界面扩散到渗碳体前沿，协助渗碳体长大；而铁素体前沿的碳原子浓度降低则有利于铁素体的长大。铁素体长大需要铁原子的供应，渗碳体长大排出的铁原子则沿着相界面扩散到铁素体前沿，促进铁素体长大。这就是两相协同竞相长大机制。台阶则促进协同长大过程。

按着珠光体长大的经典理论，F/A、C/A 界面端刃部是非共格结构。但是，这两个相界面应具有半共格结构，否则珠光体的两个组成相与母相之间不会有任何晶体学取向关

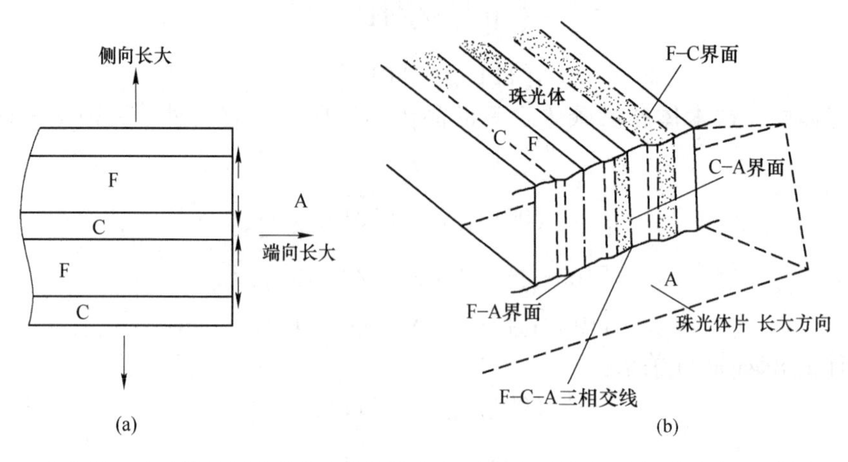

图3-15 珠光体转变时碳原子的扩散方向（a）和各相界面位置（b）示意图

系。而实验结果已经表明有晶体学取向关系。这就说明，经典长大理论不完善。许多实验结果表明，晶粒界、孪晶界可使长大停止或改变单个珠光体片的长大方向，晶粒界往往阻碍珠光体的发展，破坏珠光体片层特征。这些表明界面非共格无序的长大是不正确的。

S. A. Hackney用高分辨率透射电子显微镜研究了Fe-0.8C-12Mn合金的珠光体转变，观察了F/A、C/A界面的结构及界面形成过程。发现在界面上存在平直的相界面、错配位错及台阶缺陷，台阶高度为4~8nm，且台阶是可动。认为珠光体长大时，界面迁移依赖台阶的横向运动。

3.3 钢中粒状珠光体的形成

粒状珠光体在力学性能和工艺性能方面都有一定优越性，因此希望碳化物不是以片状而是以颗粒状存在，即得到粒状珠光体组织。

获得粒状珠光体组织的途径有两个，一是加热转变不充分，将过冷奥氏体缓冷而得到；另一个是片状珠光体的低温退火球化而获得。

3.3.1 特定条件下过冷奥氏体的分解

若使过冷奥氏体分解为粒状珠光体组织，需要特定的加热和冷却条件。

首先，将钢进行特定的奥氏体化，即奥氏体化温度较低，加热转变没有充分完成，在奥氏体中尚存在许多未溶的剩余碳化物，或者奥氏体成分很不均匀，存在许多微小的富碳区。这些未溶的剩余碳化物将是过冷奥氏体分解时的非自发核心。在富碳区易于形成碳化物。这些为粒状珠光体形核创造了有利条件。

其次，需要特定的冷却条件，即过冷奥氏体分解的温度要高。在A_1稍下，较小的过冷度下等温，即等温转变温度高，等温时间要足够长，或者冷却速度极慢。

满足上述两个特定条件，就可以使得珠光体不以片状形成，而以颗粒状碳化物+铁素体共析分解。最终获得粒状珠光体组织。在这种特定条件下，珠光体易于形核，以未溶的剩余碳化物为非自发核心，形成珠光体晶核（$F+Fe_3C$），其中渗碳体不是片状而是颗粒状，向四周长大，长大成颗粒状的碳化物。颗粒状的碳化物长大过程中其周围的铁素体也不断向奥氏体中生长。最后形成以铁素体为基体的，其上分布着颗粒状碳化物的粒状珠光体组织。

工业上工具钢的球化退火就采用这种方法和原理。

3.3.2　片状珠光体的低温退火

如果原始组织为片状珠光体，将其加热到 A_1 稍下的较高温度长时间保温，片状珠光体能够自发地变为颗粒状的珠光体。这是由于片状珠光体具有较高的界面能，转变为粒状珠光体后系统的能量降低，是个自发的过程。

片状珠光体由渗碳体片和铁素体片构成。渗碳体片中有位错，形成亚晶界，铁素体与渗碳体的亚晶界接触处形成凹坑，在凹坑两侧的渗碳体与平面部分的渗碳体相比，具有较小的曲率半径。在与坑壁接触的固溶体具有较高的溶解度，将引起碳在铁素体中扩散并以渗碳体的形式在附近平面渗碳体上析出，为了保持平衡，凹坑两侧的渗碳体尖角将逐渐被溶解，而使曲率半径增大。这样，破坏了此处的相界表面张力平衡，为了保持这一平衡，凹坑将因渗碳体继续溶解而加深。这样进行下去，渗碳体片将溶穿、溶断。然后再通过尖角溶解，平面处长大逐渐成为球状。图 3-16 表示了渗碳体片溶断、球化过程。

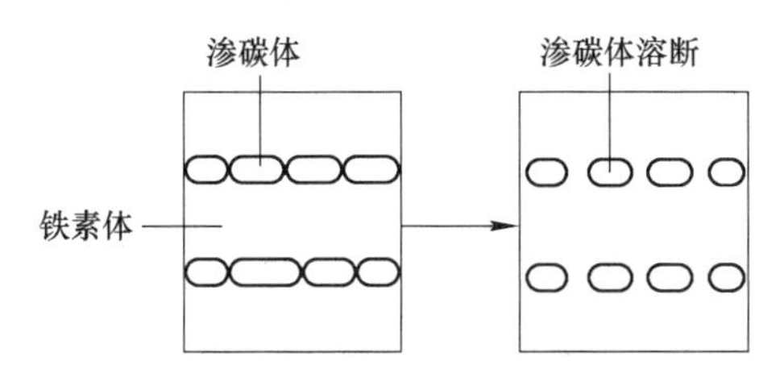

图 3-16　渗碳体片溶断、球化过程示意图

片状珠光体被加热到 A_{c1} 以上时，在奥氏体形成过程中，尚未转变的片状渗碳体或网状渗碳体（或其他碳化物）也会按上述规律溶解、溶断、并聚集球化。

网状渗碳体在 A_1 ~ A_{cm} 之间的两相区，不能溶入奥氏体中，但是，在加热保温过程中也能发生溶断和球化，使得连续的碳化物网断开。由于网状碳化物往往比片状珠光体中的渗碳体片粗，所以球化过程需时较长。生产中，GCr15 等轴承钢热轧后往往存在细渗碳体网，采用 800~820℃退火即可消除网状，不必加热到 A_{cm}（900℃）以上正火破网，即可实现球化，图 3-17 为退火得到的粒状珠光体组织。

粒状珠光体也可以通过马氏体或贝氏体的高温回火来获得。马氏体和贝氏体在中温区回火得到回火托氏体组织，而高温区回火获得回火索氏体组织，进一步提高回火温度到 A_1 稍下保温，细小弥散的碳化物不断聚集粗化，最后可以得到较大颗粒状的碳化物，成为球状珠光体组织。这在碳素钢中比较容易实现。

应当指出的是，许多合金结构钢、合金工具钢的淬火马氏体或贝氏体组织在高温回火时难以获得回火索氏体组织或粒状珠光体组织，因为基体 α 相再结晶十分困难。虽然回火时间较长，然而 α 相基体仍然保持着原来的条片状形貌，碳化物颗粒也很细小，这种组织形态仍然称为回火托氏体。如 718（德国）塑料模具钢，淬火得到贝氏体组织，然后

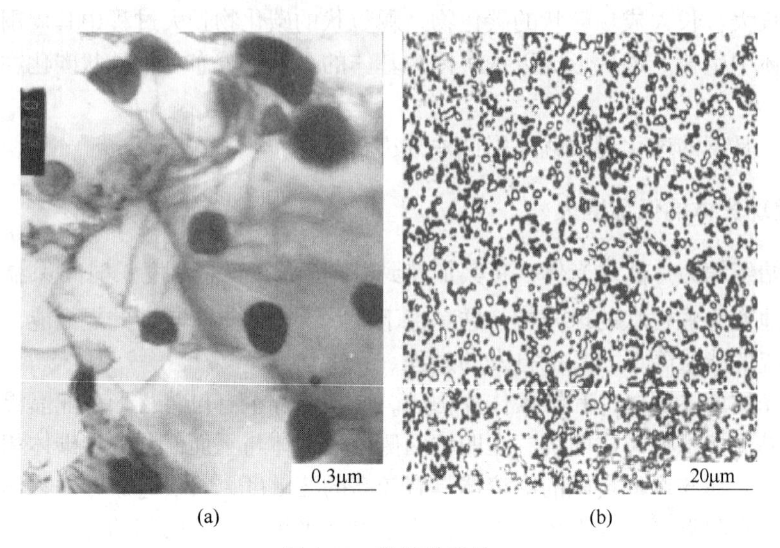

图 3-17　粒状珠光体
（a）H13 钢球状珠光体（TEM）；（b）轴承钢的粒状珠光体组织（OM）

于 620℃回火 6h，仍然得到回火托氏体组织，如图 3-18 所示。从图中仍然可以看到贝氏体条片状铁素体形貌的痕迹。这类钢只有在更高的温度下回火更长的时间，使碳化物聚集长大成球状和颗粒状，铁素体发生再结晶后才能获得回火索氏体组织。

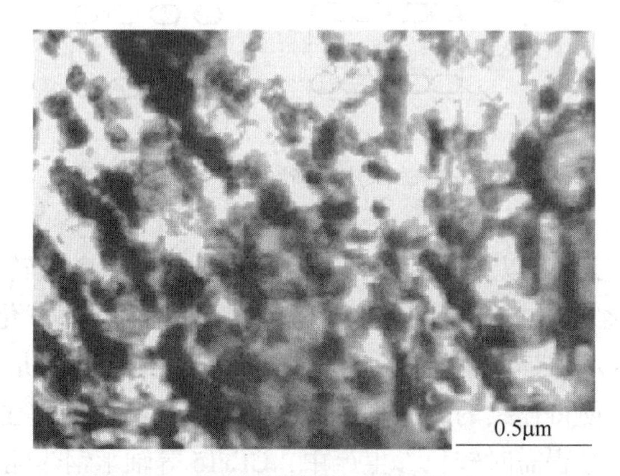

图 3-18　718 钢回火托氏体组织（TEM）

3.4　珠光体转变动力学

珠光体转变是通过形核与长大进行的。转变速度取决于形核率和长大速度，珠光体的等温形成过程可以用 Johnson-Mehl 方程和 Avrami 方程来描写。

3.4.1　珠光体形核率及长大速度

过冷奥氏体转变为珠光体的动力学参数，形核率（N）和长大速度（G）与转变温度的关系都具有极大值特征。图 3-19 为共析钢（0.78%C，0.63%Mn）形核率 N、长大速度

G 与温度的关系图解。可见，形核率 N、长大速度 G 均随着过冷度的增加先增后减，在 550℃附近有极大值。这是由于随着过冷度的增加，奥氏体和珠光体的自由焓差增大，故使形核率 N、长大速度 G 增加。另外，随着过冷度的增加转变温度降低，将使奥氏体中的碳浓度梯度加大，珠光体片间距减小，扩散距离缩短这些因素都促使形核率 N、长大速度 G 增加。

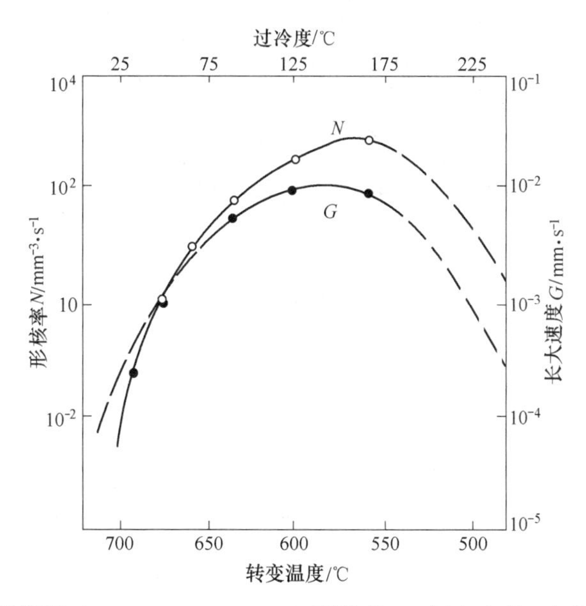

图 3-19 共析钢（0.78%C，0.63%Mn）形核率 N、长大速度 G 与温度的关系

随着过冷度的继续增大，分解温度越来越低，原子活动能力越来越小，因而转变速度逐渐变小。这样在形核率 N、长大速度 G 与温度的关系曲线上就出现了极大值。

形核率 N 还与转变时间有关，随着时间的延长，晶界形核很快达到饱和故使形核率降低；长大速度 G 与等温时间无关。温度一定时，G 为定值。

3.4.2 过冷奥氏体等温转变 C-曲线

过冷奥氏体等温转变 C-曲线可以采用金相法、硬度法、膨胀法、磁性法和电阻法测定。现常用相变膨胀仪测定钢的临界点、等温转变动力学曲线和等温转变 C-曲线——TTT 图。具体测定方法可参考有关手册。

图 3-20 为应用全自动相变膨胀仪测定的 P20（美国）塑料模具钢的过冷奥氏体转变动力学曲线。图中绘出了不同等温温度下测定的转变量与时间的关系曲线，即动力学曲线。图中，每一条曲线都有转变开始时间——孕育期，以及转变终了时间。在转变量为 50%时，曲线的斜率最大，说明转变速度最快。这个动力学曲线比较复杂，它包括了珠光体相变和贝氏体相变，也测出了马氏体点，即 M_s 点。

如果将纵坐标换成转变温度，横坐标仍然为时间，将各个温度下的转变量，转变开始和转变终了的时间绘入图中，并且将各个温度下珠光体转变开始时间连接成一条曲线，转变终了时间连接成另一条曲线即可得到等温转变动力学图，即 TTT 图。它将转变温度、转变时间、转变量三者整合在一起。由于该图呈现“C”形，故也称 C-曲线。图 3-21 为

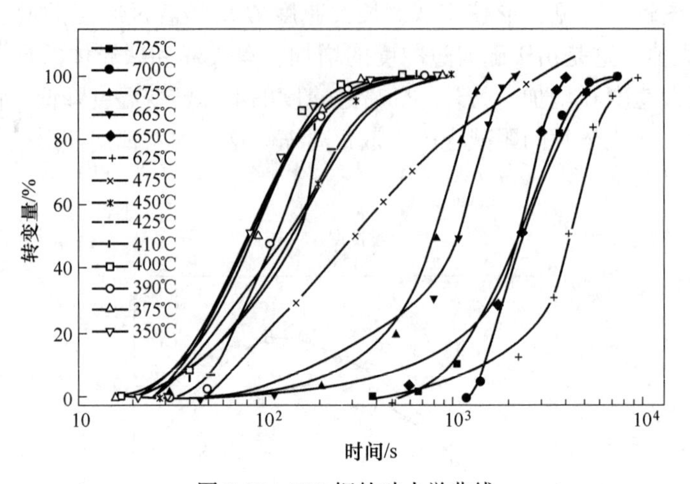

图 3-20　P20 钢的动力学曲线

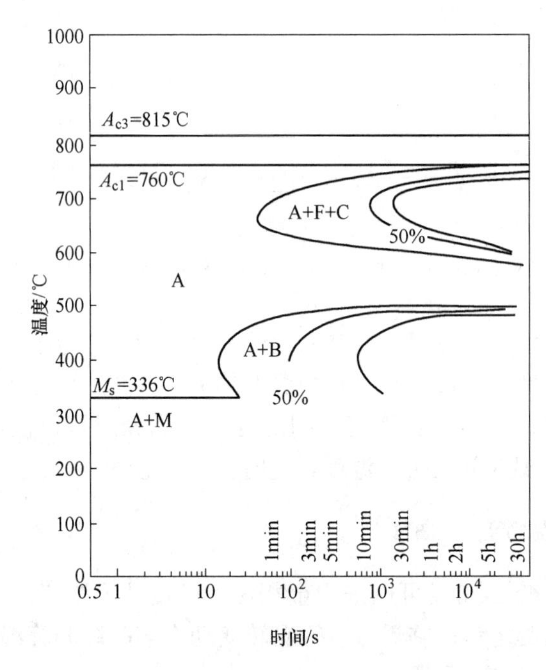

图 3-21　P20 钢的等温转变图——TTT 图

P20 钢的动力学曲线转换来的 TTT 图，在高温区有珠光体转变 C-曲线，在中温区有贝氏体相变 C-曲线，在两条 C-曲线之间的温度区域是过冷奥氏体的亚稳区，一般称为“海湾区”。

碳素钢的 TTT 图较为简单，只有一条 C-曲线，共析分解和贝氏体相变在 550℃附近重叠、交叉。如共析碳素钢的动力学图如图 3-22 所示。

从动力学图上可以看出：

（1）珠光体（或贝氏体）形成初期有一个孕育期，它是指等温开始到发生转变的这段时间。

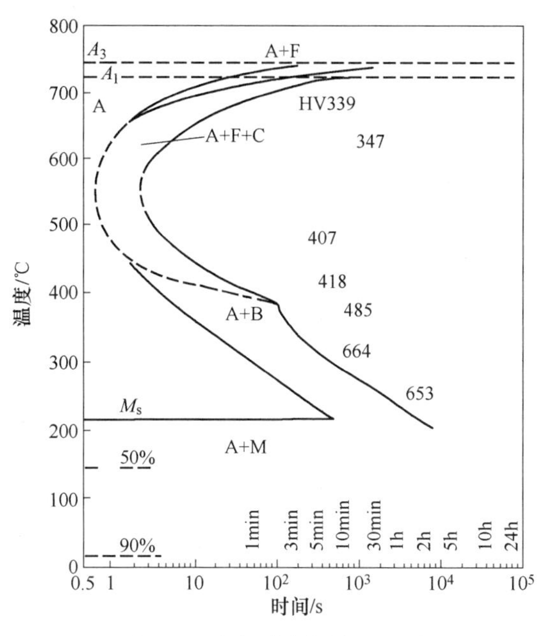

图 3-22 共析碳素钢的 TTT 图

（2）等温温度从临界点 A_1 点逐渐降低时，相变的孕育期逐渐缩短，降低到某一温度时，孕育期最短，温度再降低，孕育期又逐渐变长。

（3）从整体上看，一般来说，随着时间的延长，转变速度逐渐变大，达到 50%的转变量时，转变速度最大，转变量超过 50%时，转变速度复又降低。

对于亚共析钢在转变动力学图的左上方，有一条先共析铁素体的析出线，如图 3-23 所示为碳素钢 45 钢的等温转变图。

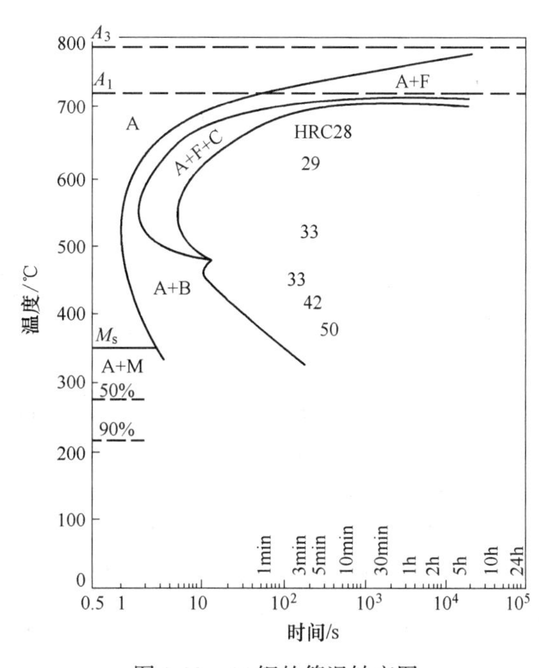

图 3-23 45 钢的等温转变图

对于过共析钢，如果奥氏体化温度在 A_{cm} 以上，则在珠光体转变动力学图的左上方，有一条先共析渗碳体的析出线，如图 3-24 所示。可见，图中左上方的那条曲线表示过冷奥氏体析出先共析渗碳体的开始线。

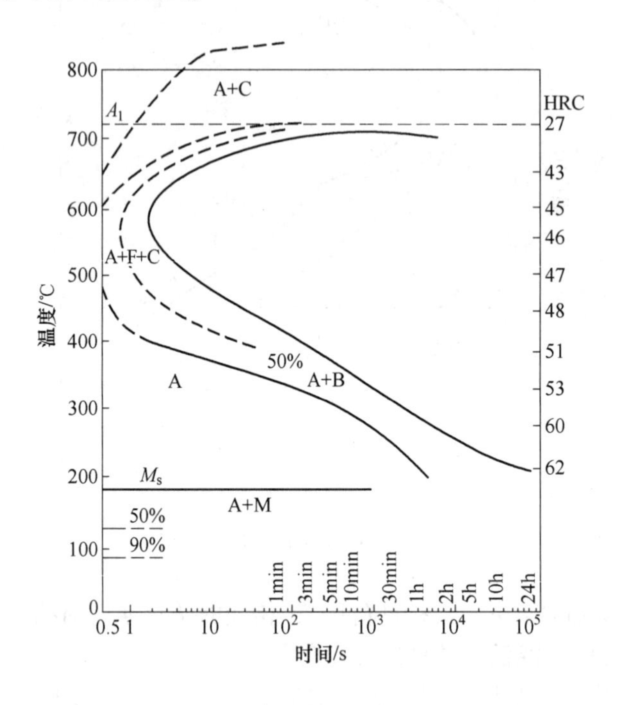

图 3-24　T11 钢的等温转变动力学图

3.4.3　退火用 TTT 图

结构钢和工具钢的 TTT 图多为淬火用，即测定 TTT 图时采用的奥氏体化温度较高，往往与零件的淬火温度相匹配。但是工模具钢在软化退火、球化退火时，奥氏体化温度较低，往往在 A_{c1} 稍上的两相区中加热。因此，这些动力学曲线不能作为退火的参数。为使工具钢轧锻材的退火工艺更加科学，达到有效软化的目的，刘宗昌等应用全自动相变膨胀仪测定了各种钢的退火用 TTT 图和 CCT 图。

图 3-25 是 H13 钢退火用 TTT 图。美国坩埚钢公司于 1010℃奥氏体化测得的 TTT 图如图 3-26 所示。从上述两图可见，在曲线形状上大体相似，但转变线的位置不同。于 880℃奥氏体化所测的 TTT 图中，珠光体转变的“鼻温”约为 750℃，珠光体转变的孕育期约为 50s，转变终了时间约为 4min。而 1010℃奥氏体化测得的 TTT 图中珠光体转变线向右下方移动，鼻温降为 715℃，珠光体转变的孕育期大为延长，约为 20min，转变终了的时间更长，约为 2. 5h。贝氏体转变也被推迟了，而且看不见贝氏体转变终了线，原因是提高奥氏体化温度后，奥氏体中将溶解更多的碳含量，合金元素量也增加，从而使奥氏体稳定性增加，贝氏体相变被延迟。若用此 TTT 图来制订 H13 钢的等温退火工艺，无论加热温度和保温时间都不可取，那将使退火周期延长，硬度也不容易保证。

研究表明，在 A_1 稍上加热，在 A_1 稍下等温，才能有效地软化。（1）在 A_1 稍上奥氏

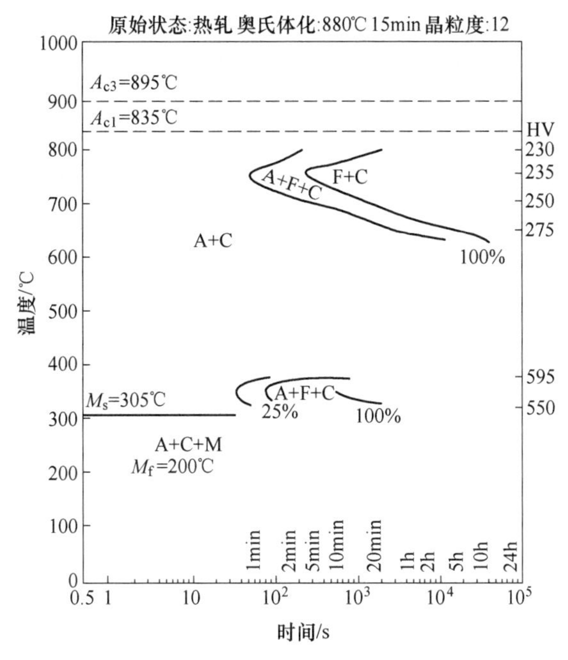

图 3-25 H13 钢退火用 TTT 图

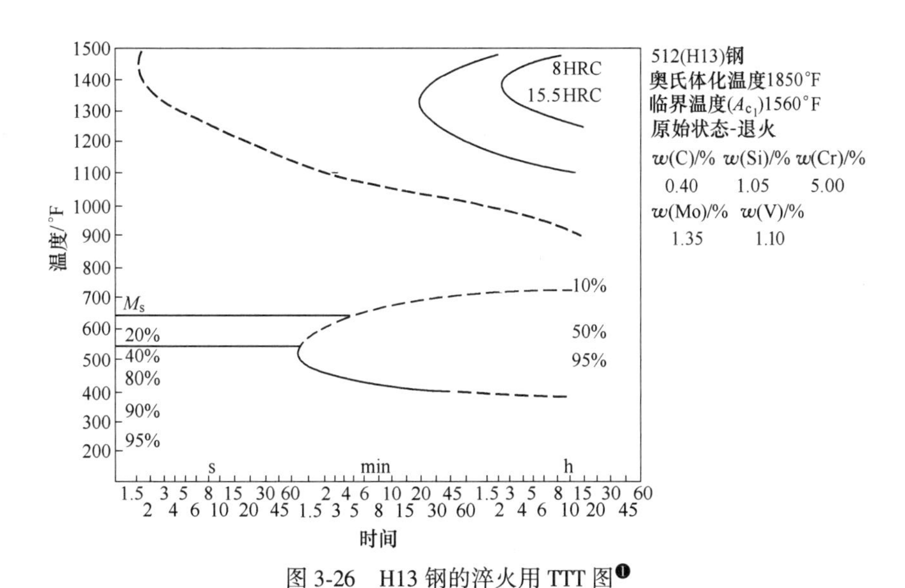

图 3-26 H13 钢的淬火用 TTT 图[1]

体化，由于刚刚超过 A_{c1}，碳化物溶解较少，溶入奥氏体中的碳及某些合金元素含量少，这样的奥氏体稳定性差，较易快速分解；同时，固溶体中碳化物形成元素少，固溶强化作用较小。（2）在 A_1 稍下等温分解，过冷度小，形核率低，析出的碳化物颗粒数较少，而且，在此较高温度下，原子扩散速度快，容易聚集粗化，降低硬度。这些相变热力学和动

[1] 摄氏度 $=\frac{4}{5}\times$（华氏度-32）。

力学因素对退火软化是有利的。

应用 ForMastor-Digital 全自动相变膨胀仪可测定退火用 TTT 图和 CCT 图，可以使退火温度与 C-曲线的奥氏体化温度相匹配。使轧锻材的退火软化工艺更加科学合理。如 H13 钢的淬火用 TTT 图是美国人在 1010℃奥氏体化情况下测定的，如图 3-26 所示。它不能作为软化退火的工艺的指导参数。而新测定的退火用动力学图的奥氏体化温度为 880℃，如图 3-25。软化退火工艺采用 870℃，工艺参数与 TTT 图正好相匹配。

从退火用 TTT 图可见，铁素体-珠光体的转变终了线向左方移动，转变完成的时间缩短，因此可使退火周期缩短，生产率提高，在工程应用上有重要意义。

3.4.4 连续冷却转变动力学——CCT 图

在实际生产中，大多数工艺是在连续冷却的情况下进行的。过冷奥氏体在连续冷却过程中发生各类相变。连续冷却转变既不同于等温转变，又与等温转变有密切的联系。连续冷却过程可以看成是无数个微小的等温过程。连续冷却转变就是在这些微小的等温过程中孕育、长大的。

连续冷却转变 C-曲线与 TTT 图不同，如图 3-27 为共析钢的 CCT 图与 TTT 图的比较。实线为 CCT 图，虚线为 TTT 图。它的主要区别在于：

（1）等温转变在整个转变温度范围内都能发生，只是孕育期有长短；但是连续冷却转变却有所谓不发生转变的温度范围，如图中转变中止线以下的 200~450℃。

（2）CCT 图比 TTT 图向右下方移动，说明连续冷却转变发生在更低的温度和需要更长的时间。CCT 图总是位于 TTT 图的右下方。

（3）共析碳素钢和过共析碳素钢在连续冷却转变中不出现贝氏体转变，如图 3-27 中所示的“转变终止”。

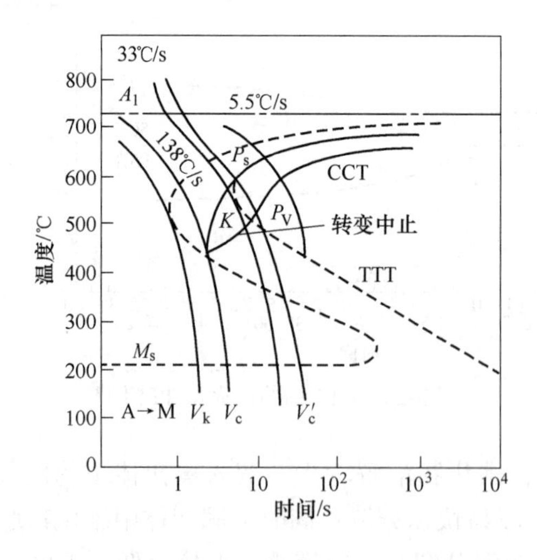

图 3-27 共析钢的 CCT 图与 TTT 图的比较

对于合金钢，在连续冷却转变中，一般有贝氏体转变发生，贝氏体相变区与珠光体相变区往往分离。图 3-28 所示为 S7 钢的退火用 CCT 图，合金钢的 CCT 图更加复杂。

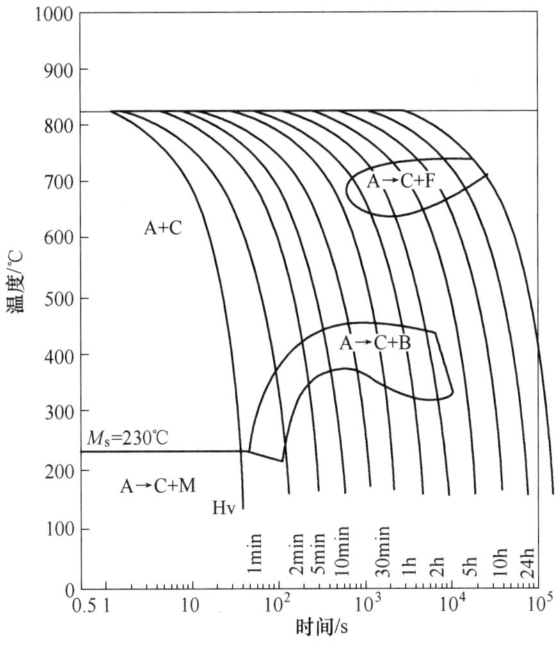

图 3-28　S7 钢的退火用 CCT 图

3.5　影响珠光体转变的内在因素

钢作为一个开放系统，其相变的发生取决于系统所处的内、外部条件。内在因素为过冷奥氏体的化学成分、组织结构状态；外部因素则包括加热温度、加热时间、冷却速度、应力及变形等。这里仅说明影响共析分解反应的内在因素。

3.5.1　奥氏体状态

奥氏体状态指奥氏体的晶粒度、成分不均匀性、晶界偏聚情况、剩余碳化物量等，这些因素会对奥氏体的共析分解产生重要影响。如在 $A_{c1} \sim A_{ccm}$ 之间加热时，存在剩余碳化物，成分也不均匀，具有促进珠光体形核及长大的作用，剩余碳化物颗粒可作为形核的非自发核心，因而使转变速度加快。

加热温度不同，奥氏体晶粒大小不等，则过冷奥氏体的稳定性不一样。细小的奥氏体晶粒，单位体积内的界面积大，珠光体形核位置多，也将促进珠光体转变。

奥氏体晶界上偏聚硼、稀土等元素时，将提高过冷奥氏体的稳定性，延缓珠光体的形核，使 C-曲线向右移，阻碍过冷奥氏体的共析分解。

3.5.2　奥氏体溶碳量的影响

只有将钢加热到奥氏体单相区，完全奥氏体化，奥氏体的碳含量才与钢中的碳含量相同。如果亚共析钢和过共析钢只加热到 A_1 稍上的两相区（$\alpha+\gamma$ 或 $\gamma+Fe_3C$），那么，其奥氏体的碳含量不等于钢中的碳含量，这样的奥氏体具有不同的分解动力学。

固溶在奥氏体中的碳含量会影响奥氏体的共析分解。在亚共析钢中，随着碳含量的增高，先共析铁素体析出的孕育期增长，析出速度减慢，共析分解也变慢。这是由于在相同条件下，亚共析钢中碳含量增加时，先共析铁素体形核概率变小，铁素体长大所需扩散离去的碳量增大，因而，铁素体析出速度变慢。由此引发的珠光体形成速度也随之而减慢。

在过共析钢中，当奥氏体化温度为A_{ccm}以上时，碳元素完全溶入奥氏体中，这种情况下，碳含量越高，碳在奥氏体中的扩散系数增大，先共析渗碳体析出的孕育期缩短，析出速度增大。碳会降低铁原子的自扩散激活能，增大晶界铁原子的自扩散系数，则使珠光体形成的孕育期随之缩短，增加形成速度。

相对来说，对于共析钢而言，完全奥氏体化后，过冷奥氏体较为稳定，分解较慢。

3.5.3　合金元素的影响

合金元素溶入奥氏体中则形成合金奥氏体，随着合金元素数量和种类的增加，奥氏体变成了一个多组元构成的复杂的整合系统，合金元素对奥氏体分解行为，以及铁素体和碳化物两相的形成均产生影响，并对共析分解过程从整体上产生影响。合金奥氏体共析分解而形成的珠光体是由合金铁素体和合金渗碳体（或特殊碳化物）两相构成的。从平衡状态来看，非碳化物形成元素（Ni、Cu、Si、Al、Co 等）与碳化物形成元素（Cr、W、Mo、V 等）在这两相中的分配是不同的。后者主要存在于碳化物中，而前者则主要分布在铁素体中。因此，为了完成珠光体转变，必定发生合金元素的重新分配，

3.5.3.1　对共析分解时碳化物形成的影响

奥氏体中含有 Nb、V、W、Mo、Ti 等强碳化物形成元素时，在奥氏体分解时，应形成特殊碳化物或合金渗碳体$(Fe、M)_3C$。过冷奥氏体共析分解将直接形成铁素体+特殊碳化物（或合金渗碳体）的有机结合体，而不是铁素体+渗碳体的共析体。这是由于铁素体+特殊碳化物构成的珠光体比铁素体+渗碳体构成的珠光体系统的自由焓更低，更稳定。

钒钢中 VC 在 700~450℃范围生成；钨钢中$Fe_{21}W_2C_6$在 700~590℃范围生成；钼钢中$Fe_{23}Mo_2C_6$在 680~620℃范围生成。含中强碳化物形成元素铬的钢，当 Cr/C 比高时，共析分解时可直接生成特殊碳化物Cr_7C_3或$Cr_{23}C_6$。当 Cr/C 比低时，可形成富铬的合金渗碳体，如 Cr/C=2 时，在 600~650℃范围可直接生成含铬 8%~10%（质量分数）的合金渗碳体$(Fe, Cr)_3C$。含弱碳化物形成元素锰的钢中，珠光体转变时只直接形成富锰的合金渗碳体，其中锰含量可达钢中平均锰含量的 4 倍。

在碳钢中发生珠光体转变时，仅生成渗碳体，只需要碳的扩散和重新分布。在含有碳化物形成元素的钢中，共析分解生成含有特殊碳化物或合金渗碳体的珠光体组织。这不仅需要碳的扩散和重新分布，而且还需要碳化物形成元素在奥氏体中的扩散和重新分布。实验表明，间隙原子碳在奥氏体中的扩散激活能远小于代位原子钒、钨、钼、铬、锰的扩散激活能。在 650℃左右，碳在奥氏体中的扩散系数约为10^{10}cm/s，而此时，碳化物形成元素在奥氏体中的扩散系数为10^{-16}cm/s，后者比前者低 6 个数量级。由此可见，碳化物形成元素扩散慢是珠光体转变时的控制因素之一。含镍和钴的钢中只形成渗碳体，其中镍和钴的含量为钢中的平均含量，即渗碳体的形成不取决于镍和钴的扩散。含硅和铝的钢中，珠光体组织的渗碳体中不含硅或铝，即在形成渗碳体的区域，硅和铝原子必须扩散离去。这就是硅和铝提高过冷奥氏体稳定性的原因之一。

珠光体中碳化物形成的特点是：

（1）合金奥氏体转变为珠光体时，若该条件下的稳定相是特殊碳化物，则在转变初期就形成这种碳化物而不先形成渗碳体。

（2）若渗碳体稳定，则转变初期形成合金渗碳体，合金元素固溶于渗碳体中。

（3）若初期形成的是合金渗碳体，则随着保温时间的延长，亚稳相 Fe_3C 的量将逐渐减少，稳定的特殊碳化物会逐渐增多。

3.5.3.2 对共析分解中 γ→α 转变的影响

过冷奥氏体的共析分解是扩散型相变，γ→α 转变是通过扩散方式进行的，其转变动力学曲线同样具有 C 曲线形状。铬、锰、镍强烈推迟 γ→α 转变，钨和硅也推迟 γ→α 转变。单独加入钼、钒、硅在低含量范围对 γ→α 转变无影响，而钴则加快 γ→α 转变。

几种合金元素同时加入对 γ→α 转变的影响更大。除 Fe-Cr 合金中加镍和锰能阻碍γ→α 转变外，加入钨、钼甚至钴都能明显增长孕育期，减慢 γ→α 转变速度。

合金元素对 γ→α 转变的影响主要是提高 α 相的形核功或转变激活能。镍主要是增加 α 相的形核功。合金元素铬、钨、钼、硅都可提高 γ-Fe 原子自扩散激活能。若以 Cr-Ni、Cr-Ni-Mo 或 Cr-Ni-W 合金化时，可同时提高 α 相的形核功和 γ→α 转变激活能，有效地提高过冷奥氏体的稳定性。钴的作用特殊，当单独加入时可使铁的自扩散系数增加，加快 γ→α 转变；而钴和铬同时加入，则钴的作用正好相反，表明有铬存在时，钴能增加 γ 中原子间结合力，提高转变激活能。

硼的影响较为特殊，溶入奥氏体中的硼，偏聚于奥氏体晶界，若以 $Fe_{23}(B, C)_6$ 的形式析出，则与奥氏体形成低能量的共格界面，将奥氏体晶界遮盖起来，以低界面能的共格界面代替了原奥氏体的高能界面，从而使铁素体形核困难，强烈推迟了 γ→α 转变。

3.5.3.3 对珠光体长大速度的影响

从元素的单独作用看，大部分合金元素推迟奥氏体的共析分解，尤其是 Ni、Mn、Mo 的作用更加显著。如 Mo 可降低珠光体的形核率 N_s，如图 3-29 所示。

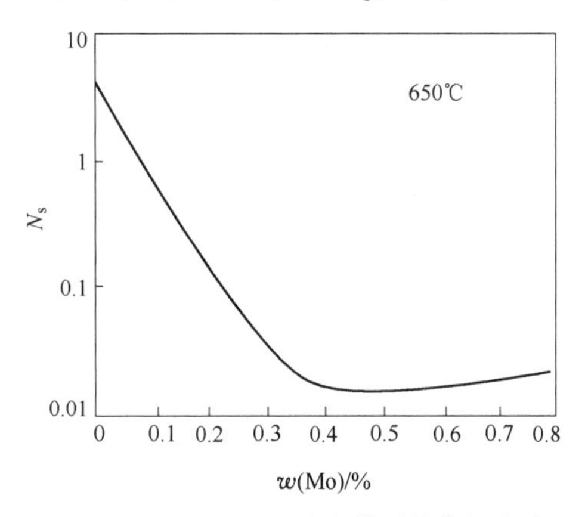

图 3-29 Mo 对 650℃ 珠光体形核率的影响

Ni、Cr、Mo 等合金元素提高了珠光体转变时 α 相的形核功和转变激活能，增加了奥氏体相中原子间的结合力，使得 γ→α 的转变激活能增加。Cr、W、Mo 等提高了 γ-Fe 的自扩散激活能，提高奥氏体的稳定性。合金元素综合加入时，多元整合作用更大。

如图 3-30 所示，Fe+Cr、Fe+Cr+Co、Fe+Cr+Ni 等合金系统表现了不同的作用。2.5% Ni 使 8.5%Cr 合金由 γ 向 α 转变的最短孕育期由 60s 增加到 20min，而 5%Co 使 8.05%Cr 合金的最短孕育期增到 7min。显然均显著推迟了 γ → α 转变。

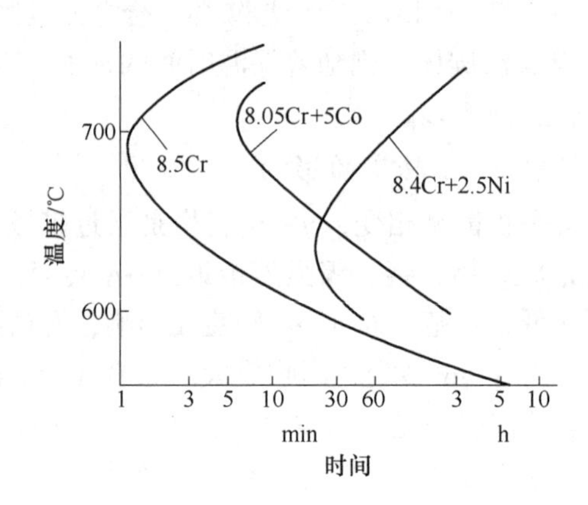

图 3-30　不同合金系对 γ → α 转变 5%的 TTT 的影响

3.5.4　合金奥氏体系统的整合作用

碳素钢中，奥氏体共析分解形成渗碳体时，只需碳原子的扩散和重新分布。但在合金钢中，形成合金渗碳体或特殊碳化物则需碳化物形成元素也扩散和重新分布。因此，碳化物形成元素在奥氏体中扩散速度缓慢是推迟共析转变的极为重要的因素。

对于非碳化物形成元素，铝、硅在共析转变时，Al、Si 原子必须从渗碳体形核处扩散离去，渗碳体才能形核、长大。这是 Al、Si 提高奥氏体稳定性，阻碍共析分解的原因。

稀土元素原子半径太大，难以固溶于奥氏体中，但它可以微量地溶于奥氏体的晶界等缺陷处，降低晶界能，从而影响奥氏体晶界的形核过程，降低形核率，也能提高奥氏体的稳定性，阻碍共析转变，并使 C-曲线向右移。在 42Mn2V 钢中加入稀土元素（Re），测得稀土固溶量为 0.027%（质量分数），这些稀土元素吸附于奥氏体晶界上，降低相对晶界能，阻碍新相的形核过程，延长了孕育期，增加了过冷奥氏体的稳定性，因而推迟了共析分解，也推迟了贝氏体相变。图 3-31 是测得的 42Mn2V 钢的 CCT 图，图中实线部分表示加入稀土元素后使 C-曲线向右移的影响。

现将各类合金元素的作用总结如下：

（1）强碳化物形成元素钛、钒、铌阻碍碳原子的扩散，主要是通过推迟共析分解时碳化物的形成来增加过冷奥氏体的稳定性，从而阻碍共析分解；

（2）中强碳化物形成元素 W、Mo、Cr 等，除了阻碍共析碳化物的形成外，还增加奥氏体原子间的结合力，降低铁的自扩散系数，这将阻碍 γ → α 转变，从而推迟奥氏体向（$\alpha+Fe_3C$）的分解，也即阻碍珠光体转变；

（3）弱碳化物形成元素 Mn 在钢中不形成自己的特殊碳化物，而是溶入渗碳体中，形成含 Mn 的合金渗碳体（$(Fe,Mn)_3C$），由于 Mn 的扩散速度慢，因而阻碍共析渗碳体的形

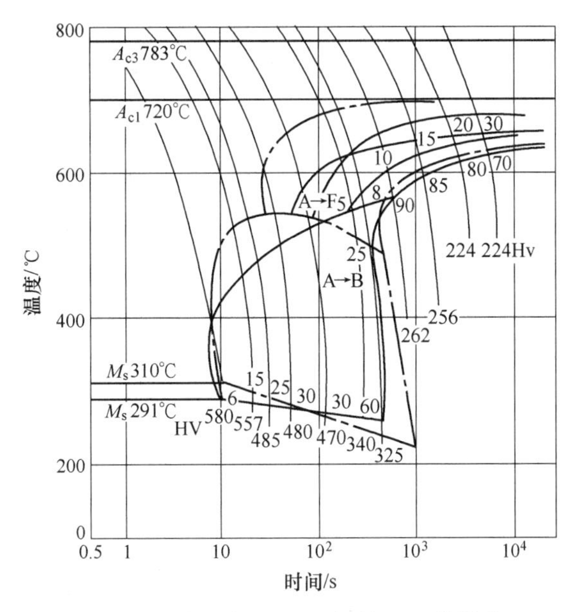

图 3-31　稀土对 42Mn2V 钢的 CCT 的影响

核及长大，同时锰又是扩大 γ 相区的元素，起稳定奥氏体并强烈推迟 γ→α 转变的作用，因而阻碍珠光体转变。

（4）非碳化物形成元素镍和钴对珠光体转变中碳化物的形成影响小，主要表现在推迟 γ→α 转变。镍是扩大 γ 相区，并稳定奥氏体的元素，增加 α 相的形核功，降低共析转变温度，强烈阻碍共析分解时 α 相的形成。钴由于升高 A_3 点，可以提高 γ→α 转变温度，提高珠光体的形核率和长大速度。

（5）非碳化物形成元素硅和铝由于不溶于渗碳体，在珠光体转变时，硅和铝必须从渗碳体形成的区域扩散开去，是减慢珠光体转变的控制因素。硅还增加铁原子间结合力，增高铁的自扩散激活能，推迟 γ→α 转变。

（6）内吸附元素硼、磷、稀土等，富集于奥氏体晶界，降低了奥氏体晶界能，阻碍珠光体的形核，降低了形核率，延长转变的孕育期，提高奥氏体稳定性，阻碍共析分解，使 C-曲线右移。

影响奥氏体共析分解的因素是极为复杂的，不是上述各合金元素单个作用的简单迭加。强碳化物形成元素、弱碳化物形成元素、非碳化物形成元素、内吸附元素等在奥氏体共析分解时所起的作用各不相同。将它们综合加入钢中，各个合金元素的整合作用对于提高奥氏体稳定性将产生极大的影响。

多种合金元素进行综合合金化时，合金元素的综合作用绝不是单个元素作用的简单之和，而是由于各个元素之间的非线性相互作用，相互加强，形成一个整合系统，各元素的作用，对共析分解将产生整体大于部分之总和的效果。

如果把强碳化物形成元素、中强碳化物形成元素、弱碳化物形成元素、非碳化物形成元素和内吸附元素有机地结合起来，则能够成百倍、千倍地提高奥氏体的稳定性，推迟共析分解，提高过冷奥氏体的稳定性。

3.6 共析分解中的“相间沉淀”

20世纪60年代，人们在研究热轧空冷非调质低碳微合金高强度钢时发现，在钢中加入微量的Nb、V、Ti等元素能有效提高强度。透射电镜观察表明，这种钢在轧后的冷却过程中析出了细小的特殊碳化物，而不是渗碳体。这种碳化物颗粒，呈不规则分布或点列状分布于铁素体-奥氏体相界面上，因此将这种转变称为“相间沉淀”（interphase precipitation）。应当指出：所谓“相间沉淀”实质上就是过冷奥氏体共析分解的产物，属于珠光体转变，是共析分解的一种特例。

3.6.1 “相间沉淀”的热力学条件

低碳钢和低碳微合金钢经加热奥氏体后缓慢冷却，在一个相当大的冷却速度范围内，将转变为先共析铁素体与珠光体。对于含Nb、V、Ti等强碳化物形成元素的低碳微合金钢，从奥氏体状态缓慢冷却时，除形成铁素体外，还析出特殊碳化物（如VC、NbC、TiC、NbNC等），即发生所谓“相间沉淀”。它是过冷奥氏体分解形成铁素体+特殊碳化物组成的整合组织。

如图3-32所示，当温度高于T'时，只有奥氏体是最稳定的；在温度$T' \sim A_1$之间，奥氏体的自由焓比F+特殊碳化物的高，只能分解为铁素体+特殊碳化物；当温度低于A_1时，F+渗碳体的自由焓和F+特殊碳化物的自由焓均低于奥氏体的自由焓。这时，由于铁原子浓度比合金元素的浓度高得多，首先形成铁素体+渗碳体的共析体。如果在该温度经过一定时间保温，亚稳的渗碳体将最终转变为特殊碳化物，这是由于特殊碳化物比渗碳体更稳定，系统具有更低的自由焓。这种碳化物颗粒很小，直径约为5nm，呈不规则分布或点列状分布。

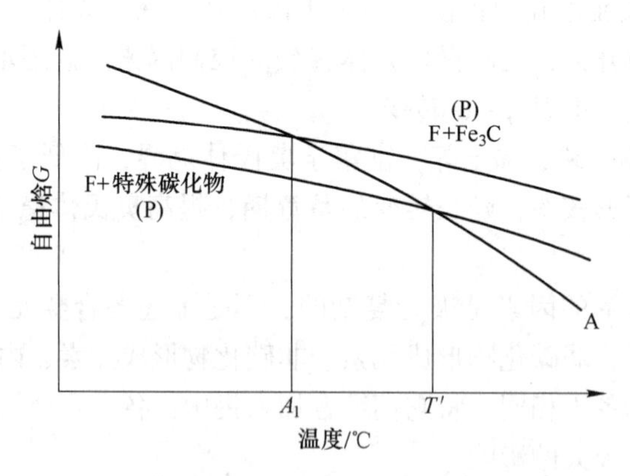

图3-32 奥氏体和珠光体自由焓与温度的关系

以往认为，“相间沉淀”是由于相变过程中特殊碳化物在铁素体-奥氏体界面上呈周期性沉淀的结果。实质上，它是在铁素体基体上分布着极为细小弥散的特殊碳化物颗粒，是珠光体组织的一种特殊形貌，“相间沉淀”是在特殊成分、特定的冷却条件下的一种共析分解方式。

3.6.2 “相间沉淀”产物的形态

“相间沉淀”实际上是共析分解，同样由两相（F+MC）组成，本质上是珠光体转变，它发生在珠光体转变温度的下部区域，过冷度较大，故奥氏体共析分解产物较细，属于伪共析转变。

“相间沉淀”产物中的碳化物颗粒极为细小，在光学显微镜下难以观察到，只有借助电子显微镜才能进行观察，碳化物一般呈不规则分布，但有时呈现点列状规则分布。如图3-33所示的电镜照片，是35MnVN钢经过锻造余热正火，得到V_4C_3、VN颗粒在铁素体基体上点列状分布的情况。

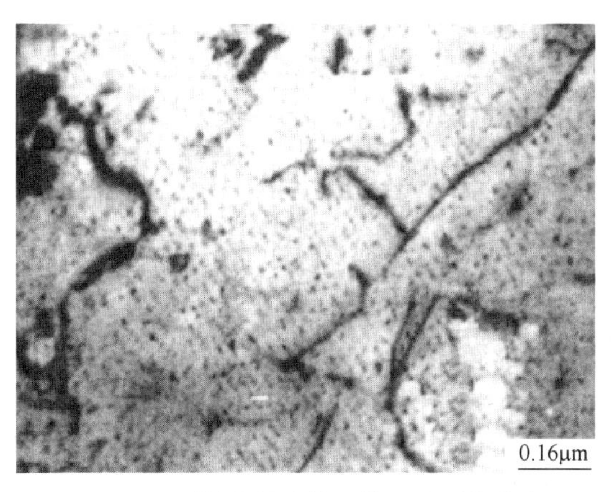

图3-33 V_4C_3VN颗粒在铁素体基体上点列状分布（TEM）

对于含钒非调质钢的研究发现，VC（V_4C_3是碳原子缺位的VC）在铁素体基体上多呈细小颗粒状不规则分布，有时呈短棒状。图3-34所示为0.29C、0.88V钢试样经1000℃加热后正火的TEM像，可以看出，VC颗粒细小弥散分布在铁素体基体上，分布无规则，没有规律。

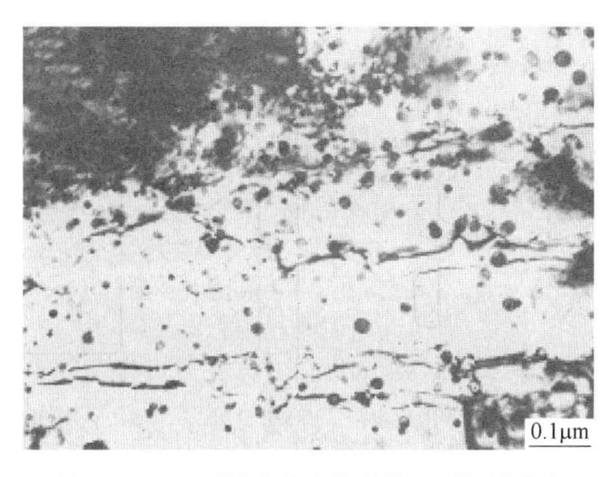

图3-34 VC颗粒在铁素体基体上不规则分布

当碳含量增加，特殊碳化物元素量也增加时，特殊碳化物总量增加。冷却速度增大时，碳化物颗粒的尺寸与列间距均减小。非调质高强度钢利用碳化物颗粒的弥散析出，提高钢的强度，碳化物颗粒尺寸越小，铁素体晶粒越细，钢的强度越高。

3.6.3　"相间沉淀"机制

"相间沉淀"实质上是奥氏体共析分解为珠光体的过程。是铁素体+碳化物（VC、NbC 等）共析共生的过程。由于合金元素 V、Nb、Ti 含量低，原子扩散速度慢，扩散距离短，加之碳含量也低，单位体积中可能供给的碳原子数量少，不能长大成较大的片状碳化物，而呈现细小颗粒或点列状分布。随着特殊碳化物的形成，与铁素体基体共析共生，不断向前生长。

要发生"相间沉淀"，溶质原子在新相基体中（α 相）具有比旧相基体（γ 相）更大的扩散能力。相同温度下，一般的溶质原子在 α 相中的扩散系数比在 γ 相中的扩散系数约大 100 倍。所以，在 $\gamma \rightarrow \alpha$ 相变时，相界面处原基体相一侧的溶质原子浓度将高于 α 相中的溶质浓度，这时碳化物的长大促进了 α 相继续向 γ 相长大。这说明，"相间沉淀"是铁素体和碳化物共析共生的过程，同时受溶质原子在 α 相中的扩散过程控制。

相间沉淀颗粒的尺寸以及沉淀相间距主要受溶质原子扩散和相变驱动力的控制，也即主要受相变温度或冷却速度的控制。相变温度越低，相变驱动力越大。相界停止运动后，较短的一段时间内就将又一次跃迁。相界面停止运动的时间短，原子扩散时间短，温度低，扩散距离短，因而沉淀颗粒小，沉淀列间距小。但是，当相变温度太低时，相间沉淀也会被抑制。

图 3-35 是"相间沉淀"共析分解机制示意图。图 3-35（a）表示在过冷奥氏体 γ_1/γ_2 的界面上，由于涨落形成贫碳区和富碳区；图 3-35（b）表示形成珠光体晶核（F+MC），MC 的长大需要大量的合金元素原子，但是由于这类原子含量低，而且扩散慢，因此，不可能长大成片状，只能长大为细小的颗粒（如果条件允许，可能长成短棒状），而铁素体的相对量较大，故长大并且包围了 MC 颗粒，如图 3-35（c）所示；最后转变为图 3-35（d）的组织形貌。碳化物颗粒的分布状况要视转变温度、奥氏体中的化学成分而定，同时与电镜衍射观察角度有关。

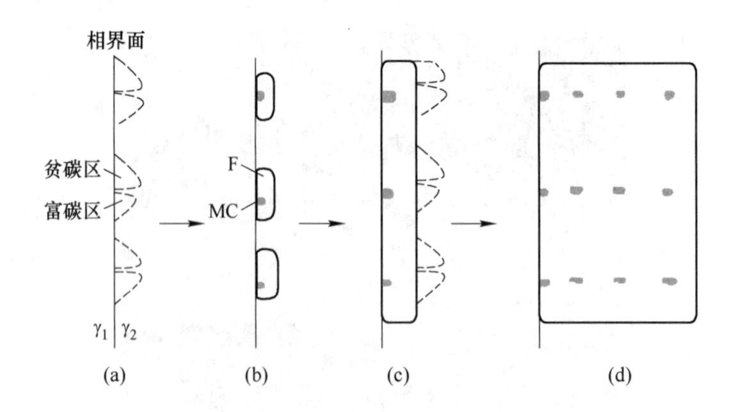

图 3-35　"相间沉淀"的共析分解示意图

总之，"相间沉淀"是珠光体转变的一个特例，其产物形貌与片状珠光体不同，但本质上就是珠光体组织的一种，因此，转变机制与共析分解理论是一致的。

3.7 魏氏组织

魏氏组织实际上是一种先共析转变的组织。亚共析钢的魏氏组织是先共析铁素体在奥氏体晶界形核呈方向性片状长大，即沿着母相奥氏体的$\{111\}_{\gamma}$晶面（惯习面）析出。一般为过热组织。是过热的奥氏体组织在中温区的上部区转变为沿晶界形成并且向晶内生长的条片状的铁素体和极细的片状珠光体（托氏体）的整合组织。

亚共析钢的魏氏组织铁素体（WF）是钢在较高温度下形成的一种片状产物。通常，WF在等轴铁素体形成温度之下、贝氏体形成温度以上，当奥氏体晶粒较大，以较快速度冷却时形成的。如图3-36所示45钢经1100℃加热，奥氏体晶粒长大，后空冷，得魏氏组织。可见，首先沿着原奥氏体晶界析出网状铁素体，然后析出片状铁素体向奥氏体晶内沿某一界面平行地长大，其余黑色区域为托氏体组织。

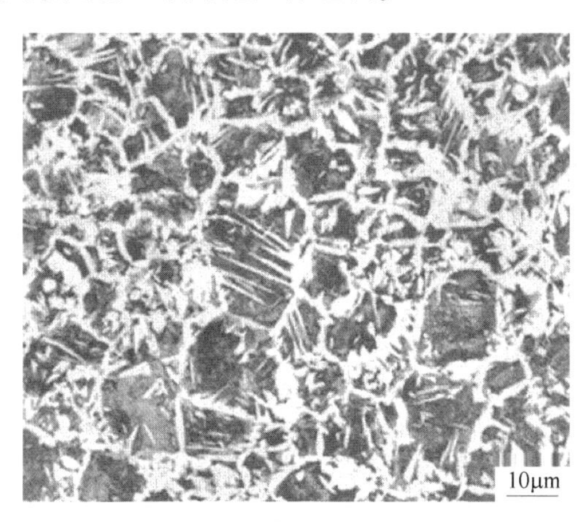

图3-36　45钢的魏氏组织（OM）

在过共析钢中，也存在魏氏组织，先共析渗碳体以针状和条片状析出，实际生产中比较少见。图3-37为含有0.69%C、0.90%Mn的钢轨钢的魏氏组织，可见，首先在奥氏体晶界上析出渗碳体，然后从晶界渗碳体上再次形成渗碳体晶核，然后沿着有利的晶面向晶界一侧或两侧以片状渗碳体的形式向晶内长大。当冷却到A_1以下时，剩余的奥氏体则转变为片状珠光体组织。

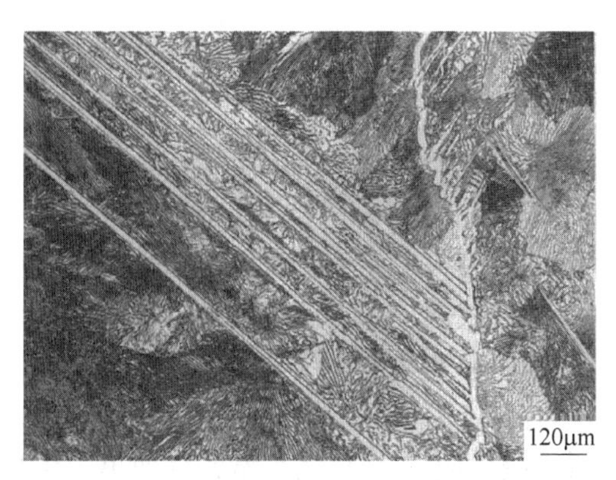

图3-37　0.69%C、0.90%Mn钢的魏氏组织（OM）

魏氏组织（WF）形貌与上贝氏体有相似之处，但一般认为不属于贝氏体组织的范畴，在魏氏铁素体片中没有发现亚单元。

WF 形成温度较高，存在明显的碳原子的扩散，符合扩散形核长大规律。WF 形成时也具有表面浮凸现象。魏氏组织新旧相具有晶体学关系（K-S 关系）。

3.8　珠光体的力学性能

3.8.1　珠光体的力学性能

珠光体是共析铁素体和共析碳化物的整合组织。因此其力学性能与铁素体的成分、碳化物的类型以及铁素体和碳化物的形态有关。共析碳素钢在获得单一片状珠光体的情况下，其力学性能与珠光体的片间距、珠光体团的直径、珠光体中的铁素体片的亚晶粒尺寸、原始奥氏体晶粒大小等因素有关。

原始奥氏体晶粒细小，珠光体团直径变小，有利于提高钢的强度。

珠光体的片间距和团的直径对强度和韧性的影响，如图 3-38 所示。可见，珠光体团直径和片间距越小，强度越高。同时塑性也越好，如图 3-39 所示。这主要是由于铁素体和渗碳体片层薄时，相界面增多，抵抗塑性变形的能力增大。片间距减小有利于提高塑性，这是因为渗碳体片很薄时，在外力作用下，比较容易滑移变形，也容易弯曲，致使塑性提高。

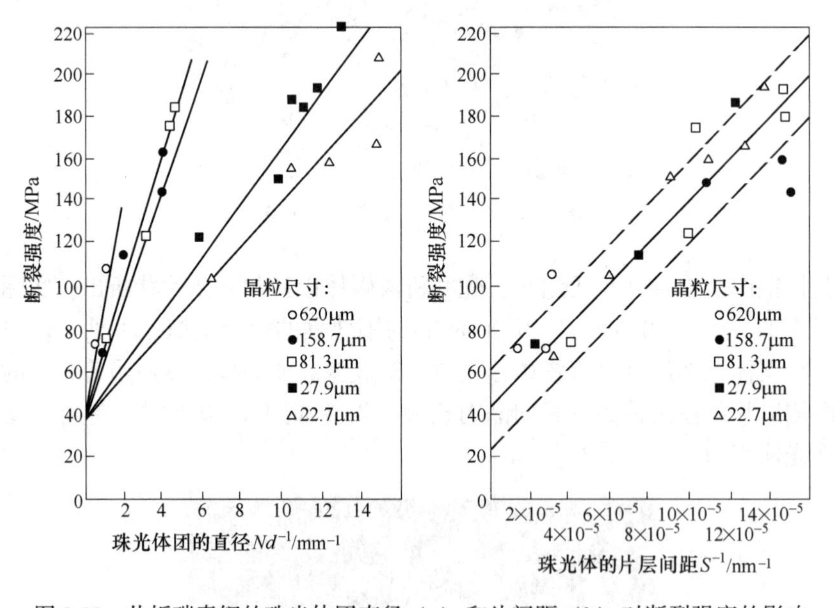

图 3-38　共析碳素钢的珠光体团直径（a）和片间距（b）对断裂强度的影响

钢的化学成分相同时，在退火状态下，粒状珠光体组织比片状珠光体组织具有较小的相界面积，其硬度、强度较低，塑性较高。粒状珠光体的塑性较好是因为渗碳体对铁素体基体的割裂作用较片状珠光体明显地减弱，铁素体呈现较连续的分布状态，渗碳体呈现颗粒状分散在铁素体的基体上对位错运动的阻力较小，使系统的总能量降低。此外，粒状珠光体淬火加热时是碳在铁素体中的扩散为控制因素，因而奥氏体长大速度明显降低，加热

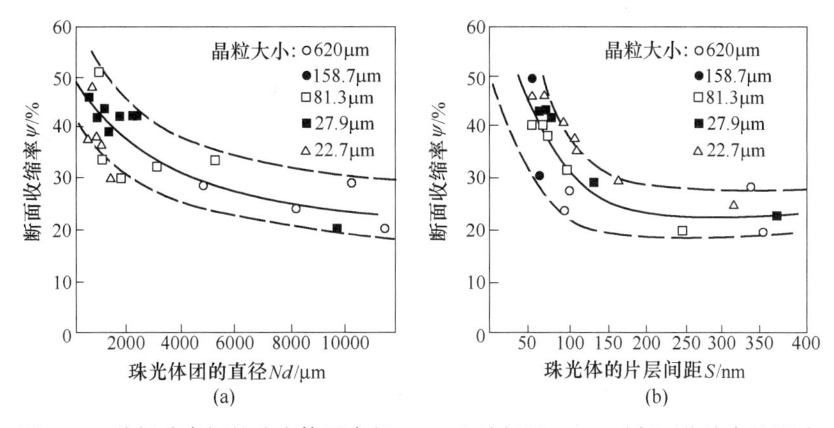

图 3-39 共析碳素钢的珠光体团直径（a）和片间距（b）对断面收缩率的影响

形成的奥氏体晶粒不易粗化，使钢加热时不易过热。所以，粒状珠光体常常是中高碳钢切削加工前所要求的组织形态。工具钢锻轧材的锻后退火，不仅要去氢，而且需要球化、软化，退火一般要求硬度值（HB）控制在180~250范围内，具有良好的加工性能。

在相同的强度条件下，粒状珠光体比片状珠光体具有更高的疲劳强度，如共析钢片状珠光体的弯曲疲劳强度（σ_{-1}）为235MPa，而粒状珠光体的弯曲疲劳强度（σ_{-1}）则为286MPa。这主要是因为在交变载荷的作用下，由于粒状珠光体中碳化物对铁素体基体的割裂作用较小，因而不易在工件表面和内部产生显微疲劳裂纹，即使产生了疲劳裂纹，由于粒状珠光体中的位错易于滑移导致的塑性变形使裂纹尖端的能量得到有效的释放，使裂纹的扩展速度大大地降低，因而减轻和推迟了疲劳破坏过程。

在连续冷却和等温冷却条件下获得的珠光体的性能有所不同，等温冷却获得的珠光体片间距或碳化物颗粒大小均匀，而连续冷却由于转变温度的不同导致珠光体片间距大小不同，造成了钢的性能不均匀，因此，同种钢在等温冷却条件下获得的珠光体具有更好的拉伸性能和更高的疲劳性能。

3.8.2 铁素体-珠光体的力学性能

亚共析钢得到先共析铁素体和珠光体的整合组织。钢的成分一定时，随着冷却速度的增加，转变温度越来越低，先共析铁素体数量减少，珠光体（伪珠光体）数量增多，并且珠光体的含碳量下降。这种铁素体+珠光体的整合组织，其力学性能是非线性的。与铁素体的晶粒大小、珠光体片间距以及化学成分等因素有关。如铁素体-珠光体钢的屈服强度（MN/m^2）为：

$$\sigma_Y = 15.4\{ f_\alpha^{\frac{1}{3}}[2.3 + 3.8w(\mathrm{Mn}) + 1.13d^{-\frac{1}{2}}] + (1 - f_\alpha^{\frac{1}{3}})[11.6 + 0.25S_0^{-\frac{1}{2}}] + 4.1w(\mathrm{Si}) + 27.6\sqrt{(N)}\}$$

式中 f_α——铁素体的体积分数；

d——铁素体晶粒的平均直径，mm；

S_0——珠光体平均片间距，mm；

N——铁素体的晶粒度。

式中的指数 $\frac{1}{3}$ 表明屈服强度同铁素体量之间呈非线性关系，与珠光体片间距、晶粒度呈现非线性关系。

铁素体+珠光体组织随着珠光体相对量的增加，塑性下降，随着铁素体晶粒的细化，塑性、韧性升高。冷脆转折温度随着珠光体相对量的增加而升高。

复习思考题

3-1 何谓珠光体？新定义与过时的概念有何区别？

3-2 简述影响珠光体片间距的因素。

3-3 试述片状珠光体的形成过程。

3-4 试述影响珠光体转变动力学的因素。

3-5 分析珠光体转变为什么不存在领先相？

3-6 珠光体表面浮凸是怎样形成的？

3-7 简述钢的“相间沉淀”本质？

4 贝氏体相变与贝氏体

钢中的贝氏体相变是发生在珠光体转变和马氏体相变温度范围之间的中温转变。它既不是珠光体那样的扩散型相变，也不是马氏体那样的无扩散型相变，而是过渡性的“半扩散相变”，即只有碳原子能够扩散，而 Fe 原子及替换合金元素的原子已经难以扩散。贝氏体相变最重要的特征是其过渡性，它既有珠光体转变的某些特征，又有马氏体相变的一些特点，因此是一个中温区的具有过渡性特征的相变。

4.1 贝氏体的组织形貌及亚结构

钢、铸铁的贝氏体组织形态极为复杂，这与贝氏体相变的中间过渡性有直接的关系。钢中的贝氏体本质上是以贝氏体铁素体为基体，其上分布着 θ-渗碳体（或 ε-碳化物）或残留奥氏体等相构成的有机结合体。是贝氏体铁素体（BF）、碳化物、残余奥氏体、马氏体等相构成的一个复杂的整合组织。

4.1.1 超低碳贝氏体的组织形貌

碳含量小于 0.08%的超低碳合金钢可获得超低碳贝氏体组织。如将 X65 管线钢试样于 1000℃加热，冷却获得的条片状贝氏体的组织，称其为超低碳贝氏体组织，如图 4-1 所示。

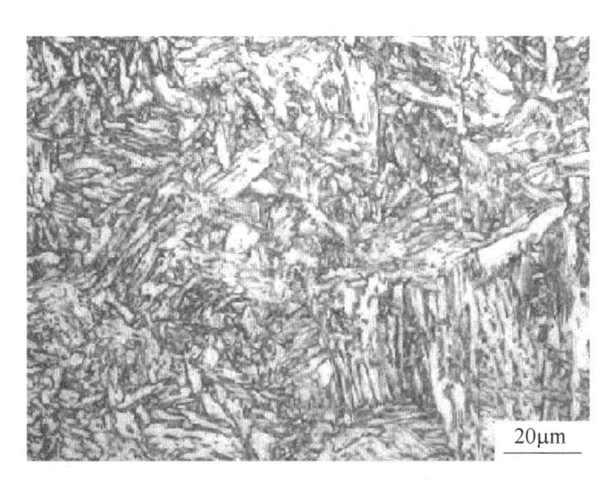

图 4-1 X65 钢的条片状贝氏体组织

图 4-2 为含有 1.4%~1.6%Mn，Nb、Cu、Ni、Mo、B 元素总量为 0.8%~1.2%的超低碳贝氏体钢的组织。图中照片的冷却速度分别为图 4-2（a）10℃/s，图 4-2（b）30℃/s。随着冷却速度的增大，转变温度降低，条片状贝氏体越细小。在控轧控冷条件下，超低碳贝氏体具有极为细小片状的组织形貌。

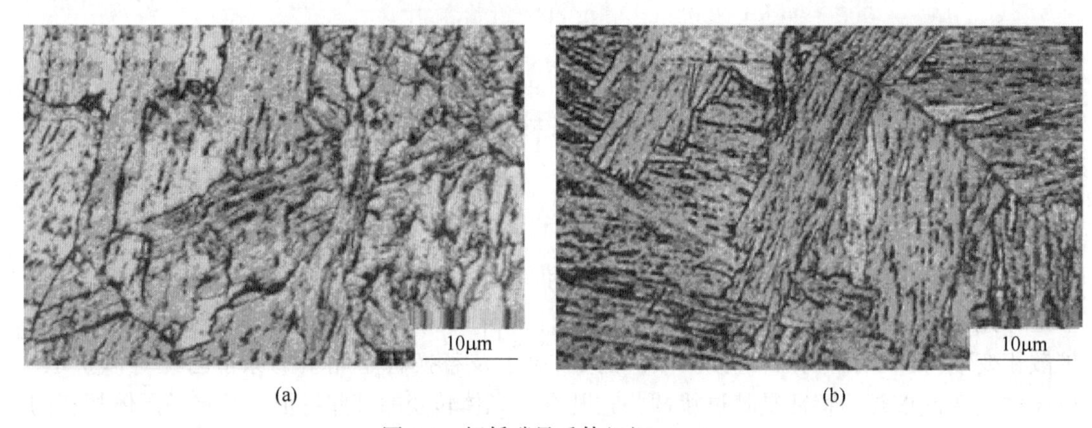

图 4-2　超低碳贝氏体组织（OM）

（a）冷却速度 10℃/s；（b）冷却速度 30℃/s

超低碳贝氏体实际上是无碳贝氏体，钢中所含的微量碳，形成了特殊碳化物被禁锢下来，或者碳原子只分布在位错处，被大量位错所禁锢。X70、X80、X90 等钢种通过控制冷却均可获得超低碳贝氏体组织。

4.1.2　上贝氏体组织形貌

上贝氏体是在贝氏体转变温度区的上部（B_s ~鼻温）形成的，形貌各异。

4.1.2.1　无碳贝氏体

这种贝氏体在低碳低合金钢中出现概率较多。当上贝氏体组织中只有贝氏体铁素体和残留奥氏体而不存在碳化物时，这种贝氏体就是无碳化物贝氏体，或称**无碳贝氏体**。无碳贝氏体中的铁素体片条大体上平行排列，其尺寸及间距较宽，片条间分布着富碳奥氏体，或其冷却过程的产物。往往在如下情况时出现：

（1）在含硅钢或含铝钢中，由于 Si、Al 不溶于渗碳体中，Si、Al 原子不扩散离去则难以形成渗碳体。因此，在这类钢的上贝氏体转变中，不析出渗碳体，常常在室温时还保留残余奥氏体，形成无碳贝氏体，如图 4-3 所示。

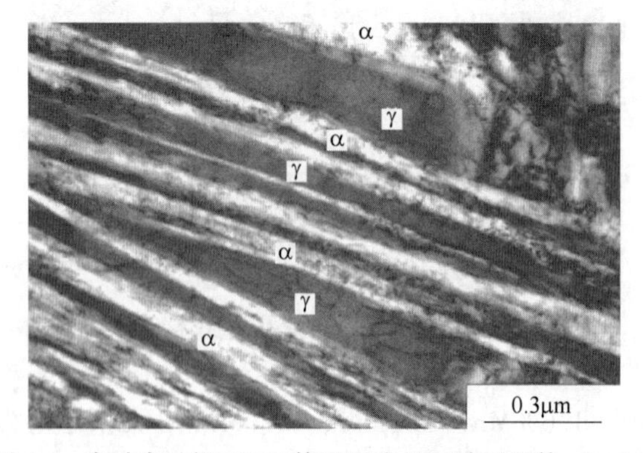

图 4-3　高碳高硅钢 200℃等温形成的无碳贝氏体（TEM）

（2）在低碳合金钢中，形成贝氏体铁素体时，碳原子不断向奥氏体中扩散富集。形成条片状贝氏体铁素体时，体积膨胀，片条间的富碳奥氏体受到压应力的胁迫，而趋于稳定，最后保留下来，形成了无碳化物贝氏体。

4.1.2.2　粒状贝氏体

粒状贝氏体属于无碳化物贝氏体。当过冷奥氏体在上贝氏体温度区等温时，析出贝氏体铁素体（BF）后，由于碳原子离开铁素体扩散到奥氏体中，使奥氏体中不均匀地富碳，且稳定性增加，难以再继续转变为贝氏体铁素体。这些奥氏体区域一般呈粒状或长条状，即所谓岛状，分布在贝氏体铁素体基体上。这种富碳的奥氏体在冷却过程中，可以部分地转变为马氏体，形成所谓（M-A）岛。这种由 BF+（M/A）岛构成的整合组织即为粒状贝氏体，如图 4-4 所示。

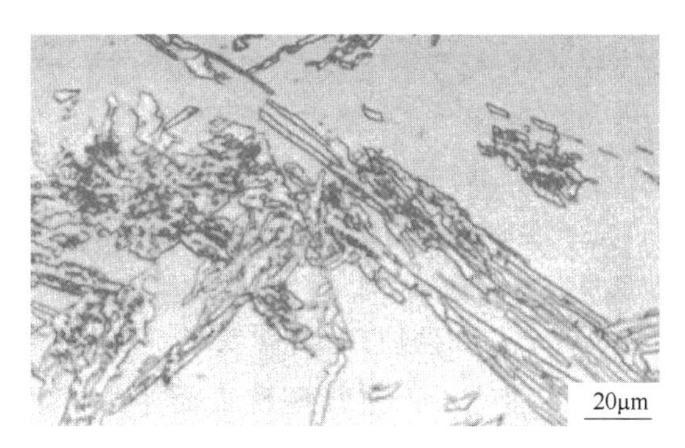

图 4-4　粒状贝氏体

图 4-5 为高强度低碳钢的粒状贝氏体组织，该钢碳含量为 0.06%，含有微量 Nb、V 合金元素。1250℃加热，1100℃开轧，终轧温度为 825℃，轧后空冷至室温，得到以贝氏体铁素体为基体，其上分布着颗粒状的 M/A 岛的组织。

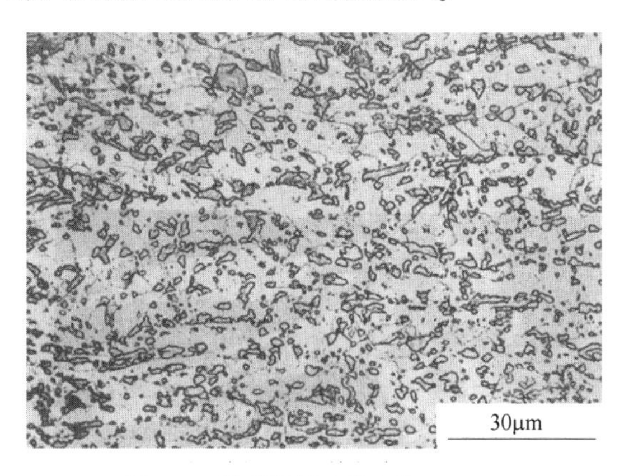

图 4-5　低碳钢贝氏体组织（OM）

4.1.2.3　羽毛状贝氏体

羽毛状贝氏体属于有碳化物的贝氏体一类。

羽毛状上贝氏体是由板条状铁素体和条间分布的碳化物所组成。贝氏体铁素体片条间的碳化物是片状或颗粒状形态的细小的渗碳体。羽毛状贝氏体是 BF+Fe_3C 的整合组织。将 GCr15 钢奥氏体化后，于 450℃等温 40s，然后水冷淬火，得到贝氏体+马氏体的整合组织。图4-6是GCr15钢的羽毛状上贝氏体的扫描电镜照片，可见，羽毛状贝氏体沿着奥氏体晶界向两侧生长，呈片状、短棒状分布在贝氏体铁素体基体上。图中羽毛状贝氏体周边尚未转变的奥氏体在淬火后转变为片状马氏体组织。

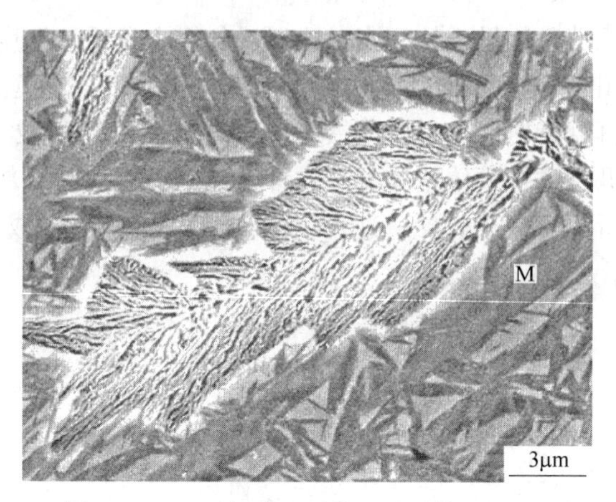

图4-6　GCr15钢的羽毛状上贝氏体（SEM）

羽毛状贝氏体随温度降低和钢中含碳量的增高，片条状铁素体（BF）变薄，位错密度增高，渗碳体片变细，或颗粒变小，弥散度增加。

4.1.3　下贝氏体组织形貌

下贝氏体是由贝氏体铁素体+ε-碳化物+残留奥氏体构成的整合组织。下贝氏体中有的存在碳化物，有的含有残留奥氏体。

下贝氏体是在贝氏体相变温度区的下部（贝氏体C-曲线“鼻温”以下）形成的。呈单个条片状，条片间经常互相呈交角相遇，如图4-7所示为60Si2CrV钢的下贝氏体组织，为黑色片状（图4-7（a）），与回火马氏体相似。在扫描电镜观察时，呈现由许多亚片条组成，如图4-7（b）所示。

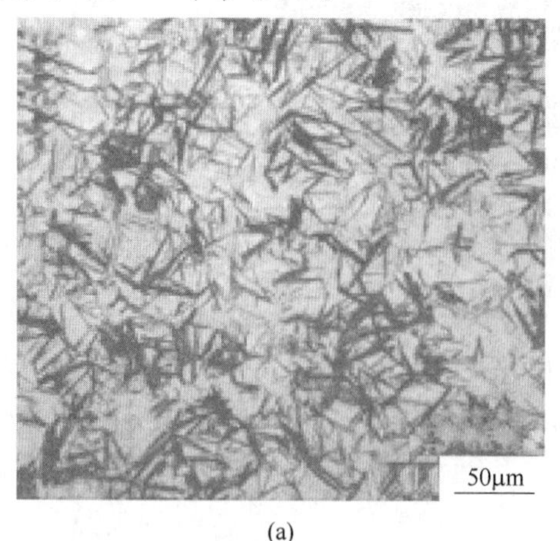

(a)

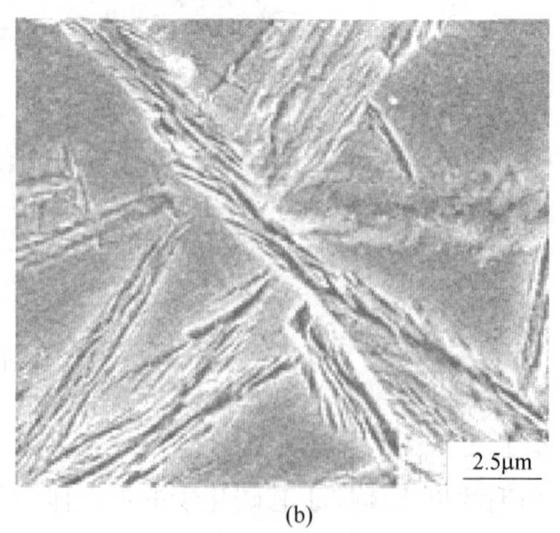

(b)

图4-7　60Si2CrV钢下贝氏体组织

（a）OM；（b）SEM

有碳化物贝氏体在透射电镜下观察，片条内分布着碳化物，如图 4-8 所示。碳化物排列在片内，一般与片的长轴呈不同角度交角。在硅钢下贝氏体中易见到 ε-碳化物。由于下贝氏体由贝氏体铁素体和碳化物构成，因而极易被腐蚀，在金相显微镜下观察呈现黑色片状形貌。

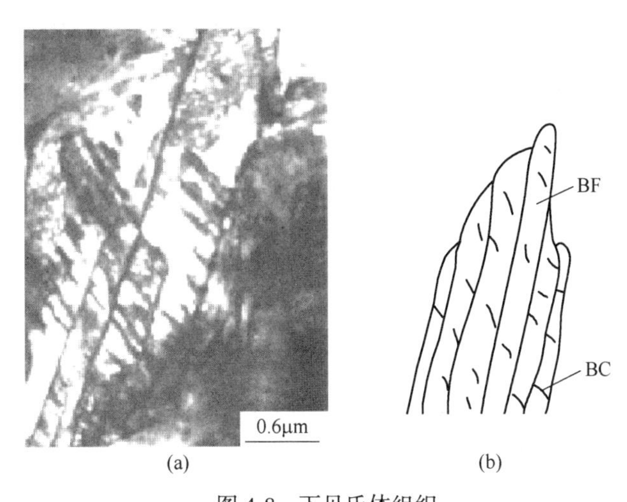

图 4-8　下贝氏体组织

（a）23MnNiCrMo 钢下贝氏体的 TEM 图；（b）23MnNiCrMo 钢下贝氏体的示意图

所谓准下贝氏体是无碳贝氏体，是经典下贝氏体的一个特例。它不同于典型的下贝氏体，在它的铁素体 BF 内，按夹角排列的是残留奥氏体而不是碳化物。在准下贝氏体的铁素体片条内，可以见到许多亚板条。延长等温时间，奥氏体薄膜将分解，析出碳化物，而成为经典下贝氏体。

将 Fe-0. 9C-1. 5Cr 合金于 1000℃奥氏体化，然后在 300℃硝盐浴中等温得到的下贝氏体组织，如图 4-9 所示，图 4-9（b）是图 4-9（a）中箭头所指处的放大照片。可见，贝氏体呈针叶状，其周围是残留奥氏体。此下贝氏体片在奥氏体晶粒内形核长大的。从扫描电镜照片可见，下贝氏体片被碳化物分割为许多亚片条（或亚单元），亚片条间分布着碳化物，这些片状碳化物与贝氏体片主轴方向的交角有大有小，并非为 55°~60°。

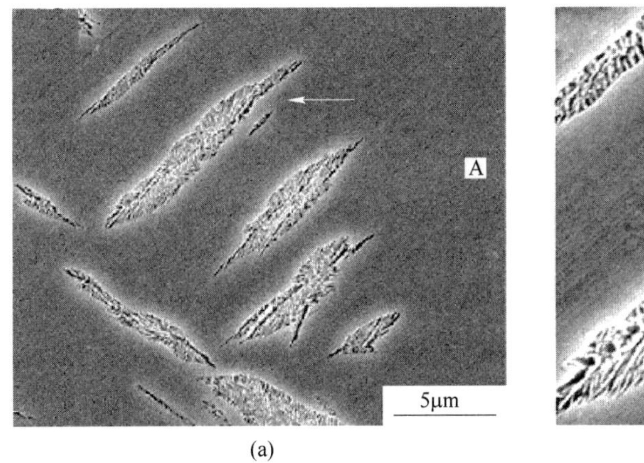

(a)

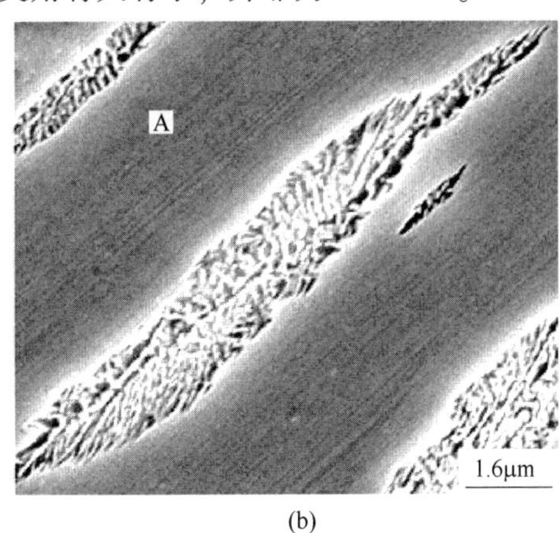

(b)

图 4-9　Fe-0. 9C-1. 5Cr 合金的下贝氏体组织（SEM）

4.1.4 贝氏体组织的复杂性和多样性

贝氏体组织形态复杂多样，名称较多，诸如无碳化物贝氏体、有碳化物贝氏体、上贝氏体、下贝氏体、羽毛状贝氏体、粒状贝氏体、准上贝氏体、准下贝氏体、逆贝氏体、柱状贝氏体、特殊下贝氏体等。贝氏体组织形态的多样性说明了贝氏体相变在中温区转变过渡性和极其复杂性。

上贝氏体、下贝氏体是被广泛接受的传统的贝氏体分类。形态各异的贝氏体，其实都是上贝氏体或下贝氏体的变态。贝氏体相变是自组织的，同一钢种，在不同的热处理条件下，过冷奥氏体系统可以转变为不同形貌的贝氏体。

钢中贝氏体的形貌还受转变温度、碳含量和合金元素等多种因素的影响。不同含碳量的铬钼钢具有不同的贝氏体形貌。低碳铬钼钢的贝氏体是条片状的无碳化物贝氏体或者粒状贝氏体；高碳铬钼钢则可以获得典型的羽毛状贝氏体和针状的下贝氏体。

条片状贝氏体和低碳板条状马氏体形貌类似，但是贝氏体中位错密度较马氏体低。高碳片状马氏体和针状下贝氏体的形貌类似，但前者的亚结构是孪晶+位错，而在下贝氏体中很少观测到孪晶，主要由亚片条、亚单元组成。虽然近年来在某些高合金钢中发现下贝氏体中存在精细孪晶，但不具普遍性。

在工业用钢中，除了出现典型的贝氏体组织外，还同时出现形形色色的各种贝氏体，组成相多样化，除了贝氏体铁素体外，往往还存在碳化物、残留奥氏体、马氏体等相，组织形貌较为复杂。各种形貌的贝氏体有机地结合在一起，如上贝氏体与下贝氏体的有机结合，贝氏体和马氏体的有机结合等。实际工业用钢中经常出现贝氏体和马氏体的有机结合的组织。

无碳化物贝氏体和有碳化物贝氏体是贝氏体组织的两大类别。某些低碳合金钢和含有Si、Al合金元素的合金钢易于得到无碳化物贝氏体；而高碳钢和高碳铬钼钢易于获得有碳化物贝氏体组织。

热机械处理技术，即TMCP（thermomechanical control process）技术在工业生产中得到了成功的应用，对于贝氏体/马氏体类型钢，此技术可使贝氏体组织显著细化，得到500~1000MPa级的贝氏体组织。图4-10为低碳贝氏体钢经过TMCP工艺得到的细化的贝氏体组织照片。

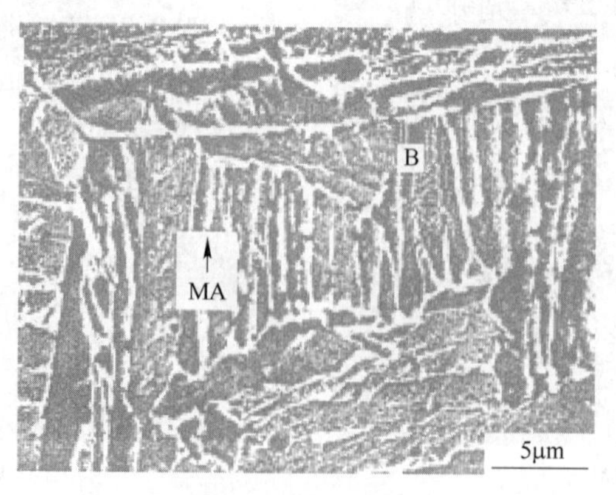

图4-10 细化的低碳贝氏体组织（SEM）

超低碳贝氏体是目前工业上迅速开发应用的组织。主要是通过细化贝氏体片条和亚单元来提高强度。但对组织名称叫法不统一，如针状铁素体、板条贝氏体、粒状贝氏体等，其实，针状铁素体本质上就是贝氏体。超低碳贝氏体钢在控轧控冷条件下，由于冷却条件的差异，贝氏体铁素体呈现不同的形貌，有针状、细片状、板条状、粒状等，其本质上均为无碳化物贝氏体。

4.1.5　贝氏体铁素体的亚结构

在贝氏体组织中存在亚结构，包括贝氏体铁素体的亚片条、亚单元、超细亚单元、较高的位错密度、精细孪晶等。

4.1.5.1　贝氏体中的亚单元

大量试验表明，条片状的贝氏体铁素体是由亚片条组成，亚片条由更小的亚单元组成，亚单元有方形、多边形等多种形貌，尺度在10~200nm范围大小。亚单元通常在已经形成的铁素体端部附近形核，通过纵向伸长与增厚的方式长大。亚单元长大受阻时，再激发形核，在铁素体板条顶部的侧面（上贝氏体）或铁素体针的顶端（下贝氏体）形成新的亚单元核心。亚单元重复形核长大构成了贝氏体铁素体的形核长大过程。试验发现亚单元由更细小的基元或超亚单元组成，尺寸为几纳米到数十纳米。

将35CrMo钢奥氏体化后，在530℃盐浴中等温淬火，得到上贝氏体，观察其贝氏体铁素体片条，发现由亚单元组成，如图4-11（a）所示。Fe-0.5C-3.3Mn钢的上贝氏体铁素体内部存在复杂的亚结构，在扫描隧道显微分析时，发现亚片条由亚单元组成，亚单元之间还有残留奥氏体膜，如图4-11（b）所示。测定亚单元的宽度约为0.5μm，亚片条的长度约10~50μm。

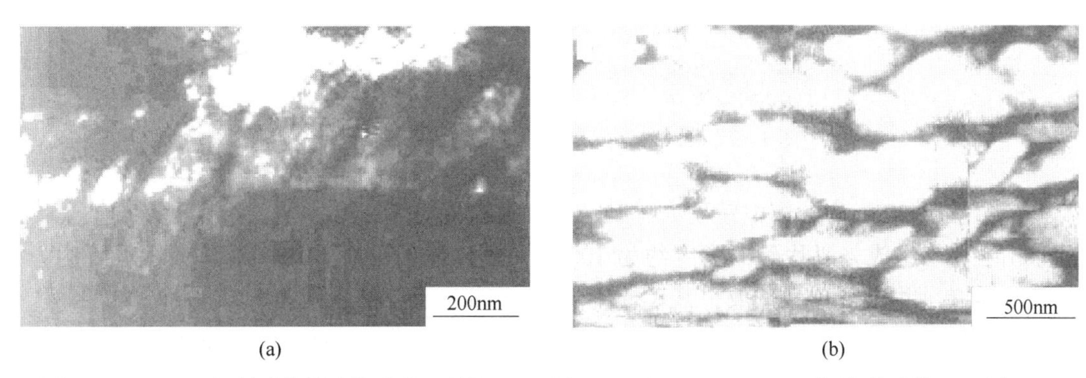

(a)　　(b)

图4-11　35CrMo钢贝氏体铁素体中的亚结构TEM图（a）和Fe-0.5C-3.3Mn钢的贝氏体STM图（b）

下贝氏体片条也由亚单元组成。对Fe-1.0C-4.0Cr-2.0Si钢的下贝氏体的观察表明，下贝氏体条片由亚片条组成，亚片条由亚单元组成，如图4-12所示，图4-12（a）是光学显微镜照片，图4-12（b）是将其在扫描电镜下放大观察的结果。采用扫描隧道显微镜，分析发现，在下贝氏体铁素体内部存在亚单元，亚单元由若干个超细亚单元组成。超细亚单元宽20~30nm，长度0.2~0.3μm。亚单元相互平行，近似于平行四边形。

图4-13为60Si2CrV钢下贝氏体片和内部的亚单元形貌。可见，贝氏体铁素体片条由细小的近似于平行四边形的块状的铁素体亚单元组成。

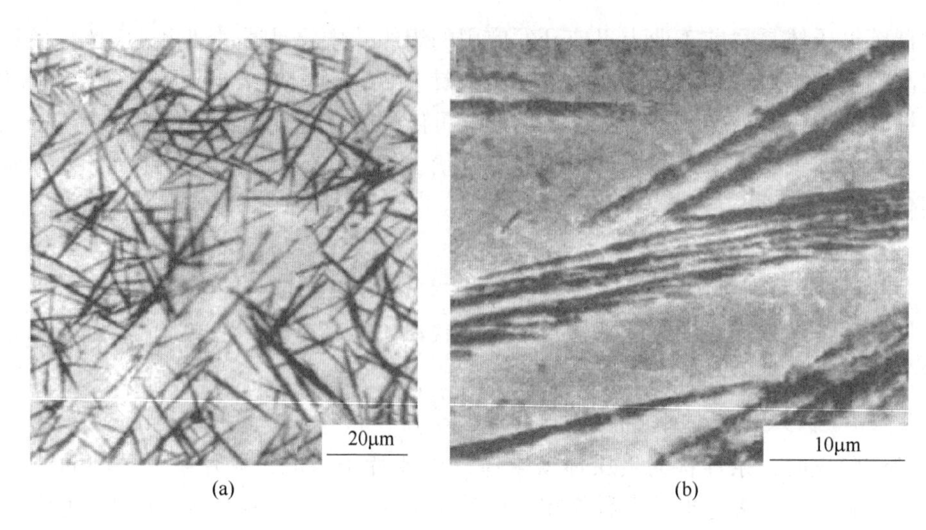

图 4-12　Fe-1.0C-4.0Cr-2.0Si 钢的下贝氏体组织
（a）金相照片；（b）SEM 照片

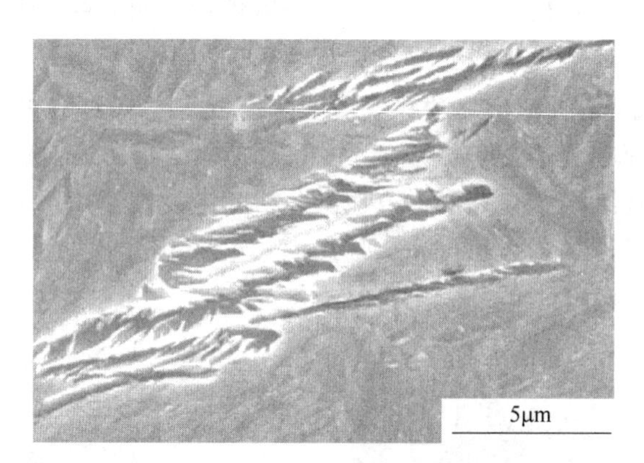

图 4-13　60Si2CrV 钢下贝氏体片和内部的亚单元

应用 JEM-2010 高分辨电镜研究了某 Si-Mn 钢的贝氏体铁素体的亚结构，发现铁素体片条由亚片条组成，亚片条的宽度约为 100nm。亚片条内部存在许多亚单元，宽度约为 20nm。亚单元由超亚单元构成，其尺寸为 10～25nm。超亚单元约为 30～50 个原子层厚。亚单元或超亚单元之间的界面原子排列是小角度晶界，晶界上存在位错等缺陷。两个相邻的超亚单元（或称基元）之间的取向不同，如图 4-14 所示。图中所示为两个相邻的超细亚单元的界面结构的点阵像，界面夹角约为 8°，是小角度晶界。

随着温度的降低，铁素体亚单元、亚片条尺寸减小，铁素体片内部亚单元数量增加，亚单元的宽度随着温度的降低而减小，亚单元的长宽比和铁素体片中亚单元的数量随着温度的降低而增大。位错密度随着温度的升高而降低，如图 4-15 所示。

4.1.5.2　贝氏体铁素体中的位错和孪晶

近年来的研究表明，贝氏体铁素体中有较高密度的位错，在某些高碳高合金钢中有精细孪晶。试验发现，在某些钢中，贝氏体铁素体片条由 5～30nm 细小孪晶组成，或贝氏体铁素体亚片条就是细小的孪晶，如图 4-16 所示。

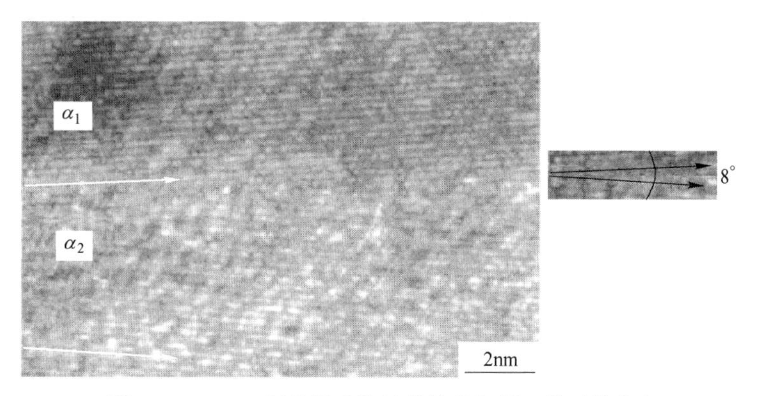

图 4-14　Si-Mn 钢的贝氏体铁素体的相邻亚单元的夹角

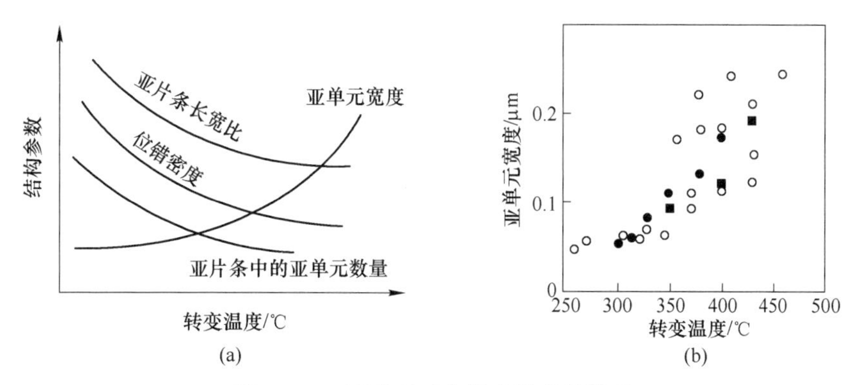

图 4-15　亚结构尺寸与转变温度的关系

（a）结构参数；（b）亚单元宽度

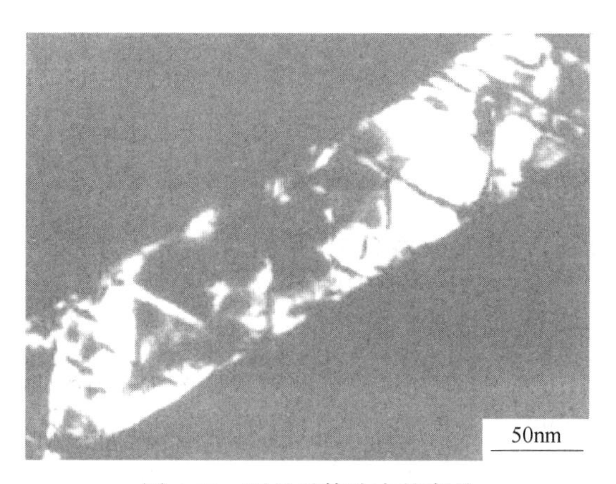

图 4-16　下贝氏体片中的孪晶

试验发现，贝氏体铁素体内部有较高密度的位错，即位错亚结构，如图 4-17 是高密度的位错网络。测定表明，在 650℃形成的贝氏体铁素体中的位错密度约为 $4\times10^{10}\text{cm}^{-2}$。随着相变温度的降低，贝氏体铁素体中的位错密度增加，如在 400℃、360℃、300℃温度等温形成的贝氏体中，位错密度分别为 $4.1\times10^{10}\text{cm}^{-2}$、$4.7\times10^{10}\text{cm}^{-2}$、$6.3\times10^{10}\text{cm}^{-2}$。铁素体中的位错密度与温度的关系如图 4-18 所示，可见，位错密度随着相变温度的降低而升高。

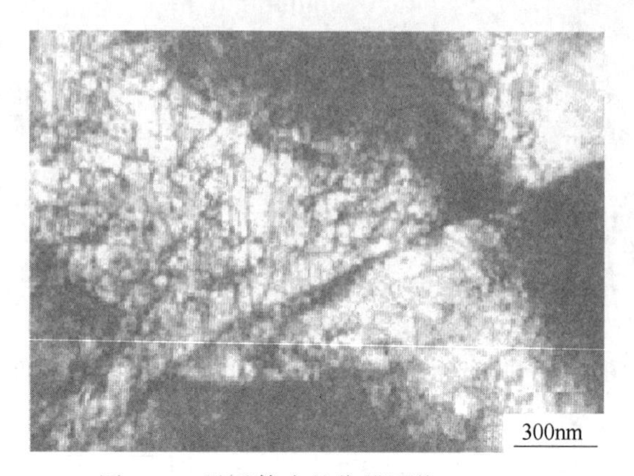

图 4-17　贝氏体中的位错网络（TEM）

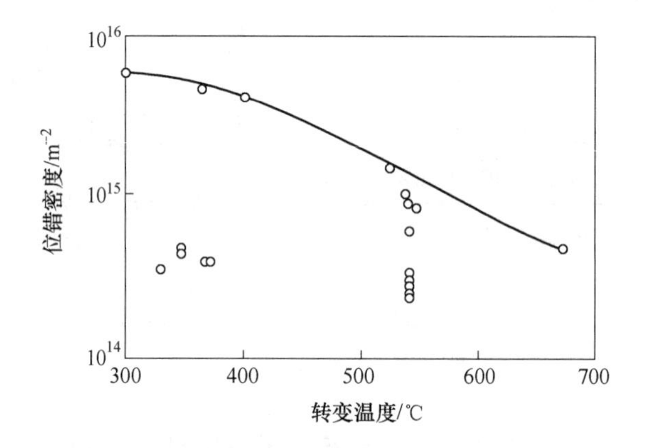

图 4-18　铁素体的位错密度与温度的关系

4.1.6　有色合金中的贝氏体

在具有马氏体相变的有色合金中都有可能形成贝氏体。某些银基、铜基合金经淬火到 M_s 点以下形成马氏体，在 M_s 点以上等温则形成贝氏体。

4.1.6.1　Cu-Zn 系合金中的贝氏体

Garwood 发现，Cu-41.3Zn 合金经 820℃固溶处理，在 350℃以下等温形成片状产物 α_1，产生表面浮凸，称为贝氏体。形成片状贝氏体的最高温度为 B_s 点，图 4-19 为 Cu-Zn-Au 合金的贝氏体组织。在电子显微镜下观察，贝氏体片内有层错。

4.1.6.2　Ag-Cd 合金中的贝氏体

Ag-Cd 合金中的贝氏体形态与 Cu-Zn 合金类似。图 4-20 为 Ag-42.3Cd（原子数分数/%）合金经 650℃淬火及在 175℃等温 7h 得到的贝氏体组织。

4.1.7　关于贝氏体浮凸

20 世纪 50 年代认为贝氏体的表面浮凸是切变造成的，并且据此提出了贝氏体相变的

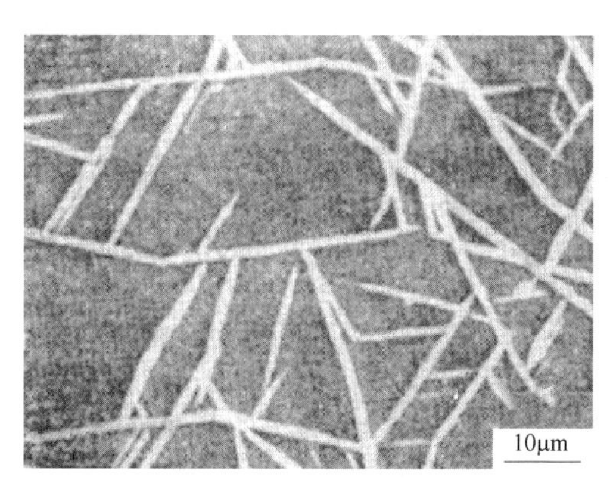

图 4-19　Cu-39.9Zn-4.2Au（原子数分数/%）合金贝氏体形态

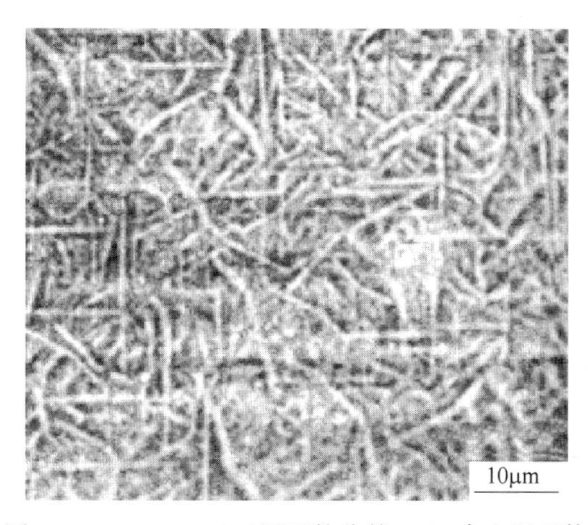

图 4-20　Ag-42.3Cd（原子数分数/%）合金贝氏体

切变机制。到目前为止，已经发现珠光体、贝氏体、马氏体中均存在表面浮凸。而且浮凸形状普遍为帐篷形（∧），不具备切变特征。

21 世纪初，刘宗昌等发现了珠光体表面浮凸。重新认识了马氏体表面浮凸的产生机理。贝氏体表面浮凸也同样是相变体积膨胀所致，贝氏体相变不是切变过程，此处不再赘述。

4.2　贝氏体相变的过渡性

贝氏体相变发生在中温转变区，它与高温区的珠光体转变及低温区的马氏体相变有密切的联系，具有过渡性，更具复杂性，本节依据自然辩证法的哲学理论，运用系统整合理论认识贝氏体相变的过渡性。

4.2.1　过冷奥氏体转变是逐渐演化的，具有过渡性

过冷奥氏体作为一个整合系统，从整体上看，从高温区的珠光体转变到低温区的马氏体相变是一个逐级演化的过程。全过程又可以分为 3 个不同性质的阶段：高温区的珠光体

转变 → 中温区的贝氏体相变 → 低温区的马氏体相变。3 个阶段既有联系又有区别，应当视其为一个整合系统，贝氏体相变是这个系统的中间过渡环节。

碳及合金元素原子的扩散速度随着温度的降低而迅速减慢，是导致分阶段转变的一个诱因。在高温区，原子扩散能力强，进行扩散型的珠光体转变；而在低温区，碳原子、Fe 原子和替换原子难以扩散，则发生无扩散的马氏体相变；在中温区，碳原子尚有足够的扩散能力，但 Fe 原子和替换原子已经难以扩散。贝氏体相变跟珠光体转变、马氏体相变既有区别，又有联系。表现出从扩散型相变到无扩散型相变的过渡性、交叉性。同时又具有自己的特殊性。是符合自然事物的演化规律的。在相变机制和转变产物的组织结构方面均表现过渡性特征。

4.2.2　上贝氏体转变和珠光体转变的联系与区别

钢中的贝氏体相变同珠光体转变同样具有扩散性质，即碳原子均能够长程扩散。

上贝氏体在奥氏体晶界上形成贝氏体铁素体晶核，共析分解也在奥氏体晶界形核，两者有相似性。但是上贝氏体与珠光体在转变机制上不同，共析分解是铁素体+碳化物两相共析共生的过程。而贝氏体相变则是首先析出贝氏体铁素体，而渗碳体析出与否，以什么形态析出，要视具体条件而定。

许多钢的共析分解与上贝氏体转变在一定温度范围内等温时可以重叠，如图 4-21 所示。可见，35Cr 钢在 500～600℃之间等温时，珠光体分解和上贝氏体转变 C-曲线重叠，各有独立的 C-曲线。从图中可见，在 500～600℃之间等温时，先形成上贝氏体，等温 100s 后才形成珠光体。说明珠光体转变与上贝氏体转变既有不同，又有密切的联系。具有交叉性、重叠性和过渡性质。

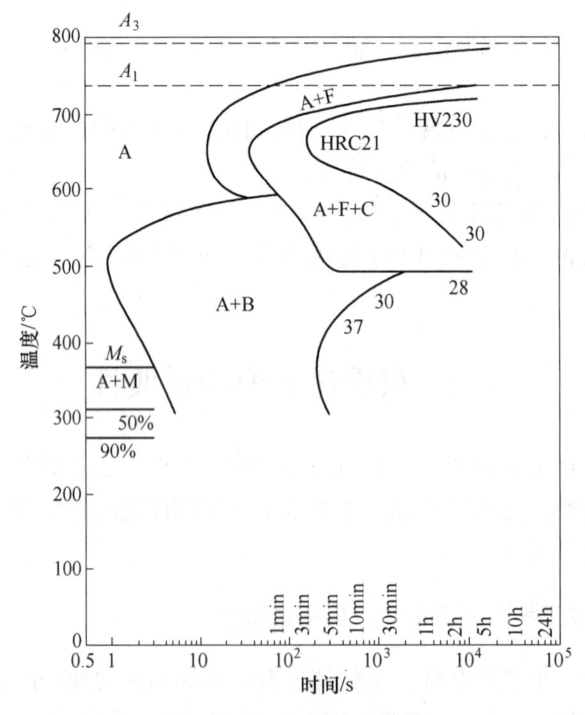

图 4-21　35Cr 钢的 C-曲线

在珠光体转变 C-曲线的“鼻温”以下，随着温度的降低，孕育期越来越长，共析分解越来越困难，直至难以再进行共析分解，共析共生的过程将会停止。即平衡转变及准平衡转变将终止，这时系统自组织功能将使之开始进行非平衡的上贝氏体转变。

上贝氏体铁素体在奥氏体晶界优先单独形核并长大，大量的合金结构钢的贝氏体的C-曲线的开始线在珠光体的左方。可以查出 110 多种钢具有这类 C-曲线，图 4-22 为其一，从图中可见，20Cr2Ni2Mo 钢在 650℃等温转变时，珠光体的孕育期约 100s；在 400℃贝氏体的孕育期 6s。显然贝氏体铁素体的析出比珠光体分解快得多，这表明贝氏体转变不同于共析分解。

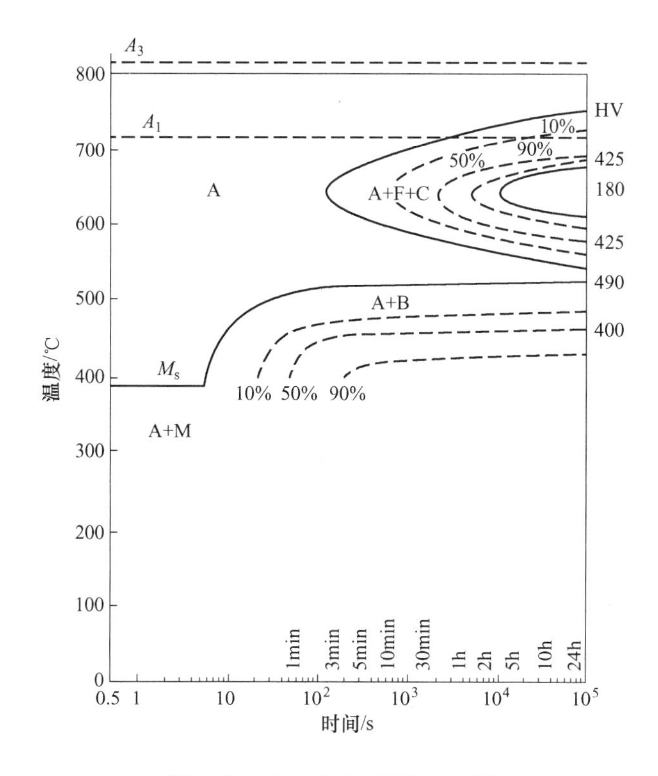

图 4-22　20Cr2NiMo 钢的 TTT 图

与共析分解不同，贝氏体 C-曲线无论左移还是右移，渗碳体是不与铁素体共析共生的。如果在铁素体片间形成，则得到羽毛状上贝氏体。如果渗碳体不再析出，残留奥氏体将保留到室温，这就得到了无碳化物贝氏体。如果在贝氏体铁素体基体上分布着的颗粒状的奥氏体在冷却过程中部分地转变为马氏体，形成所谓“M/A 岛”，则得到粒状贝氏体。可见，上贝氏体转变不同于共析分解。它与共析分解有本质上的区别。

钢的自组织功能使奥氏体在难以共析分解的温度下及时改变相变机制，虽然不能共析，但可以通过涨落形成贫碳区和富碳区，在贫碳区析出贝氏体铁素体片，而在富碳区中已经难以形成渗碳体，这样在奥氏体中不断富集碳，自组织功能将使其在适当的时候析出渗碳体，或转变为马氏体，或使之残留下来，成为组织中的残留奥氏体。即转变为上贝氏体组织。

4.2.3　下贝氏体转变和马氏体相变的联系与区别

马氏体相变将在第5章讲授，这里仅仅做个简单的分析。某些钢中下贝氏体的组织形貌具有针状或片状特征，与马氏体相似。下贝氏体组织也有时出现孪晶亚结构。马氏体点及其稍下的温度区往往与下贝氏体转变区重叠。过冷奥氏体在 M_s 稍下，开始时先形成一定量的降温马氏体，等温一段时间后，下贝氏体开始转变，余下的奥氏体转变为下贝氏体。这样，在同样温度下得到马氏体+下贝氏体的整合组织。下贝氏体中可以析出碳化物。但碳化物难以析出时则残留了较多的奥氏体。而马氏体相变时也有残留奥氏体。

4.2.4　贝氏体组织结构的过渡性

贝氏体的组成相十分复杂，不同于珠光体，珠光体只有两相（铁素体+碳化物）。也不同于单相的马氏体。贝氏体组织中除了贝氏体铁素体外，往往同时存在其他一些相，如渗碳体、特殊碳化物、残留奥氏体、马氏体或所谓M/A岛等。上贝氏体的组成相有时与珠光体相同，即只含有铁素体和渗碳体两相，因此，上贝氏体组织打上了珠光体组织的烙印。贝氏体组织中存在着马氏体、残留奥氏体等相，说明它打上了淬火马氏体组织的烙印。从上贝氏体组织过渡到下贝氏体组织，表现了从珠光体到马氏体的过渡性和复杂的交叉性。贝氏体的组织形貌十分复杂，形形色色。

羽毛状上贝氏体、无碳贝氏体均与在晶界处形核长大的珠光体有相似之处，铁素体均呈条片状，仅碳化物分布形态不同。下贝氏体主要在晶界形核，也可在奥氏体晶内形核长大，呈现片状或针状特征。条片状的下贝氏体与板条状马氏体相似，表现为明显的过渡性。

珠光体中的位错密度较低，而马氏体中的位错密度极高，贝氏体中的位错密度在两者之间。珠光体组织中不存在孪晶和层错，马氏体中存在较多精细孪晶和细微的层错，而贝氏体中孪晶较少。说明在亚结构上也存在过渡性。

综上所述，贝氏体相变与珠光体相变、马氏体相变既有本质上的区别，又有许多相似处，表现了明显的过渡性。因此，贝氏体相变最主要的特征是其具有过渡性。认识贝氏体相变的过渡性是研究和学习贝氏体相变切入点。

4.3　贝氏体相变热力学和动力学

相变热力学是回答相变过程总趋势的。对于贝氏体相变而言，计算相变驱动力，可为相变机制提供理论依据。贝氏体相变动力学是研究转变速度的，因此动力学的研究具有理论意义和实际价值。

在分析以往的计算模型的基础上，提出了新的物理模型和估算结果，并综合相变动力学对贝氏体相变时原子位移的方式进行了理论分析。

4.3.1　相变驱动力的计算模型

20世纪30~70年代，学者们提出了LFG、KRC、MD等模型，应当指出，这些模型是发现贝氏体相变初期提出的，当时贝氏体的组织和相变过程的物理实质尚未真正搞清楚，因此，这些计算模型不符合实际。

20 世纪末到 21 世纪初，学者们深入研究了贝氏体的本质，对其转变的物理过程有了比较透彻的认识，可以明确的断定贝氏体相变不是共析分解，也不是切变过程。贝氏体铁素体（BF）在碳含量、组织形貌、亚结构等方面不同于先共析铁素体，也不同于珠光体中的共析铁素体；贝氏体中残留奥氏体已经富碳，并且受 A→BF 的相变膨胀胁迫，物理状态也不同于先共析分解时的原过冷奥氏体，因此，计算中采用的各相活度值不适用于贝氏体相变驱动力的计算。同样，贝氏体中的碳化物形貌和结构也不同于珠光体中的片状渗碳体。因此，各自由焓值也不适用于贝氏体的驱动力计算。应用 KRC 模型、LFG 模型、MD 模型的计算结果当然不适用于贝氏体相变，它不是贝氏体相变的驱动力。这些计算模型与实际不符，计算结果偏差较大。

按照这些模型，对 Fe-C 合金贝氏体相变，按 3 种可能的相变机制计算了驱动力。对 0.1%~0.5%（质量分数）含碳量的 Fe-C 合金，在 B_s 温度，$\gamma \rightarrow \alpha + \gamma_1$ 转变驱动力为 -227~-178J/mol（KRC 模型）和-237~-196J/mol（LFG 模型）。

按 $\gamma \rightarrow \alpha' \rightarrow \alpha'' + Fe_3C$ 机制计算，0.8%（质量分数）含碳量的 Fe-C 合金在 550℃时驱动力为-390J/mol（KRC 模型）和-181J/mol（LFG 模型）。

必须指出这些计算值是先共析铁素体析出的驱动力和共析分解的驱动力，不是贝氏体相变的驱动力，它比贝氏体相变驱动力值小得多。

图 4-23 所示为 45Cr 钢的等温转变动力学图，从图中可见，先共析铁素体（F）是在 580℃~A_3 温度之间形成，在先共析铁素体转变线和珠光体转变开始线之间，为 α+γ 两相。而在 580℃以下，有一条贝氏体转变开始线，$\gamma \rightarrow BF + \gamma_1 \rightarrow$上 B。在此两个不同的奥氏体转变区，相变驱动力不同，应当建立不同的计算模型。

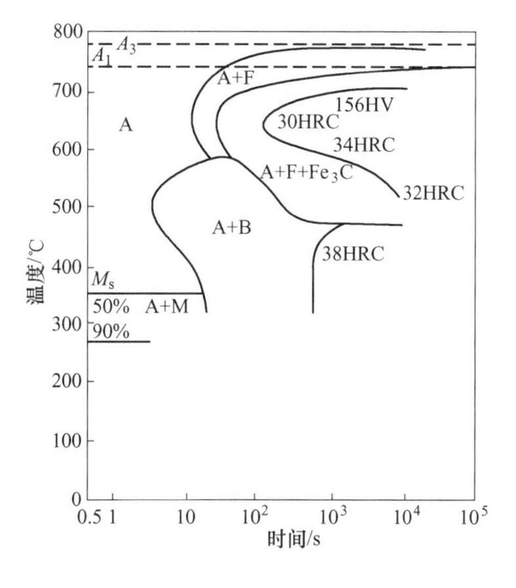

图 4-23　45Cr 钢的 TTT 图

4.3.2 贝氏体相变驱动力

图 4-24 是按照 KRC、LFG 模型计算的 0.89%C（质量分数）的碳素钢的相变驱动力，

温度范围是 127~727℃。可见，在临界点 A_1（727℃）处相变驱动力为零，这时不发生共析分解。在 550℃，相变驱动力约为-1000J/mol 左右。共析成分的 Fe-C 合金在 550℃以下等温，将要发生贝氏体相变，从图 4-24 可见，贝氏体相变驱动力在-2000~-1000J/mol 范围内，此计算值偏大。

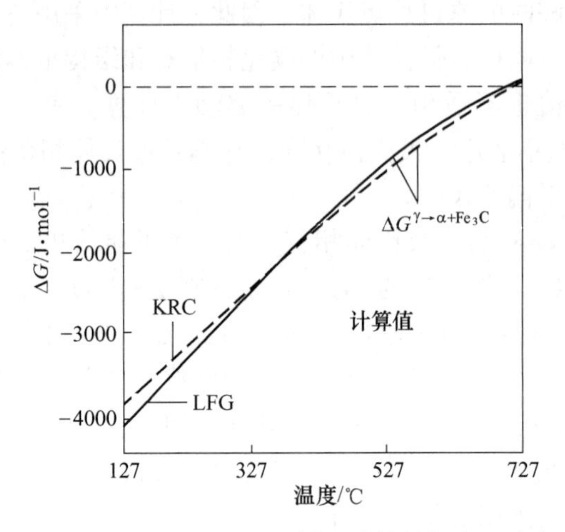

图 4-24　按照 KRC、LFG 模型计算的相变驱动力

图 4-25 是 20CrMo 钢的 TTT 图，如图所示，在 650℃，先共析铁素体析出线和珠光体转变开始线之间的区域，奥氏体只析出先共析铁素体，即：A→F+A′，或表示为：$\gamma \rightarrow \alpha + \gamma_1$；而在 550℃，在贝氏体转变开始线和珠光体转变开始线之间的区域，过冷奥氏体转变为贝氏体铁素体，余下富碳的奥氏体，即：A →BF+γ_1。

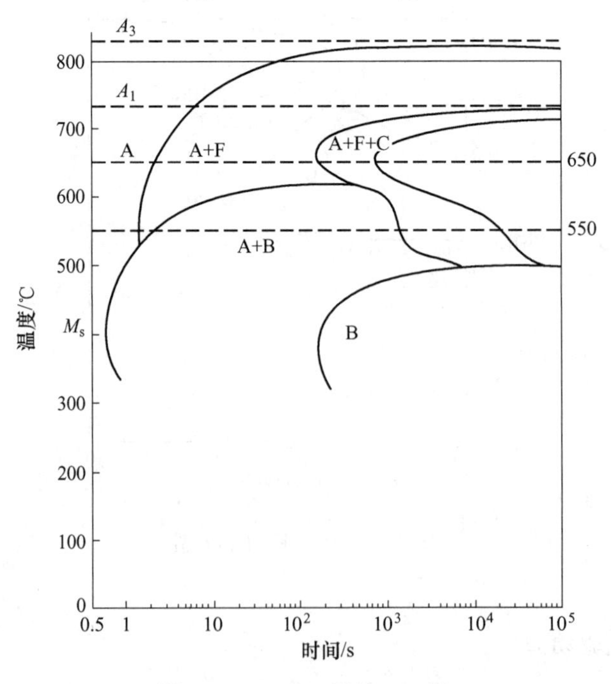

图 4-25　20CrMo 钢的 TTT 图

以上这两区域在相变上存在着本质的区别。在650℃，析出先共析铁素体时只需要较小的驱动力 $\Delta G^{A\rightarrow F+A'}$；温度降低到550℃时，贝氏体相变需要较大的相变驱动力。

刘宗昌等计算得贝氏体铁素体形成时的相变阻力为：$\Delta G^{\alpha_B\rightarrow BF}$ = 905J/mol。由于相变驱动力在数值上等于相变阻力，因此，此刻形成贝氏体铁素体的相变驱动力应为-905J/mol，是负值。此值与第3章中的图3-11中的实测值大体相符。从图中可见，在 A_1 ~700℃的温度范围内，相变驱动力较小，低于200J/mol，这是共析分解的驱动力。在相变温度低于550℃时，这些钢将发生贝氏体相变，两相自由焓之差将接近-1000J/mol。Fe-C合金马氏体的相变驱动力为1180J/mol以上，而贝氏体相变驱动力较其要小一些，因此Fe-C合金贝氏体相变驱动力应当接近-1000J/mol，在贝氏体相变温度范围内，相变驱动力会有波动，但不超过马氏体相变驱动力。从过冷奥氏体转变的整体上看，此相变驱动力的计算值是合理的。

4.3.3 贝氏体长大速率

Aaronso等用热离子发射显微镜直接观测到了台阶的形成与长大，测出含有0.66%C、3.32%Cr钢在400℃等温处理时上贝氏体铁素体条片的长大动力学，如图4-26所示，表示了3个板条的长度与等温时间的关系，可见3个片条均呈直线关系。从中可以得出单片铁素体的平均长大速度约为 1.4×10^{-3}cm/s。

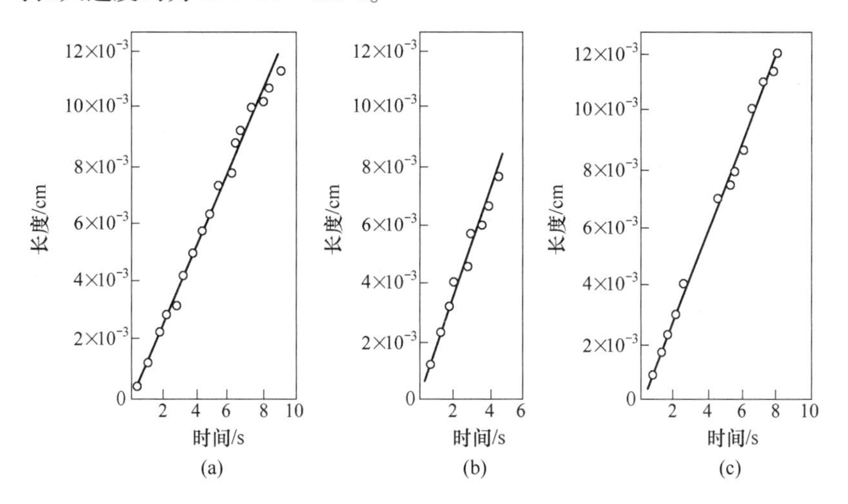

图4-26 0.66%C、3.32%Cr钢在400℃等温时上贝氏体铁素体条片的长大动力学
(a) 第一片；(b) 第二片；(c) 第三片

如图4-27所示，实际观察测得20CrMo钢贝氏体铁素体片条尺寸和向晶内的长大的时间，算得平均线速度为15μm/s。与上述图4-26中平均长大速度14μm/s相比较，二者实测值很接近。

4.3.4 贝氏体转变TTT图与共析分解TTT图的比较

许多中、低碳合金钢的贝氏体转变动力学曲线往往在珠光体C-曲线的左方，而高碳合金钢的贝氏体TTT图在珠光体转变C-曲线的右方。共析分解的孕育期较长，而贝氏体

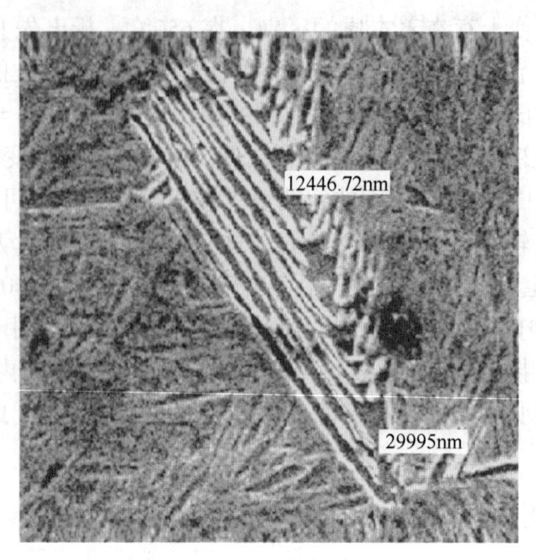

图 4-27　20CrMo 钢贝氏体铁素体片条尺寸（SEM）

相变的孕育期较短。只有含碳量增加到高碳时，贝氏体的“鼻子”才显著右移。如图 4-28 所示，20Cr2Ni2Mo 钢的贝氏体转变 C-曲线在珠光体的左方。当渗碳后，贝氏体 C-曲线显著右移。

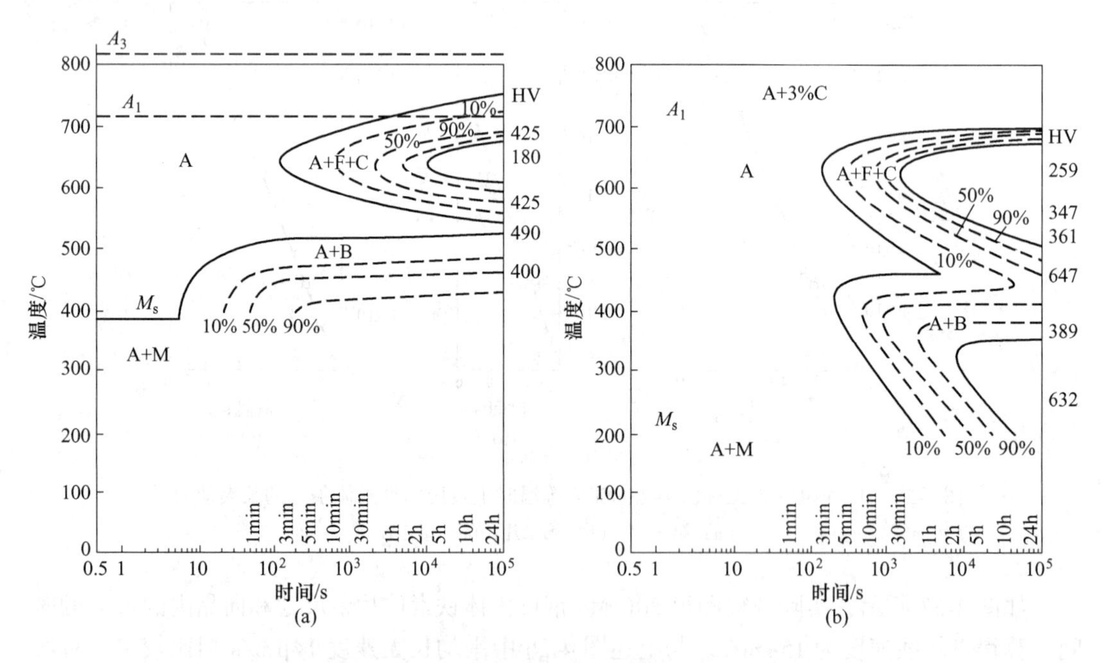

图 4-28　20Cr2NiMo 钢渗碳前后的动力学图

（a）渗碳前；（b）渗碳后

为什么珠光体的孕育期长？而贝氏体相变的孕育期短？渗碳处理后，含碳量提高了，珠光体分解的孕育期没有什么变化，但是贝氏体相变的孕育期为什么变长？从图中可见在“鼻温”处从 6s 大约延长到 200s。这与珠光体和贝氏体的转变机制不同有关。过冷奥氏体分解为铁素体+渗碳体（或碳化物）两相，构成珠光体晶核，共析共生，同时形成两相并长大，需要一定的扩散时间，但是由于转变在高温区进行，碳原子和替换原子的扩散速度较快，经过一段时间的孕育，可以进行共析分解。

但是，贝氏体相变形核是单相，即贝氏体铁素体（BF），只要通过涨落形成贫碳区，依靠 Fe 原子热激活跃迁就可以构筑铁素体晶胞，相界面铁原子移动距离远远小于一个原子间距，不是扩散过程，原子在界面热激活跃迁速度快，所以贝氏体孕育期短。转变温度虽然较低，但是转变开始速度较快。

渗碳后，变成了高碳钢，奥氏体中含碳量增加，其晶界和晶内缺陷处也将吸附大量的碳原子，阻碍了贫碳区的形成，必然延缓贝氏体铁素体在此处的形核的进程，因而孕育期变长。

4.4 贝氏体相变机制

20 世纪提出的贝氏体相变的切变学说和贝氏体台阶-扩散学说，均与实际不符。21 世纪初刘宗昌等应用自然辩证法的哲学理论，将过冷奥氏体转变作为一个整合系统，研究并提出了贝氏体相变的原子非协同热激活跃迁机制。

4.4.1 贫碳区

低碳钢、中碳钢、高碳钢中的贝氏体相变过程中均涉及贫碳区的形成问题。按照科学技术哲学的一般规律，在贝氏体相变孕育期内，在过冷奥氏体中必然通过随机的浓度涨落形成贫碳区和富碳区，浓度涨落形成贫碳区和富碳区不同于 Spinodal 分解，随机涨落是相变的诱因。

Коган 用 3 种不同含碳量的钢测定某一温度下贝氏体等温转变动力学曲线以及与之相对应的奥氏体点阵常数的变化，反映了奥氏体含碳量的变化，如图 4-29 所示。从图 4-29（a）可见，中碳钢在转变的孕育期内，奥氏体中的含碳量已经增加，这意味着奥氏体中出现了富碳区和贫碳区。图 4-29（b）1.18%C 的高碳钢，在孕育期内，奥氏体含碳量基本不变，随着相变的进行，奥氏体中的含碳量不断下降。图 4-29（c）1.39%C 的高碳钢，在孕育期内，奥氏体的点阵常数变小，奥氏体中的含碳量就显著降低，表明等温一开始奥氏体中就形成了贫碳区。从含碳量和 Mn 含量分析，这些钢的等温温度（275℃、350℃、400℃）均在下贝氏体转变区，表明在孕育期内有贫碳区和富碳区的形成。

4.4.2 贝氏体铁素体的形成

在贝氏体相变孕育期内，在过冷奥氏体中必然出现随机的涨落。新相的晶核是以涨落作为种子的：（1）结构涨落可以形成体心核胚；（2）能量涨落可以提供核胚和临界晶核所需要的能量上涨。各种涨落的非线性正反馈相互作用，使涨落迅速放大，致使奥氏体结构（fcc）失稳而瓦解，建构 bcc 结构。那么，过冷奥氏体在此温度范围的孕育期内，通过涨落，在贫碳区形成贝氏体铁素体晶核，实现 $\gamma \rightarrow \alpha$（BF）转变。

贝氏体铁素体的形成是成分不变的非协同转变，原子从一个相转入另一个相中，新相接受母相迁移过来的原子是化学势降低的过程，是自发过程，是热力学的必然趋势。其次

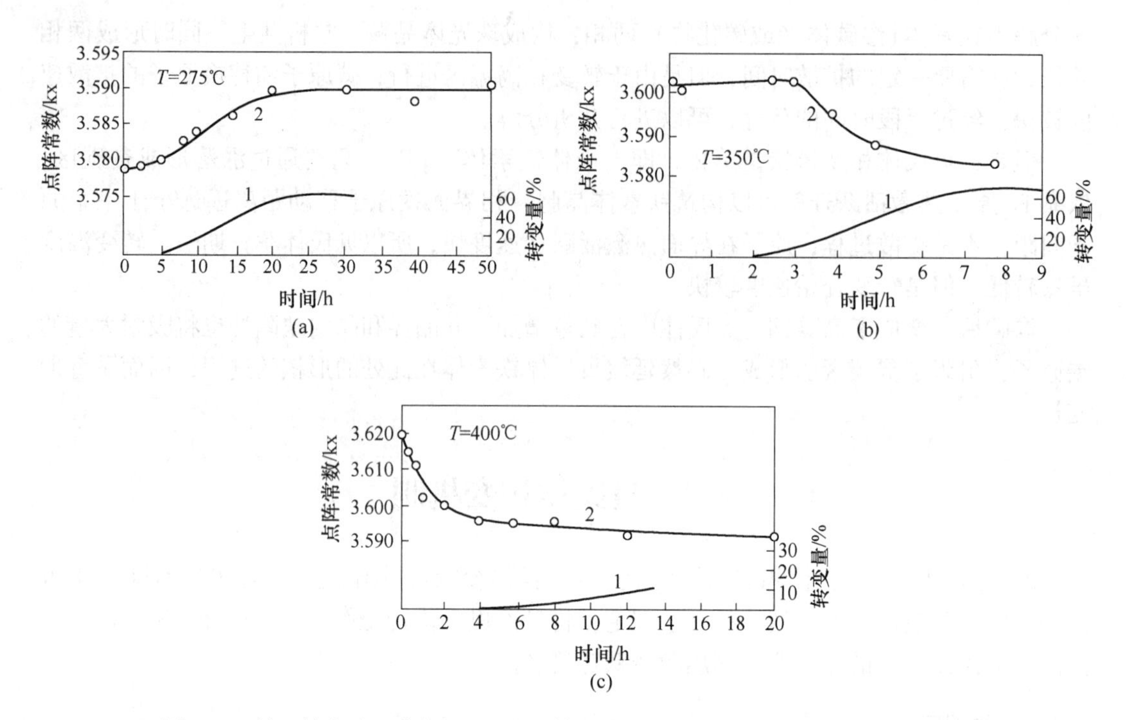

图4-29 等温转变量（曲线1）及奥氏体点阵常数（曲线2）与等温时间的关系

（a）0.48C、4.33Mn；（b）1.18C、3.58Mn；（c）1.39C、2.74Mn

（1kx = 10.02nm）

原子位移是在相界面上进行的，界面上的原子排列本来就是不规则的，母相原子在界面上只需移动远小于一个原子间距就可以成为新相晶格上的原子。

贫碳区γ、贝氏体铁素体α两相原子的自由焓不等，如图4-30所示。原子只需热激活跃迁就可以跨越界面，直接、连续地转入新相。即不需要原子的扩散，就可以使界面迁移，因而界面迁移速度快，形核-长大速度极快。如图4-30（b）中γ相的原子是依次接踵地跃迁进入自由焓低的α相中，由于γ、α两相成分相同，因此γ→α转变不是扩散相变。

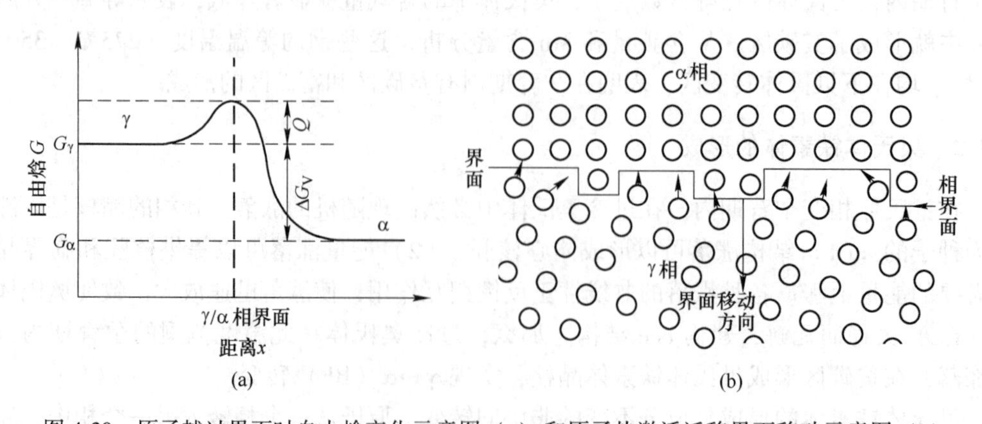

图4-30 原子越过界面时自由焓变化示意图（a）和原子热激活迁移界面移动示意图（b）

4.4.3　贝氏体铁素体晶核长大

贝氏体晶核是单相，即贝氏体铁素体 BF（α 相）。观察表明，上贝氏体一般在奥氏体晶界处形核，图 4-31 所示为 20CrMo 钢试样在 950℃炉中加热奥氏体化，然后取出迅速冷却到 530℃的盐浴炉中，等温 2s 后淬火，得到的组织照片，可见贝氏体铁素体正沿着奥氏体晶界形成和长大，并且有向晶内呈现锯齿状生长的趋势。

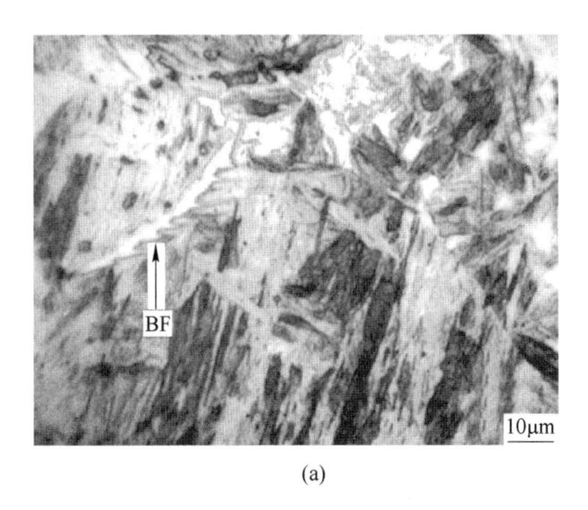

(a)

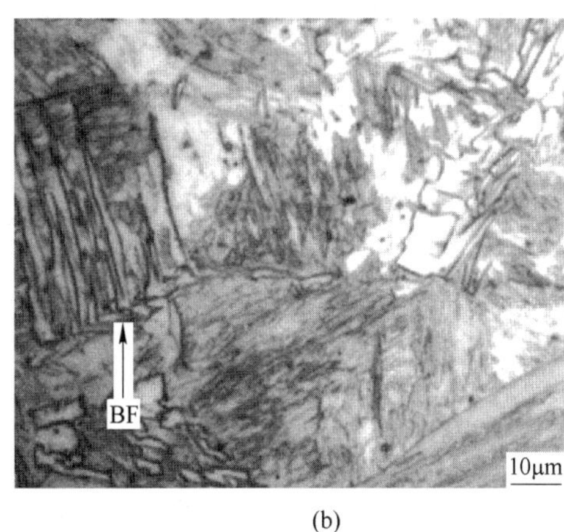

(b)

图 4-31　20CrMo 钢贝氏体铁素体形核及长大（SEM）
（a）贝氏体铁素体 BF 在晶界处形核；（b）BF 向奥氏体晶内长大

下贝氏体可以在奥氏体晶界形核，也可在晶内形核。亚单元形成后诱发应力应变场可以激发形核。将球墨铸铁试样加热到 950℃，保温后于 320℃硝盐浴等温，下贝氏体首先在石墨球与奥氏体的界面上形核，然后向奥氏体晶内长大，如图 4-32 所示。可见，下贝氏体呈细长的针状，在石墨球表面上形核，然后向奥氏体晶内长大。

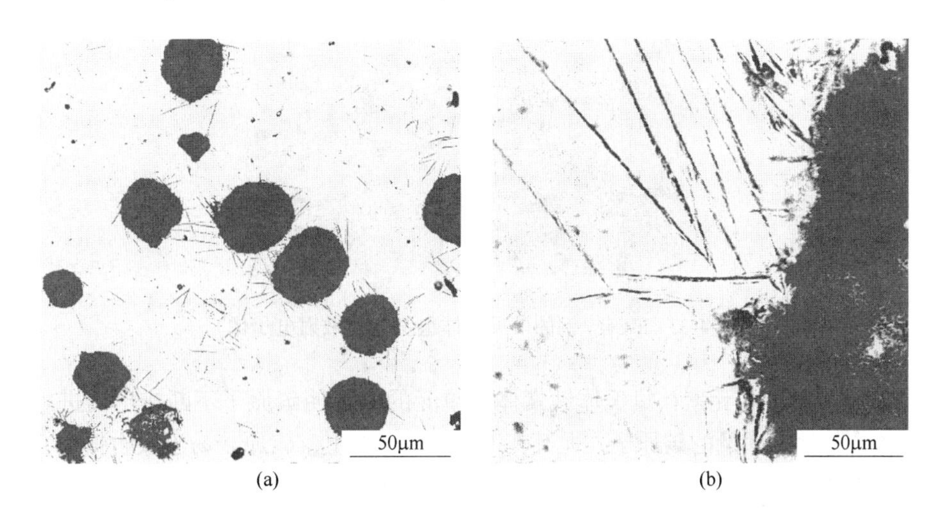

图 4-32　下贝氏体在石墨球表面上形核向晶内长大（SEM）
（a）贝氏体在石墨球表面上形核；（b）贝氏体针向奥氏体晶内长大

4.4.4　贝氏体碳化物的形成

贝氏体相变不是共析分解过程，其碳化物与贝氏体铁素体不是共析共生的。尽管碳化物（θ或ε）往往不一定存在于各贝氏体组织中，如无碳贝氏体。但碳化物仍然是贝氏体组织中的一个组成相，其形成规律也是贝氏体相变机制的一个组成部分。

贝氏体碳化物与贝氏体铁素体亚单元的形核-长大密切相关，由于铁素体中含碳量很低，随着亚单元的形成和长大，不断排碳，碳原子扩散进入其周边的奥氏体中，使得奥氏体越来越富碳。这就为碳化物的析出创造了条件。

上贝氏体中的碳化物，即渗碳体在富碳的奥氏体区内析出，存在于贝氏体铁素体片条之间或与残留奥氏体共同存在。

贝氏体形成初期，碳含量是过饱和的，但是难以实际测定过饱和程度，因为没有办法制取到新鲜的BF。贝氏体铁素体中具有较高的位错密度，位错密度可达$10^{11}cm^{-2}$。因此可以认为，贝氏体铁素体较高的位错密度增大了碳原子的溶解度（位错禁锢碳原子），比平衡态铁素体具有过饱和碳。研究认为位错的柯垂尔气团中碳原子浓度约为7.4%（原子数分数）。

实际上，贝氏体在中温区形成，然后迅速冷却到室温，碳原子不能从铁素体中平衡脱溶，因此，铁素体也是被碳原子过饱和的。

观察表明，贝氏体碳化物在贝氏体铁素体片条之间的奥氏体界面上形成或在贝氏体亚单元间形成。图4-33是GCr15钢950℃奥氏体化后，于220℃硝盐浴等温得到的下贝氏体，可以看到碳化物呈楔形长大的情况。可见，在相界面上形核，在界面处尺寸较粗大，向前长大时逐渐变得尖细而成楔形。

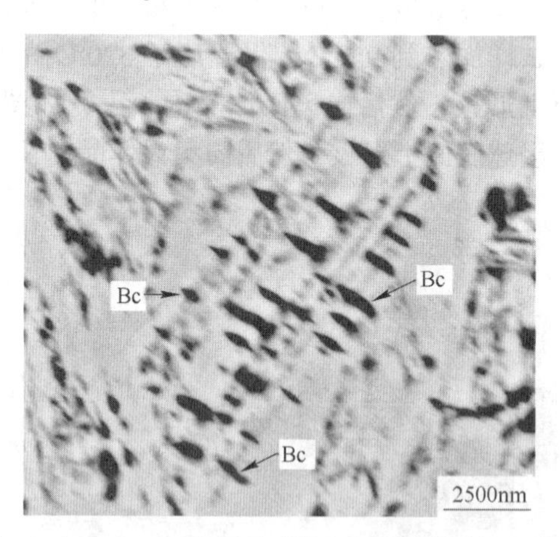

图4-33　GCr15钢的下贝氏体组织（背散射电子像）

碳是扩大γ-相区的元素，贝氏体铁素体亚单元的形成使碳原子不断排出而进入奥氏体中，奥氏体中将溶入大量的碳原子。尤其在BF/γ相界面上，碳原子易于吸附偏聚，而且碳原子沿着界面的扩散速度很快，加上与富碳的奥氏体相邻接，则BF/γ相界面为碳化物的形核提供了有利条件，因此，BF/γ相界面是碳化物形核的有利地点，此与试验事实相符。

贝氏体碳化物在BF/γ相界面上形核，向富碳奥氏体中长大，因此，θ-渗碳体当然要沿着铁素体片主轴方向平行排列，如图 4-34 所示，图 4-34（a）表示在过冷奥氏体晶界上由于涨落而形成贫碳区和富碳区，图 4-34（b）为在贫碳区中形成贝氏体铁素体亚单元晶核，图 4-34（c）表示在 BF/γ 界面处析出渗碳体晶核，图 4-34（d）表示在亚单元重复析出的过程中，渗碳体形核-长大的情况。

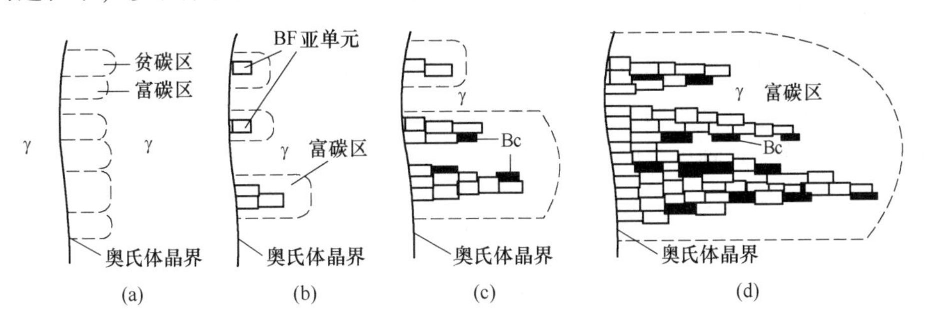

图 4-34 上贝氏体及渗碳体形成过程示意图

图 4-35 所示为下贝氏体铁素体片条和亚单元形成以及 θ-渗碳体形核-长大的示意图解。图 4-35（a）为在奥氏体晶界或位错等缺陷处由于涨落而形成贫碳区和富碳区，在能量涨落和结构涨落的非线性交互作用下，BF 亚单元形核（图 4-35（b）），铁素体片条依靠亚单元重复形成而长大，使周边的奥氏体中不断富碳。依靠涨落在 BF/γ 相界面处形成 θ-渗碳体晶核（图 4-35（c）），这时则出现了 Bc/BF 相界面和 Bc/γ 相界面，碳原子沿着相界面长程扩散，供应渗碳体晶核长大所需要的碳原子。碳化物借助于贝氏体铁素体的长大而长大，也可以长入富碳的奥氏体中。由于碳原子移动困难，碳化物长大会停止，而铁素体将继续长大，碳化物终究被铁素体相所包围（图 4-35（d））。

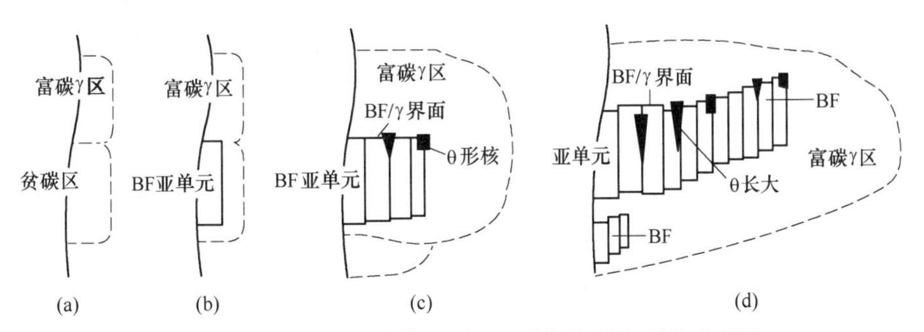

图 4-35 下贝氏体铁素体亚单元及碳化物形核-长大示意图

上已叙及，贝氏体铁素体的形成是相界面原子非协同热激活迁移机制。那么，在贝氏体碳化物（Bc）形成时，铁原子和替换原子的移动同样是非协同热激活的，一次跃迁的距离很短，不超过一个原子间距。依靠铁原子和替换原子在 Bc/BF 相界面和 Bc/γ 相界面上热激活跃迁，Bc 向奥氏体内长大，也可以向铁素体内长大，是界面控制过程。

4.5 贝氏体的力学性能

贝氏体由贝氏体铁素体、碳化物、残留奥氏体、马氏体等多相组成，各相形态不同，其组织形态形形色色，因而力学性能也很复杂，差别较大。一般来说，下贝氏体强度较高，韧性也好，而上贝氏体强度低，韧性差些。近年来研发的纳米贝氏体，具有2000MPa的强度，且冲击韧性也挺好。

4.5.1 贝氏体的强度和硬度

贝氏体的强度随着转变温度的降低而升高，如图4-36所示。相变温度不同，贝氏体的组织形态、亚结构等都不同，因而性能有所差异。转变温度越低，强度越高，较低温度下获得的纳米贝氏体，强度很高，可达2000MPa。

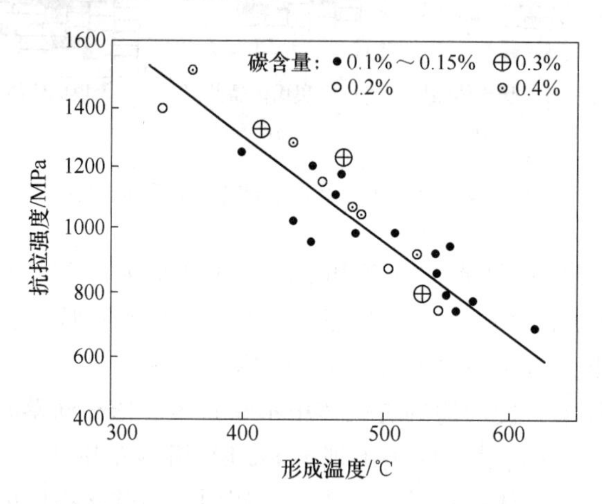

图4-36 碳素钢贝氏体强度与相变温度的关系

4.5.1.1 贝氏体铁素体条片粗细的影响

如果将贝氏体铁素体条片的大小看成是贝氏体晶粒粗细，则可以通过Hall-Petch关系式估算贝氏体的强度。那么，贝氏体铁素体条片越小，其强度越高，如图4-37所示。贝氏体条片大小主要决定于贝氏体的形成温度。形成温度越低，贝氏体铁素体条片越小，贝氏体铁素体内的位错密度越高，因而强度也越高。

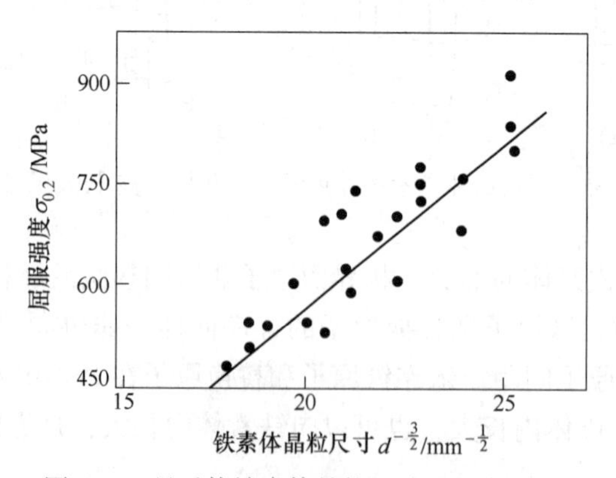

图4-37 贝氏体铁素体晶粒尺寸对强度的影响

4.5.1.2 贝氏体中碳化物分散度的影响

根据弥散强化理论，碳化物的颗粒直径越小，数量越多，强度越高。下贝氏体的碳化物颗粒细小，弥散分布于贝氏体铁素体上，所以，下贝氏体强度较高。而上贝氏体中碳化物颗粒较为粗大，呈不连续的短棒状分布在铁素体条片间，分布不均匀，所以，上贝氏体脆性大，强度较低。

碳化物的数量、大小主要决定于贝氏体形成温度以及奥氏体中的碳含量。一般来说，贝氏体形成温度越低，碳化物颗粒越细小，其强度越高。

4.5.1.3 贝氏体的疲劳性能和耐磨性

同种钢在热处理后当硬度相同时，等温淬火获得的贝氏体较淬火回火组织具有更高的疲劳强度，因为贝氏体较其他组织具有最佳的强韧性配合，疲劳裂纹的产生和扩展都较困难；此外，在重载和大的冲击载荷工作条件下，应首选贝氏体作为使用组织，因为抗冲击耐磨损性能亦以强韧性配合较佳的组织为最好。

4.5.2 贝氏体的塑性和韧性

随着等温温度的下降和强度的升高，贝氏体组织的塑性下降。决定贝氏体组织韧性的因素是贝氏体铁素体的晶粒大小及碳化物的形态和分布。当上贝氏体条片间分布着碳化物的连续薄膜时，韧性很差。当下贝氏体铁素体条片细小时，碳化物分布在铁素体内部则具有较高的韧性，碳化物过于弥散时，韧性会下降。图 4-38 为 30CrMnSi 钢贝氏体组织的冲击韧性与形成温度的关系。从图中可见，在 350℃以上，当组织大部分为上贝氏体时，冲击韧性急剧降低。下贝氏体的韧性较高。这是贝氏体组织力学性能的重要特点。

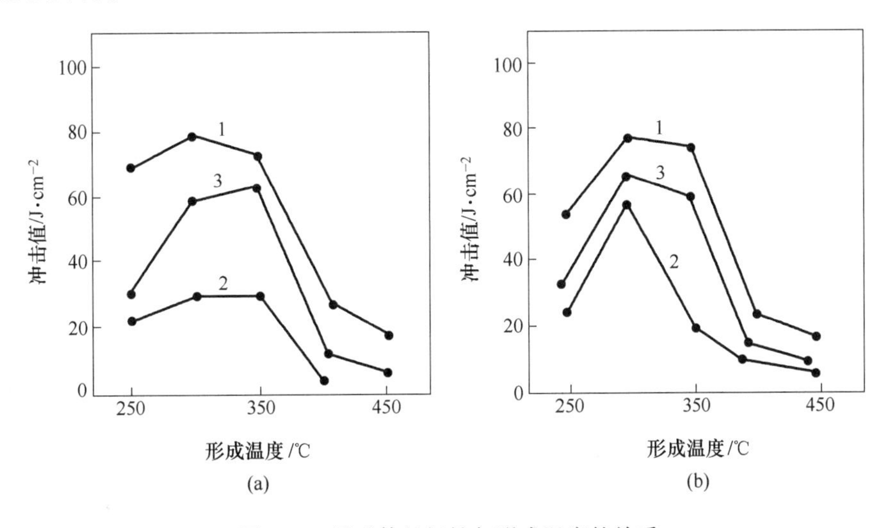

图 4-38 贝氏体的韧性与形成温度的关系

（a）等温 30min；（b）等温 60min

1—0.27%C、1.02%Si、1.00%Mn、0.98%Cr；2—0.40%C、1.10%Si、1.21%Mn、1.62%Cr；
3—0.42%C、1.14%Si、1.04%Mn、0.96%Cr

在相同强度的条件下，低碳钢贝氏体组织的断裂韧性稍低于回火后板条状马氏体的断裂韧性；而在高碳钢中，下贝氏体的断裂韧性却高于回火孪晶马氏体。这主要是因为低碳回火马氏体的塑性韧性较好，裂纹不易扩展，而下贝氏体铁素体中碳化物较为弥散，不易出现显微裂纹。

粒状贝氏体中可能存在残留奥氏体和马氏体，即M-A岛。M-A岛也可能分解为铁素体和碳化物。这些对力学性能都产生影响。粒状贝氏体的组成相复杂，变化较大，故塑性和韧性有所波动。

复习思考题

4-1 名词解释：

贝氏体；贝氏体相变；粒状贝氏体；无碳贝氏体；羽毛状贝氏体。

4-2 阐述贝氏体相变的过渡性特征。

4-3 贝氏体相变与共析分解有哪些区别？

4-4 试述典型的上贝氏体和下贝氏体的组织形貌。

4-5 试述钢中贝氏体的亚结构。

4-6 试述贝氏体转变的动力学特点。

4-7 贝氏体相变时原子的位移特征、界面原子非协同跃迁的机理是什么？

4-8 试述贝氏体铁素体的形核及长大机制。

4-9 试述贝氏体的机械性能特点。

5 马氏体相变与马氏体

20世纪20年代以来，马氏体相变是金属学最活跃的研究领域之一。发现钢、有色金属及合金、陶瓷材料中都可发生马氏体相变。

马氏体组织学、马氏体性能学、马氏体材料开发应用等各方面的研究均获得了显著的进步。但是，就马氏体相变的切变机制存在错误。21世纪以来，刘宗昌等从相变热力学、表面浮凸、晶体学等方面对马氏体相变的切变机制提出了质疑，指出：(1) 马氏体相变驱动力不足以完成切变过程；(2) 马氏体表面浮凸为帐篷形，不具备切变特征；(3) 所有的马氏体晶体学切变模型均与实际基本上不符等，否定了切变机制，提出了新机制、新理论。

5.1 马氏体相变的特征和定义

马氏体相变相对于高温区的共析分解、中温区的贝氏体相变来说，是在较低温度下进行的无扩散相变，具有一系列的特征。

5.1.1 马氏体相变的基本特征

5.1.1.1 马氏体相变的无扩散性

在较低的温度下，碳原子和合金元素的原子均已扩散困难。这时，系统自组织功能使其进行无需扩散的马氏体相变。马氏体相变与扩散型相变不同之处在于晶格改组过程中，所有原子集体协同位移，位移量远远小于一个原子间距。

高碳马氏体转变速度极快，一片马氏体形成速度约为1100m/s。在80~250K温度范围内，长大速度为10^3/s数量级。在此低温下，原子不可能扩散迁移。Fe-Ni合金，在-196℃，一片马氏体的形成需$5\times10^{-5}\sim5\times10^{-7}$s。在如此低的温度下，转变已经不可能以扩散方式进行。将高碳钢淬火后获得马氏体和残留奥氏体两相，测定两相的点阵常数的变化，得出两相的碳含量相同。因此试验表明马氏体相变的无扩散特征。即马氏体相变无成分变化，仅仅是晶格改组。

5.1.1.2 位向关系和惯习面

A 位向关系

马氏体相变的晶体学特点是新相和母相之间存在着一定的位向关系。马氏体相变时，原子不需要扩散，只作有规则的很小距离的移动，新相和母相界面保持着共格或半共格连接。因此，相变完成后，两相之间仍具有位向关系。钢中的马氏体主要是K-S关系，G-T关系实质上是K-S关系。西山关系少见。

a K-S关系

Курдюмов和Sachs用X射线测出1.4%C钢马氏体和奥氏体之间的位向关系是：

$$\{011\}_{\alpha'} // \{111\}_{\gamma}$$
$$\langle 111\rangle_{\alpha'} // \langle 101\rangle_{\gamma}$$

b　G-T 关系

Grenniger 和 Troiaon 精确地测定了 Fe-0.8%C-22%Ni 合金的奥氏体单晶中的马氏体的位向，结果发现 K-S 关系中的平行晶面和平行晶向实际上略有偏差，位向关系为：(1) $\{011\}_{\alpha'} // \{111\}_{\gamma}$ 差 1°；(2) $\langle 111\rangle_{\alpha'} // \langle 101\rangle_{\gamma}$ 差 2°。

对于铸铁和钢，大量的试样表明，马氏体具有 K-S 关系，但均偏离 1°~3°。因此认为所谓 G-T 关系实际上是属于 K-S 关系之列。

B　惯习面

马氏体转变时，新相和母相保持一定位向关系，马氏体在母相的一定晶面上形成，此晶面称为惯习面。通常以母相的晶面指数表示。钢中马氏体的惯习面随着含碳量和形成温度不同而异，有：$(557)_{\gamma}$、$(225)_{\gamma}$、$(259)_{\gamma}$。在 20 世纪 30~40 年代，测定 0.5%~1.4% C 的 Fe-C 合金的惯习面为 $(225)_{\gamma}$；1.5%~1.8% C 的 Fe-C 合金的惯习面为 $(259)_{\gamma}$；低碳马氏体的惯习面为：低碳 Fe-Ni-C 合金近于 $(111)_{\gamma}$；Fe-C 合金及 Fe-24Ni-2Mn 合金的惯习面为 $(557)_{\gamma}$。

有色合金中，马氏体的惯习面为高指数面，如 Cu-Al 合金的 β_1' 马氏体的惯习面离 $\{113\}_{\beta_1}$ 2°。Cu-Zn 合金马氏体的惯习面为 $\{2, 11, 12\}_{\beta}$。

5.1.1.3　马氏体的精细亚结构

马氏体是单相组织，在组织内部形成的精细结构称为亚结构。低碳马氏体内有极高密度的位错（可达 10^{12}cm^{-2}）。近年来发现钢中马氏体存在层错亚结构，高碳马氏体中主要以大量精细孪晶（孪晶片间距可达 30nm）作为亚结构，也存在高密度位错；有色合金马氏体的亚结构是高密度的层错、位错和精细孪晶。

马氏体从形核到长大，伴生大量亚结构，如精细孪晶、极高密度位错或层错等亚结构。图 5-1 所示为马氏体中的亚结构照片。

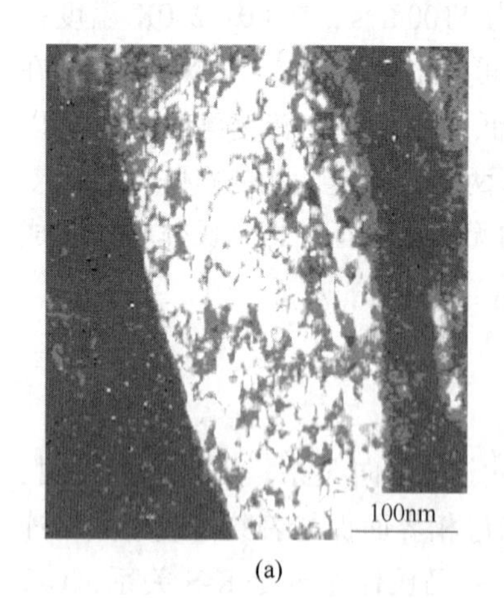

(a)

(b)

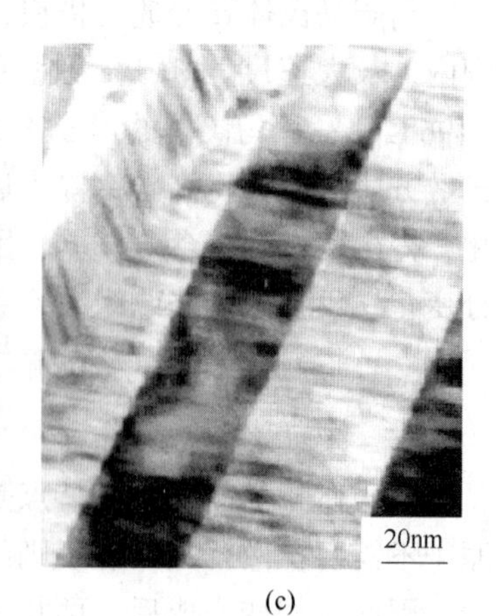

(c)

图 5-1　马氏体片中亚结构（TEM）
(a) 缠结位错；(b) 孪晶；(c) 层错

5.1.1.4 相变的可逆性，即新旧相界面可逆向移动

有色金属及合金中的马氏体相变多具有可逆性，包括部分铁基合金。这些合金在冷却时，母相开始形成马氏体的温度称为马氏体点（M_s），转变终了的温度标以 M_f；之后加热，在 A_s 温度逆转变形成高温相，逆相变完成的温度标以 A_f。如 Fe-Ni 合金的高温相为面心立方的 γ 相，淬火时转变为体心立方的 α′马氏体，加热时，直接转变为高温相 γ。相界面在加热和冷却过程中，可以逆方向移动，原子集体协同地位移。这是马氏体相变的一个独有的特点。

图 5-2 所示为 Cu-Al-Ni 合金的热弹性马氏体的相变过程。此合金的马氏体点 M_s 为 −38℃。当试样随着温度的下降，β_1' 马氏体变粗并且增多，如从 −28.5℃冷却到 −41℃时，马氏体量增加；当加热时从 −29℃升温到 −17℃，出现逆转变，β_1' 马氏体收缩，随着温度升高，β_1' 逐渐减少。

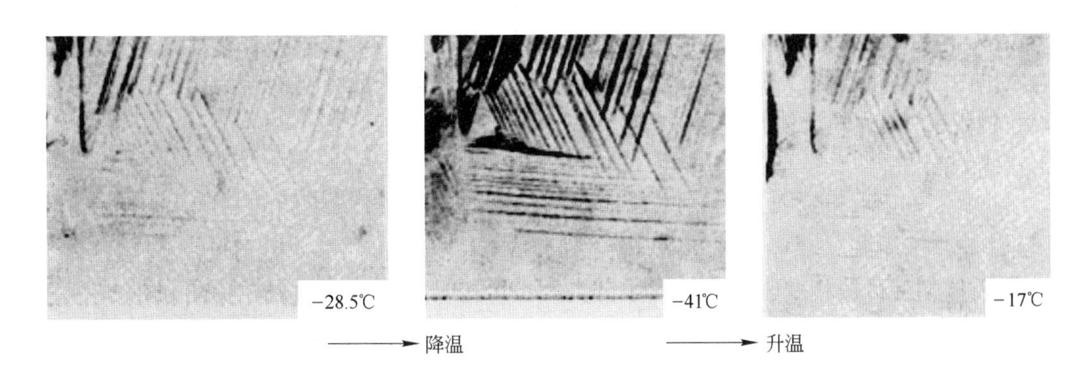

图 5-2 Cu-Al-Ni 合金的热弹性马氏体的可逆转变

但是，在钢中，淬火马氏体中的碳原子扩散较快，一般淬火到室温，碳原子立即发生扩散偏聚，形成碳原子偏聚团，如 Corierl 气团，100℃以上即可析出渗碳体。这样，当马氏体加热到高温过程中，马氏体已经分解，则不能发生逆转变为奥氏体。

除了以上主要特征外，马氏体相变还有表面浮凸、非恒温性等现象。马氏体转变也有恒温形成的，即等温形成的马氏体。浮凸是过冷奥氏体表面转变时发生体积膨胀的结果，是普遍现象。因此表面浮凸、非恒温性等现象不是马氏体相变的特征。

综上所述，马氏体相变的主要特征归纳如下：

（1）无（需）扩散性，即不需要扩散即能够完成晶格重构；

（2）具有位向关系，以非简单指数晶面为惯习面；

（3）相变伴生极高密度的晶体缺陷：如极高密度位错、精细孪晶、细密的层错等；

（4）马氏体相变具有可逆性，新旧相界面可正反两个方向移动。

这 4 条可作为马氏体相变的判据。均可试验观察测定，凡是符合这些相变特征的可判定为马氏体相变。

无（需）扩散性，是指马氏体相变不需要碳和替换原子的扩散就能完成晶格改组，故称“无需”扩散，一般称无扩散，因此“无扩散性”是区别于共析分解、贝氏体相变的一个最重要的特征。

5.1.2　马氏体的定义

20 世纪以来，赋予马氏体许多定义，定义 1：马氏体是碳在 α-Fe 中的过饱和固溶体（产生于 20 世纪 20 年代）。该定义早已过时。定义 2：在冷却过程中所发生的马氏体转变的产物统称为马氏体（产生于 20 世纪 50 年代）。该定义指出了马氏体相变的特征，但这只是马氏体相变过程的概括，不是马氏体本身的物理实质的说明。作为马氏体的定义应当是马氏体自身的物理本质的科学抽象，即指出马氏体自身的属性，而不是马氏体相变过程的属性，不宜用过程的属性代替产物的属性。因此，该定义不可取。

马氏体的新定义为：**马氏体是经无（需）扩散的、原子集体协同位移的晶格改组过程，得到具有严格晶体学关系和惯习面的，相变产物中伴生极高密度位错、层错或精细孪晶等晶体缺陷的整合组织**。该定义指出了马氏体自身的物理本质。

以往马氏体相变的定义不正确，刘宗昌等依据马氏体相变的特征，概括出马氏体相变的新定义：**原子经无需扩散的集体协同位移，进行晶格改组，得到的相变产物具有严格晶体学位向关系和惯习面，极高密度位错或层错或精细孪晶等亚结构的整合组织，这种形核-长大的相变，称为马氏体相变**。

5.2　马氏体相变的分类及动力学特征

马氏体相变可按相变驱动力的大小分类，也可按马氏体相变动力学特征分类。

5.2.1　按相变驱动力分类

马氏体相变驱动力：在马氏体点 M_s 温度以下，马氏体和母相自由焓之差小于零，即：$\Delta G^{A \to M}<0$ 时，母相才可能转变为马氏体。这个自由焓差值称为马氏体相变驱动力。相变驱动力实际上都是负值，一般所说的相变驱动力大小是指其绝对值。

按相变驱动力大小可将马氏体相变分为两类：

（1）相变驱动力大的马氏体相变。相变驱动力较大。如钢、铁基合金，面心立方的相（奥氏体）转变为体心立方（正方）马氏体属于此类。相变驱动力在 1180J/mol 以上。

（2）相变驱动力小的马氏体相变。这种相变的驱动力很小，只有数十焦每摩尔。如面心立方的母相转变为六方相马氏体、热弹性马氏体、钴合金马氏体的相变驱动力都很小。

5.2.2　按马氏体相变动力学特征分类

按马氏体相变动力学特征可分为 4 类：变温式、等温式、爆发式和热弹性马氏体相变。

大多数合金系具有变温马氏体相变特征。如图 5-3 所示，成分为 C_1、C_2 合金的马氏体点分别为 M_{s1}、M_{s2}，在冷却过程中，温度降低到 M_s 以下发生相变，不断降温，不断转变，转变量取决于冷却到达的温度 T_q。转变量 f 随着温度的降低而不断增加，到达马氏体转变终了点（M_f）温度时，并没有得到 100%的马氏体，而是尚有残余。

钢经变温形成马氏体，经淬火至室温时的残留奥氏体量由马氏体点 M_s、M_f 来决定。图 5-4 所示为碳钢的 M_s 和残留奥氏体量与含碳量的关系。

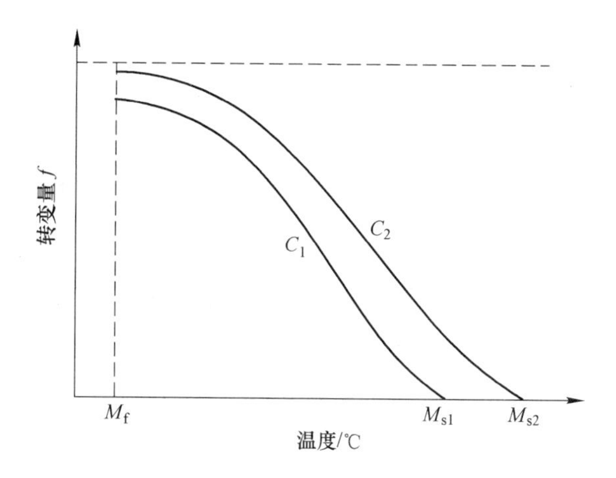

图 5-3 碳素钢变温马氏体相变动力学曲线

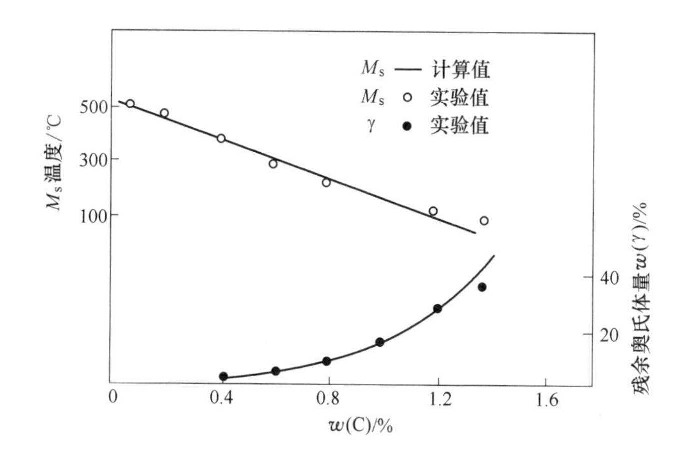

图 5-4 碳钢的 M_s 和残留奥氏体量与含碳量的关系

一般的碳素钢、合金钢都是降温形成马氏体，但是某些高碳钢、高合金钢，如 GCr15、W18Cr4V，虽然它们主要是以降温形式形成马氏体，但在一定条件下，也能等温形成马氏体。如对轴承钢（1.4C-1.4Cr），油淬到室温，再经 100℃ 等温（M_s ~ 112℃），发现形成等温马氏体。图 5-5 所示的等温马氏体（白色），是轴承钢淬火后于 100℃ 等温 10h 所得到的马氏体组织，其中黑色马氏体片是变温马氏体，在等温过程中发生了回火转变。

某些 Fe-Ni-Mn、Fe-Ni-Cr 合金或某些高合金钢，在一定条件下恒温保持，经过一段孕育期也会产生马氏体，并随着时间的延长，马氏体量增加，此称为**等温马氏体**。

马氏体的等温形成具有类似于钢的共析分解的动力学特征。如图 5-6 为典型的 Fe-Ni-Mn 合金等温马氏体转变动力学曲线，呈 C-曲线特征，可见，在 140℃ 附近转变速度最快。

等温马氏体相变时每一片马氏体的长大速度极快，恒温下马氏体量的增加依靠晶核不断形成，不同温度下转变速度的差异受形核率控制。等温马氏体和变温马氏体的主要区别是形核总量不受过冷度约束。

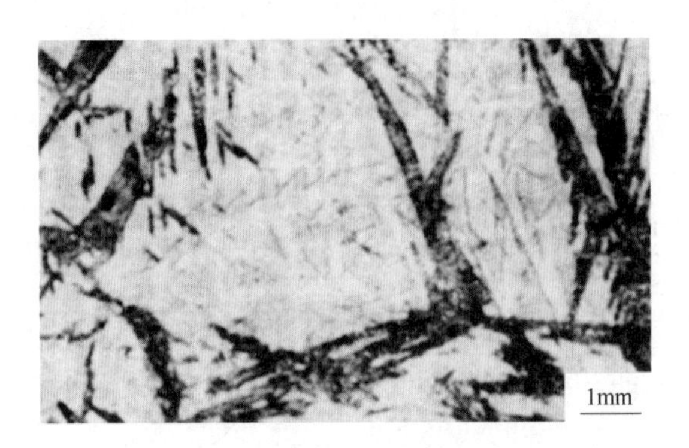

图 5-5　轴承钢中的等温马氏体

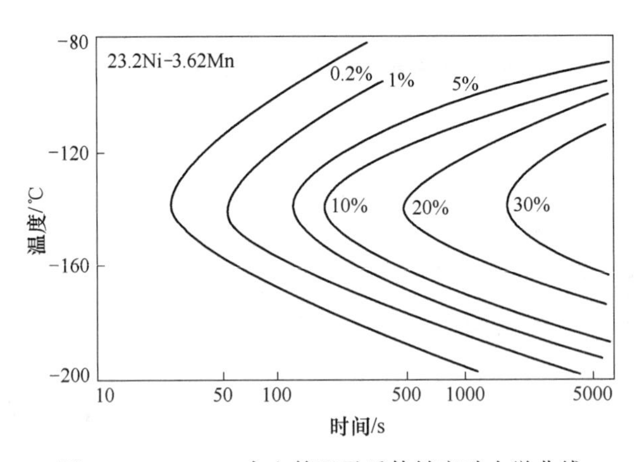

图 5-6　Fe-Ni-Mn 合金等温马氏体转变动力学曲线

马氏体点低于室温的某些合金，当冷却到一定温度 M_B（$M_B<M_s$）时，在瞬间形成大量马氏体，在 *T-f* 曲线的开始阶段呈垂直上升的势态，此称**爆发型马氏体相变**。爆发量与 M_s 温度高低有关。爆发后继续降低温度，将呈现变温马氏体的转变动力学特征。图 5-7 示出了 Fe-Ni-C 合金马氏体转变的情况。可见，在−100℃左右时，爆发量最大，达到总体积的 60%~70%，这么多的马氏体在一瞬间形成，将伴有声音和释放大量相变潜热，会使试样温度上升约 30℃。

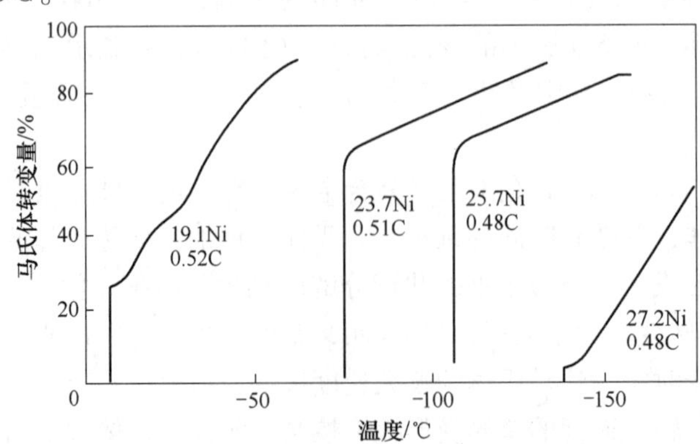

图 5-7　Fe-Ni-C 合金马氏体爆发转变曲线

在爆发转变的 Fe-Ni 合金中，测得马氏体长大速度约为 2×10^5cm/s。这类相变称为自促发形核，瞬间长大。

热弹性马氏体相变是指马氏体与母相的界面可以发生双向可逆移动。分为热弹性和机械弹性两类。其形成特点是：冷却到略低于 T_0 温度开始形成马氏体，加热时又立刻进行逆转变，相变热滞很小。如图 5-8 示出了相变热滞的比较。可见，Fe-Ni 合金马氏体相变的热滞大。冷却时，冷到 $M_s=-30$℃，发生马氏体相变；加热时，温度升到 $A_s=390$℃，马氏体逆转变为奥氏体。而 Au-Cd 马氏体相变的热滞小得多。

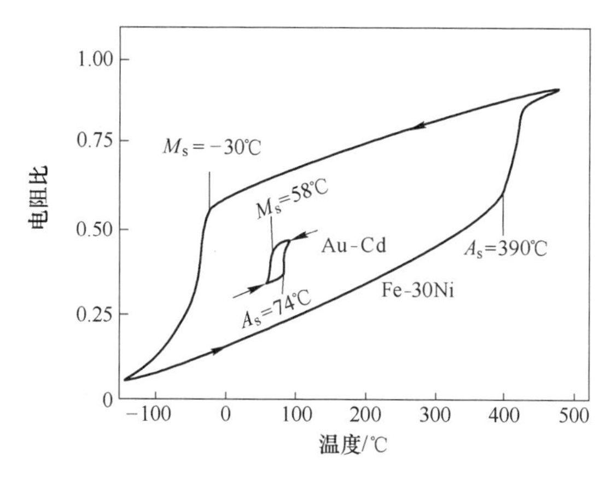

图 5-8　Fe-Ni 和 Au-Cd 马氏体相变的热滞

热弹性马氏体形成的本质性特征是：马氏体和母相的界面在温度降低及升高时，作正向和反向移动，并可以多次反复。从 M_s 降到 M_f，再升温到 A_s、A_f，每一片马氏体都可以观察到形核—长大—停止—缩小—消失这样一个完整的消长过程。

马氏体相变为热弹性的重要条件是：在相变的全过程中，新相和母相必须始终维持共格，同时，相变应当是完全可逆的。具有热弹性马氏体相变的合金已经发现的有：Cu-Al-Ni、Au-Cd、Cu-Al-Mn、Cu-Zn-Al、Ni-Ti 等。

5.3　马氏体相变热力学和马氏体点

研究马氏体相变热力学的目的在于以热力学预测马氏体相变的开始及终止。按相变特点，可将马氏体相变热力学分为 3 类：(1) 由面心立方母相转变为体心立方（正方）马氏体的热力学，其中，Fe-C 合金进行了较多的工作，确定相变驱动力均在 1180J/mol 以上。(2) 由面心立方转变为六方 ε-马氏体的热力学，如钴、Fe-Ni-Cr 不锈钢等，其相变驱动力较小。(3) 热弹性马氏体热力学，相变驱动力很小，热滞小。本节只介绍 Fe-C 合金马氏体相变热力学。

5.3.1　Fe-C 合金马氏体相变热力学

按照固态相变的一般规律，马氏体相变的驱动力是新相马氏体与母相奥氏体的自由能差。如图 5-9 所示，T_0 为某成分的 Fe-C 合金马氏体与奥氏体自由能相等的温度。当温度低于 T_0 时，马氏体的自由能低于奥氏体的自由能，应由奥氏体转变为相同成分的马氏体。

但实际上，并不是温度低于 T_0 就能发生这一转变，而是只有温度低于 T_0 以下的某一特定值（M_s）时，马氏体转变才能发生。即需要一个过冷度 $\Delta T = T_0 - M_s$，这一过冷度的大小随合金成分而不同。

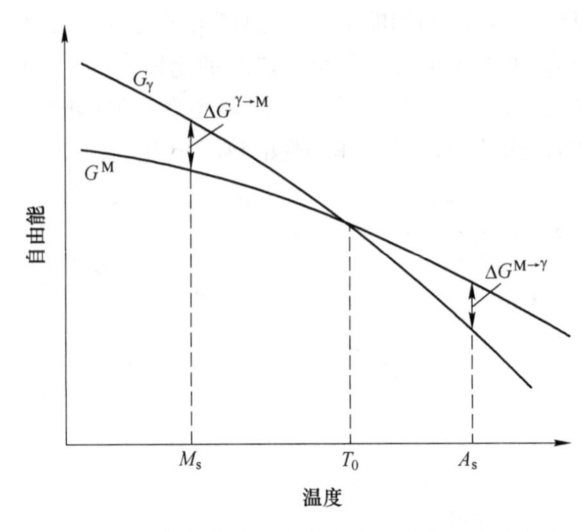

图 5-9　马氏体与奥氏体的自由能与温度的变化关系

由于马氏体相变时增加的能量较多，即阻力较大，因此转变必须在较大的过冷度下才能进行。

几种 Fe-C 合金的 T_0 温度和相变阻力 $\Delta G^{\alpha\to M}$ 列于表 5-1。表中以 $\Delta G^{\alpha\to M}$ 的数值表示相变驱动力的绝对值（加负号即为相变驱动力）。可见，相变驱动力随着碳浓度的增高及马氏体点的降低而增大。

表 5-1　几种 Fe-C 合金的 T_0 温度和相变驱动力（以 $\Delta G^{\alpha\to M}$ 数值表示）

碳的原子数分数 /%	碳的质量分数 /%	T_0/K	$\Delta G^{\alpha\to M}$ /J·mol^{-1}（卡·克原子$^{-1}$）
0.02	0.4	900	1337.6（320）
0.04	0.8	780	1546.6（370）
0.06	1.2	650	1713.8（410）

铁基合金中马氏体相变驱动力均为-1000J/mol 以上。而有色合金中，马氏体相变驱动力均较小，如 Co 合金中为-16～-4J/mol；钛合金、锆合金中为-25J/mol；Ag 和 Au 合金中为-20～-8J/mol。

5.3.2　钢中的马氏体点

5.3.2.1　马氏体点的物理意义

M_s 点是马氏体相变的开始温度，它是奥氏体和马氏体的两相自由焓之差达到相变所需要的最小驱动力值时的温度。奥氏体和马氏体两相自由焓相等的温度是平衡温度，表示为 T_0，马氏体相变需在 T_0 以下某一温度开始，这个温度即为 M_s 温度。

马氏体变温转变基本上结束的温度为 M_f，称马氏体转变停止点。实际上，淬火冷却到 M_f温度时，尚存在没有转变的奥氏体，这些奥氏体将残留下来，称其为残留奥氏体。

理论上讲，M_f点应当是马氏体相变完全终止的温度，但是，由于大量马氏体的形成，体积膨胀，奥氏体受胁迫而产生应变，这些奥氏体难以继续转变为马氏体而残留下来，即马氏体相变难以真正结束。

5.3.2.2 马氏体点与化学成分的关系

马氏体点与钢中的化学成分实际上为非线性关系。如图 5-10（a）所示的实际测得的不同碳浓度的 Fe-C 合金的马氏体点。可见马氏体点 M_s 和 M_f与含碳量呈现非线性关系。各种合金元素对马氏体点的影响都应当是非线性的，如图 5-10（b）所示。图中表示了合金元素对铁合金马氏体点的影响，可见为非线性关系。

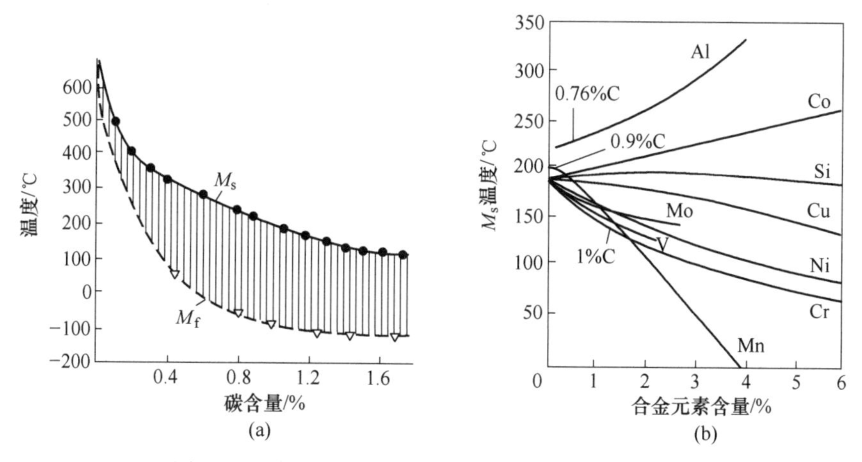

图 5-10 碳（a）和合金元素（b）对 M_s 点的影响

为了简化，不少计算马氏体点 M_s(℃）的方程式是按线性关系处理的，如举一例：

$$M_s = 550 - 361w(C) - 39w(Mn) - 35w(V) - 20w(Cr) - 17w(Ni) - 10w(Cu) - 5[w(Mo) + w(W)] + 15w(Co) + 30w(Al)$$

上式成立的条件是完全奥氏体化，并且不适用于高碳钢和高合金钢。

从上式可见，马氏体点 M_s 与合金元素的含量（质量分数/%）成比例，把合金元素对马氏体点的影响看成了各个合金元素作用的简单的线性叠加，这些计算是近似的，不够准确，仅供参考。实际生产和科研中主要是采用试验方法测定 M_s 点，或可查阅数据表，应用起来比较可靠。

加热温度和时间对 M_s 点影响较复杂。在完全奥氏体化，母相化学成分不改变的情况下，奥氏体的晶粒大小和强度对马氏体点有一定影响。研究认为：奥氏体化温度越高，晶粒越粗大，M_s 点越高。

影响 M_s 点的因素还有形变和应力、淬火冷却速率、磁场等。将奥氏体冷到 M_s 点以上某一温度进行塑性变形，会引起 M_s 点升高，产生形变马氏体，而形变温度高于某一温度时，塑性变形不引起马氏体转变，这个温度为 M_d点。塑性形变提供了有利于马氏体形核的晶体缺陷，促使马氏体的形成。

一般工业上钢件淬火速率较小，对 M_s 点基本上没有影响。外加磁场可使 M_s 点稍有升高。

5.4　马氏体组织结构

5.4.1　钢中马氏体的物理本质

虽然马氏体是一个单相组织，但其组织形貌和亚结构较为复杂。低碳钢、中碳钢、高碳钢淬火得到的马氏体组织结构不同；碳素钢、合金钢、有色金属及合金的马氏体，它们在晶体结构、亚结构、金相形态与母相的晶体学关系等方面均不尽相同，呈现出形形色色的形态及非常复杂的物理本质。表 5-2 列出了钢中马氏体的形态和晶体学特征。

表 5-2　钢中马氏体的形态和晶体学特征

钢种，成分（质量分数）	晶体结构	惯习面	亚结构	组织形态
低碳钢，<0.2%C	体心立方	$\{557\}_\gamma$	位错	板条状
中碳钢，0.2%~0.6%C	体心正方	$\{557\}_\gamma$、$\{225\}_\gamma$	位错及孪晶	板条状及片状
高碳钢，0.6%~1.0%C	体心正方	$\{225\}_\gamma$	位错及孪晶	板条状及片状
高碳钢，1.0%~1.4%C	体心正方	$\{225\}_\gamma$、$\{259\}_\gamma$	孪晶、位错	片状、凸透镜状
超高碳钢，≥1.5%C	体心正方	$\{259\}_\gamma$	孪晶、位错	凸透镜状
18-8 不锈钢	hcp（ε）	$\{111\}_\gamma$	层错	—
马氏体沉淀硬化不锈钢	bcc（α）	$\{225\}_\gamma$	位错及孪晶	板条状及片状
高锰钢，Fe-Mn（13%~25%Mn）	hcp（ε）	$\{111\}_\gamma$	层错	薄片状

从表中可见钢中马氏体的物理本质和形貌非常复杂，表现为：

（1）晶体结构有 bcc、bct、hcp 3 种。

（2）马氏体形貌各异，除了表中所列的以外，钢中有时也发现蝶状马氏体，还有所谓隐晶马氏体等形态。

（3）惯习面多样且变化复杂。

（4）马氏体中普遍存在高密度位错、精细孪晶和层错。含碳量低的马氏体以高密度位错亚结构为主；高碳马氏体中孪晶较多，但均有高密度的位错。21 世纪以来，发现钢中的马氏体存在细密的层错亚结构。

5.4.2　低碳体心立方马氏体

低碳钢淬火马氏体具有体心立方结构。马氏体中具有高密度位错。马氏体呈条状排列分布，马氏体条的宽度不等，约为 0.15μm。相邻的马氏体条大致平行，位向差较小，平行的马氏体条组成一个马氏体领域。领域与领域之间的位向差较大。一个原始的奥氏体晶粒内，可以形成几个领域。图 5-11 所示为低碳板条状马氏体的组织形貌，图 5-11（a）为 0.03C-2Mn 超低碳钢的金相照片，可见在一个奥氏体晶粒中形成几个马氏体板条群，各板条群的位向不同。图 5-11（b）为 20CrMo 钢的电镜照片。

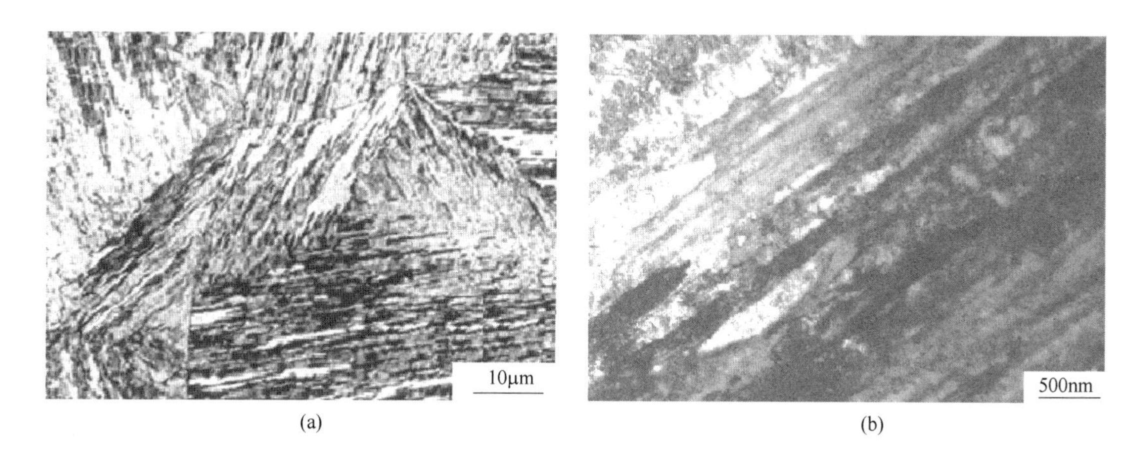

图 5-11 低碳板条状马氏体

(a) 0.03C-2Mn 超低碳钢 (OM); (b) 20CrMo 钢 (TEM)

低碳板条状马氏体的亚结构主要是高密度位错，如图 5-12 所示，可见马氏体板条中存在高密度的缠结位错。

图 5-12 35CrMo 钢板条状马氏体内的缠结位错 (TEM)

近年来发现板条状马氏体中存在层错，如图 5-13 所示，可见，在 35CrMo 钢的板条状马氏体内存在缠结位错和层错。

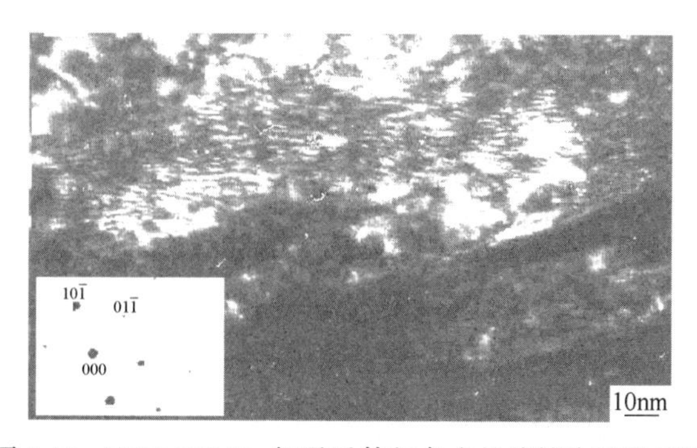

图 5-13 TEM 35CrMo 钢马氏体板条内的缠结位错和层错

5.4.3　体心正方马氏体

立方马氏体和正方马氏体的碳含量的分界值，在 20 世纪 60 年代最后定为 0.2%C。碳含量高于 0.2%时，Fe-C 马氏体具有正方性，变为体心正方晶格。20 世纪 70 年代 Speich 认为低碳马氏体（<0.2%）中的碳原子处于柯垂尔气团偏聚态，即马氏体中的碳原子全部被位错所吸纳，故马氏体保持体心立方晶格。当含碳量超过马氏体中位错可能吸纳的极限时，就以间隙溶解态的形式存在，马氏体出现正方度。从表 5-2 可见，含碳量 >0.2%时，晶体结构都是体心正方的。

随着碳含量的提高，存在下面 3 种过渡：

（1）惯习面指数逐渐由 $\{557\}_\gamma$变为 $\{259\}_\gamma$，即：$\{557\}_\gamma \to \{225\}_\gamma \to \{259\}_\gamma$。

（2）碳含量>1.9%时，马氏体形貌由板条状向片状过渡，亚结构为高密度位错、层错和精细孪晶。随着碳含量的提高，亚结构由高密度位错为主，少许孪晶，逐渐过渡到以孪晶为主。

（3）组织形态由板条状过渡到片状，凸透镜状。

随着碳含量的提高，从低碳钢的板条状马氏体变为中碳的板条状+片状有机结合构成的马氏体 → 高碳钢的片状 → 凸透镜状马氏体。大量工业用钢含碳量在 0.2%～0.6%，其马氏体的形貌皆为板条状+片状有机结合构成的整合组织。

为了清楚地观察高碳马氏体片的形貌，采用特殊热处理工艺：1200℃奥氏体化，于 NaCl 水溶液中淬至发黑，然后立即转入硝盐浴中等温 1h，再取出淬火到室温。这样处理后，在 M_s 稍下转变的少量马氏体片被回火，硝酸酒精侵蚀后发黑，而等温后的淬火马氏体则为灰白色。这样就清晰地观察到在 M_s 点稍下转变的马氏体条片的形貌，如图 5-14 是 Fe-0.88C 合金的淬火马氏体照片，在一个奥氏体大晶粒内生长出又细又长的马氏体片。马氏体便沿着某一晶向长大，又细又长。惯习面应当为 $(225)_\gamma$。图 5-15 是 Fe-1.22C 马氏体的（已经回火，黑色）组织形貌。

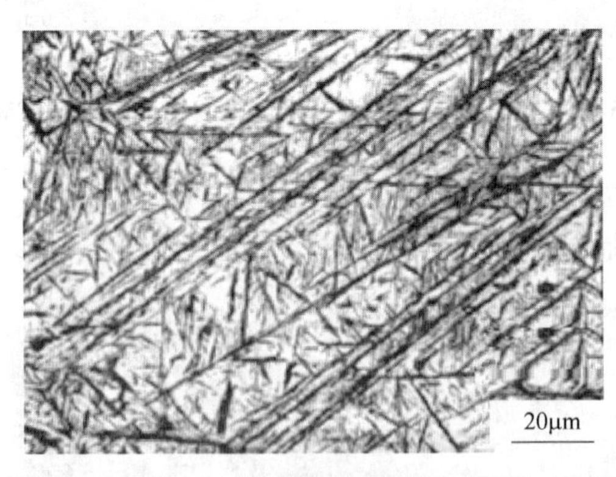

图 5-14　Fe-0.88C 马氏体（已回火）形貌（OM）

高碳钢马氏体组织中存在精细孪晶亚结构，图 5-16 显示了高碳工具钢 CrWMn 的马氏体片内的孪晶和位错。

超高碳马氏体以凸透镜状形成并呈现闪电状分布，并可以看到马氏体中脊，如图 5-17 所示。当马氏体片交角相撞时，造成局部巨大内应力，会产生撞击裂纹，如图 5-18 所示。

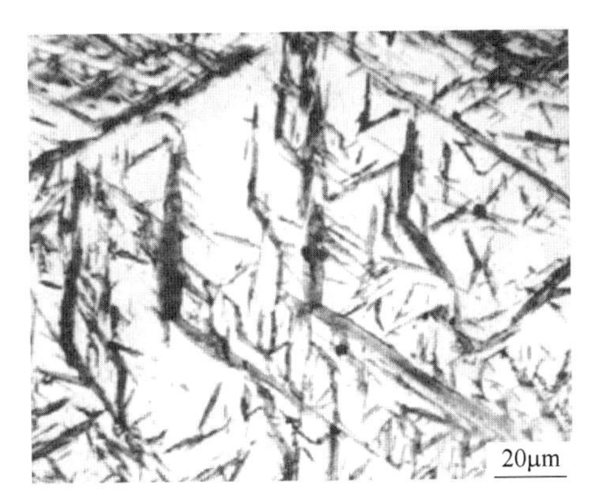

图 5-15 Fe-1.22C 马氏体（黑色，OM）

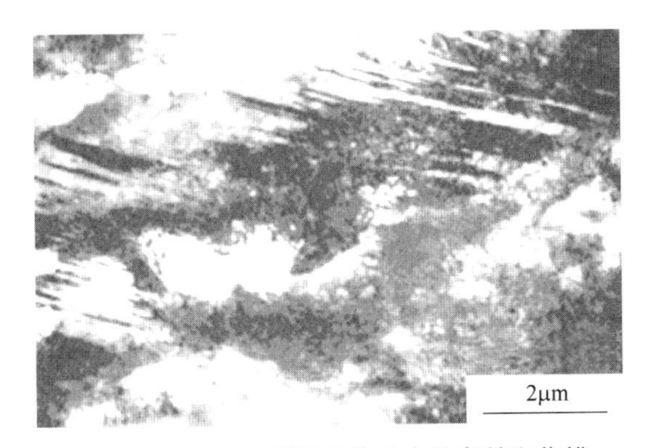

图 5-16 CrWMn 钢马氏体片内的孪晶和位错

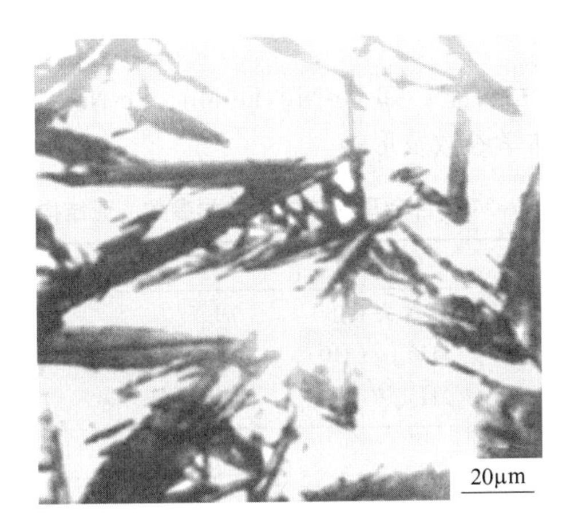

图 5-17 Fe-1.9C 马氏体

工具钢不完全淬火将得到所谓“隐晶”马氏体，它是在马氏体的基体上分布着剩余碳化物。其马氏体经硝酸酒精浸蚀后难以在光学显微镜下观察到马氏体的形态，故得其名。但它也是片状马氏体，在电子显微镜下可观察到它的片状特征，但由于奥氏体中尚有许多剩余碳化物，而且成分不均，故马氏体片长大受限，尺寸较短，如图 5-19 所示。

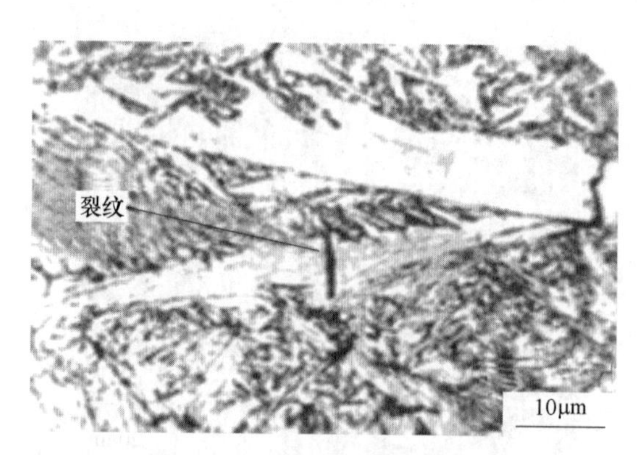

图 5-18 马氏体片的撞击裂纹

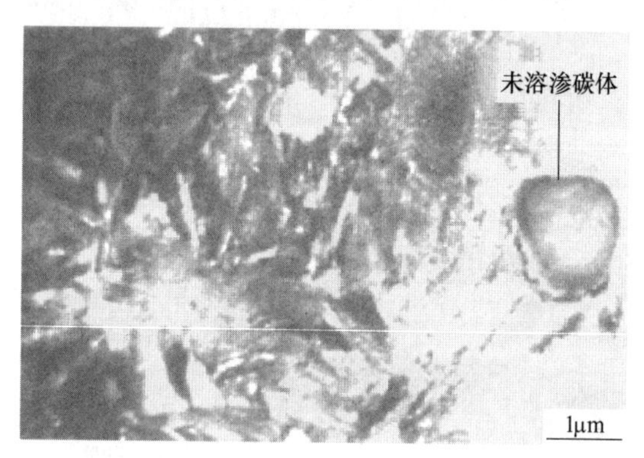

图 5-19 T10 钢的隐晶马氏体组织（TEM）

5.4.4 Fe-M 系合金马氏体

含有合金元素的 Fe-M 系合金，如 Fe-Ni、Fe-Mn、Fe-Ni-Cr、Fe-Ni-C 合金，表 5-3 列举了几种合金马氏体的晶体学参数及形貌。

表 5-3 Fe-M 系合金马氏体的晶体学参数、亚结构及形貌

<table>
<tr><th>合金系</th><th>马氏体晶体结构</th><th>位向关系</th><th>惯习面</th><th>亚结构</th><th>组织形貌</th></tr>
<tr><td>Fe-Ni</td><td>bcc（α）</td><td>N 关系：
$(111)_\gamma // (110)_\alpha$
$\langle 211\rangle_\gamma // \langle 110\rangle_\alpha$</td><td>$\{225\}_\gamma$ $\{259\}_\gamma$ $\{225\}_\gamma$</td><td>位错
孪晶
孪晶</td><td>蝶状
片状
薄片状</td></tr>
<tr><td rowspan="2">Fe-Ni-C
（Ni 24%～35%，C 约 1.0%）</td><td>bcc（α）</td><td rowspan="2">K-S 关系：
$(111)_\gamma // (110)_\alpha$
$[101]_\gamma // [111]_\alpha$</td><td>$\{111\}_\gamma$</td><td>位错</td><td>板条状</td></tr>
<tr><td>bct（α）</td><td>$\{225\}_\gamma$
$\{225\}_\gamma$ $\{259\}_\gamma$ $\{259\}_\gamma$</td><td>位错
孪晶
孪晶
孪晶</td><td>蝶状
片状
片状
薄片状</td></tr>
<tr><td>Fe-Mn
（13%～25%Mn）</td><td>hcp（ε）</td><td>$(111)_\gamma // (0001)_\varepsilon$
$[1\bar{1}0]_\gamma // [11\bar{2}0]_\varepsilon$</td><td>$\{111\}_\gamma$</td><td>层错</td><td>薄片状</td></tr>
<tr><td>Fe-Ni-Cr</td><td>bcc（α）</td><td>$(111)_\gamma // (110)_\alpha$
$[101]_\gamma // [111]_\alpha$</td><td>$\{225\}_\gamma$</td><td>位错-孪晶</td><td>板条状-片状</td></tr>
</table>

Fe-Ni、Fe-Ni-C 合金经淬火得相变马氏体，其形貌因形成温度不同而有 3 种类型：

(1) 蝶状马氏体，在较高温度形成，如-30℃。

(2) 片状马氏体，在较低温度下形成，如-150~-20℃。

(3) 薄片状马氏体，在最低温度下形成，如< -150℃。

蝶状马氏体为位错型，但是，惯习面不是 $\{111\}_\gamma$，而是 $\{225\}_\gamma$。

图 5-20 为 Fe-29.8Ni 片状马氏体，可见，具有中脊，并显示只在中脊区有孪晶。

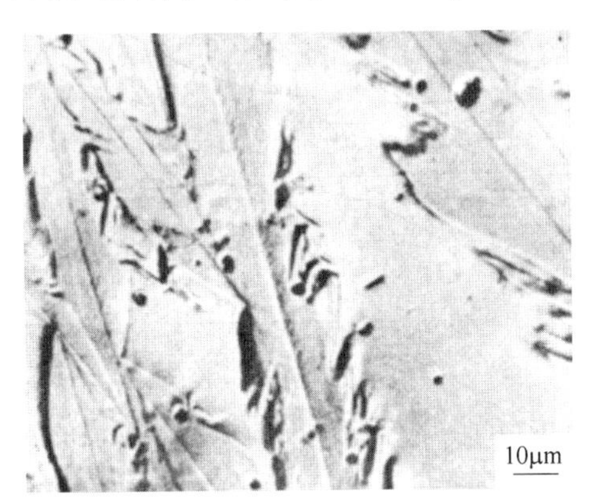

图 5-20 Fe-29.8Ni 马氏体

图 5-21 为 Fe-31Ni-0.28C 合金（M_s=-171℃）冷却到-196℃所形成的薄片状马氏体形态。其惯习面和亚结构与钢中 $\{259\}_\gamma$马氏体相同。

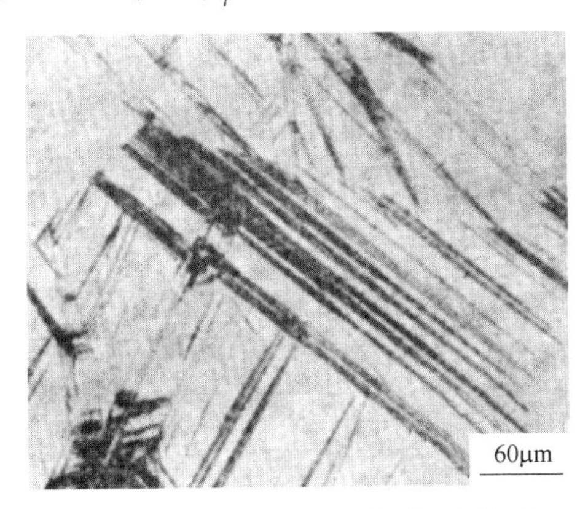

图 5-21 Fe-31Ni-0.28C 薄片状马氏体

Fe-Ni-C（Ni 24%~35%）合金马氏体的形貌与形成温度、成分的关系如图 5-22 所示。它表示了各类马氏体形成的温度范围。例如，0.4%C Fe-Ni-C 合金，转变温度高时，形成板条状马氏体，随着温度的下降，形貌不断改变，依次形成板条状+凸透镜片状、蝶状、薄片状马氏体。

5.4.5 有色合金马氏体

有色合金马氏体的亚结构大多是层错和孪晶，极少有位错。惯习面指数多为较高指数面，也较复杂。具有代表性的有色合金马氏体的晶体学特征列于表 5-4。

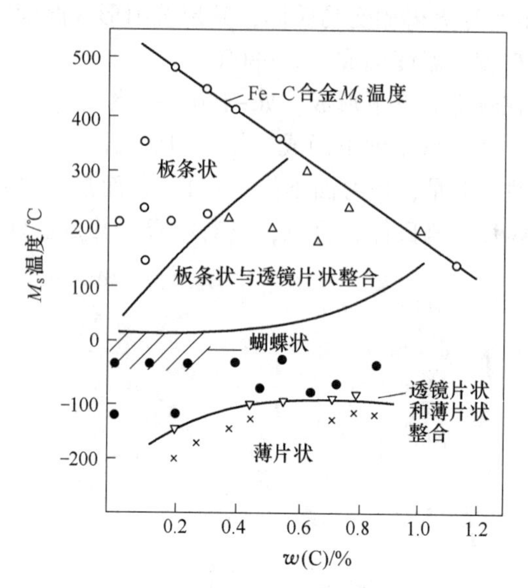

图5-22 Fe-Ni-C合金马氏体形貌与含碳量的关系

表5-4 有色合金马氏体的晶体学特征

合金系	成分（原子数分数）/%	晶体结构（母相→马氏体）	惯习面	亚结构	备注
Cu-Zn	39.5Zn	有序体心立方→有序正交	$(2,11,12)_\beta \sim (155)_\beta$	层错	弹性
Cu-Al	20～22.5Al 22.5～26.5Al	体心立方→六方 有序体心立方→有序正交	$\sim\{133\}_\beta\sim\{122\}_\beta$	层错 层错	弹性
Cu-Al-Ni	14.2Al，4.3Ni	有序体心立方→有序正交 有序体心立方→有序正交	$(\bar{1}\bar{5}5)_\beta$ $(3\bar{2}1_\beta)$ 和 $(33\bar{2})_\beta$ 之间	层错（18R） 层错（2H）	弹性
Co		面心立方→密排六方	$\{111\}_\gamma$	层错	
Au-Cd	33～35Cd	有序面心立方→有序正交	$\{133\}_\gamma$	孪晶	弹性
Ti		体心立方→密排六方	$\{8,8,11\}_\beta$	孪晶	
Ti-Mo	5Mo	体心立方→密排六方 体心立方→密排六方 体心立方→面心立方	$\{344\}_\beta$ $\{344\}_\beta$ $\{100\}_\beta$	无 孪晶 孪晶	

注：有人认为纯Ti的α′马氏体中无孪晶。

Cu-M系合金（M代表Zn、Al、Ni等元素）中马氏体相变的母相是中间相，是电子化合物，如CuZn、Cu_5Zn、Cu_3Al等，统称β相，体心立方晶格。

一定成分的Cu-Zn、Cu-Al-Ni合金具有热弹性马氏体相变，发现具有形状记忆效应，且得到实际应用，铜合金的马氏体相变受到重视。

有色合金马氏体晶体的外形基本上仍属于条片状，但金相形貌与铁基马氏体有较大区别。如图5-23所示为Cu-11.42Al-0.35Be-0.18B合金的β_1'马氏体的金相组织。图5-24所示为Cu-Al合金马氏体片中的层错和位错，可见，在高分辨电镜照片上存在大量位错，照片中的圆圈内可见有层错，层错的边缘有插入的半原子面，即位错，可见位错与层错往往是伴生的。

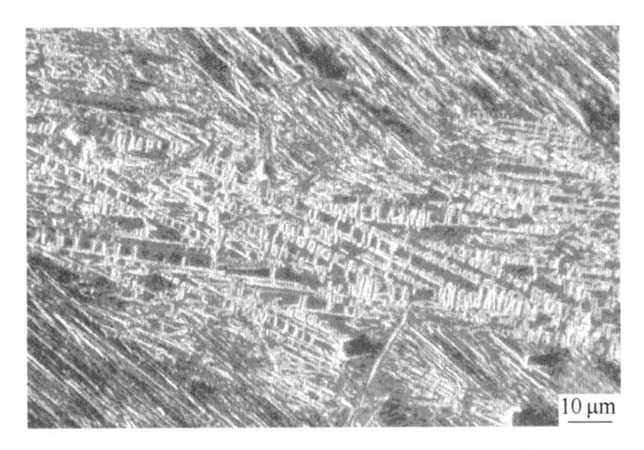

图 5-23　Cu-11. 42Al-0. 35Be-0. 18B 合金的马氏体组织（OM）

图 5-24　Cu-Al 合金马氏体片中的层错和位错（HRTEM）

5. 4. 6　表面马氏体

在金属表面上形成马氏体时与材料内部的马氏体相变有所不同，马氏体的比体积跟母相不同，如钢中奥氏体的比体积小，而马氏体的比体积较大。因此，在材料内部形成的马氏体受三向压应力作用，使马氏体难以形成。但是表面马氏体则不受三向压应力的阻碍，比较容易转变。在稍高于 M_s 点的温度下等温，往往会在表面出现马氏体组织，称为**表面马氏体**。

应用高温金相显微镜动态观察表面马氏体的形成过程。将 18CrNiWA 钢试样置于微型高温炉中，奥氏体化，奥氏体晶粒比较粗大，且不均匀。该钢奥氏体比较稳定，可以在炉冷过程中连续观察变温马氏体的形成情况。马氏体板条是由奥氏体晶界向晶内生长的。冷却到 345℃，获得 8%马氏体，如图 5-25 所示。马氏体片增多，在相邻的晶粒中产生了新马氏体片。

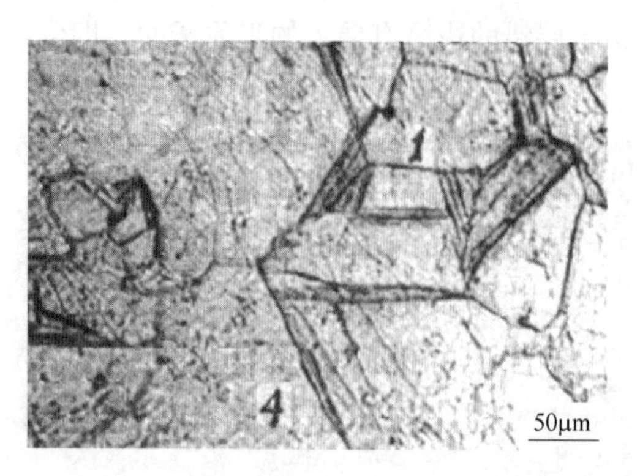

图5-25　18CrNiWA钢的表面马氏体的变温转变（OM）

5.4.7　关于马氏体表面浮凸

20世纪认为马氏体的表面浮凸是切变造成的，将表面浮凸形貌描绘为N形，作为马氏体相变切变机制的重要试验依据。到目前为止，已经发现珠光体、贝氏体、马氏体中均存在表面浮凸。而且浮凸形状普遍为帐篷形（∧），不具备切变特征。

2008年，刘宗昌等发现珠光体转变也有表面浮凸现象，重新认识了马氏体表面浮凸的产生机理。试样表面上的奥氏体转变为马氏体时，发生不均匀的体积膨胀，而且形成复杂的表面畸变应力，从而引起表面畸变。马氏体必然突出于试样表面，因而产生与组织形貌相适应的浮雕，即产生浮凸。

5.5　马氏体的形核长大

5.5.1　马氏体形核的试验观察

近年来，应用金相显微镜、透射电镜、扫描电镜试验观察了马氏体的形核-长大情况，发现马氏体可在位错、晶界、孪晶界面、表面、相界面等缺陷处形核。马氏体形核在晶粒内部和晶界上均可发生。

5.5.1.1　晶界形核

研究观察发现，马氏体优先在奥氏体晶界形核，图5-26（a）为60Si2CrV钢1200℃加热20min（4mm厚度试样），淬火得到的马氏体沿原奥氏体晶界形核并且长大照片，可见马氏体片在晶界形核并且沿着晶界长大，也向晶内长大。图5-26（b）是1Cr13钢马氏体片在界面上形核长大的电镜照片。

5.5.1.2　在孪晶界上形核

将Fe-30.8Ni合金在0℃应变10%，发现马氏体在界面和孪晶界形核。该合金在-20℃应变20%，马氏体在孪晶界形核并且沿着滑移面长大，如图5-27所示。表明孪晶界面有利于马氏体的形核。

5.5.1.3　在相界面上形核

将球墨铸铁试样加热到950℃，然后水冷淬火，发现马氏体为透镜片状，马氏体片在

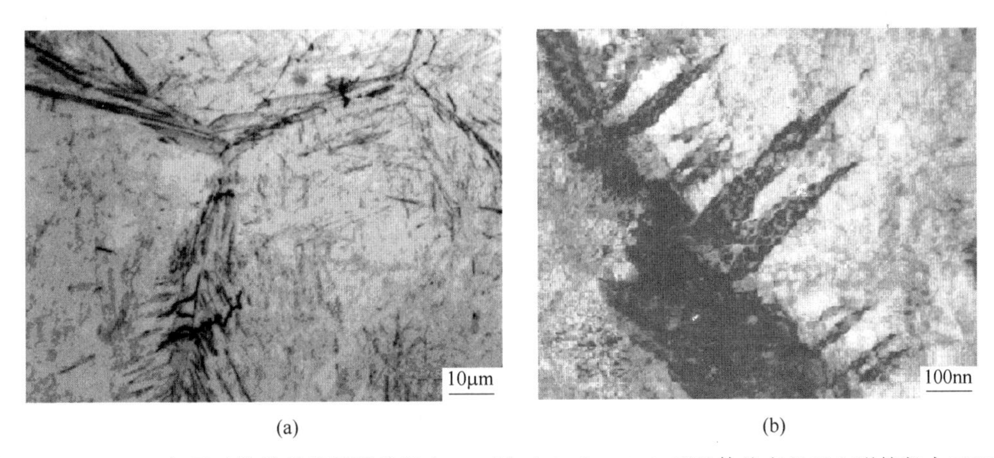

图 5-26　60Si2CrV 钢马氏体沿着晶界形核长大 OM 图（a）和 1Cr13 马氏体片在界面上形核长大 TEM 图

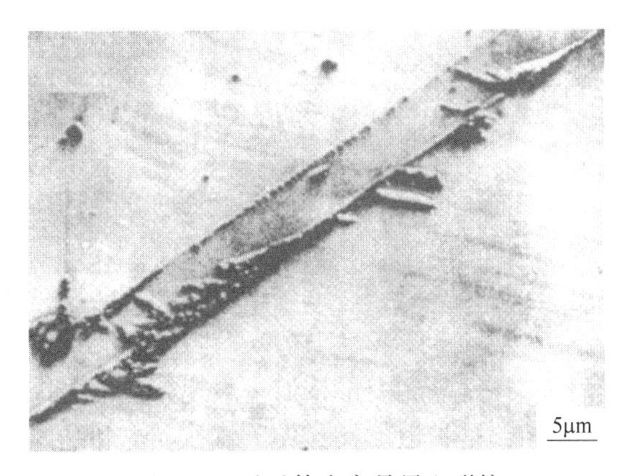

图 5-27　马氏体在孪晶界上形核

石墨-奥氏体相界面（石墨表面）上形核，然后向四周的奥氏体中长大，如图 5-28 所示。

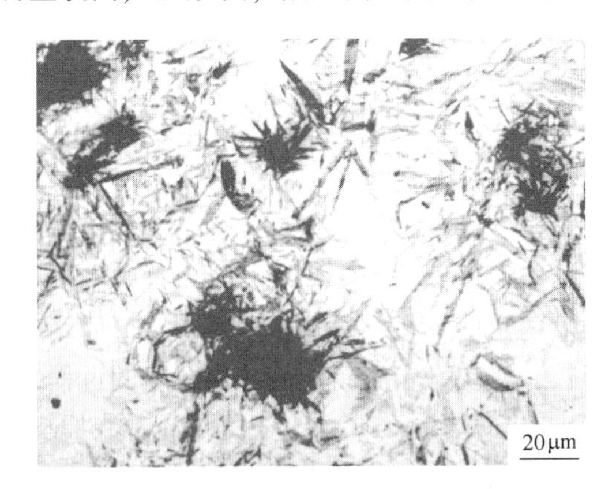

图 5-28　马氏体片在石墨-奥氏体相界面上形核（OM）

5.5.1.4　在晶界、晶内均能形核

将 Fe-1.2C 合金加热到 1200℃，保温使奥氏体晶粒长大，然后在 M_s 点稍下等温，形

成少量马氏体，在等温过程中被回火，再淬火至室温。试样经硝酸酒精浸蚀，等温过程中形成马氏体被回火而容易受浸蚀，在显微镜下观察为黑色。如图 5-29 所示，马氏体在一个奥氏体大晶粒内部形核长大，同时在晶界上也有马氏体形成。

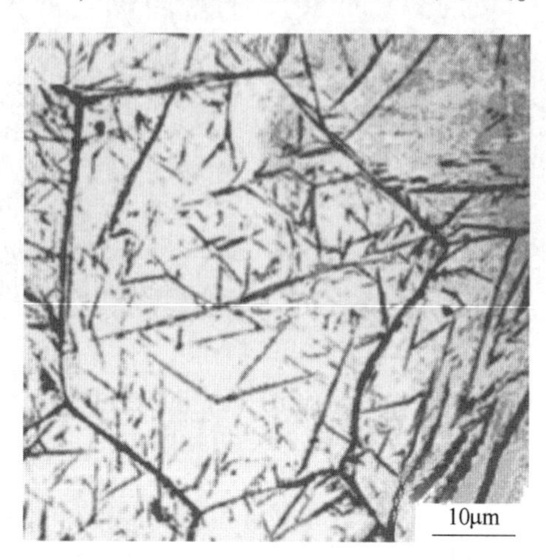

图 5-29　Fe-1.2C 奥氏体晶粒内形成马氏体片（OM）

此外马氏体也可在试样表面上形核。在真空热处理时，奥氏体与真空接触的界面上或称奥氏体的表面上也能形成马氏体晶核，并且长大。

5.5.2　马氏体相变的形核机制

试验表明马氏体相变的形核符合相变形核的一般规律，即选择在晶体缺陷处形核。已知珠光体在奥氏体界面上形核，是扩散形核；贝氏体在晶界和晶内形核，是非协同热激活跃迁形核；马氏体主要在晶界、相界面、晶内等处形核，是无扩散相变形核。可见，随着温度的降低，过冷奥氏体相变的形核存在一个逐渐演化的过程。

涨落是相变的诱因，晶界、相界面、孪晶、位错等缺陷处，易于出现结构涨落和能量涨落，促进马氏体晶核形成。晶体缺陷处原子排列混乱，能量较高。在远离平衡态（过冷度大），相变驱动力足够大的条件下，依靠涨落在晶界等缺陷处形核。

奥氏体过冷到 M_s 点以下，在奥氏体的晶体缺陷处出现随机涨落，由于过冷度大，温度低，原子难以扩散，马氏体相变无成分变化，因此不需要浓度涨落。母相晶体缺陷处有利于产生结构涨落和能量涨落。结构涨落、能量涨落两者非线性的正反馈相互作用把微小的随机性涨落迅速放大，使得原结构失稳，于是建构一种新结构，即马氏体晶体结构。以晶体缺陷为起点出现结构上的涨落，在能量涨落的配合下形成马氏体晶核。因此，马氏体的形核即为以缺陷促进形核，实现母相到新相的晶格改组的过程。

图 5-30 所示为 Fe-15Ni-0.6C 合金马氏体组织，可见，在原奥氏体的三角晶界处（界棱）形成了马氏体晶核并且沿着奥氏体晶界长大（如箭头所示）。图 5-30（b）为图 5-30（a）中箭头处的示意图。说明该马氏体片在晶界形核，沿着奥氏体晶界向奥氏体 A_1 长大。由于 A_1、A_2、A_3 3 个晶粒位向不同，马氏体片只向 A_1 晶内长大。马氏体片若与 A_1 晶粒保持共格，则与 A_2、A_3 两个晶粒没有共格关系，那么该马氏体片怎么能够共格切变长大的呢？以往认为“马氏体片以共格切变方式长大，一旦共格破坏就停止长大”。显然

与事实不符，也即切变机制不能解释马氏体片沿着晶界形核长大的问题。

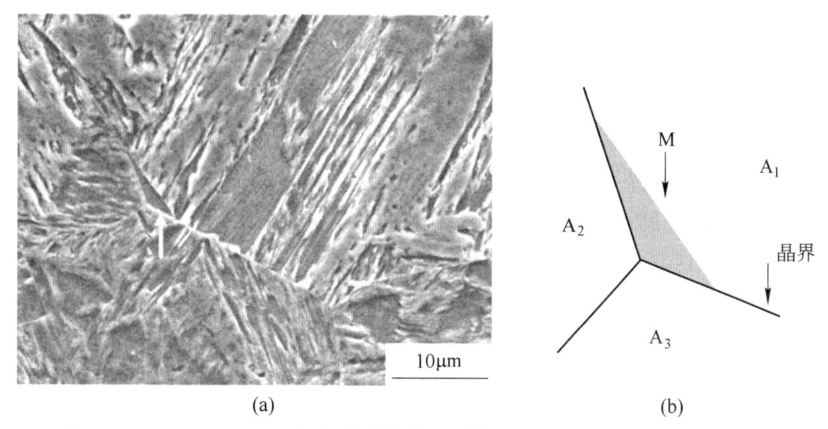

图 5-30 Fe-15Ni-0.6C 合金马氏体晶界形核（SEM）（a）和示意图（b）

5.5.3 γ-Fe→α-马氏体的形核长大

马氏体相变是原子无扩散的热激活**集体协同跃迁机制，实现晶格重构**。所谓集体是指包括碳原子在内的所有原子，即碳原子、铁原子、替换原子等；所谓协同是指所有原子协作性地移动。涨落同样是马氏体相变的诱因。在远离 A_1 的情况下，首先产生结构涨落、能量涨落。以晶界、位错等缺陷为起点出现结构上的涨落，在能量涨落的配合条件下形成马氏体晶核。母相 γ 晶胞与 α 马氏体晶胞以 K-S 关系位向排列，如图 5-31（a）所示。

γ-Fe 的一个晶胞中平均有 4 个铁原子，而一个 α-马氏体晶胞中平均有 2 个铁原子，这就是说，γ 晶胞改组为 α 马氏体晶胞时，一个 γ 晶胞将相当于转变为 2 个 α 马氏体晶胞。

按照图 5-31 所示，奥氏体晶格上的原子以不同的位移矢量转移到 α 马氏体晶格上，位移距离均远远小于一个原子间距，就变成了实际的马氏体晶格。这些原子的跃迁是集体的、协同的，不可逆的，一次性完成 γ→α 晶格重建，即一次性转变为体心结构，满足马氏体实际的晶格参数。

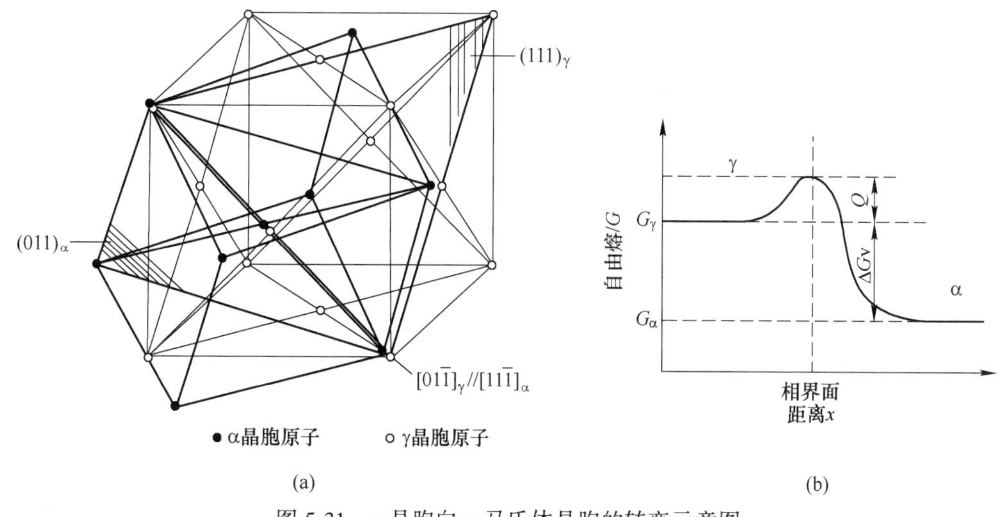

图 5-31 γ 晶胞向 α 马氏体晶胞的转变示意图

为了实现此 γ→α 晶格重建，位错、界面等缺陷处提供缺陷能，以辅助形核功，同时晶体缺陷易于产生 γ→α 的结构涨落，协助建构体心核胚。即晶体缺陷为形核的结构涨落和能量涨落提供了有利条件。

在相变驱动力作用下，这种原子位移在热力学上是必然的，使每个原子的自由焓降低，如图 5-31（b）所示，马氏体晶格上的原子比奥氏体晶格上的原子具有低的自由焓，因此奥氏体晶格上的原子转变为马氏体晶格原子是个自发过程，图中 ΔG_V 是相变驱动力。

图 5-32 所示为 γ-Fe 转变为 α-马氏体晶胞时铁原子的位移图。图中的 • 表示第一层原子，⊙表示第二层原子，○表示第三层原子。图 5-32（a）为面心立方的 γ-Fe 晶格中的 $\{111\}_\gamma$ 的一个菱形，标出了菱形的高和菱形的边的尺寸。图 5-32（b）为体心立方的 α 马氏体晶格中的 $\{110\}_\alpha$ 的一个菱形，也标出了菱形的高和菱形的边的尺寸。按照 K-S 关系，$\{111\}_\gamma // \{110\}_\alpha$，即 γ-Fe 转变 α 马氏体时，$\{111\}_\gamma$ 将转变为 $\{110\}_\alpha$。将图 5-32（a）和（b）重叠起来，绘制为图 5-32（c），可见，菱形角、菱形的高和菱形的边均不等，需要做晶格参数调整。

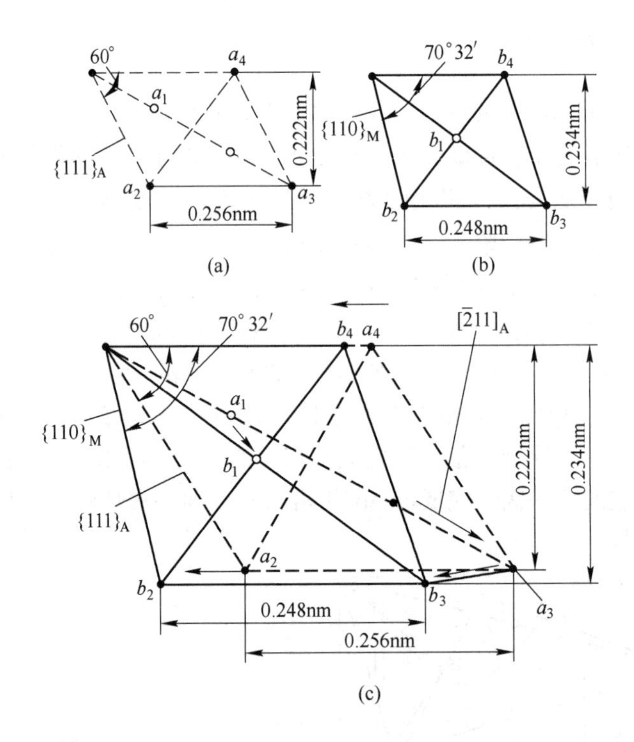

图 5-32　γ-Fe 转变 α-马氏体晶胞时铁原子的位移图解

（图（c）中 ○ a_1 表示 γ 点阵上迁移到马氏体点阵体心上的铁原子）

图 5-32（a）中的奥氏体晶格点阵上的原子 a_1、a_2、a_3、a_4 要转移到 α-马氏体晶格中的 $\{110\}_\alpha$ 上去，从图 5-32（c）可以看出，各原子的位移矢量不等，即位移的距离和方向不同。a_1 原子迁移到 b_1，a_2 原子迁移到 b_2，a_3 原子迁移到 b_3，a_4 原子迁移到 b_4。可见，各个原子移动的距离均远远小于一个原子间距，这些原子集体协同地位移，完成 γ→α 马氏体的转变。

γ→α 马氏体的转变是一级相变，存在潜热的释放和比体积的变化。马氏体的比体积较奥氏体大，因此马氏体晶核长大会使体积膨胀。膨胀引起弹性应变，产生畸变能，是马氏体相变的阻力。从 fcc→bcc（bct）转变，存在体积效应，新相的长大伴随着体积膨胀，在母相中引起畸变能，该畸变能与弹性模量 E 成正比。因此晶核长大将选择弹性模量较小的晶向进行，以便减少相变畸变能。

马氏体片长大方向应选择应变能较小的晶向。立方金属在<111>晶向上的弹性模量最大，而在<100>晶向上 E 值最小，其他晶向上的弹性模量值介于两者之间。在奥氏体的 $\langle 110\rangle_\gamma$ 上 E 值较小，并且原子排列密度最大；而马氏体的 $\langle 111\rangle_\alpha$ 上原子排列密度也较大。在 K-S 关系中，奥氏体的 $\langle 110\rangle_\gamma // \langle 111\rangle_\alpha$。在最密排晶向上原子的位移距离特别小。计算得碳含量为0%的奥氏体转变为马氏体 α 时，γ-Fe 最密晶向上的 Fe 原子位移距离仅仅为-0.0095nm，即缩短-3.69%，就可以变成马氏体 α 的 $\langle 111\rangle_\alpha$ 上的原子，在 $\langle 110\rangle_\gamma$ 晶向上的原子转变为马氏体晶格 α 的 $\langle 111\rangle_\alpha$ 上的原子时，错配很小，仅 0.012，则两相在此晶向上可共格连接，造成的畸变能极小，这是保持这一位向关系的重要原因。这种位向在空间有 24 种不同的取向排列。但是在其他晶向上，马氏体晶格 α 的涨缩尺寸较大，如在 $(111)_\gamma$ 上的 $[\bar{2}11]_\gamma$ 晶向原子移动缩短，计算得-0.0288nm，相当于收缩-6.64%；但是在 $(111)_\gamma$ 上的 $[11\bar{2}]_\gamma$ 晶向上原子移动距离较大，为 $2\times0.0164\text{nm}=0.0328\text{nm}$，即膨胀了 7.55%。因此，马氏体片沿着 $[11\bar{2}]_\gamma$ 晶向上长大是困难的，因为要产生极大的应变能。

马氏体晶核沿着 $\langle 110\rangle_\gamma$ 晶向长大时，E 值较小，原子排列密度最大。在这个方向上引起的体积畸变能 $U \approx \frac{3}{2}E\delta^2$。由此式可见，弹性模量 E 值小，错配 δ 也小时，则畸变能 U 小。因此沿着 $\langle 110\rangle_\gamma$ 晶向长大阻力小，是长大的有利方向。而沿着 $[\bar{2}11]_\gamma$ 晶向长大情况正好相反，此晶向的 E 值较大，原子移动距离较大，错配大，则畸变能 U 值较大，也即长大阻力大，因此沿着 $[\bar{2}11]_\gamma$ 晶向长大较为困难。这样，马氏体晶核（γ→α）将优先沿着 $\langle 110\rangle_\gamma$ 晶向长大，形成条片状马氏体。

奥氏体的 $\langle 110\rangle_\gamma$ 晶向转变为马氏体的 $\langle 111\rangle_\alpha$，$\langle 110\rangle_\gamma$ 晶向原子间距为 $\frac{\sqrt{2}}{2}\alpha_f = 0.2509\text{nm}$，$\langle 111\rangle_\alpha$ 晶向原子间距为 $\frac{\sqrt{3}}{2}\alpha_\alpha = 0.2478\text{nm}$。奥氏体最密排晶向铁原子间距收缩 0.0031nm，变为 0.2478nm，即铁原子位移远远小于一个原子间距。由于 $\langle 110\rangle_\gamma$ 和 $\langle 111\rangle_\alpha$ 两个最密排晶向存在错配度，要维持共格连接，就会形成位错，这就是相变位错。

5.5.4　马氏体晶核的长大

虽然钢中马氏体片长大速度极快难以观察到具体的长大情景，但通过组织观察仍然可分析其长大过程。试验观察发现，马氏体优先在界面上形核，并且沿着晶界长大，同时向晶内沿着惯习面长大；也可在晶内位错等缺陷处形核，在晶内沿着惯习面长大，遇到晶界、孪晶界面时终止长大。将 60Si2CrV 加热到 950℃ 奥氏体化，然后冷却到 M_s 点稍下，260℃的盐浴中等温 10min，然后空冷到室温，硝酸酒精浸蚀后，扫描电镜观察马氏体组织，如图 5-33 所示，在 260℃得到的变温马氏体，在晶界处形核，沿着晶界长大，并且向晶内延伸长大，马氏体片越来越尖细，如图中箭头所指。

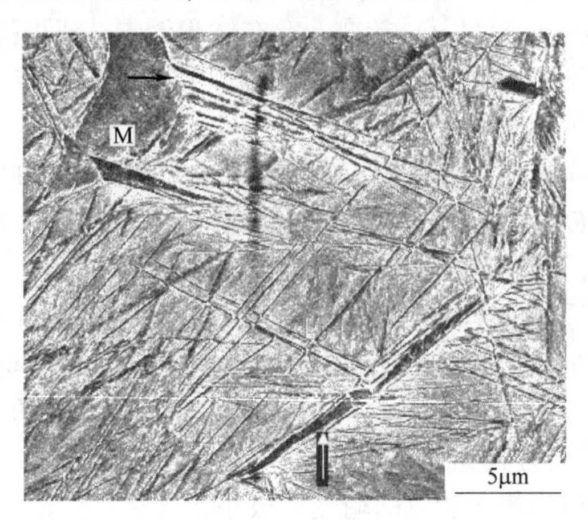

图 5-33　60Si2CrV 马氏体片的长大（SEM）

马氏体晶核的长大情形的试验观察研究较少。马氏体晶核的长大过程同样是相界面推移的过程，与珠光体转变的扩散型推移过程不同，马氏体晶核的长大是无扩散的界面推移过程。马氏体晶核的长大是原子集体协同的推移过程。马氏体长大受相变驱动力的控制，也受应变能等相变阻力的影响。

钢中、铁基合金马氏体的长大速度极快，难以观察其长大情景，有色金属合金中的马氏体长大速度较慢。在热弹性马氏体相变中，随着马氏体片的长大，界面上的弹性应变能增加，并在一定温度下，达到化学驱动力和阻力的平衡——热弹性平衡。在这种情况下，温度降低时，化学驱动力增大，马氏体片长大，随着使界面弹性能升高。

马氏体片长大的过程是相界面推移的过程。由于两相比体积差、界面共格等因素，引起弹性应变能的增加，应变能的增大，导致马氏体长大过程受阻，最终马氏体片将停止长大。

5.6　马氏体的力学性能

淬火马氏体需经回火后使用，回火后钢的力学性能与淬火态组织的性能密切相关。最为突出的问题是强度和韧性的配合。因此，需要掌握马氏体强化的本质，了解强度和韧性之间的关系及其变化规律。

5.6.1　马氏体的强度和硬度

钢中马氏体的主要性能特点是高强度、高硬度，其硬度随着含碳量的增加而提高。当含碳量达到 0.6%时，淬火钢的硬度达到最大值，如图 5-34 所示。含碳量进一步增加时，虽然马氏体的硬度仍然有所提高，但是由于钢中残留奥氏体量增加，使钢的硬度反而下降。合金元素对马氏体的硬度影响不大。

马氏体高强度、高硬度的原因是多方面的，就其强化机理主要包括：相变强化（亚结构强化）、固溶强化和时效强化等。

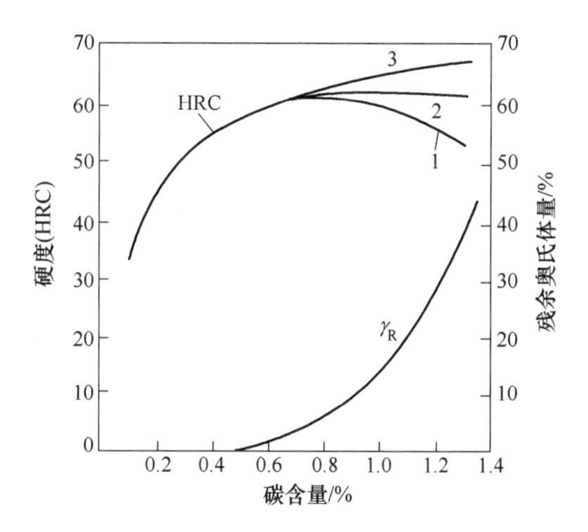

图 5-34　淬火钢的硬度最大值与含碳量的关系

1—高于 A_{c3} 淬火；2—高于 A_{c1} 淬火；3—马氏体的硬度

5.6.1.1　相变强化

马氏体相变造成晶体内大量的微观缺陷，高密度位错、层错、精细孪晶、大量界面使马氏体强化和硬化，称为相变强化。如退火铁素体的屈服强度为 98 ~ 137MPa，而无碳马氏体的屈服强度可达 284MPa，相当于形变强化铁素体的屈服强度，是马氏体相变产生大量晶体缺陷的强化结果。

5.6.1.2　固溶强化

马氏体中固溶了碳原子和合金元素原子，是个过饱和固溶体。对硬度和强度起决定性作用的是碳原子，间隙碳原子使晶格产生严重的畸变，导致系统的能量急剧地增高从而提高了强度和硬度，作为置换的合金元素原子，由于对晶格产生畸变的作用较小，因而对强度和硬度的贡献较小。由于马氏体中的碳原子极易扩散，通过碳化物的形式析出而引起时效强化。为了严格区分碳原子的固溶强化和时效强化，经特别试验得到如图 5-35 的结果。由图 5-35 中曲线 1 可见，含碳量小于 0.4% 时，马氏体的屈服强度随着碳含量的增加而急剧升高，超过 0.4% 时，屈服强度不再增加。

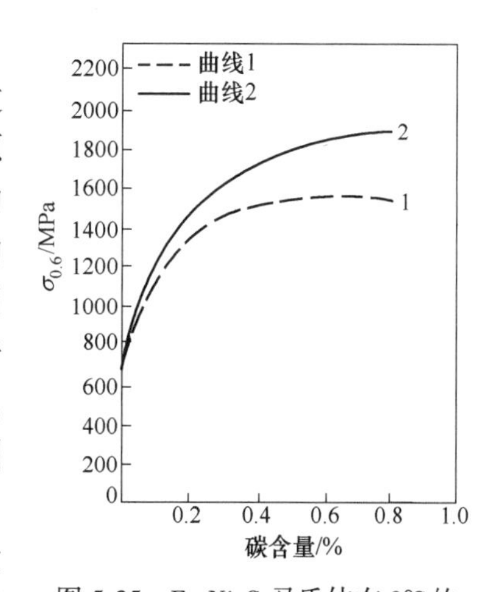

图 5-35　Fe-Ni-C 马氏体在 0℃的屈服强度 $\sigma_{0.6}$ 与碳含量的关系

1—淬火后立即测量；

2—淬火后在 0℃时效 3h 后测量

固溶于马氏体中的碳原子强化效果如此显著，其原因是碳原子在马氏体和奥氏体晶格中均处于八面体中心。但是，奥氏体中的碳原子处于正八面体的中心，碳原子溶入时，引起对称畸变，即沿着 3 个对角线方向的伸长是相等的。而马氏体中的八面体是扁八面体，碳原子的溶入，使点阵发生不对称的畸变，使短轴伸长，两个长轴稍有缩短。形成畸变偶极，造成一个强烈的应力场，阻碍位错运动，从而使得马氏体的强度和硬度显著提高。

当碳含量超过 0.4%后，由于碳原子靠的太近，使得碳原子造成的应力场相互重叠，因而抵消了部分强化效应。

5.6.1.3　时效强化

前文已经讲过马氏体中的碳原子极易扩散，形成偏聚区，产生过渡相，使强度提高。实际生产中所得的马氏体的强度，包含了时效强化效应。时效强化是由碳原子偏聚区引起的。如图 5-35 曲线 2，淬火后在 0℃时效 3h 后，测量在 0℃ 的屈服强度 $\sigma_{0.6}$，显然比曲线 1 显著提高。对于 M_s 点高于室温的钢，在通常的淬火条件下，淬火过程中伴随着自回火，即有时效强化发生。

应当指出，M_s 点极低的 Fe-Ni-C 马氏体，为孪晶马氏体，因此，强度中包含有孪晶对于马氏体的强化作用。碳含量相同时，孪晶马氏体的硬度和强度略高于位错马氏体。

5.6.2　马氏体的韧性

马氏体的韧性受碳含量和亚结构的影响。试验表明，在屈服强度相同的条件下，位错型马氏体比孪晶马氏体的韧性好。即使回火后也仍然具有这样的关系，如图 5-36 和图 5-37所示。

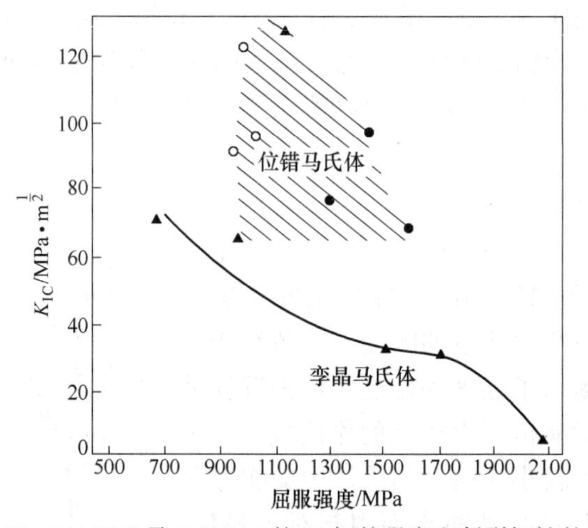

图 5-36　0.17%C 及 0.35%C 的 Cr 钢的强度和断裂韧性的关系

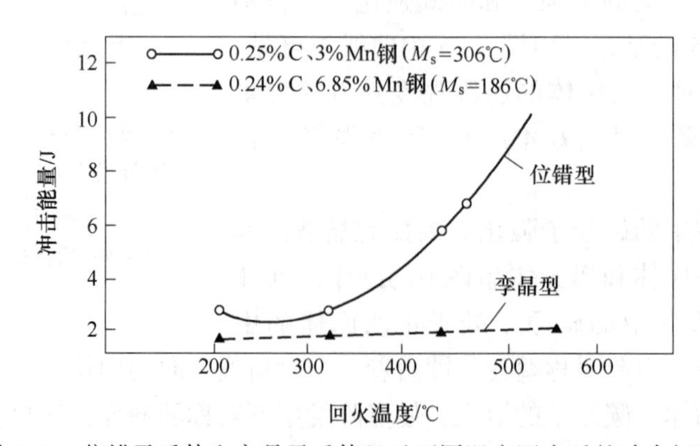

图 5-37　位错马氏体和孪晶马氏体经过不同温度回火后的冲击韧性

一般来说，低碳钢淬火得到位错型马氏体，由于位错的可动性，使该类马氏体具有一定的塑性，裂纹扩展的阻力增大，可产生韧性断裂，因而断裂韧性较高；而高碳的孪晶马氏体则硬而脆，在马氏体转变的过程中易于在马氏体片间产生显微裂纹，另外，由于不能产生塑性变形使裂纹扩展阻力减小，可导致准解理或解理断裂，因而断裂韧性较低。

在低碳钢中含有大量降低马氏体点的合金元素时，其淬火马氏体中也会含有大量孪晶，此时，钢的韧性将显著降低。所以，严格地说，只有位错马氏体具有良好的韧性。

对于结构钢，一般来说，小于0.4%C时，马氏体具有较好的韧性，含碳量越低，韧性越高。当碳含量大于0.4%时，马氏体的韧性变低，变得硬且脆，即使经过低温回火，韧性亦较差。碳含量越低，冷脆转变温度也越低。目前，结构钢的成分设计，均限制碳含量在0.4%以下，使 M_s 点不低于350℃。

综上所述，马氏体的强度主要取决于它的含碳量，而马氏体的韧性主要决定于它的亚结构。低碳的位错马氏体具有高的强度和韧性。高碳孪晶马氏体具有高强度和高硬度，但是韧性很差。理论和试验表明，获得位错型马氏体是一条重要的强韧化途径。

5.6.3　马氏体相变超塑性

超塑性是指高的伸长率和低的流变抗力。在相变的同时出现的超塑性称为相变超塑性。

由马氏体相变诱发的超塑性，在生产中早已被利用。例如加压淬火、加压冷处理、高速钢拉刀淬火时的热校直等。这些是在马氏体相变的过程中同时加外力，此时钢的流变抗力小，伸长率较大，工件在外力作用下能够按要求产生变形。

研究表明，马氏体相变的超塑性可以显著提高钢的断裂韧性。如图5-38所示，试验将9%Cr-8%Ni-0.6%C钢1200℃奥氏体化，水冷，然后在460℃挤压变形75%。此过程中钢仍然处于奥氏体状态。最后，在-196~200℃范围内测定断裂韧性。由图5-38所示，存在两个温度区，在100~200℃范围，钢处于奥氏体状态，断裂韧性 K_{IC} 很低；在-196~20℃范围，在断裂过程中发生马氏体相变，结果断裂韧性 K_{IC} 显著提高。从图中可见，ΔK_{IC} 约为63.8MPa·$m^{\frac{1}{2}}$。

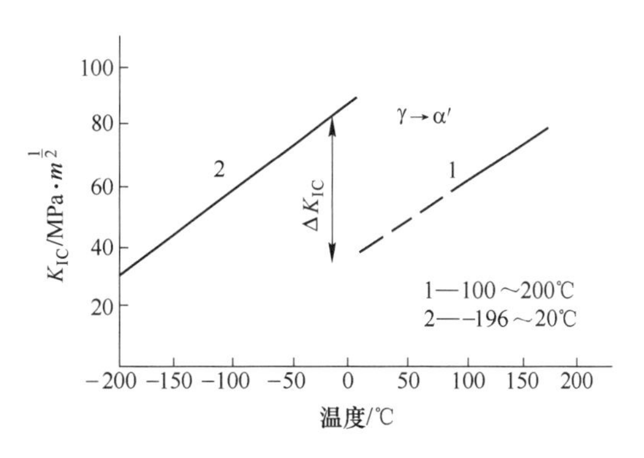

图5-38　9%Cr-8%Ni-0.6%C钢的断裂韧性
1—100~200℃；2—-196~20℃

马氏体相变超塑性有如下解释：

（1）由于塑性变形而引起的局部应力集中，将由于马氏体相变而得到松弛，因而防止裂纹形成。故提高韧性和塑性。

（2）在发生塑性变形的区域，有形变马氏体生成，随着形变马氏体数量的增多，相变强化指数不断提高，这比纯奥氏体经大量变形后接近断裂时的形变强化指数要大，从而使已经发生塑性变形的区域继续变形困难，故能够抑制缩颈的形成。

马氏体相变超塑性的研究引起了材料和工艺的创新。目前，已经研究开发了相变诱发塑性钢。还推动了热处理、热加工工艺的变革。

复习思考题

5-1 名词解释：

马氏体；马氏体相变；惯习面。

5-2 马氏体相变的主要特征有哪些？

5-3 M_s 点的物理意义是什么？影响 M_s 点的主要因素有哪些？

5-4 简述含碳 0. 2%钢、T10 钢淬火马氏体的物理本质。

5-5 阐述马氏体表面浮凸的特征和成因。

5-6 简述马氏体相变的形核特点。

5-7 马氏体相变切变机制的误区有哪些？阐述马氏体相变新机制。

5-8 分析淬火马氏体高硬度的原因。

6 淬火钢的回火转变

淬火马氏体需要进行回火，以降低脆性，增加塑性和韧性，获得强韧性的良好配合。为此，将淬火零件重新加热到低于临界点的某一温度，保温一定时间，使亚稳组织发生转变，再冷却到室温，从而调整使用性能。这种工艺操作称为回火。在回火过程中发生的组织结构的变化即为回火转变。

淬火钢的回火转变本质上是过饱和固溶体的脱溶、沉淀的过程，在回火过程中发生的转变主要是马氏体的分解，残留奥氏体的转变，还有碳化物析出、转化、聚集长大；α 相的回复、再结晶；内应力的消除等过程。

6.1 碳素钢马氏体的回火

6.1.1 碳原子的偏聚

6.1.1.1 碳原子偏聚团

碳素钢马氏体回火的第一阶段是析出 G. P 区，即碳原子移动形成碳原子偏聚团。

马氏体中的碳原子选择性地占据同一晶向（如 $[001]_\alpha$）八面体间隙，形成晶格的正方性。弘津首先指出处于同一晶向八面体间隙的碳原子进一步发生偏聚，形成小片碳原子团的合理性。图 6-1（a）表示碳原子在 α-Fe 晶格 $\left(\left(00\frac{1}{2}\right)\right)_\alpha$ 八面体间隙中心的碳原子（概率=1.00）周围出现其他 $\left(\left(00\frac{1}{2}\right)\right)_\alpha$ 碳原子的概率。晶格弹性应力场的非对称性，使周围各个 $\left(\left(00\frac{1}{2}\right)\right)_\alpha$ 位置出现的碳原子的概率不同。它们同处于同一 $(002)_\alpha$ 面上。距离最近的 4 个 $\left(\left(00\frac{1}{2}\right)\right)_\alpha$ 位置的概率最大（0.11），沿着法线及径向逐渐下降。概率分布构成碳原子偏聚团的形态。如图 6-1（b）所示。

所谓碳原子偏聚团，仅仅包含 2~4 个碳原子。弘津气团呈透镜状。法向最大尺寸约等于铁素体的晶格常数 a_α，径向约为 $2a_\alpha$。惯习面为 $\{100\}_\alpha$。后来也有人认为是 $\{102\}_\alpha$。将其称为“弘津气团”。

后来 S. Nagakura 的研究认为，弘津气团趋向于在同一晶面上出现，并形成若干个小片组成的碳原子片状畴，畴的尺寸约为几个 nm，已经为透射电子束的点阵条纹所证实。

6.1.1.2 柯垂尔（Cottrell）气团

碳原子偏聚于位错线上称为柯垂尔（Cottrell）气团。在淬火态，碳原子已经处于位错偏聚态，0.2%碳使马氏体中的位错完全饱和。碳原子偏聚于位错线上，使它对合金的

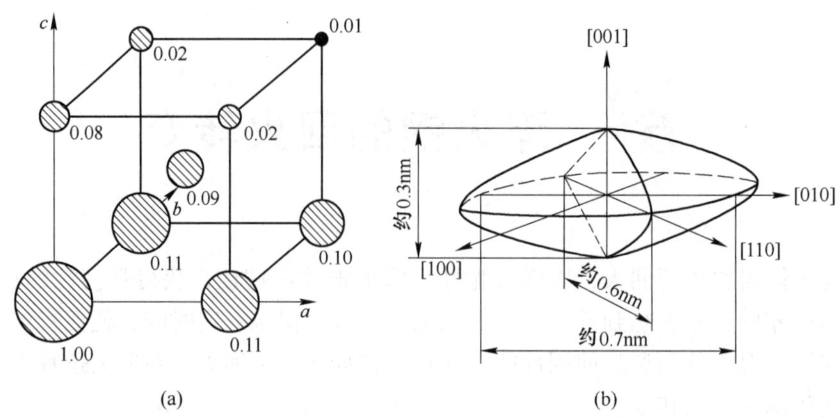

图 6-1　碳原子在 α-Fe 晶格 $\left(\left(00\frac{1}{2}\right)\right)$ 八面体间隙亚点阵中偏聚团的形成

（a）某碳原子（概率=1.00）周围出现其他碳原子的概率；（b）碳原子偏聚团的外形尺寸

电阻率的贡献大大减少（与均匀固溶态相比）。Fe-C 马氏体的电阻率随着含碳量增加而变大，低碳马氏体的电阻率与完全的位错偏聚态基本相同。

工业条件下或者一般试验条件下所获得的马氏体，碳原子已经完成了脱溶的第一阶段——偏聚，一部分以柯垂尔（Cottrell）气团存在，另一部分以弘津偏聚团形式出现。马氏体中的含碳量超过 0.2%越多，则弘津气团的数量越多。总之，碳原子偏聚团是马氏体回火第一阶段的变化，即形成碳原子偏聚团，按照脱溶沉淀理论，即为 G. P 区。

6.1.2　θ-Fe_3C 的过渡相

碳原子偏聚团不是一个相，是 α 基体上的碳原子富集区。从碳原子偏聚团到平衡相 θ-Fe_3C 之间存在过渡相，即过渡的 Fe-C 化合物。从碳原子偏聚团转变为平衡相 θ-Fe_3C，是系统的自组织过程。

首先，不同含碳量马氏体的回火转变，析出的过渡碳化物是不同的。它们析出之初非常细小，与基体存在复杂的共格关系，可能析出相的结构也很相似。因此，研究观测难度较大。表 6-1 按高、中、低碳 3 种情况给出了 Fe-C 马氏体分解时过渡相的类型以及析出的温度范围。

表 6-1　Fe-C 马氏体脱溶（温度）贯序

含碳量范围	回火温度/℃（100　200　300　400　500）
低碳（<0.2%）	←Dc→（约 50~130）；←θ-Fe_3C→（约 260~500）
中碳（0.2%~0.6%）	←Hc, Dc→（约 50~150）；←η（或 ε）→（约 100~270）；←θ-Fe_3C→（约 210~500）
高碳（>0.6%）	←Dc, Hc→（约 50~130）；←η（或 ε）→（约 100~260）；←χ_→（约 180~420）；←θ-Fe_3C→（约 220~500）

注：Dc—碳原子的位错气团；Hc—碳原子的弘津气团。

可见，小于 0.2%C 的 Fe-C 低碳马氏体，200℃以下回火时，只形成碳原子的位错气团，高于 200℃时，析出平衡相渗碳体。中碳马氏体 200℃以下回火时，形成碳原子的位错气团和弘津气团。100～300℃之间形成 η（或 ε）碳化物。高碳马氏体形成过程较为复杂，随着回火温度的升高，析出贯序（温度贯序）为：Dc→η-Fe_2C（或 ε）→X-Fe_5C_2→θ-Fe_3C。表 6-2 给出了这些碳化物的晶体学参数。

表 6-2 碳化物的晶体学参数

脱溶相	化学式	碳含量/%	晶格	点阵常数/mm	位向关系	惯习面	单胞中 Fe 原子数
η	Fe_2C	9.7	正交	$a=0.4700$ $b=0.4320$ $c=0.2830$	(010)η//(011)α (001)η//(100)α (100)η//(111)α	(100)α	4
α	$Fe_{2.4}C$	7.9	六方	$a=0.2754$ $b=0.4349$ $c/a=1.579$	(0001)α//(011)α (10$\bar{1}$0)α//(101)α	(100)α	6
χ	Fe_5C_2	7.9	单斜	$a=1.1562$ $b=0.4573$ $c=0.5060$ $\beta=97.74°$	(100)χ//(1$\bar{2}$1)χ (010)χ//(101)χ (001)χ∧(111)χ 7.74°	(112)α	20
θ	Fe_3C	6.7	正交	$a=0.4525$ $b=0.5087$ $c=0.6744$	(001)θ//(211)θ (001)θ//(0$\bar{1}$1)θ (010)θ//(111)θ	(110)θ (112)θ	12
基体 α-Fe	Fe	—	立方	$a=b=c=0.2866$	—	—	2

（1）低碳的板条状马氏体的脱溶贯序较为简单，200℃以下回火时不析出碳化物，只有碳原子偏聚团，不存在过渡相。200℃以上，直接析出平衡相 θ-Fe_3C。说明析出过渡相 η-Fe_2C 或 ε-$Fe_{2.4}C$，需要扩散富集较高的含碳量（η-Fe_2C 中含碳量为 9.7%；而 ε-$Fe_{2.4}C$ 中含碳量为 7.9%），这对于低碳马氏体来说较为困难。同时也说明，Dc 碳原子的位错气团可以吸纳大量碳原子，较为稳定，难以再提供多余的碳原子来析出过渡相。此外，从碳原子的位错气团 Dc→η-Fe_2C 过渡，说明 Dc 气团中含碳量较高，足以有充分的碳原子形成过渡相 η-Fe_2C。

（2）高碳片状孪晶马氏体的脱溶贯序为：温度高于 100℃即开始析出过渡相 η-Fe_2C 或 ε-$Fe_{2.4}C$，呈极细小的片状，温度高于 200℃时，η-Fe_2C（或 ε-$Fe_{2.4}C$）开始回溶，同时析出另一个过渡相 X-Fe_5C_2，并且迅即开始平衡相 θ-Fe_3C 的析出。在一个相当宽的温度范围内，X-Fe_5C_2 与 θ-Fe_3C 共存，直到 450℃以上 X-Fe_5C_2 消失，全部转变为 θ-Fe_3C。

（3）中碳马氏体中存在位错和孪晶两种亚结构，其析出贯序是：小于 200℃处于碳原子气团 Hc、Dc 状态，于 100℃即开始析出过渡相 η-Fe_2C 或 ε-$Fe_{2.4}C$，温度高于 200℃时，即有 θ-Fe_3C 的析出。反映了位错型马氏体的情况。即在位错气团基础上直接析出平衡相。100～300℃范围内析出的 η-Fe_2C 或 ε-$Fe_{2.4}C$ 则是孪晶型马氏体贯序的环节。但是至今未见中碳马氏体析出 X-Fe_5C_2 的报导。

片状的 η-Fe_2C 在 α 相基体上常沿着位错线析出，与基体存在晶体学位向关系，如表 6-2 所示。片厚仅几个原子层（3～5nm）。在 120℃回火一天，长宽尺寸约为 3nm，100 天增加到10nm。属于复杂结构的碳化物，在共格界面上与母相有较大的错配，因此，其长宽尺寸不可能长得太大。

X-Fe_5C_2 的晶体结构与 θ-Fe_3C 很相似，同属所谓三棱柱型的间隙化合物。如图6-2，铁原子构成三棱柱的六个顶点，间隙原子居中间位置。这类间隙化合物复杂的晶胞是由三棱柱堆垛而成，所以，三棱柱就是结构的最小单元。

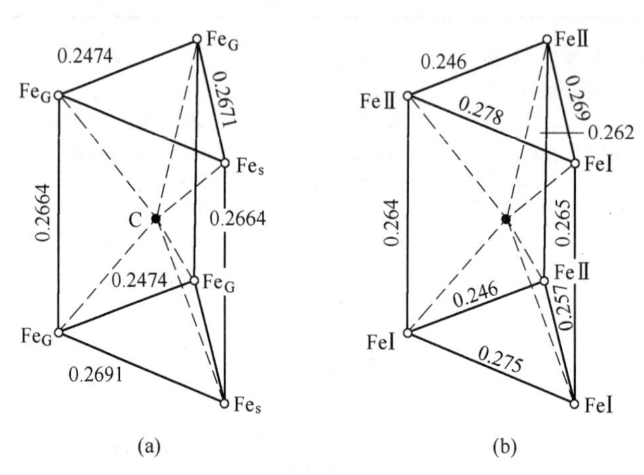

图6-2　X-Fe_5C_2(a)、θ-Fe_3C(b) 晶格的三棱柱单元及其特征参数（单位：nm）

6.1.3　平衡相 θ-Fe_3C 的形成

低碳的板条状马氏体200℃以下回火时不存在过渡相，200℃以上，直接析出平衡相θ-Fe_3C。低温时，铁原子自扩散能力很弱，位错对于θ-Fe_3C 的形核起决定性作用。试验观察表明，θ-Fe_3C 形核初期具有位错形核特征。虽然，位错形核属于非均匀形核，但是由于位错密度大，θ-Fe_3C 分布也可以算是均匀的。温度升高时，处于板条的界面以及原奥氏体晶界处的θ-Fe_3C，由于界面扩散速度快，而迅速长大，其尺寸显著超过晶内，形成集群，呈条片状，这时θ-Fe_3C 分布不均匀了。这种条片状的碳化物还可能由残留奥氏体的分解而形成。

中温回火时，条片状θ-Fe_3C 大量析出并且集聚，非均匀分布，对于材料的韧性有不利的影响。高温回火后，条片状的θ-Fe_3C 集聚球化，粗化，颗粒数量减少，尺寸趋于均匀，对于韧性的不利影响将逐渐消失，性能变得强韧化。

高碳片状孪晶马氏体中的θ-Fe_3C 于300℃析出。但是，若将X-Fe_5C_2 纳入θ-Fe_3C 脱溶的一个阶段，则其析出的开始温度仍为200℃。一般认为，高碳片状孪晶马氏体中η→X→θ过程中X相的形核，以及中碳孪晶马氏体η→θ过程中的θ的形核，都是异位的。但是，θ相自α+X状态的形成则是原位的。可见，θ-Fe_3C 初期的分布与η-Fe_2C 相无关。经常观察到的θ-Fe_3C 处于孪晶面上。由于其惯习面与马氏体的孪晶面 $\{112\}_{\alpha}$ 相同，因而形成沿着孪晶界分布的小片状集群。含碳量越高，孪晶界上的θ-Fe_3C 小片的密度越大。这种θ-Fe_3C 小片在200~250℃沿着孪晶界平面分布的不均匀状态对于钢的韧性产生不利的影响。

6.1.4 α相物理状态的变化

6.1.4.1 亚结构的变化

马氏体中的高密度位错，存在较高的位错能，故在回火时将发生回复和再结晶。回复初期，部分位错，其中包括小角度晶界，即板条马氏体界面上的位错将通过滑移与攀移而相消。从而位错密度下降，部分板条界面消失。向相邻板条合并而成宽的板条。剩余的位错也将重新排列形成位错缠结，逐渐转化为胞块。在400℃以上回火时，回复已经清晰可见。由于板条合并变宽，再也看不清完整的板条，但能看到边界不清的亚晶块。图6-3所示为718塑料模具钢的回火组织，可以看到亚晶块。亚晶块尺寸约为1μm。

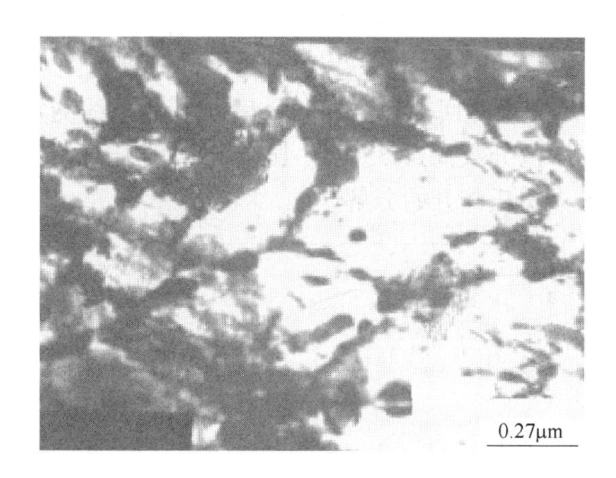

图6-3 718回火托氏体中的亚晶（TEM）

碳素钢中的铁素体，由于杂质和化学元素的作用，再结晶温度被提高。碳素钢中的α相高于400℃开始回复过程，500℃开始再结晶。再结晶温度下，一些位错密度低的胞块将长大成等轴的铁素体晶粒。碳化物也聚集成颗粒状，并且均匀地分布在铁素体基体上。再结晶后，原来板条状马氏体的特征完全消失。这种组织称为回火索氏体。

合金钢中，许多合金元素提高再结晶温度，如钴、钼、钨、铬、钒等元素都显著提高α相的再结晶温度。$w=1\%\sim2\%$的钼、钨、铬可以把再结晶温度提高到650℃左右。$w(C)=0.1\%$、$w(V)=0.5\%$的钢，α相的再结晶在600℃需要保温50h才能开始。

高碳钢淬火马氏体中的亚结构主要是孪晶。当回火温度高于250℃时，孪晶开始消失。GCr15淬火态经过350℃回火后，大部分孪晶已经消失，出现胞块。但片状马氏体的形貌特征仍然保持着。

6.1.4.2 钢中（α相中）内应力的消除

淬火冷却的不均匀，使钢件各部位冷却不均，温度不均，造成热应力；同时，由于奥氏体转变为马氏体，比体积增大，当组织转变不均匀时，就产生相变应力。二者合并成为淬火钢件的内应力。

回火过程中，随着回火温度的升高，原子活动能力增加，位错的运动而使位错密度不断降低、孪晶不断减少直至消失、进行回复和再结晶等过程，这些均使得内应力不断降低直至消除。

淬火态内应力较大，经过 200℃、500℃回火 1h，随着马氏体分解和 α 相的回复，内应力显著降低。回火温度越高，内应力消除率越高。到 550℃回火一定时间，内应力可以基本上消除。

钢件淬火后，内部残留内应力，在室温下停留，也能使其逐渐降低，但是降低速度缓慢。而且，由于在室温下放置，残留奥氏体将继续转变为马氏体，产生新的组织应力，内应力会重新分布，甚至引起放置开裂，因此，淬火后应当即时回火，以便消除内应力。

6.1.4.3　残余奥氏体的转变

马氏体相变和贝氏体相变都具有转变的不彻底性，因此，钢淬火后总是存在一定数量的残余奥氏体。含碳量 $w(C)>0.5\%$的碳钢或低合金钢淬火后，有可观数量的残余奥氏体（10%~38%）。残余奥氏体随淬火加热时奥氏体中碳和合金元素含量的增加而增多。高碳钢淬火后于 250~300℃之间回火时，将发生残余奥氏体分解。图 6-4 是 $w(C)=1.06\%$的钢于 1000℃淬火，并经不同温度回火保温 30min 后，用 X 射线测定的残余奥氏体量的变化（淬火后残余奥氏体体积分数尚存 35%）。随回火温度升高，残余奥氏体量减少。在 140℃回火时已有少量残余奥氏体开始分解。

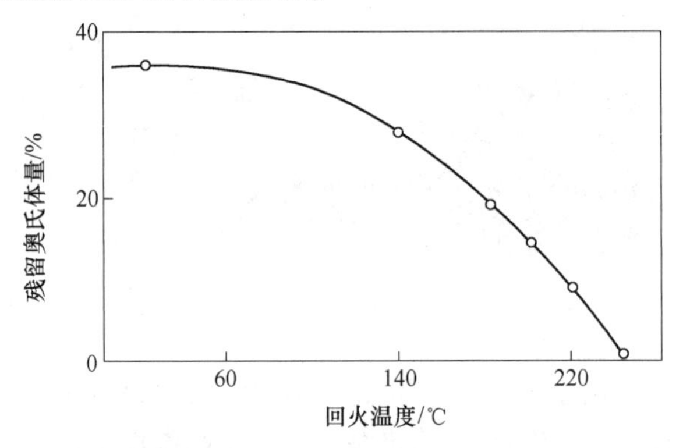

图 6-4　$w(C)=1.06\%$的钢油淬后残余奥氏体量和回火温度的关系

将淬火钢加热到 M_s 点以上，临界点 A_1 以下的各个温度等温，可以观察到残余奥氏体的等温转变。在高温区将转变为珠光体，在中温区将转变为贝氏体，但等温转变动力学曲线与原过冷奥氏体的转变曲线不完全相同。图 6-5 是高碳铬钢残余奥氏体和过冷奥氏体等温转变动力学曲线。图 6-5 中虚线为原过冷奥氏体，实线为残余奥氏体。由图 6-5 可见，马氏体的存在对珠光体转变的影响不大。但对于贝氏体转变，马氏体的存在则可以使之显著加快。金相观察证明，贝氏体均在马氏体与奥氏体的交界面上形核，故马氏体的存在增加了贝氏体的形核部位，从而使转变加快。但当马氏体量多时，反而使贝氏体转变变慢，这可能与残余奥氏体的状态有关。

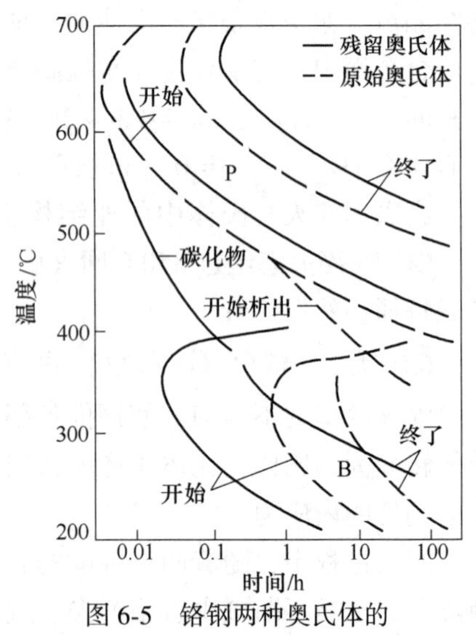

图 6-5　铬钢两种奥氏体的等温转变动力学曲线

碳钢中的残余奥氏体在回火加热过程中极易分解，故难以观察到等温转变。加入合金元素将使转变的温度范围上移。合金元素含量足够多时，残余奥氏体在加热过程中可能先不发生分解，而是在加热到较高温度时在等温过程中发生转变。

6.1.5 回火产物的定义

淬火马氏体经过低温、中温、高温的回火处理，分别得到回火马氏体、回火托氏体、回火索氏体。

回火马氏体：**低温回火得到的 α 相+η-Fe_2C（或 ε）等相组成的整合组织，称为回火马氏体。**

回火托氏体：**中温回火得到的尚保留着马氏体形貌特征的铁素体和片状（或细小颗粒）渗碳体的整合组织，称为回火托氏体。以往文献中称其为回火屈氏体。**

回火索氏体：**高温回火得到的等轴状铁素体+较大颗粒状（或球状）的碳化物的整合组织，称为回火索氏体。回火索氏体中的铁素体已经完成再结晶，失去了马氏体和贝氏体的条片状特征。**

6.2 合金钢马氏体的回火

合金钢淬火马氏体的回火温度范围与碳素钢淬火马氏体不同，碳化物种类较多，析出的温度贯序、时间贯序都比较复杂，转变过程及其产物的结构也复杂得多。

6.2.1 Fe-M-C 马氏体脱溶时的平衡相

根据 Fe-M-C 系相图，可以得知在临界点 A_1 以下温度平衡态碳化物的类型。例如 Fe-V-C 系合金钢，当 V 含量低于 0.2%时，形成含 V 的合金渗碳体 θ-$(Fe, V)_3C$；当 V 含量高于 0.2%时，为 θ-$(Fe, V)_3C$ 和溶入少量铁的 V-C 系简单结构的碳化物，以 MC 表示，即（V，Fe）C；V 含量增加到某一临界值后，渗碳体将消失，产生单一的平衡相（V，Fe）C。

各种碳化物形成元素都有特定的平衡态碳化物，随着化学成分变化有不同的序列。除温度、时间外，合金马氏体脱溶还存在一个成分序列问题。图 6-6 和图 6-7 表示了 4 种合金元素的平衡态碳化物的成分贯序。图中是 Fe-M-C 合金系“α+碳化物”相区的平衡态碳化物。

这两个图表明，随着合金元素含量的增加，平衡态碳化物逐渐向该元素可以形成的碳化物中稳定性更大的类型过渡；相反，随着含碳量的增加，平衡态碳化物向着该系稳定性更低的类型过渡。具有代表性的成分贯序如下：

$$V\ (Ti,\ Nb,\ Zr):\ M_3C \Longleftrightarrow MC$$

$$W\ (Mo):\ M_3C \Longleftrightarrow M_{23}C_6 \Longleftrightarrow M_6C$$

$$Cr:\ M_3C \Longleftrightarrow M_7C_3 \Longleftrightarrow M_{23}C_6$$

上述贯序中的箭头表示双向演变，随着合金元素含量的增加，碳化物向右演变；而随着碳含量的增加向左演变。

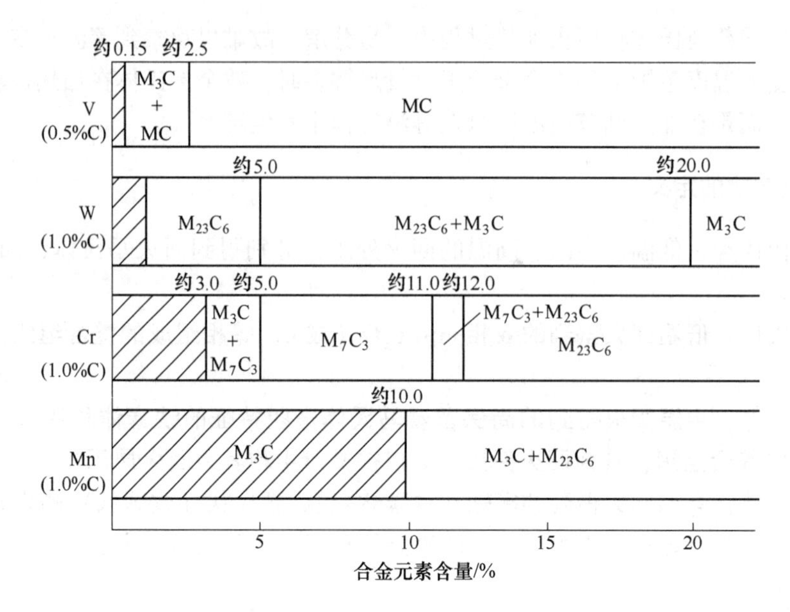

图 6-6　不同合金元素平衡态碳化物类型与含量（质量百分数）的关系

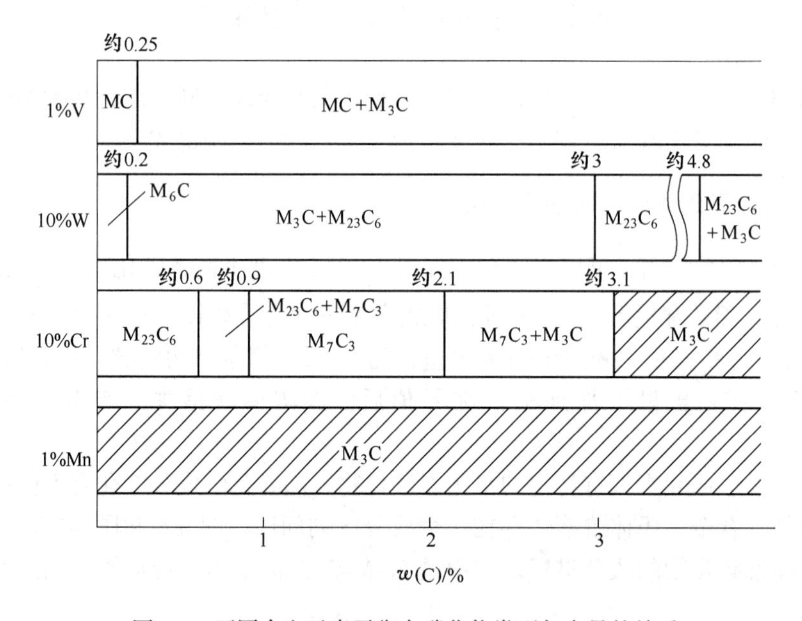

图 6-7　不同合金元素平衡态碳化物类型与含量的关系

6.2.2　Fe-M-C 马氏体脱溶时的（温度、时间）贯序

6.2.2.1　平衡相为 θ-M_3C 的 Fe-M-C 马氏体脱溶

低合金马氏体大多以 θ-M_3C 为平衡相，其脱溶贯序与 Fe-C 马氏体没有重大区别。在200℃以上 θ-Fe_3C 析出之后，再升高温度，当合金元素在 Fe 基体中的扩散能力达到一定水平后，将在一般回火时间内将完成向 θ 相中扩散富集的过程，从而形成合金渗碳体。即为：θ-Fe_3C→θ-M_3C。θ-M_3C 中合金元素的溶剂量取决于合金元素的种类和温度；当然也

与该元素在马氏体中的含量有关。如果原始含量过低，则不能达到 θ-Fe_3C 的极限溶剂量。这是个合金元素在渗碳体中不断富集的过程，不具有脱溶贯序的意义。因为渗碳体和合金渗碳体没有结构上的区别，其成分也没有严格的界限。

碳化物形成元素对渗碳体开始析出的温度也没有明显的影响，因为 θ-Fe_3C 的形核仅仅取决于 Fe 原子的自扩散行为。但是碳化物形成元素阻碍碳原子的扩散，将对高温回火时，碳化物的聚集，粗化起阻碍作用。例如，温度高于 450℃，Cr 在 θ-Fe_3C 中大量富集，形成合金渗碳体 θ-$(Fe, Cr)_3C$，其粗化速度将明显低于 θ-Fe_3C。

6.2.2.2 平衡相为复杂的合金碳化物的 Fe-M-C 马氏体的脱溶

（1）常见的以 W、Mo 为主要合金元素的马氏体以 M_6C 和 $M_6C+M_{23}C_6$ 为平衡相，脱溶的温度贯序为：

$$\theta\text{-}Fe_3C \rightarrow \theta\text{-}M_3C \rightarrow M_2C \rightarrow M_6C$$

或

$$\theta\text{-}Fe_3C \rightarrow \theta\text{-}M_3C \rightarrow M_2C \rightarrow M_6C \rightarrow M_6C + M_{23}C_6$$

可见，在复杂的平衡碳化物形成之前，析出一种简单碳化物，如 W_2C、Mo_2C，作为过渡相。郭可信以萃取粉末试样的 X-射线测定指出：含有 W、Mo 马氏体的脱溶，以密排六方的 W_2C(626℃)、Mo_2C(600℃) 作为过渡。这一发现是本领域一系列后续研究的基础。他还指出：M_2C 作为第一个合金碳化物，不是在原有 θ-M_3C 中原位形成，而是异位均匀地形核。

（2）以 M_7C_3、$M_{23}C_6$为平衡相的 Fe-Cr-C 马氏体的脱溶贯序（温度）为：

$$\theta\text{-}Fe_3C \rightarrow \theta\text{-}M_3C \rightarrow M_7C_3$$

$$\theta\text{-}Fe_3C \rightarrow \theta\text{-}M_3C \rightarrow M_7C_3 \rightarrow M_{23}C_6$$

可见，在 θ-M_3C 向 $M_{23}C_6$转化过程中是以 M_7C_3 为过渡相的。郭可信指出 Fe-Cr-C 马氏体脱溶时的第一个合金碳化物 M_7C_3 的形核是原位的，依附在 θ-M_3C 上。

6.2.2.3 平衡相为 MC 的 Fe-M-C 马氏体的脱溶

含有 V、Ti、Nb 等强碳化物形成元素的 Fe-M-C 马氏体，析出贯序为：

$$\theta\text{-}Fe_3C \rightarrow \theta\text{-}M_3C \rightarrow MC$$

但是，此类合金马氏体的 θ-M_3C 阶段不如含 W、Mo 为主要合金元素的马氏体那么明显，因为这些元素在 θ-Fe_3C 中的溶解度很小。与 M_2C 一样，MC 的析出也是异位、均匀形核。在析出初期，造成过渡相质点数目和分布的重大变化，引发二次硬化。

综上所述，以合金碳化物为平衡相的合金马氏体的脱溶，是在该元素获得足够扩散能力的条件下，发生一个合金碳化物取代 θ-Fe_3C 的新系列。那么 θ-Fe_3C、ε-$Fe_{2.4}C$、η-Fe_2C都成了该合金马氏体脱溶时的过渡相。全过程的温度贯序为：

从马氏体中 → [Dc、H_C] → [η(或 ε)] → [θ] → [M_2C、M_7C_3] → [$M_{23}C_6$、M_6C] $\xrightarrow{400 \sim 450℃}$ [MC]

6.3 淬火钢回火后的力学性能

淬火钢回火的主要目的是提高韧性和塑性，获得韧性、塑性、强度和硬度的良好配合，以满足不同工件的性能要求。

6.3.1　回火参数对力学性能的影响

图6-8为回火温度和回火时间对0.98%C的淬火钢硬度的影响，可见，在回火初期，硬度下降较快，但回火时间超过1h后，硬度只是按一定的比例缓慢地降低，由此可见，淬火钢回火后的硬度主要取决于回火温度，而与回火时间的关系较小。

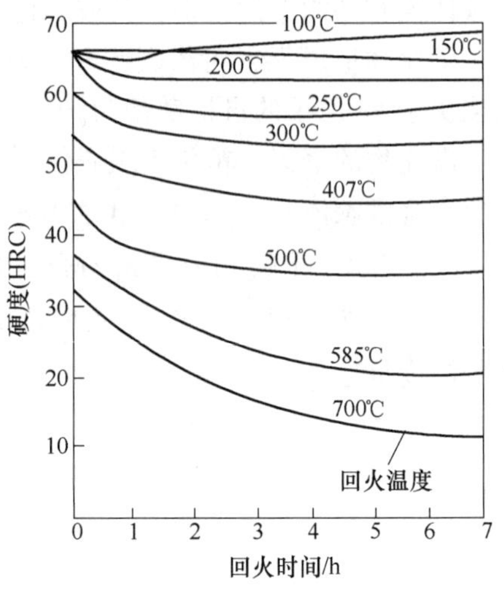

图6-8　回火时间和回火温度对钢回火后硬度的影响

不同含碳量的淬火钢回火时各种力学性能指标随回火温度的变化规律如图6-9所示。由图可以看出，总的变化趋势是随着回火温度升高，钢的强度和硬度连续下降，但含碳量大于0.8%的高碳钢在100℃左右回火时，硬度反而略有升高。这是由于马氏体中碳原子的偏聚及ε-碳化物析出引起弥散硬化造成的。在200～300℃回火时，硬度下降平缓。这是由于一方面马氏体分解，使硬度降低，另一方面残余奥氏体转变为下贝氏体或回火马氏体，使硬度升高，二者综合影响的结果。回火温度超过300℃以后，由于ε-碳化物（或η-Fe_2C等）转变为渗碳体，共格关系被破坏，以及渗碳体聚集长大，使钢的硬度呈直线下降。

从图6-9还可以看出淬火钢的强度和韧性随回火温度的变化规律。随着回火温度的升高，钢的强度指标σ_b和σ_s不断下降，而塑性指标δ和ψ则不断上升，在400℃以上回火时提高得最为显著。在350℃左右回火时，钢的弹性极限达到极大值。在中温回火时，获得弹性极限较高，又有一定韧性的回火托氏体组织；在高温回火时，获得回火索氏体组织，具有强度高、韧性好的综合力学性能。

6.3.2　马氏体回火转变产物的性能特点

一般淬火钢所进行的回火有3种，即低温回火、中温回火和高温回火，3种回火获得的组织决定着钢的使用性能，但应该特别注意，不同的钢及不同的工件应采用不同的淬回火工艺。

回火马氏体是低温回火的转变产物，是由碳的过饱和α′基体与ε-碳化物组成的，其具有很高的强度、硬度和耐磨性以及一定的韧性和塑性，硬度HRC可达61～65。回火马氏体主要用作工具钢、量具钢和滚动轴承钢等钢的使用组织。

需要指出的是，低碳钢的位错马氏体经低温回火后仍具有较高的冲击韧性和断裂韧性，其断裂韧性要高于相同含碳量的贝氏体回火组织。

回火托氏体是中温回火的转变产物，是由已发生回复但仍为碳的过饱和铁素体基体与θ-碳化物所组成的，铁素体尚未完成再结晶，该组织具有较高的弹性极限和一定的韧性。因此该组织常用作弹簧的使用组织。

回火索氏体是高温回火的转变产物，是由已发生再结晶的铁素体基体上弥散均匀地分

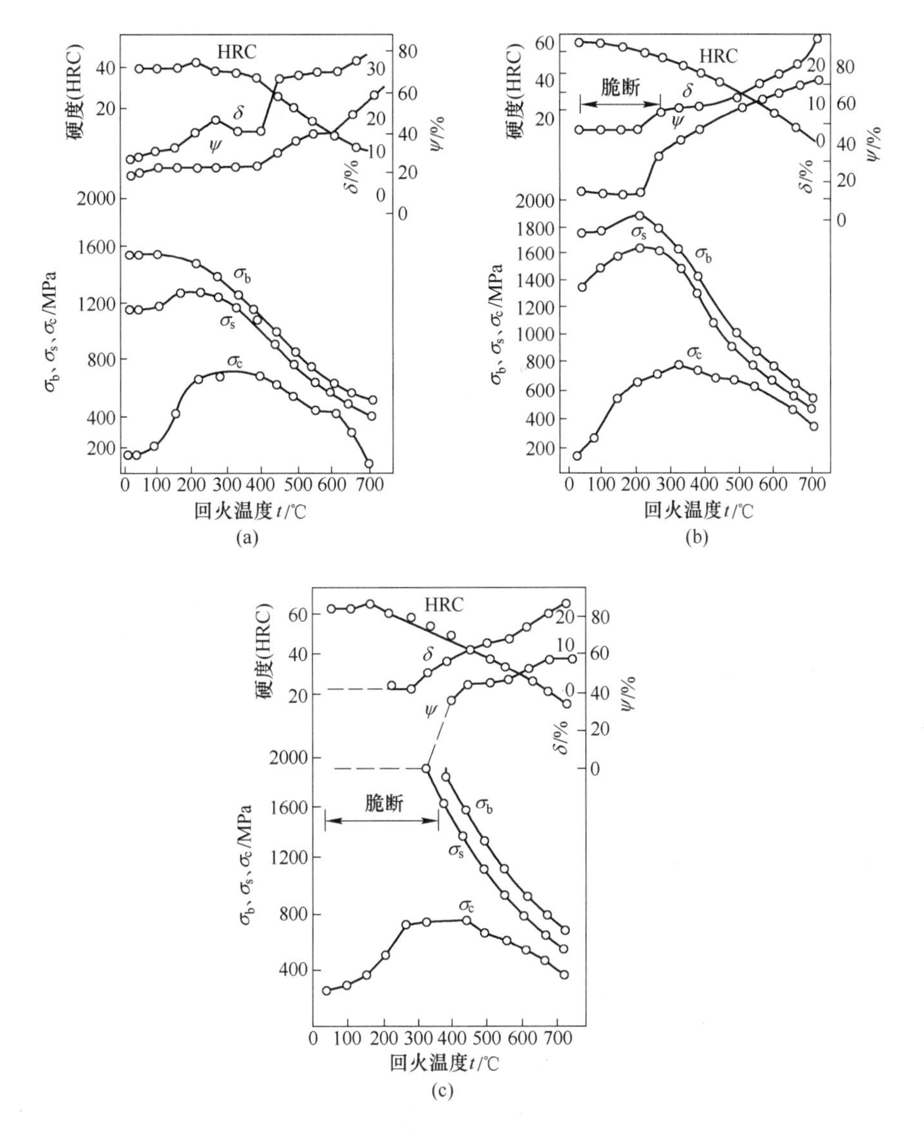

图 6-9 淬火钢的拉伸性能与回火温度的关系

(a) w(C) = 0.2%；(b) w(C) = 0.41%；(c) w(C) = 0.82%

布着较细小粒状的θ-碳化物所构成，在相同的硬度条件下，与其他的组织相比，回火索氏体具有较高的屈服强度、韧性和塑性，且具有优良的强度和韧性塑性的配合，因而特别适合作为承受各种复杂受力环境条件下零部件的使用组织，如发动机主轴，连杆、连杆螺栓、汽车和拖拉机半轴、机床主轴及齿轮等。

6.3.3 回火脆性

淬火马氏体回火时冲击韧性的变化规律总的趋势是随着回火温度升高而增大。但有些钢在某些温度区间回火，可能出现韧性显著降低的现象，这种现象称为钢的回火脆性。图6-10为中碳镍铬钢在250~400℃回火和450~650℃回火时出现的回火脆性，前者称为第一类回火脆性或低温回火脆性，后者称为第二类回火脆性或高温回火脆性。

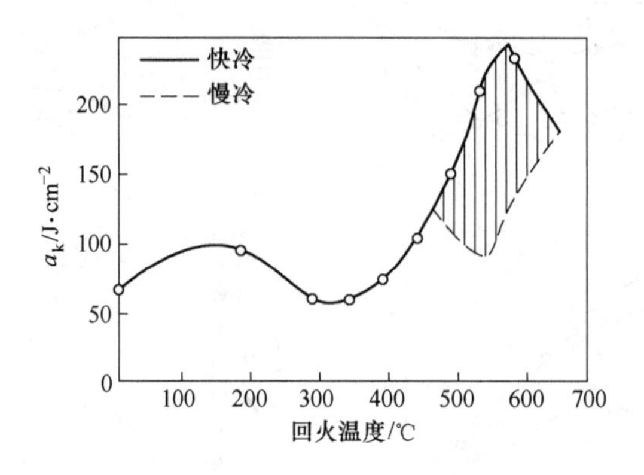

图6-10 中碳镍铬钢中的回火脆性

6.3.3.1 第一类回火脆性

第一类回火脆性几乎在所有的钢中都会出现。低温回火脆性的起因，人们提出了各种解释，原因不是单方面的。以往曾经认为，马氏体分解时沿马氏体条或片的边界析出断续的薄壳状ε-碳化物，降低了晶界的断裂强度，是产生第一类回火脆性的重要原因。但是近年来所有的研究者几乎一致地认为，马氏体分解过程中θ-Fe_3C 和 X-Fe_5C_2 取代“Dc”或“Hc+η”状态的反应初期，θ-Fe_3C 和 X-Fe_5C_2 相的不均匀分布是基本原因。这类回火脆性产生以后无法消除，故又称为不可逆回火脆性。

目前，尚无有效的办法来抑制和消除第一类回火脆性，为了防止第一类回火脆性，应避免在回火脆性温度范围内回火。Si、Mn、V 等合金元素可使脆化温度向高温推移。

6.3.3.2 第二类回火脆性

第二类回火脆性主要在合金结构钢中出现，碳素钢一般不出现这类回火脆性。当钢中含有 Cr、Mn、P、As、Sb 等杂质元素时，第二类回火脆性增大。将脆化状态的钢重新回火，然后快速冷却，即可以消除回火脆性。再于脆化温度区间加热，然后缓冷，回火脆性又重新出现，故又称第二类回火脆性为可逆回火脆性。产生高温回火脆性的钢的冲击断口是沿晶断裂。

研究指出，回火时 Sb、Sn、As、P 等杂质元素在原奥氏体晶界上平衡偏聚，引起晶界脆化，降低了晶界的断裂强度，是导致第二类回火脆性的主要原因。它们的含量超过十万分之几，就可能导致高温回火脆性。

Cr、Mn、Ni 等合金元素不但促进这些杂质元素向晶界上的内吸附，而且本身也向晶界偏聚，进一步降低了晶界的强度，从而增大了回火脆性倾向。Mo、W、Ti 等合金元素则抑制这些杂质元素向晶界上进行内吸附，故可减弱回火脆性倾向。

为了防止第二类回火脆性，可采取以下措施：

（1）对于以回火脆性敏感性较高的钢制造的小尺寸工件，采用高温回火后快速冷却的方法，可以减少第二类回火脆性；

（2）提高钢的纯度，减少单位晶界面积上杂质元素的偏聚量；

（3）在钢中加入适量的 Mo、W、Ti、稀土等合金元素，降低钢的回火脆性。

复习思考题

6-1 分析淬火马氏体高硬度的本质。

6-2 名词解释：

回火马氏体；回火索氏体；回火托氏体。

6-3 试述决定贝氏体强韧性的因素。

6-4 回火脆性产生的原因？如何防止回火脆性？

6-5 为什么随着回火温度的提高，强度降低，塑性提高？

6-6 试述淬火马氏体回火转变的实质及过程。

第2篇　金属热处理工艺

金属热处理工艺部分内容是讲解如何通过控制加热温度，加热介质，保温时间，冷却介质和冷区速度实现金属热处理原理部分讲的固态转变。

7　金属的加热与冷却

金属热处理工艺就是将被处理的工件在一定的加热介质中加热到某一温度，保温一定的时间，然后以适当的冷却速度冷却，获得需要的组织结构来满足工件的使用性能要求。

7.1　加热速度的确定

钢的加热速度通常是指单位时间内其材料表面温度升高的度数，单位为℃/h 或℃/min。有时也用加热单位厚度钢件所需的时间（min/cm）或单位时间内加热钢件的厚度（cm/min）来表示。

7.1.1　加热设备的类型及功率的影响

一般情况下：浴炉加热速度是箱式炉加热速度的两倍，电炉加热速度是火焰炉加热速度的三分之二。对于同一类型设备来说，其功率越大，加热速度也将越大。此外，感应加热要比一般热处理炉的加热速度大得多。

7.1.2　工件的影响

对厚大工件进行加热时，不仅受炉子给热能力的限制，而且还受到工件本身所允许的加热速度的限制，这种限制可归纳为在加热初期断面上温差的限制、加热末期透烧程度的限制和因炉温过高造成加热缺陷的限制。

7.1.2.1　加热初期断面上温差的限制

在加热初期，钢件的中心将限制表面的膨胀，使表面受到压应力；同时，表面部分将强迫中心部分一起膨胀，使中心受到拉应力，这种应力称为“热应力”。表面与中心处的热应力都是最大的，在表面与中心之间的某个位置则既不受到压应力也不受到拉应力。

当热应力超过钢的弹性极限时，钢件将发生塑性变形，当温度差消除后所产生的热应力不能完全消失，即为“残余应力”。如果热应力超过了钢的强度极限时，就会产生裂纹。低碳钢的导热系数大，高碳钢和合金钢的导热系数小，因而高碳钢和合金钢在加热时容易形成较大的内外温差，而且这些钢在低温时塑性差，所以在刚入炉加热时，容易发生因热应力而引起的开裂。如果工件的断面尺寸较小，则加热时形成的内外温差也较小；断面尺寸大的工件，因加热时形成较大的内外温差，容易因热应力而导致钢件变形或开裂。

根据上述分析，可知：

（1）在加热初期，限制加热速度的实质是减少热应力。加热速度越快，表面与中心的温度差越大，热应力越大，这种应力可能造成钢件的变形或裂纹。

（2）对于塑性好的金属，热应力只能引起塑性变形，危害不大。因此，对于低碳钢温度在600℃以上时，可以不考虑热应力的影响。

（3）允许的加热速度还与金属的物理性质（特别是导热性）、几何形状和尺寸有关，因此，对尺寸较大的高碳钢和合金钢工件加热要特别小心，而对薄材则可以任意速度加热。

7.1.2.2 加热末期断面上透烧程度的限制

在快速加热后，为了减少温差可以降低加热速度或保温，以求得内外温度均匀。一般低碳钢大都可以进行快速加热。但高碳钢或合金钢加热时，其加热速度要严格控制，在500℃温度以下时易开裂，故限制加热速度。

7.1.3 加热方式的影响

加热方式有随炉加热，预热加热、到温入炉加热和高温入炉加热等。

随炉加热：将工件装入室温下的炉膛内后，随着炉子升温而不断加热工件。

预热加热：工件先在已升温至较低温度的炉子中加热一定时间，到温后转移至预定工件加热温度的炉中加热到所要求的温度。

到温入炉加热（又称热炉装料加热）：先将炉子升到工件要求的加热温度，然后再把工件装炉后继续加热。

高温入炉加热：工件装入较工件要求的加热温度高的炉内进行加热，直至工件达到要求的温度。

4种加热方式的加热速度按由慢到快为：随炉加热、预热加热、到温入炉加热和高温入炉加热。

7.2 实际生产中加热速度的控制

考虑钢件加热速度时一般应注意以下几点：

（1）塑性高的钢材加热速度可大一些，反之，脆性大的钢材加热速度应相对减小。因此，对尺寸较小的碳钢及低合金钢工件，都可以采用较大的加热速度。

（2）截面大的高合金钢件，若加热速度过高，热应力易超过钢的弹性极限而发生扭曲变形，甚至超过钢的抗拉强度而出现裂纹。合金钢特别是高合金钢的加热速度不宜过快，在生产中常采用预热的方式进行加热。

（3）工件的断面越大，则工件内部存在偏析、夹杂、组织不均匀等缺陷以及残留应力的可能性也越大，所以大件热处理多数采用阶梯式加热或缓慢加热，限制加热速度。

(4) 对于断面厚薄相差悬殊及形状复杂的工件，这些工件易于产生应力集中，难以做到均匀加热，所以也要控制加热速度。

(5) 若加热前工件存在较大的残余应力，加热速度应小一些。例如，锻后及铸造后的工件热处理过程中，必须控制其加热速度。如铸件退火时就是采用低温入炉，缓慢随炉升温的方式进行加热的。

(6) 固体渗碳、退火等工艺，由于工艺本身及设备的限制，通常不采用快速加热。

(7) 如果钢中存在成分偏析严重、夹杂物较多，尤其是大块夹杂物与尖角状夹杂物，其尖端正是热应力所在之处，极易引起开裂，所以对这类钢件应缓慢加热。

(8) 低温区的加热速度一般以 50~100℃/h 速度加热。

7.3　保温温度的选择

保温是为了使工件表面和心部温度一致，实现组织的转变。温度基本上决定了其加热时所得到的组织、工件冷却后的组织和性能。

确定加热温度的最根本的依据是热处理的目的和钢的成分。碳钢加热温度的选择主要是借助于铁碳平衡相图，对于正火、淬火及一些退火工艺来说，其加热温度必须确保工件加热时获得奥氏体组织。必须以其临界点 A_{c1}、A_{c3} 或 A_{ccm} 作为加热温度的依据。对于合金钢来说应考虑合金元素对临界温度的影响。

根据经验，对于碳钢、某些低合金钢来说，基本上可按下列原则来选择加热温度。

退火温度：亚共析钢的完全退火：A_{c3}+(30~50)℃；共析和过共析钢的不完全退火：A_{c1}+(20~30)℃。

正火温度：亚共析钢：A_{c3}+(30~50)℃；共析钢：A_{c1}以上；过共析钢：A_{ccm}以上。

淬火温度：共析钢及过共析钢：A_{c1}+(30~70)℃；亚共析钢：A_{c3}+(30~70)℃。

合金钢一般采用较高的加热温度。

7.4　加热时间的确定

工件的加热时间（$\tau_{加}$）应当为工件升温时间（$\tau_{升}$）、透热时间（$\tau_{透}$）与保温时间（$\tau_{保}$）的总和。其中，升温时间是指工件入炉后表面达到炉内温度的时间；透热时间是指工件内部与表面都达到炉内温度的时间；保温时间是指为了达到热处理工艺要求而恒温保持的时间。对于扩散退火、去氢退火和淬火后的回火等热处理工艺，需要较长的时间完成转变，保温时间对完成热处理工艺目的作用较大，因此，确定保温时间是重要的。

根据传热学的原理，可将热处理的工件按截面尺寸分为两类：一类是薄件，工件的厚度与加热时间呈线性比例关系，另一类是厚件，当截面尺寸大到一定尺寸时，工件厚度与加热时间不成线性比例关系。

此外，加热时间也可以按有效厚度（H/mm）计算，有效厚度是指工件在加热条件下，在最快加热方向上的截面厚度，如圆柱体 $H=D$（外径，mm），圆盘 $H=h$（厚度，mm），筒形工件 $H=(D-d)/2$（d 为内径，mm），其加热时间的经验公式为：

$$\tau_{加}=\alpha\times K\times H \tag{7-1}$$

式中，$\tau_{加}$为加热时间，min 或 s；α 为加热系数，min/mm 或 s/mm；H 为工件有效厚度，mm；K 为工件装炉条件修正系数，通常取 1.0~1.5。

7.5　加热的物理过程

金属工件在加热炉内加热时，由炉内热源传给工件表面，工件表面得到热量然后向工件内部传播。由炉内热源把热量传给工件表面的过程，可以通过辐射、对流及传导等方式来进行；工件表面获得热量以后向内部的传递过程，则靠热传导方式进行。

7.5.1　工件表面与加热介质的传热过程

7.5.1.1　对流传热

对流传热时，热量的传递依靠发热体与工件之间流体的流动进行。实验证明，对流传热时单位时间内加热介质传递给工件表面的热量有如下的关系：

$$Q_c = \alpha_c F(t_{介} - t_{工}) \tag{7-2}$$

式中，Q_c为单位时间内通过热交换面对流传热给工件的热量，J/h；$t_{介}$为介质温度,℃；$t_{工}$为工件表面温度,℃；α_c为对流传热系数，J/(m^2·h·℃)；F 为热交换面积（工件与流体接触面积），m^2。

7.5.1.2　辐射传热

任何物体，只要其温度大于绝对零度，就能从表面放出辐射能。辐射能的载体是电磁波。在波长为（0.4~40）×10^{-6}m 范围内的辐射能被物体吸收后变为热能，波长在此范围内的电磁波称为热射线。热射线的传播过程称为热辐射。物体在单位时间内由单位表面积辐射的能量为：

$$E = c\left(\frac{T}{100}\right)^4 \tag{7-3}$$

式中，E 为物体在单位时间内由单位表面积辐射的能量，J/(m^2·h)；T 为物体的绝对温度，K；c 为辐射系数，J/(m^2·h·K^4)。

c 值为 20.52kJ/(m^2·h·K^4) 的物体称为绝对黑体，常用 c_0 表示。在相同温度下，一切物体的辐射能以黑体为最大，即 $c<c_0$。

$$\frac{c}{c_0} = \varepsilon \tag{7-4}$$

式中，ε 为黑度系数，简称黑度，它说明一个物体的辐射能力接近黑体的程度。黑度的数值取决于物体的物理性质、表面情况。黑度系数与温度的关系可以近似地认为是直线关系。

7.5.1.3　传导传热

传导传热过程是温度较高（即热力学能较高）的物质向温度较低（热力学能较低）的物质传递热量的过程。热传导过程的强弱以单位时间内通过单位等温截面的热量即热流量密度 q 表示：

$$q = -\lambda \frac{dT}{dx} \tag{7-5}$$

式中，q 为热流量密度，J/(m^2·h)；λ 为热导率，J/(m·h·℃)；$\frac{dT}{dx}$ 为温度梯度。负号表示热流量方向和温度梯度方向相反。

7.5.1.4　综合传热

在实际工件加热过程中，上述3种传热方式往往同时存在，所不同的仅仅是有的场合以这种传热方式为主，另一种场合以另一种传热方式为主。同时考虑上述3种传热方式的称为综合传热，综合传热效果可以认为是3种传热方式的单独传热结果之和，即：

$$Q = Q_c + Q_r + Q_{cd} \tag{7-6}$$

式中，Q_c、Q_r、和 Q_{cd}分别表示对流传热、辐射传热、传导传热的热量。

7.5.2　工件内部的热传导过程

工件表面获得热量以后，表面温度升高，工件表面与内部的温度存在着温度梯度，因此发生热传导过程。如前所述，其传热强度可以用热流量密度表示，即：

$$q = -\lambda \frac{dT}{dx} \tag{7-7}$$

此处热导率 λ 应为被加热工件材料的热导率。热导率的数值与钢的化学成分、组织状态及加热温度有关。图7-1为钢中合金元素种类与含量对热导率的影响，可见钢中合金元素（包括含碳量）不同程度地降低钢的热导率。热导率与温度的关系近似地呈线性关系，即：

$$\lambda = \lambda_0(1 + bt) \tag{7-8}$$

式中，λ 为温度为 t℃时的热导率；λ_0为温度为0℃时的热导率；b 为热传导的温度系数，与钢的化学成分及组织状态有关，1/℃。

图7-2为不同钢种的热导率与温度的关系。由图可见，在低温时合金元素强烈地降低钢的热导率，随着温度的提高，其影响减弱。高于900℃时，合金元素的影响已看不出来，因为此时已处于奥氏体状态。奥氏体的热导率最小。纯铁和碳钢的热导率随着温度的升高而降低，且随着温度的升高而降低的趋势较大。

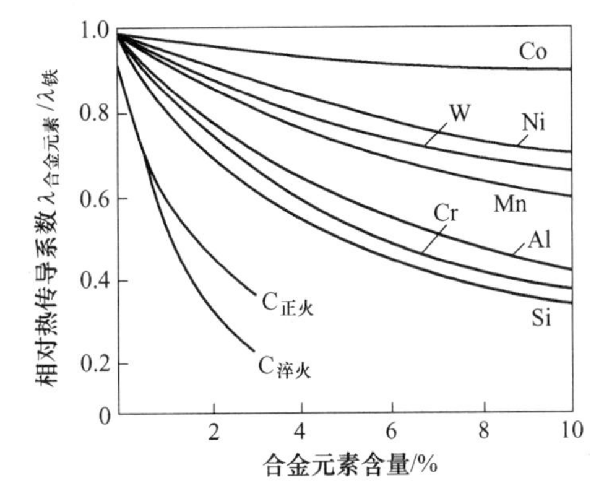

图7-1　合金元素对二元铁合金热导率的影响图

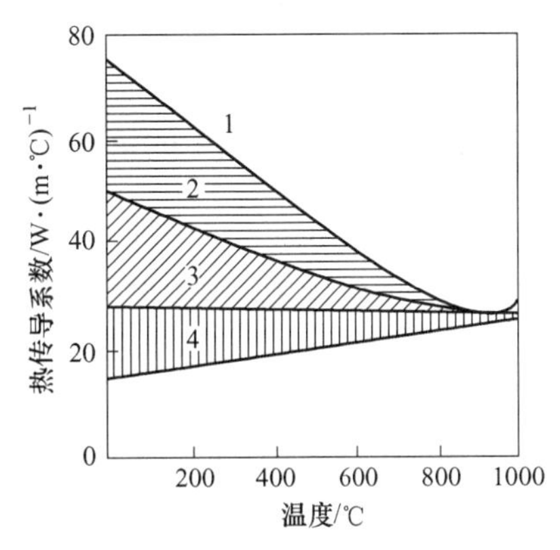

图7-2　不同钢的热导率与温度的关系
1—纯铁；2—碳钢；3—合金钢；4—高合金钢

7.6 金属在加热时的氧化

氧化是金属材料中的金属元素在加热过程中与氧化性气氛（氧、二氧化碳、水蒸气等）中的氧发生作用，形成金属氧化物层（氧化皮）的一种现象。在600℃以上温度加热普通钢铁材料时，氧化膜不断增厚、氧化物晶格中积累的弹性应力场使膜与基体的原有适应关系破坏，并使氧化膜与工件发生开裂、剥离。金属的氧化过程往往伴随着脱碳。当氧化速度很大时脱碳作用不明显。

7.6.1 钢件与炉气间的化学作用

钢件表面在加热时与炉气间的相互作用可以分成以下3类。

第一类：不可逆的氧化反应，主要是炉气中的氧与钢件表面发生的化学反应。

第二类：钢材表面与炉气间发生的可逆氧化还原反应，发生这类反应的炉气有 H_2+H_2O、$CO+CO_2$、$H_2+H_2O+CO+CO_2$ 混合气体等。

第三类：钢材表面与炉气间发生的脱碳或增碳反应，发生这种反应的炉气有 $CO+CO_2$、CH_4+H_2、H_2+H_2O+CO、$CO+CO_2+H_2+CH_4+H_2O$ 混合气氛等。

7.6.2 钢件与氧的相互作用

钢铁材料在空气中加热主要与氧发生氧化和脱碳反应：

$$\left.\begin{aligned} 3Fe + 2O_2 &\xrightarrow{>570℃} Fe_3O_4 \\ 2Fe + O_2 &\xrightarrow{>570℃} 2Fe_3O \\ 4Fe + 3O_2 &\xrightarrow{>570℃} 2Fe_3O_3 \end{aligned}\right\} \text{氧化}$$

$$\left.\begin{aligned} Fe_3C + O_2 &\longrightarrow 3Fe + CO_2 \\ C(\gamma - Fe) + O_2 &\longrightarrow CO_2 \end{aligned}\right\} \text{脱碳}$$

上述反应是不可逆的，不能通过改变炉气成分使反应向相反的方向进行，只有炉气中氧的分压（P_{O_2}）小于金属氧化物的分解压力时才不发生氧化。除 O_2 外，CO_2、H_2O 都是强的氧化脱碳气体。

7.6.3 钢件表面在炉气中的氧化还原反应

在氧化或还原性气氛中加热时，铁与氧化性或还原性气氛相互作用，发生氧化还原反应。炉气中的 CO、H_2 是还原性气氛，CO_2、H_2O 是氧化性气氛。N_2 是中性气氛。钢件表面在这些氧化还原气氛中的反应与在纯氧中的不同，均为可逆氧化还原反应，气氛的氧化还原作用可以控制。

在含有 H_2 及 H_2O（气态）的气氛中加热时，它们与钢件表面发生下列反应：

>570℃：

$$Fe + H_2O \underset{\text{还原}}{\overset{\text{氧化}}{\rightleftharpoons}} FeO + H_2 \tag{7-9}$$

$$3Fe + 4H_2O \underset{\text{还原}}{\overset{\text{氧化}}{\rightleftharpoons}} Fe_3O_4 + 4H_2 \tag{7-10}$$

<570℃：
$$3Fe + 4H_2O \xrightleftharpoons[\text{还原}]{\text{氧化}} Fe_3O_4 + 4H_2 \qquad (7\text{-}11)$$

7.6.4 减少氧化的方法

可以采取以下方法减少氧化。

（1）采取高温短时的方法，提高炉温，并使炉子高温区前移并变短，缩短钢在高温中的加热时间。

（2）保证煤气燃烧的情况下，使过剩空气量达最小值，尽量减少燃料中的水分与二氧化碳含量。

（3）保证炉子微正压操作，防止冷风吸入炉中，以减少氧化。

（4）控制炉内气氛为弱还原性气氛。

7.7 钢在加热时的脱碳

7.7.1 加热时的脱碳和增碳平衡

钢铁材料在氧化或还原性气氛中加热，表层的碳也可以被氧化烧损或发生气相反应而脱溶，即形成脱碳。在脱碳-增碳的混合气氛中，通过调节炉气，可以使钢材表面进行光亮加热，也可以对工件表面进行渗碳或脱碳处理。属于脱碳性的气体有：CO_2、H_2、H_2O、O_2 等；属于渗碳性的气氛有：CH_4、CO 等。

7.7.2 脱碳层的组织结构

钢材在脱碳气氛中加热时，根据其脱碳程度可以分为全脱碳层与半脱碳层两类。

当钢材表面碳被基本烧损，表层呈现全部铁素体（F）晶粒时，为全脱碳层。图 7-3 为共析碳钢全脱碳层的金相组织，表层白亮色部分为脱碳铁素体（F），心部为珠光体组织（P），中间部位为白亮色铁素体+黑色区域的珠光体（F+P）。半脱碳层是指钢材表面上的碳并未完全烧损，但已使表层含碳量低于钢材的平均含碳量，如图 7-4 所示。

对于机器零件用钢、工模具钢来说，表面脱碳是一种有害缺陷，它不仅使工件力学性能（硬度、强度、耐磨性、疲劳强度等）下降，在使用中发生早期失效；而且由于脱碳层中存在着很大的残余拉应力，往往是加工过程中造成废品的主要因素，如表面淬火裂纹、磨削裂纹。

在强的氧化性气氛中加热时，表面脱碳与表面氧化将同时发生。在钢件的表面自内向外依次为：基体组织 → 半脱碳层（过渡层）→ 脱碳层 → 氧化皮。实际上，在过渡层外的脱碳层并不是真实的脱碳层，该脱碳层又被进一步氧化而成为氧化皮的一个组成部分。由于从表面向内部碳原子进行定向下坡扩散，全脱碳层的铁素体发生了定向再结晶形成柱状晶粒，如图 7-3 所示。

7.7.3 影响脱碳的因素及防止脱碳的方法

影响脱碳的主要因素是温度、时间、炉内气氛，此外钢的化学成分对脱碳也有一定的影响。

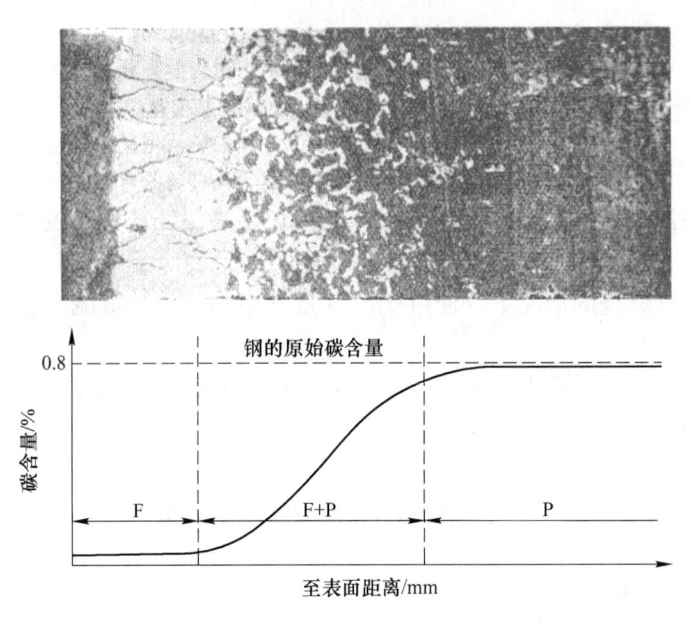

图 7-3　共析钢全脱碳层（125×）

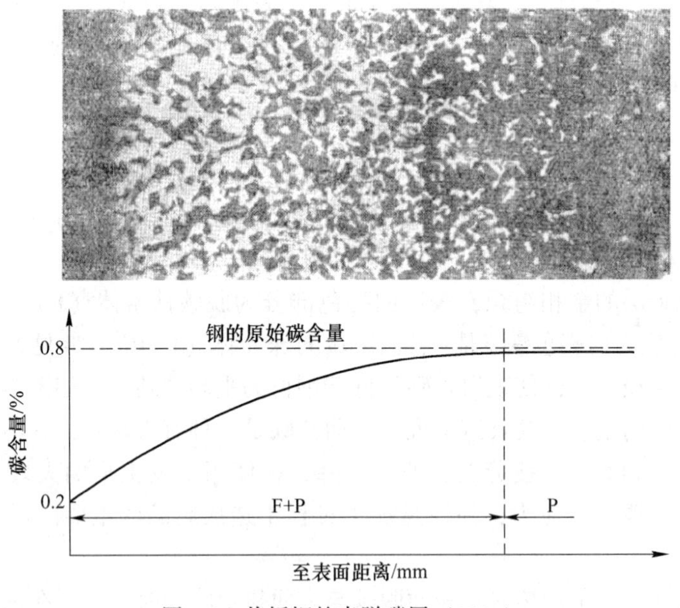

图 7-4　共析钢的半脱碳层（125×）

7.7.3.1　影响脱碳的因素

（1）加热温度的影响。一些钢种随加热温度的升高，可见脱碳层厚度显著增加；另有一些钢种随着加热温度的升高，脱碳层厚度增加，待加热温度到一定值后，随着温度的升高，可见脱碳层厚度不仅不增加，反而减小。

（2）加热时间的影响。加热时间越长，可见脱碳层厚度越大。所以，缩短加热时间，特别是缩短钢件表面已达到较高温度后在炉内的停留时间，可以快速加热，这是减少脱碳的有效措施。

(3) 炉内气氛的影响。炉内气氛对脱碳的影响是根本性的，炉内气氛中 H_2O、CO_2、O_2 和 H_2 均能引起脱碳，而 CO 和 CH_4 能使钢增碳。生产实践证明，为了减少可见脱碳层厚度，在强氧化性气氛中加热是有利的，这是因为铁的氧化将超过碳的氧化，因而可减少可见脱碳层厚度。

(4) 钢的化学成分对脱碳的影响。钢中含碳量越高，加热时越容易脱碳，若钢中含有铝（Al）、钨（W）等元素时，则脱碳增加；若钢中含有铬（Cr）、锰（Mn）等元素时，则脱碳减少。

7.7.3.2 防止脱碳的方法

(1) 对于脱碳速度始终大于氧化速度的钢种，应尽量采取较低的加热温度；对于在高温时氧化速度大于脱碳速度的钢种，既可以低温加热又可以高温加热，因为这时氧化速度大，脱碳层反而变薄。

(2) 应尽可能采用快速加热的方法，特别是易脱碳的钢种应避免在高温下长时间加热。

(3) 由于一般情况下火焰炉炉气都有较强的脱碳能力，即使是空气消耗系数为 0.5 的还原性气氛，也会产生脱碳。因此，最好的方法是根据钢的成分要求、气体来源、经济性等要求，选用合适的保护性气体加热。在无此条件的情况下，炉气最好是控制在中性或氧化性气氛，脱碳较少。

7.8 加热介质

7.8.1 可控气氛中无氧化加热

可控气氛中实现无氧化加热，控制炉气成分使之不氧化脱碳，又不发生增碳反应。

在一定温度下，钢材表面奥氏体中碳浓度与炉气之间达到不脱碳、不增碳的化学平衡状态时，该钢材表面的含碳量称为该种气氛的碳势。常压下当温度一定并炉气成分一定时，碳势也将是固定的。因此，碳势代表了在中性气氛中一定温度下的炉气成分。控制碳势就是控制炉气气氛中 CO/CO_2、CH_4/H_2 的比例。

热处理用可控气氛种类很多，我国目前使用较多的有：吸热式气氛、放热式气氛、有机液滴注式气氛、氨分解气、制备氮气氛、氢、净化煤气及木炭发生器等 8 类。但应用最广泛的是以碳氢化合物接近完全燃烧或部分燃烧方式生成的放热式、吸热式气氛。

7.8.2 敞焰少无氧化加热

在利用煤气作燃料时，如果使工件在气体燃料不完全燃烧的情况下加热，则可以实现少无氧化加热，这种方法称为敞焰少无氧化加热。为了补偿由于不完全燃烧所造成的发热量不足及损耗，应当尽量将不完全燃烧产物燃烧后的热量回收到炉膛中，为此，需要采用换热器预热空气或煤气，采用带有附加电热元件的新型炉型结构或将炉膛分成无氧化加热区与燃尽区两部分来提高燃料的利用系数，或在流动粒子炉的沸腾床中不完全燃烧（提高传热系数）以及采用装有环流圈的环流烧嘴，该烧嘴可以在发挥较高热效率的同时使燃烧产物中保持一定的还原性。另外，将敞焰无氧化预热（600~800℃）与感应加热相结合，也可保持最小的氧化而使生产率提高，这种无氧化加热在大型铸锻件的预先热处理中很有发展前途。

7.8.3　真空加热

在真空中加热时，可以使氧的分压降到很低，因此，使工件表面不仅完全防止了表面氧化腐蚀，而且还可以使表面净化、脱脂、除气。除了在真空炉中进行真空加热以外，还可以将工件放在密封的不锈钢箱内抽气，实现真空加热，又称包装加热。

7.8.4　防氧化涂层

在金属表面敷以防氧化涂料，这种方法具有简便易行、不受工件尺寸限制等优点。目前我国已开始有防氧化涂料的商品供应，但由于成本较高，主要应用于钛合金、不锈钢、超高强度钢、热锻模等工件的局部表面防护。

7.8.5　熔融浴炉中无氧化加热

在液体熔融浴炉中无氧化加热，主要是正确控制浴槽的成分，并在生产中坚持严格的脱氧制度，使浴炉保持中性或还原性。常用的液体加热介质有盐浴、金属浴、玻璃浴等。近年来在固体粉末流态床中实行无氧化加热也有很大的发展。

7.9　钢的过热和过烧

7.9.1　过热

7.9.1.1　过热的概念及危害

加热转变刚刚结束时所得的奥氏体晶粒一般均较细小。**转变终了继续升温，奥氏体晶粒将继续长大。如果加热温度过高，而且在高温下停留时间过长，晶粒粗大化，晶粒之间的结合能力减弱，这种现象称为钢的过热。**

过热将使随后缓冷所得的铁素体晶粒、珠光体团或者快冷后得到粗大马氏体组织。这将使钢的强度与韧性变坏。过热的钢在淬火热处理时极易产生裂纹，特别是在零件的棱角、端头尤为显著。

7.9.1.2　产生过热的原因及消除方法

产生过热的直接原因，一般为加热温度偏高和保温时间过长引起的。校正过热的办法是重新加热到临界点以上，再次转变为细小的奥氏体晶粒。

为了避免产生过热的缺陷，主要控制高温下的加热时间不能过长，并且应适当减少炉内的过剩空气量。归纳有以下方法：

（1）由于控温不当导致加热温度过高，在已经引起过热的情况下，应采用较缓慢的冷却以获得平衡态组织，再次加热到正常温度即可获得细晶粒奥氏体。

（2）如果过热后仍然进行了淬火，得到粗大的不平衡组织，则应采取以下方法进行校正以消除组织遗传。1）采用中速加热可以获得细晶粒奥氏体；2）采用快速或慢速加热到高于上临界点200℃的温度使粗晶粒通过再结晶而细化；3）先进行一次退火以获得平衡组织，然后再进行最终热处理。

7.9.2 过烧

7.9.2.1 过烧及其危害

如果由于加热温度过高，时间又长，钢的奥氏体晶粒不仅已经长大，而且在奥氏体晶界上发生了某些使晶界弱化的变化，例如晶粒之间的边界上出现熔化，有氧渗入，并在晶粒间氧化，这样就失去了晶粒间的结合力，失去其本身的强度和可塑性。在热处理后会在表面形成粗大的裂纹，这种现象称为钢的过烧。

由于过烧导致晶粒间彼此的结合力大为降低，塑性变坏，使得钢在进行压力加工过程中产生开裂。过烧一般发生在钢的轧、锻等热加工过程中，但某些莱氏体高合金钢（如W18Cr4V、Cr12等）的淬火热处理中也常有发生，因为它们的淬火加热温度接近其莱氏体共晶点。在焊接件热影响区中也有可能出现过烧。

7.9.2.2 过烧的原因及消除办法

炉气的氧化能力越强，越容易发生过烧现象，因为氧化性气体扩散到金属中去，更易使晶粒间晶界氧化或局部熔化。在还原性气氛中，也可能发生过烧，但开始过烧的温度比氧化性气氛时要高60~70℃。钢中含碳量越高，产生过烧危害的温度越低。

如果过烧不仅使奥氏体晶粒剧烈粗化，而且使晶界也被严重氧化甚至局部熔化，此时，不能用热处理的办法消除，只好报废、回炉重炼。生产中有局部过烧，这时可切掉过烧部分，其余部分可重新加热轧制、锻造。如果过烧仅仅是引起晶界弱化，消除的办法有：（1）重新加热到引起过烧的温度，以极慢的速度（3℃/min）冷却。（2）重新加热到引起过烧的温度，冷到室温，再加热到较前一次低100~150℃的温度，再冷至室温。如此重复加热、冷却直到在正常加热温度以下为止。（3）重新锻造。（4）进行多次正火。

复习思考题

7-1 加热时，热传递的方式有哪些？

7-2 工件的加热方式有哪些？加热速度如何控制？

7-3 如何避免工件加热时的氧化？

7-4 什么是脱碳，如何避免脱碳？

7-5 何谓过热与过烧？如何去避免或消除？

8 退火与正火

退火和正火主要应用于各类铸件、锻件、焊接件的组织、性能的调整，以便为以后的机械加工、热处理做好组织、性能的准备。也有为了消除冶金或热加工产生的缺陷。因此也称为预备热处理。

碳素钢退火、正火工艺的加热温度范围如图 8-1 所示，而中、高合金钢的相图较为复杂，其退火、正火的温度范围原则上也是依据钢的临界点来确定的。

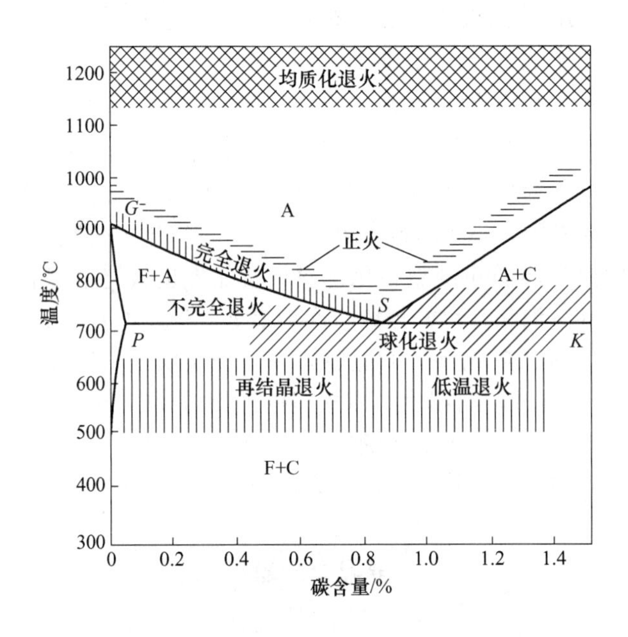

图 8-1 退火、正火温度与 Fe-C 相图的关系示意图

8.1 退火的种类、目的和定义

退火的定义：将钢件加热到临界点 A_{c1} 以上或以下某一温度，保温预定时间，随后缓冷得到近平衡的组织状态，这种热处理工艺称为退火。

退火的分类：按照退火温度不同分为完全退火、不完全退火、等温退火、低温退火等；以均匀成分为目的，分为扩散退火或均质化退火、去氢退火；以改善组织为目的分为球化退火、再结晶退火；为防止钢件开裂变形而进行的去应力退火；为改善切削性能而进行的软化退火等。可见各种退火工艺各有其目的，加热和冷却方式也有所区别，但均能软化。

8.2 钢的去应力退火

去应力退火又称低温退火，去应力退火主要用来消除钢锭、铸锻件、焊接件、热轧件、冷拉件等的残余应力。

热应力和组织应力叠加而构成钢锭中的内应力，这种应力一般随着钢中合金元素含量和钢锭质量的增加而增大。对于某些高合金钢，如高铬钢、高速钢等钢的钢锭，浇铸后即使缓慢冷却，如果冷却后不及时退火以消除内应力，那么，在存放过程中，仍然存在自行开裂的危险，造成事故。

为了防止钢锭、钢坯、构件在加热、冷却过程中产生新的内应力，加热速度应当控制在50~100℃/h。

钢锭退火一要消除内应力，防止开裂；二要降低硬度，以便进行钢锭表面清理，因此要求退火冷却速度要缓慢，采用炉冷或以≤50℃/h的速度冷却。在550℃以上加热一定时间，内应力均可基本上消除。

如普通铸铁、高合金铸铁等在700℃即能全部消除铸态内应力。在600~700℃间的保温1h和48h的效果几乎是相同的（图8-2）。从图中可见，钢件在650~700℃加热退火时，只需约1h，即可将内应力全部去除。更多的资料数据表明，任何钢件的内应力，经过550℃加热，即可消除90%以上。

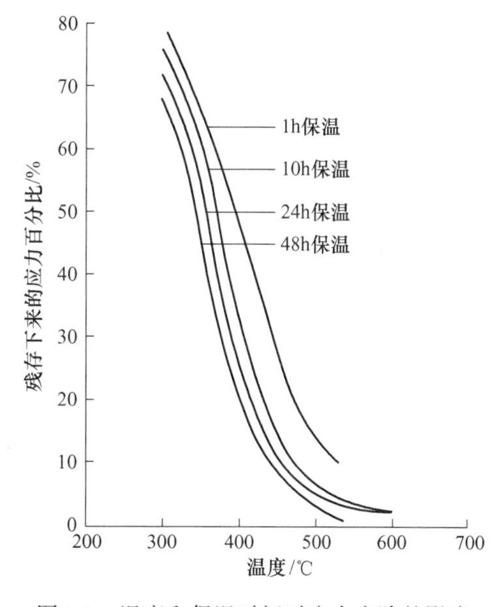

图8-2 温度和保温时间对应力去除的影响

例如，20Cr2Ni4钢的钢锭退火新工艺如图8-3所示，新工艺的加热温度比原工艺普遍降低100~250℃。图中的点虚线为计算机程序计算的钢锭表面和心部的温度变化曲线。

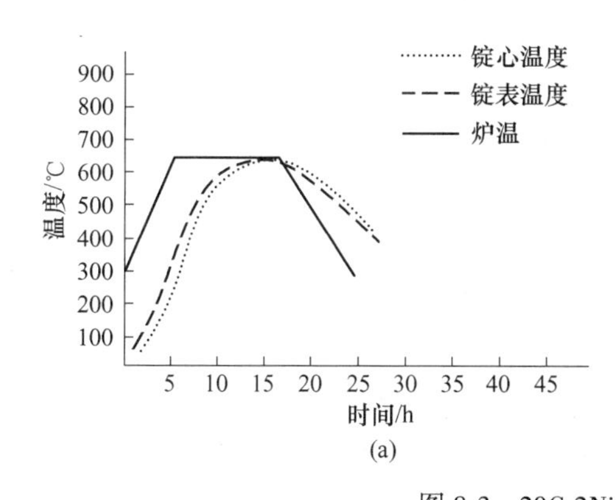

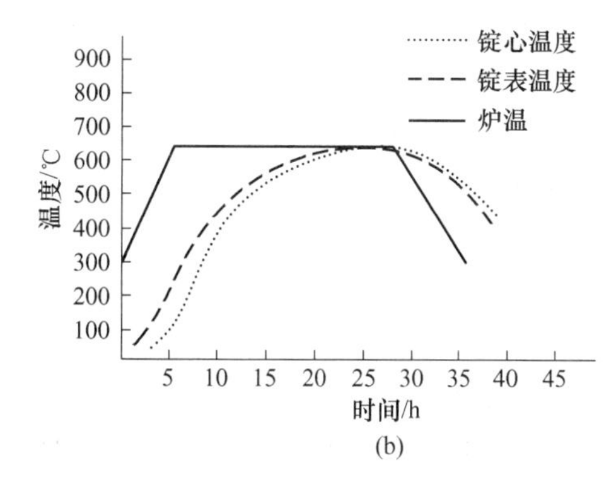

图8-3 20Cr2Ni4钢锭的退火工艺

（a）570mm八角锭；（b）900mm八角锭

从这些曲线上可以得知具体钢种，在各种加热条件下的热透时间。如图8-4所示为直径1250mm的26CrNi3MoV钢大锻件，随炉升温，约经历40h心部才能热透。那么，这一数据可以作为该种钢锭的透烧时间。再加上保温时间，即为钢锭去应力退火的加热总时间。图8-5为直径为700mm的34CrMo钢锻件的加热曲线。

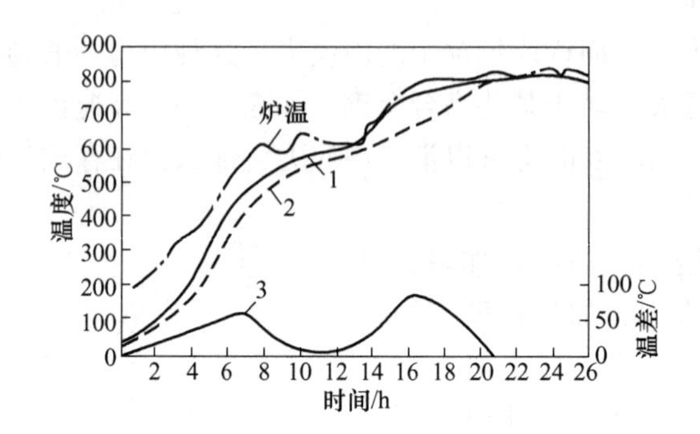

图8-4　直径1250mm的26CrNi3MoV锻件的加热曲线

1—距表面25mm；2—中心；3—表面与中心温差

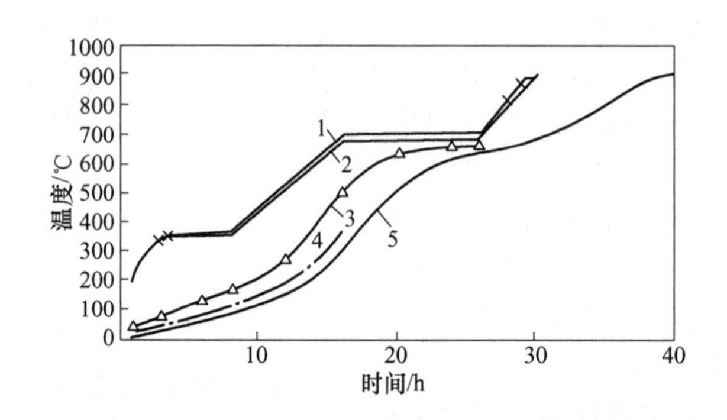

图8-5　直径为700mm的34CrMo钢锻件加热曲线

1—工艺；2—炉温；3—工件表面温度；4—工件 $R/2$ 处温度；5—工件中心温度

钢锭、钢坯去应力退火工艺要点：在600~750℃加热即可清除各种钢件的内应力。不需要更高温度，个别的钢种可提高到850℃。加热速度50~100℃/h；热透后保温时间不需要很长时间，一般2h。各种规格钢锭的热透时间可以用计算机软件算得。保温后炉冷。钢锭退火新工艺在某些工厂推广运用后，平均节能率30%以上，提高生产率20%以上，经济效益显著。

8.3　去氢退火

合金结构钢、轴承钢、工具钢等钢锭锻轧材或连铸坯轧材常出现白点，致钢材报废。冶金生产全过程的许多环节不当均有可能诱发白点。产生白点的诱因有两个：（1）钢中氢含量高；（2）内应力大。

8.3.1　白点的形成与氢的扩散

电炉炼钢的钢水中含氢量一般为（4～6）$\times10^{-6}$，钢水真空脱气处理后可以达到$\leqslant2.5\times10^{-6}$。一般认为，氢溶解于钢中使钢失去范性，过饱和的氢在钢中的显微孔隙中造成分子氢的压强，形成氢气时，体积急剧膨胀，聚集在一起，成为一个气泡，撑开孔隙，即形成白点。

氢在α-Fe 中的扩散系数 D_{α} 比在γ-Fe 中扩散系数 D_{γ} 大得多，图 8-6 表示了氢在α-Fe 中的扩散系数与温度的关系。

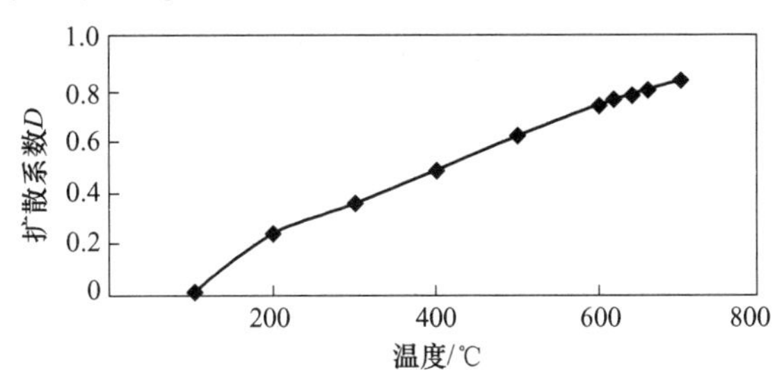

图 8-6　氢在α-Fe 中的扩散系数与温度的关系

8.3.2　去氢退火工艺

钢坯的去氢退火的加热速度一般为 50～100℃/h。由于装炉量较大，因此难以实现快速加热。而且热透也很耗时，尤其是大锻件，热透时间较长。为了加速扩散，加热到 A_1 稍下等温，增大扩散系数 D。700℃时的氢饱和溶解度约为 2.29×10^{-6}。保温一定时间后，心部达到此值时，即达到饱和溶解度，氢原子将难以扩散，这时则需要降温，冷却到下一段较低的温度，使［H］重新达到过饱和状态，脱氢才能继续进行。

缓冷到 600℃左右等温，［H］在铁素体中的溶解度降低到约 2×10^{-6}，又达到过饱和状态，且形成浓度梯度，继续扩散脱氢。保温一段时间后，当钢坯心部达到饱和溶解度时，保温完毕。**为了简化操作，大多采用在 650℃保温脱氢**。当钢中含氢量达到 2×10^{-6} 左右时可以控制冷却速度在 15～40℃/h 范围内，冷却到 150～200℃后出炉，缓冷过程将持续脱氢。通过缓冷将含氢量降低到 1.8×10^{-6} 以下，且消除组织应力和热应力，就不产生白点了。

例如 42CrMo 钢大锻件去氢退火工艺如图 8-7 所示。表 8-1 列举了去氢退火时等温时间与钢锭含氢量、工件尺寸的关系。

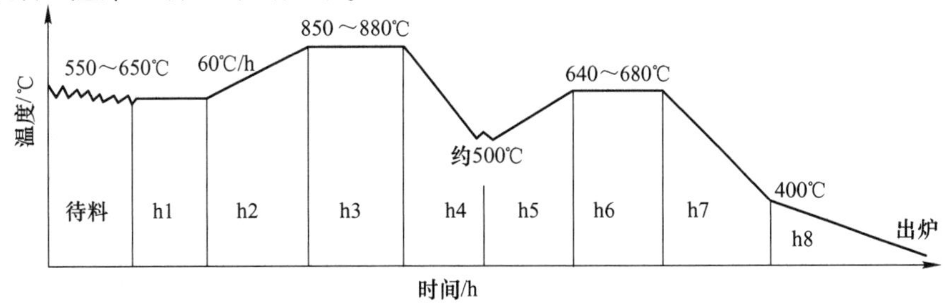

图 8-7　42CrMo 钢大锻件去氢退火工艺曲线

表 8-1　42CrMo 钢去氢退火保温时间、冷却速度、出炉温度

截面有效厚度/mm	650℃保温时间（h）按钢锭氢含量（$\times10^{-6}$）分等级					冷速 /℃·h^{-1}		出炉温度 /℃
	≤2.5	3.5	4.5	6	7			
≤300	8~12	15~22	20~40	40~60	45~70	50	—	400
300~500	12~20	22	40~60	60~110	70~140	40	20	300
500~800	20~32	22~80	60~180	110~295	140~360	30	15	200

去氢退火工艺要点：

（1）以氢含量为第一依据，内应力为第二依据，设计在铁素体状态下的去氢工艺。关键是搞好退火保温或缓冷。

（2）去氢要贯彻全程概念，充分利用能源，在 A_1 ~150℃温度范围内进行。

（3）退火保温时间以钢液中的原始氢含量［H］为第一依据，锻轧材尺寸为第二依据，分等级设计。当钢锭中的氢含量在 2.5×10^{-6} 以下时，可以大大缩短退火保温时间。某些锻轧材直径小于 200mm 时，也可以轧后在缓冷坑中冷却。

（4）等温后要缓慢冷却，一是为了继续脱氢，二是为避免内应力促发白点。冷却速度根据锻轧材的有效直径在 10~40℃/h 范围内选择。

8.4　钢锭、钢坯的均质化退火

为了改善或消除钢中的成分不均匀性而实行的退火，称为扩散退火或称均质化退火。

扩散退火包括碳含量的均匀化，合金元素的均质化，有害元素的减少或清除，如去氢。因此均质化退火具有如下目的：（1）消除有害气体的危害，如氢致白点；（2）消除铸锭中的枝晶偏析，避免轧锻材中出现带状组织；（3）消除钢中的液析碳化物。

均质化退火包括：（1）消除工具钢、轴承钢的液析而进行的扩散退火；（2）消除合金钢枝晶偏析和带状组织的扩散退火；（3）锻轧材的去氢退火等。

8.4.1　钢中的液析碳化物及消除

钢锭凝固时由于选择性结晶而使钢锭中部剩余的钢水中碳含量增高，合金元素含量增加，钢水中的碳和合金元素富集到了亚稳定莱氏体共晶成分，因而钢水中析出碳化物，称为液析碳化物。液析碳化物呈鱼骨状。如图 8-8 所示。轴承钢中的液析碳化物由渗碳体 $(Fe, Cr)_3C$ 组成，此外还有少量的特殊碳化物 $(Fe, Cr)_7C_3$。用热分析方法测定这种共晶碳化物开始熔化的温度为 1130℃。

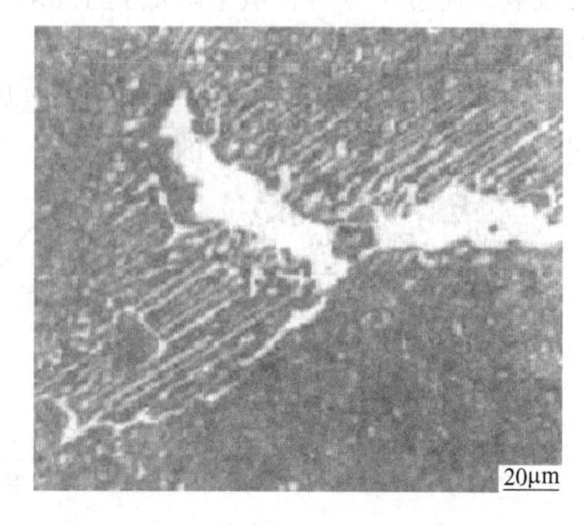

图 8-8　GCr15 钢锭中心的液析碳化物（OM）

莱氏体共晶碳化物在锻造或轧制时可以被压碎并且沿着锻轧方向呈现条带状分布。图 8-9 为 H13 钢（美国钢号，相当于我国的

4Cr5MoV1Si）轧制钢坯的液析碳化物形貌。图 8-9（a）中的白色亮块为液析碳化物（Cr_7C_3），这是大块的鱼骨状液析碳化物被轧制碎化的结果。图 8-9（b）为带状组织，黑色带中的白色亮块也是液析碳化物。

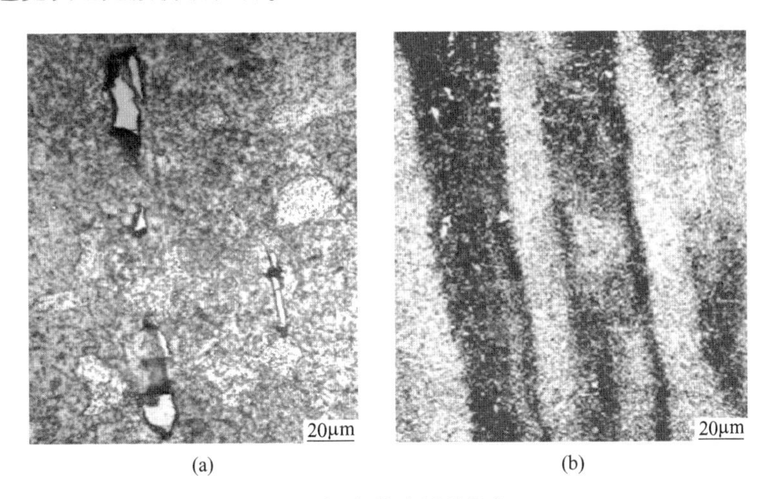

图 8-9　H13 钢中的液析碳化物（OM）

消除液析碳化物的措施：

（1）采用快速凝固，扁锭，连续铸锭；

（2）采用大锻压比，破碎碳化物，多次加热扩散，改善液析；

（3）扩散退火消除液析碳化物；

（4）控制轴承钢中铬和碳的含量在中下限。加入少量钒也可以减少液析碳化物。

实际生产中一般不单独进行扩散退火，而是将钢锭在均热炉中多停留一段时间，连铸坯在加热炉中的均温段增加加热保温时间，即可消除液析，并且减轻枝晶偏析，减少带状组织。加热温度一般在 1250℃以上，保温时间可以根据炉温、钢坯尺寸等因素确定。图 8-10 为 H13 钢的锻轧加热扩散工艺曲线。该工艺可消除液析碳化物，减少枝晶偏析。

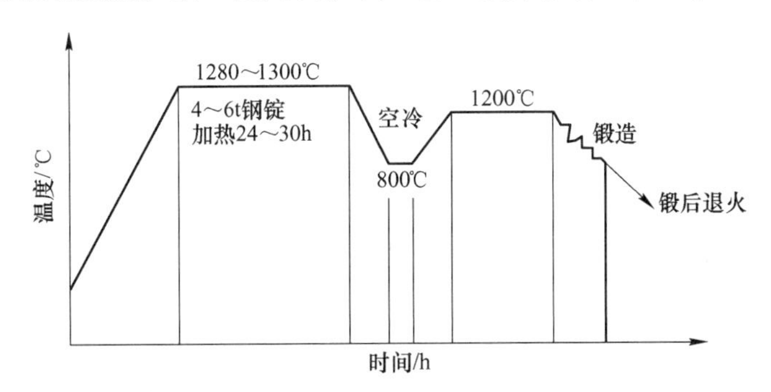

图 8-10　消除液析、枝晶偏析的加热锻轧工艺

8.4.2　钢中的带状碳化物及消除

如图 8-11 为 27SiMnMoV 钢的带状组织的激光共聚焦显微镜照片。带状组织造成了钢的各向异性，降低了力学性能、切削性能、塑性成型性能和淬透性，淬火后易形成混晶组

织和非马氏体组织，使零件淬火变形倾向增大，强韧性降低。

图 8-11 27SiMnMoV 钢的带状组织（LSCM）

只有扩散退火才能彻底消除带状组织。消除结构钢带状组织最根本的方法是采用 1250～1300℃扩散退火。42CrMo 钢 1250℃扩散退火前后的铁素体+珠光体组织如图 8-12 所示。

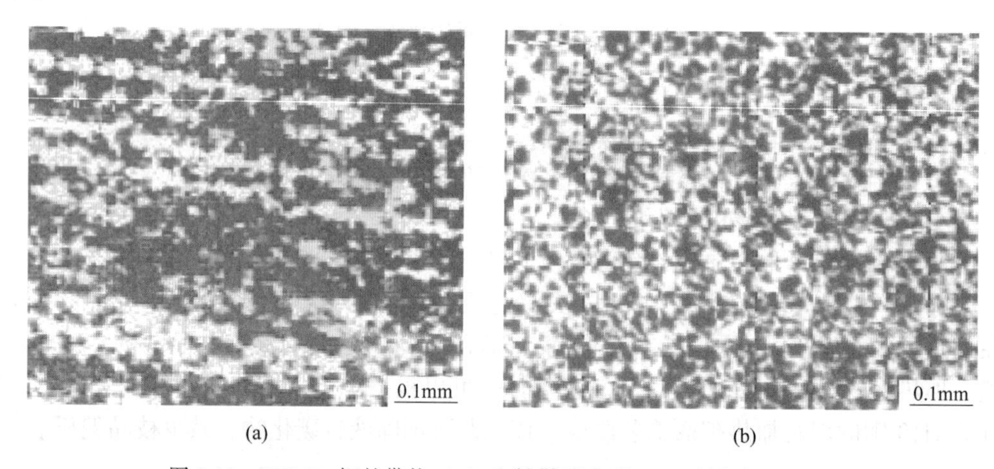

图 8-12 42CrMo 钢的带状（a）和扩散退火后（b）的组织（OM）

8.5 完全退火和不完全退火

将亚共析钢加热到 A_{c3}以上 20～30℃进行完全奥氏体化，保温足够的时间，随炉缓慢冷却，获得接近平衡的组织，这种热处理工艺称为**完全退火**。图 8-13（a）所示为共析钢 T8 的珠光体组织，图 8-13（b）为亚共析钢 35CrMo 的铁素体+珠光体组织。通过完全退火来细化晶粒，均匀组织，消除内应力，降低硬度，便于切削加工，并且为某些机械加工后的零件作好淬火组织准备。

亚共析钢在 A_{c1}～A_{c3}之间或过共析钢在 A_{c1}～A_{ccm}之间的两相区加热，保温足够时间，进行缓慢冷却的热处理工艺，称为**不完全退火**。

过共析碳素钢或过共析合金钢不宜用完全退火，因为过共析钢若加热至 A_{ccm}以上的单相奥氏体区，完全奥氏体化，缓冷后会析出网状二次渗碳体或合金碳化物，使钢的强度、

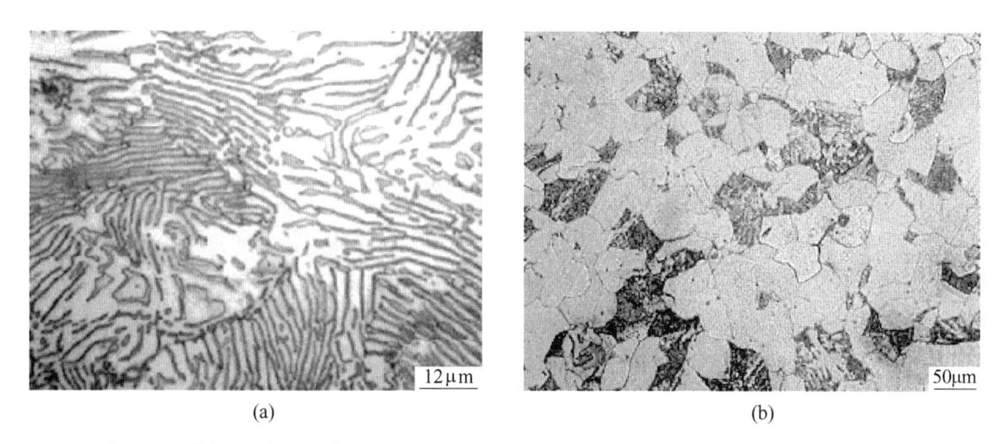

图 8-13　共析钢的珠光体组织（a）和亚共析钢的铁素体+珠光体组织（b）（OM）

范性和韧性降低。亚共析钢的不完全退火温度一般为 740~780℃，其优点是加热温度低，易操作，节能、降耗、提高生产率，因此比完全退火应用更加普遍。

8.6 球化退火

球化退火是使钢中的碳化物变成颗粒状或球状珠光体组织的一种热处理工艺。主要用于共析钢、过共析钢和合金工具钢。其目的是降低硬度，均匀组织、改善切削加工性，并为淬火作组织准备。球状珠光体组织比片状珠光体具有较低的硬度，因此球化退火是软化退火的一种工艺。

球化退火加热温度一般在 A_{c1} 以上 20~30℃，热透后保温较短时间，一般以 2~4h。冷却方式通常采用缓慢的炉冷，或在 A_{r1} 以下 20℃左右进行较长时间等温，即进行等温退火。这样可使未熔碳化物颗粒和局部高碳区形成碳化物核心并聚集球化，得到粒状珠光体组织。

冷却速度快或等温温度低，珠光体在较低温度下形成，碳化物颗粒太细，弥散度大，聚集作用小，容易形成片状碳化物，从而使硬度偏高。若冷却速度过慢或等温温度过高，形成碳化物颗粒较粗大，聚集作用也很强烈，易形成粗细不等的粒状碳化物，使硬度偏低。故一般球化退火采用炉冷（控制冷却速度为 10~30℃/h）或采用 A_{r1} 以下较高温度等温。图 8-14 是碳素工具钢的几种球化退火工艺。图 8-14（a）的热处理工艺要求退火前的

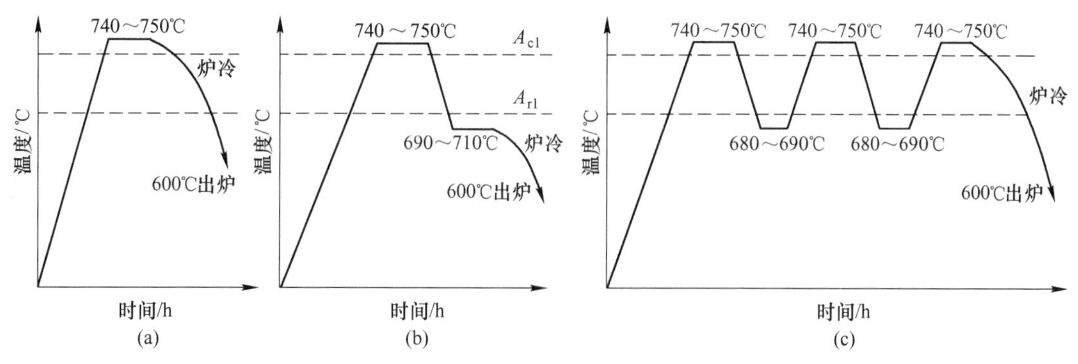

图 8-14　工具钢的几种球化退火工艺示意图

原始组织为细片状珠光体，不允许有渗碳体网存在。目前生产上应用较多的是等温球化退火工艺，如图 8-14（b）所示。为了提高球化质量，可采用往复球化退火工艺如图 8-14（c）所示，往复球化退火工艺不能应用于大锻件或大的装炉量。

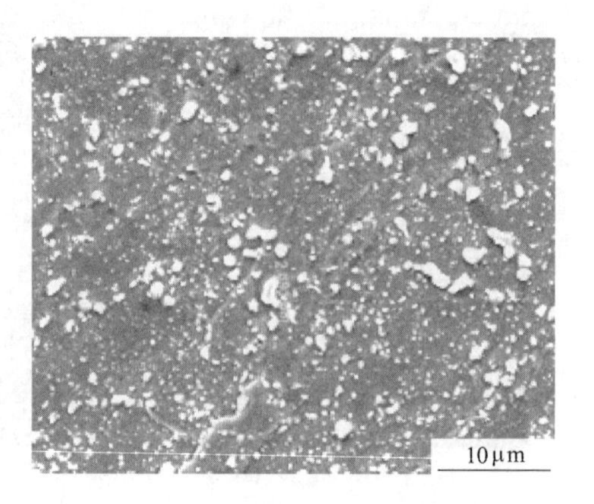

图 8-15　H13 钢的退火球化组织（SEM）

H13 钢要求无带状组织，无液析碳化物，且碳化物颗粒分布均匀，颗粒直径控制在 500~2000nm，退火硬度（HB）为≤180。将 H13 锻坯重新加热到 870℃，保温后控制冷却速度 5~10℃/h，然后冷却到<500℃出炉空冷。退火后硬度（HB）为 170~190。图 8-15 为 H13 钢退火后的组织，可见在铁素体基体上分布着碳化物，碳化物颗粒最大的颗粒直径约 2000nm；同样有许多细小颗粒，为数十几纳米大小。

8.7　软化退火

软化退火是为使钢降低硬度，以便切削加工而进行的退火，称为**软化退火**。为了钢材的下料加工，或切削机械零件，要求硬度（HB）小于 255，但钢经锻轧后一般硬度偏高，难以下料或切削加工，需要进行软化退火。

X45CrNiMo4 钢退火软化十分困难。该钢奥氏体化后炉冷得到马氏体+贝氏体组织，硬度高。这种钢在 A_{c1} 以下低温退火（高温回火）虽然也能降低硬度，但是难以达到软化的要求。为此，制订了新的退火软化工艺，首先高温奥氏体化，获得 7~8 奥氏体晶粒，然后以 30℃/h 速度缓慢冷却到 640℃等温分解为粗片状珠光体组织，从而将硬度（HB）降低到 220 左右。图 8-16 为 X45CrNiMo4 钢的退火粗片状珠光体组织。

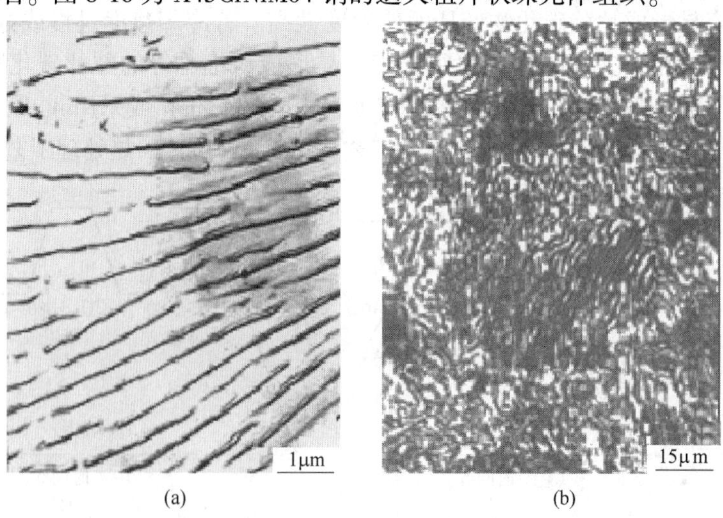

图 8-16　X45CrNiMo4 钢粗片状珠光体
（a）TEM；（b）OM

工具钢软化退火在A_1稍上加热，在A_1稍下等温，能有效地软化。(1) 在A_1稍上奥氏体化，由于刚刚超过A_{c1}，碳化物溶解较少，溶入奥氏体中的碳及某些合金元素含量少，这样的奥氏体稳定性差，较易快速分解；同时，固溶体中碳化物形成元素少，固溶强化作用较小。(2) 在A_1稍下等温分解，过冷度小，形核率低，析出的碳化物颗粒数较少，而且，由于温度较高，原子扩散速度快，颗粒容易聚集粗化，对降低硬度有利。

软化退火工艺要点：

(1) **在A_1~A_{cm}之间温度加热，使未溶碳化物颗粒聚集，而且控制奥氏体中的碳和合金的含量较低；**

(2) **以5~20℃/h速度缓冷，在A_1稍下温度等温，使共析分解在较高温度进行完毕，使碳化物颗粒充分聚集长大。**

8.8 钢的正火

8.8.1 正火的定义

正火是将钢加热到A_{c3}或A_{ccm}以上约40~50℃，某些合金钢需加热到更高温度，保温一定的时间，然后在空气中冷却，得到亚平衡组织的热处理工艺。图8-17为亚共析钢正火得到的铁素体+细片状珠光体组织。

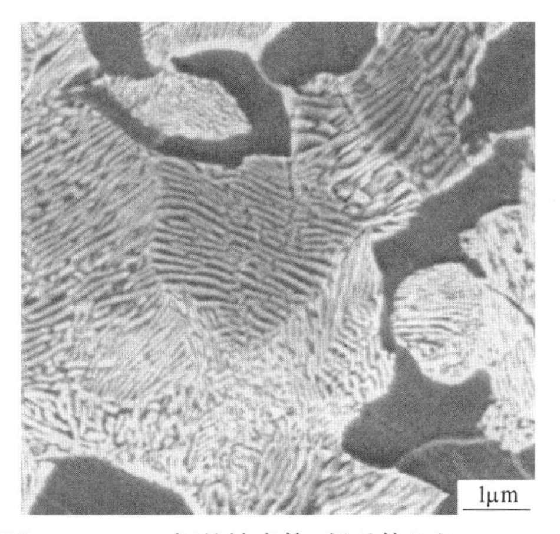

图8-17 25Cr钢的铁素体+托氏体组织（SEM）

应当指出，在现场，为使较粗厚的钢件得到珠光体组织而采用喷雾（或短时间喷水）冷却，也称为正火，因为在这种冷却过程中，过冷奥氏体转变为珠光体组织。

与完全退火相比，加热温度高一些，冷却速度快一些，通过加快冷却速度进行伪共析转变，正火获得较多细片状珠光体或伪珠光体组织。相同钢材正火后获得的珠光体组织较细，强度和硬度也较高。

若钢件空冷后获得贝氏体或者马氏体组织时，则不能称其为正火，而实质上是淬火。即此时空气成为淬火介质，俗称"**空淬**"。

8.8.2 正火的目的和工艺特点

根据钢种和工件的截面尺寸，采用正火可达到不同的目的。

(1) 对于大锻件，截面较大的钢材、铸件，用正火来细化晶粒，均匀组织，或消除魏氏组织，为下一步淬火处理作好组织准备，它相当于退火的效果。

(2) 低碳钢退火后硬度太低，切削加工中易粘刀，光洁度较差。为改善切削加工性，采用正火，可提高硬度。

(3) 对于某些中碳钢或中碳低合金钢工件以正火代替调质处理，作为最终热处理。某些碳含量在0.25%~0.45%的中碳钢常采用正火代替退火，且正火的成本低，生产率较高。对于一些受力不大、性能要求不高的碳素钢、某些合金钢零件采用正火处理，代替调质作为零件的最终热处理。

(4) 为消除过共析钢的网状碳化物，采用正火。加热时使碳化物全部溶入奥氏体中，为了抑制二次渗碳体的析出，采用较大冷却速度，如吹风、喷雾、间隙水冷等方式，以确保得到伪珠光体组织。

(5) 某些锻轧件、铸件组织粗大或过热，可采用两次正火。第一次正火加热到较高温度 $[A_{c3}+(150\sim200℃)]$，第二次正火高于 A_{c3}，目的是细化组织。

正火较退火有些特点，正火的加热温度一般远高于 A_{c3} 或 A_{ccm}，对于含有强碳化物形成元素钒、钛等的合金钢，常采用更高的加热温度，其原则是在不引起晶粒粗化条件下，尽可能采用高的加热温度，以加速合金碳化物溶入奥氏体中，并促使成分相对均匀化。

8.8.3 正火的种类

8.8.3.1 普通正火

将钢加热到奥氏体相区，进行奥氏体化，均温后在空气中冷却，得到铁素体+珠光体，或伪共析组织的工艺操作，为普通正火，如图 8-18 所示。

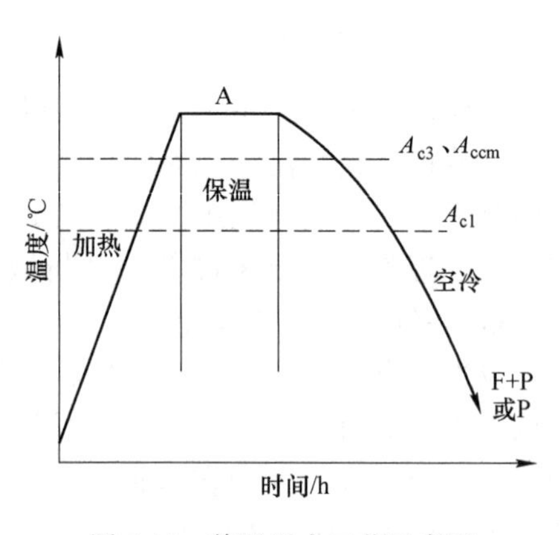

图 8-18 普通退火工艺示意图

低碳钢板材、管材、钢带和型材等采用正火处理。这些钢材正火得细小的铁素体+片状珠光体组织，硬度利于切削加工。中碳钢工件，正火后组织细化，还可以消除魏氏组织，可代替调质处理或为感应加热表面淬火的预处理。某些低合金结构钢，如 40Cr 钢，可用正火代替退火为切削加工的准备工序，可降低成本。高碳钢工具钢、轴承钢等，用正火消除网状碳化物。铸钢件采用正火，可细化铸造组织，改善切削加工性能。

8.8.3.2 亚温正火

将热加工后的亚共析钢工件加热到 $A_{c1}\sim A_{c3}$ 温度之间，保温后空冷，即为**亚温正火**。

亚温正火也可以改善具有粒状贝氏体组织的亚共析钢的强韧性。如 15SiMnVTi 钢的粒状贝氏体组织粗大，M/A 岛分布不均匀。经过 770℃加热亚温正火，韧性得到提高。观察表明，粒贝 M/A 岛中的孪晶马氏体变成了位错型马氏体。

8.8.3.3 喷雾、吹风、水冷正火

对于低碳钢或大厚件，常常采用**喷雾、吹风或水冷**等方式正火。锻件较厚或工件堆装较大，静止的空气冷却，往往得到大块铁素体和网状渗碳体组织，影响强度和韧性，为此采用鼓风机吹风冷却可得到正火的目的。喷雾冷却速度介于水冷和吹风冷却速度之间，对于锻后较大尺寸钢坯可采用喷雾冷却，得到细片状珠光体组织，可达到正火的目的。

8.8.3.4 等温正火

对于某些低碳钢或超低碳合金钢，为了获得较细的铁素体晶粒+片状珠光体组织，或为了获得细小的铁素体晶粒+贝氏体组织，锻轧后，采用较快的冷却速度，过冷到该钢 C-

曲线的“鼻温”处进行等温保持，使其转变为所要求的组织并且得到要求的力学性能，这种工艺称为**等温正火**。如图 8-19 所示，图中表示这种工艺可在锻轧后或重新加热到奥氏体化后的控制冷却等温正火。

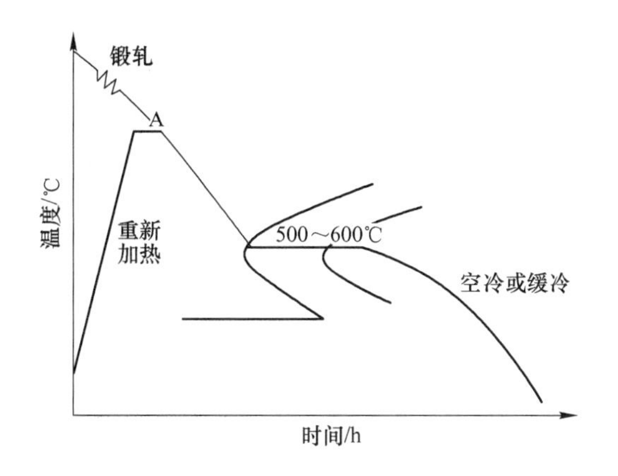

图 8-19　等温正火示意图

8.8.3.5　球墨铸铁的正火

球墨铸铁正火的目的是为了增加基体组织中的珠光体含量，从而提高硬度、强度和耐磨性。球墨铸铁的正火分为完全奥氏体化正火和不完全奥氏体化正火，如图 8-20 所示。图 8-20 中 *a* 曲线为不完全奥氏体化正火；图 8-20 中 *b* 曲线为完全奥氏体化正火。正火后为消除内应力需要进行 550～600℃ 回火。

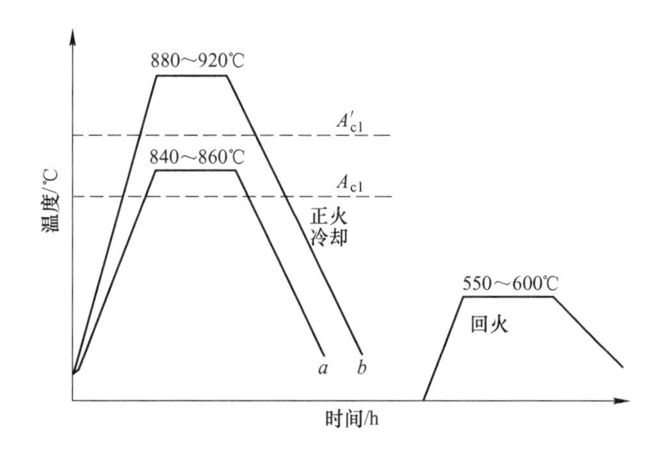

图 8-20　球墨铸铁正火工艺示意图

8.9　退火、正火的缺陷

8.9.1　过热

若退火或正火后钢的组织粗大，或出现魏氏组织，将降低钢的强度和韧性。产生的原因是由于加热温度过高，且保温时间过长，使奥氏体晶粒粗化，冷却后得到粗大的过热组织。

亚共析钢的魏氏组织是过热的奥氏体在高温区的下部区域（过冷度较大），在晶界形核向晶内生长为条片状铁素体（或条片状渗碳体），余下的奥氏体转变为极细珠光体（托氏体），这种整合组织称为**魏氏组织**。图 8-21 所示为 45 钢的 CCT 图和不同冷却速度下的组织和硬度。图 8-22 所示为 45 钢经 1100℃加热，奥氏体晶粒长大，后空冷得到的魏氏组织。过热组织可以通过调整加热温度，进行完全退火，使晶粒细化来消除。

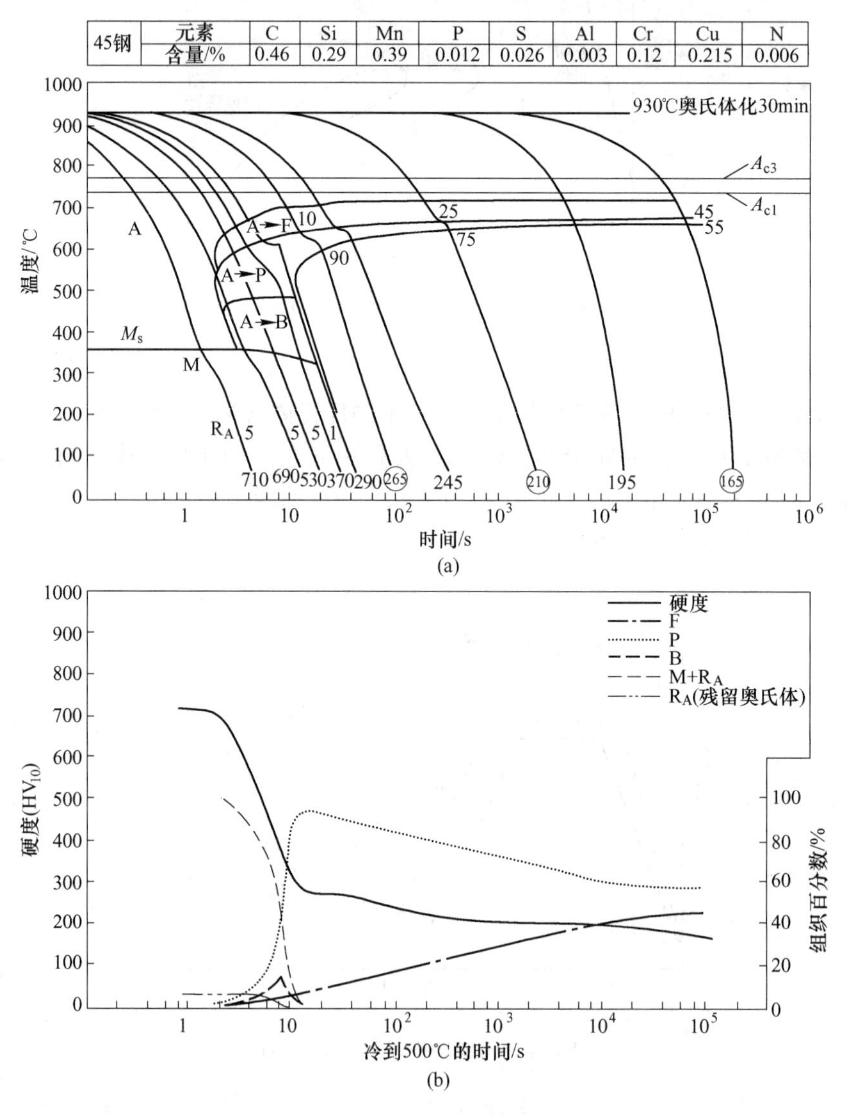

45钢	元素	C	Si	Mn	P	S	Al	Cr	Cu	N
	含量/%	0.46	0.29	0.39	0.012	0.026	0.003	0.12	0.215	0.006

图 8-21 45 钢的 CCT 图（a）和不同冷却速度下的组织和硬度（b）

8.9.2 硬度偏高和球化不完全

退火加热温度偏低保温时间不够，或冷却速度较快，致使转变产物组织过细，球化不完全，碳化物过于弥散，因而硬度偏高。当装炉量过大，炉温不均匀时，也会造成硬度偏高。图 8-23 为碳素工具钢 T8，退火球化不完全的组织。可见，除了部分球化外，还存在片状珠光体，该组织硬度偏高。这种组织会增加淬火开裂倾向。精准地调整退火温度和保温时间，再次进行退火可改善。

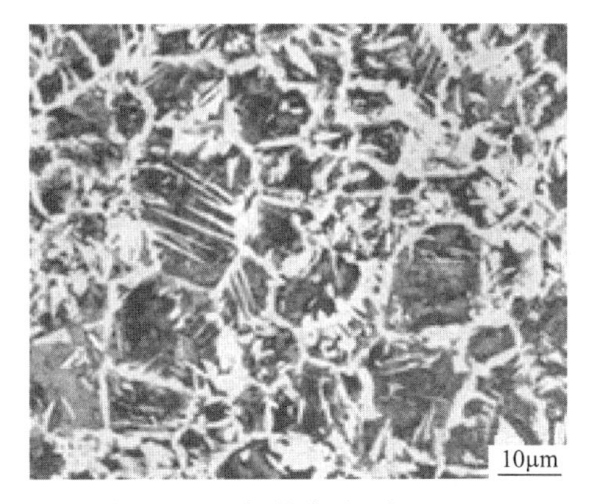

图 8-22　45 钢的魏氏组织（OM）

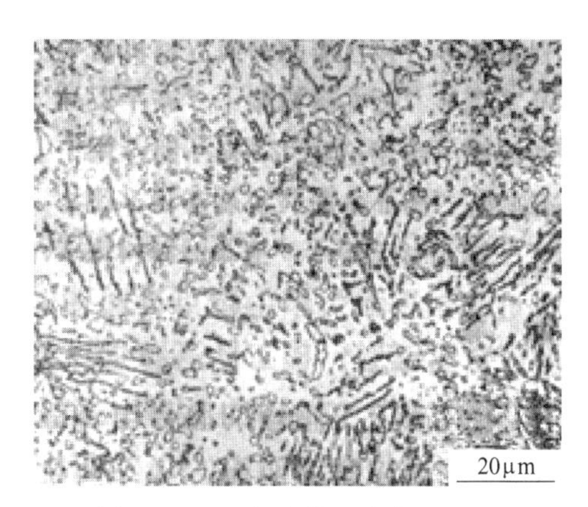

图 8-23　T8 钢球化不完全（OM）

8.9.3　氧化、脱碳及脱碳退火

钢在加热时，表层的碳与介质（或气氛）中的氧、氢、二氧化碳等发生反应，降低了表层碳浓度称为**脱碳**，脱碳钢淬火后表面硬度、疲劳强度及耐磨性降低，而且表面形成残余拉应力易形成表面网状裂纹。加热时，钢表层的铁及合金元素或介质（或气氛）中的氧、二氧化碳、水蒸气等发生反应生成氧化物膜的现象称为**氧化**。在 570℃以上，工件氧化后尺寸精度和表面光亮度恶化，形成的氧化膜使钢的淬透性变差，易出现淬火软点。

钢材在高温加热时，表面受炉气氧化作用，失去全部碳而成为完全脱碳层，变为铁素体组织；失去部分碳量可成半脱碳层。脱碳层的总厚度，包括全脱碳层厚度+半脱碳层厚度。

氧化脱碳是钢锭、钢坯、零部件热处理加热中产生的缺陷，目前保护气氛的退火、正火是减少或避免氧化脱碳的主要方法。钢件加热氧化会造成金属烧损，而脱碳会导致淬火件表面硬度不足，耐磨性变差，脱碳层也是淬火开裂的诱因。因此，钢件毛坯脱碳层应当用切削加工的方法予以去除。

图 8-24 为碳素工具钢的脱碳层组织，可见脱碳层为铁素体+珠光体组成，块状铁素体量较多。

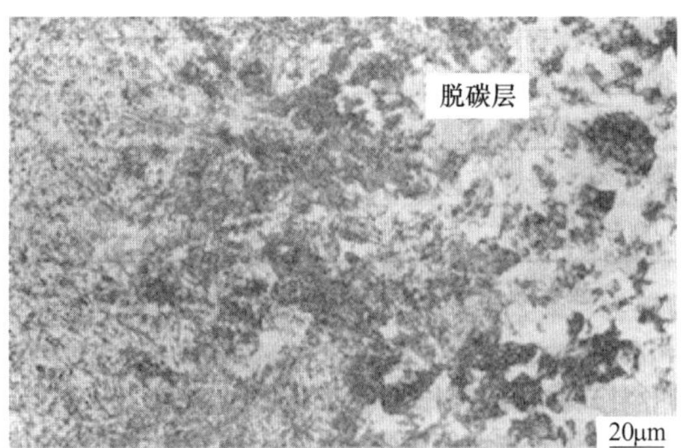

图 8-24　碳素工具钢 T8 的脱碳层组织（OM）

P92钢经高温挤压后退火，表面氧化脱碳，在激光共聚焦显微镜下观察，表面层存在脱碳层，脱碳层是半脱碳。这种脱碳层在淬火冷却时呈现拉应力状态，在激烈不均匀冷却的情况下，产生了淬火裂纹，如图8-25所示。

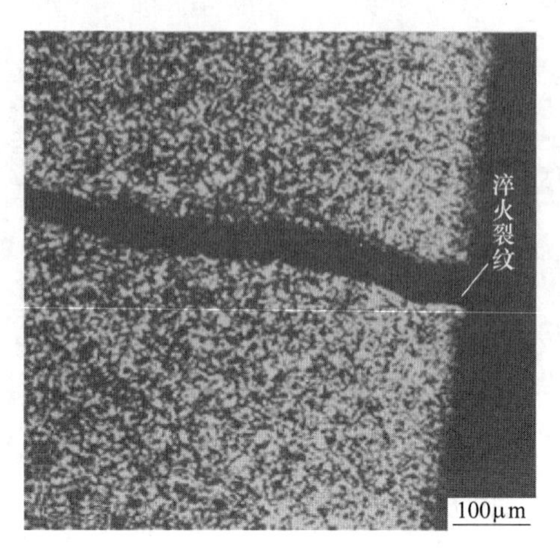

图8-25 P92钢表面脱碳导致的淬火裂纹（LSCM）

防止氧化和减少脱碳的措施是：工件表面涂料，用不锈钢箔包装密封加热、采用盐浴炉加热、采用保护气氛加热。

事物总是具有两面性，钢经表面氧化脱碳虽是缺点，但脱碳也可被利用，如白口铁经过**脱碳退火**变成可锻铸铁，性能得到改善。例如：通过1150℃高温脱碳退火（氢气氛围），使碳等元素从硅钢中溢出，从而提高了导磁性能。

8.9.4 退火石墨碳和石墨化退火

碳素工具钢经高温长时间退火或多次退火，可能使钢中的碳以石墨形式析出，或渗碳体转化为石墨。图8-26为T12钢的的退火组织，是片状珠光体+铁素体+石墨的整合组织，其中黑色球状为石墨，石墨周围是铁素体。这种钢的试样在磨制过程中，石墨容易脱落，故在相界、显微镜下观察时为黑色，实际上是石墨脱落后留下的凹坑。

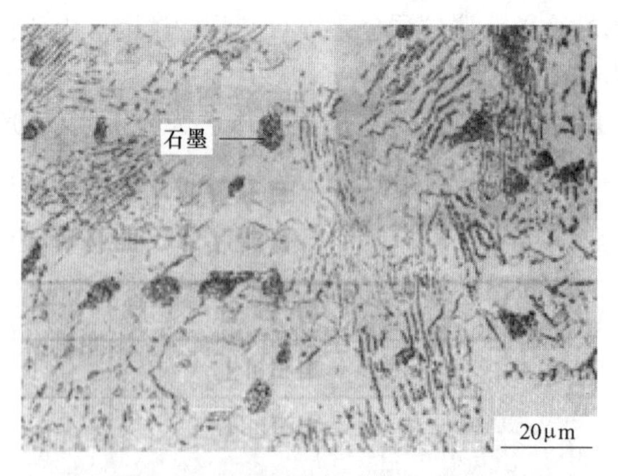

图8-26 T12钢中的石墨碳（OM）

石墨的析出，降低了钢的强度，增加了脆性，对于某些钢是不允许存在的缺陷。但是对于石墨钢，如 SiMnMo 石墨模具钢，经过石墨化退火，析出细小均匀分布的石墨颗粒，依据石墨良好的润滑作用，极大地提高耐磨性。铸铁件广泛应用石墨化退火。如白口铸铁经过高温长时间退火，使渗碳体转化为团絮状石墨，变成了可锻铸铁，使加工性、塑性和韧性得到了改善。

8.9.5 组织遗传和混晶

合金钢构件在退火、正火等热处理时，往往出现由于锻、轧、铸和焊而形成的原始有序的粗晶组织。将这种粗晶有序组织加热到高于 A_{c3} 以上，可能导致形成的奥氏体晶粒与原始晶粒具有相同的形状、大小和取向，这种现象称为**组织遗传**。

在原始奥氏体晶粒粗大的情况下，若钢以非平衡组织（如马氏体或贝氏体）加热奥氏体化，则在一定的加热条件下，新形成的奥氏体晶粒会继承和恢复原始粗大的奥氏体晶粒。如图 8-27 所示为 34CrNi3MoV 钢的退火粗大奥氏体晶粒。可见，在放大 100 倍的情况下，原奥氏体晶粒粗大，为 1～2 级。

如果将这种粗晶有序组织继续加热，延长保温时间，还会使晶粒异常长大，造成**混晶**现象。出现组织遗传或混晶时，钢的韧性降低。**混晶即同一钢样中同时存在细晶粒和粗晶粒（1～4 级晶粒）的现象**。34CrNi3MoV 等贝氏体钢特别容易出现混晶。该钢的钢锭经过锻造后需要去氢退火，重结晶正火，调质等多种工艺操作。对锻件检验晶粒度，经常出现混晶，有时 7 级晶粒占 70%，其余为 3～4 级粗大晶粒，有时奥氏体晶粒异常长大到 1～2 级。图 8-28 为 34CrNi3MoV 钢锻件的混晶组织，可见既有粗大晶粒又有细晶粒。

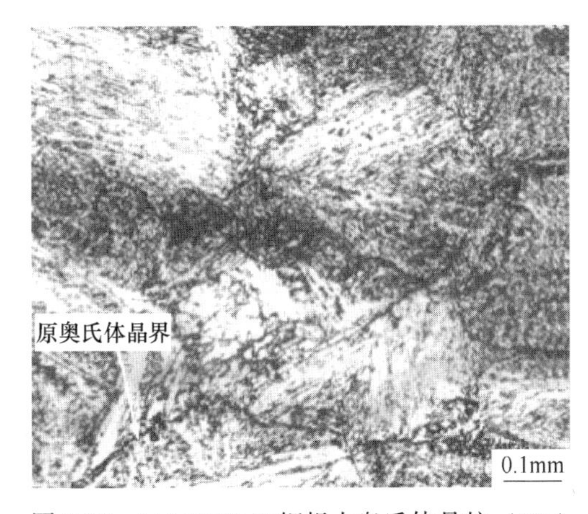

图 8-27 34CrNi3MoV 钢粗大奥氏体晶粒（OM）

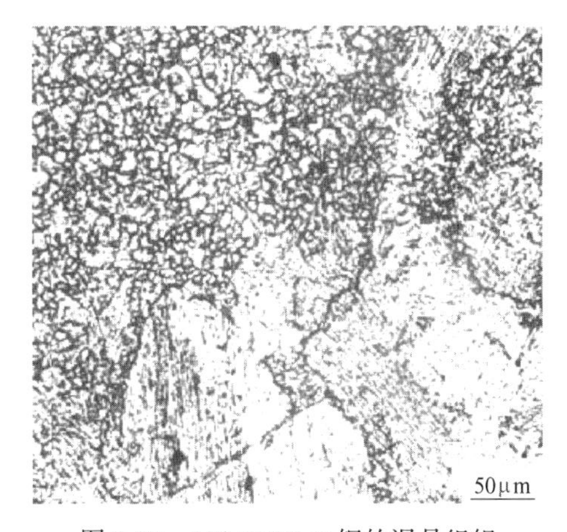

图 8-28 34CrNi3MoV 钢的混晶组织

为了杜绝这种混晶现象，需要获得平衡组织再重新调质处理，以避免组织遗传，消除混晶现象。为此，将 34CrNi3MoV 钢锻件在 650℃ 去氢退火后，再于 700～730℃ 加热，进行低温退火，使其获得较为平衡的索氏体组织，然后再进行调质，则可避免组织遗传性和混晶现象。对于容易发生铁素体+珠光体转变的合金钢，为了纠正混晶现象，也可以进行完全退火或正火，以便获得平衡的铁素体+珠光体组织，然后再进行调质处理，以免产生混晶现象。

采用退火或高温回火，消除非平衡组织，实现 α 相的再结晶，获得细小的碳化物颗粒和铁素体的整合组织，可以避免组织遗传。采用等温退火比普通连续冷却退火好。采用高温回火时，多次回火为好，以便获得较为平衡的回火索氏体组织。对于铁素体-珠光体组织的低合金钢，组织遗传倾向较小，可以正火校正过热组织，必要时采用多次正火，细化晶粒。

复习思考题

8-1 名词解释：

退火；正火；完全退火；不完全退火；均质化退火；魏氏组织；脱碳；氧化；混晶。

8-2 钢锭、钢坯为什么要实施去应力退火？试制订 20Cr2Ni4W 钢的 600mm 八角钢锭的退火工艺。

8-3 钢锭锻轧后为什么要实施去氢退火？试制订 42CrMo 钢 400mm 直径锻坯的去氢退火工艺（注：钢水含氢量 3×10^{-6}）。

8-4 为什么要实施球化退火？试制订 H13 钢、GC15 钢锻坯的球化退火工艺。

8-5 钢中的带状组织有何危害？为了消除 27SiMoMoV 钢（100mm 直径）棒材的带状组织，试制订退火工艺。

8-6 45 钢经 1100℃加热后空冷得到了魏氏组织，如何校正？

8-7 如何实现退火节能降耗？

9　淬火及回火

钢的淬火和回火是最重要、也是用途最广泛的热处理工艺。淬火可以显著提高钢的强度和硬度。为了获得强度、硬度和韧性的配合，并消除淬火钢的残余内应力，淬火后必须进行回火。所以淬火和回火是紧密衔接在一起的两种热处理工艺。

9.1　淬火的定义、目的

将钢以预定的速度加热到临界点 A_{c1} 或 A_{c3} 以上，保温后以大于临界冷却速度（V_c）冷却，得到马氏体或贝氏体组织的热处理操作，这种热处理工艺称为淬火。

从淬火的定义上看有 3 个要点：

（1）必须使钢相变重结晶，即加热到临界点 A_{c1} 或 A_{c3} 以上，奥氏体化。

（2）不管应用什么冷却介质，冷却速度必须大于临界冷却速度。水冷得不到马氏体或贝氏体，只得到珠光体组织，也不能称为淬火，相反缓慢的空冷得到马氏体，也称为淬火。

（3）淬火产物必须是贝氏体或马氏体组织（当然可有残留奥氏体），是淬火操作的最终目的。

如果说退火的目的是软化，那么淬火目的就是强化。虽然钢的强化手段多样，但淬火是最便捷、最有效、最常用的强化方法。

从一般意义上讲，淬火的目的有：

（1）提高结构钢的强度，配合回火工艺使获得良好的综合力学性能。

（2）调质钢通过淬火加高温回火可以得到强韧性配合的优良综合力学性能。

（3）弹簧钢通过淬火加中温回火可以显著提高弹性极限并保持一定的韧性。

（4）提高工具钢、轴承钢、渗碳零件的硬度、强度、耐磨性。

9.2　钢的淬火加热温度

对于结构钢，淬火加热温度的选择应以得到均匀细小的奥氏体晶粒为原则，以便淬火后获得细小的马氏体组织；对于高碳工具钢，淬火加热温度的应以得到奥氏体+细小未溶碳化物颗粒为原则，以便获得隐晶马氏体组织。

淬火加热温度主要根据钢的临界点确定，亚共析钢通常加热到 A_{c3} 以上 30～50℃，或者更高一些；共析成分的工具钢、过共析钢加热至 A_{c1} 以上 30～50℃，如图 9-1 所示。淬火温度不能过高，以防奥氏体晶粒粗化，淬火后得粗大马氏体组织。过共析钢限定在两相区内加热，得到细小的奥氏体晶粒并保留少量未溶碳化物颗粒，淬火后得到隐晶马氏体和其上均匀分布的粒状碳化物，从而使钢具有更高的强度、硬度和耐磨性，较好的韧性。如果过共析钢淬火加热温度超过 A_{ccm}，碳化物将全部溶入奥氏体中，使奥氏体中的含碳量增加，降低钢的 M_s，淬火后残余奥氏体量增多，会降低钢的硬度和耐磨性。淬火温度过高，奥氏体晶粒粗化，含碳量又高，淬火后易得到含有显微裂纹的粗片状马氏体，使钢的脆性增大；此外，高温加热淬火应力大，氧化脱碳严重，也增大钢件变形和开裂倾向。

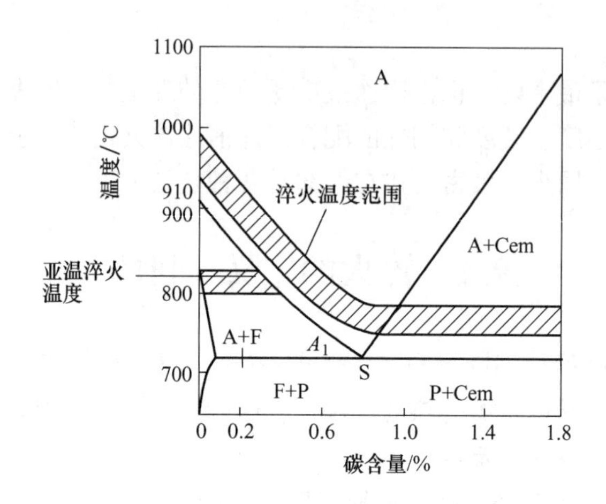

图 9-1　碳素钢的淬火加热温度范围

对于低、中合金钢，为了加速奥氏体化和合金碳化物的溶解，淬火温度可偏高些，一般为 A_{c1} 或 A_{c3} 以上 50~100℃。高合金工具钢含较多强碳化物形成元素，需使碳化物溶解充分合金化，奥氏体晶粒粗化温度也较高，则可采取更高的淬火加热温度。

淬火加热温度的选择还应当考虑工件的尺寸、形状、原始组织、加热速度等因素。当工件有效厚度大、加热速度快时，应选择较高的淬火加热温度。厚度、直径大的工件，热透慢，若加热不足，则可能得不到全部马氏体组织。加热速度较快时，在临界点以上转变为奥氏体的初始晶粒较细，碳化物难以充分溶解，易出现加热不足现象，故可采用较高的加热温度，如取 A_{c3}+(50~100℃)。形状复杂，易变形开裂的工件宜采用淬火加热温度下限，且缓慢加热，减小温差应力，以防加热歪扭变形。

亚温淬火适用于低、中碳合金钢，采用加热温度略低于 A_{c3}，在 A+F 两相区加热，保留少量能富集一些有害杂质的韧性相铁素体（F），淬火后得到马氏体+少量铁素体的整合组织，不但可以降低钢的冷脆转变温度，减小回火脆性及氢脆敏感性，甚至使钢的硬度、强度及冲击韧性比正常淬火还略有提高。

9.3　工件加热时间的确定

工件淬火加热时间包括热透时间和在该温度下完成组织转变要求的时间，即工件整体升温、透烧及保温两个阶段的总时间，$\tau_{总}=\tau_{热透}+\tau_{保温}$。在实际生产中，加热大厚件或大装炉量情况下，要考虑升温时间和保温时间，一般中、小零件采用到温装炉，把升温和保温一并记为工件加热时间。在纯保温时间内，应当完成相变和碳化物溶解等过程，得到工艺要求的奥氏体状态。

9.3.1 厚件的热透时间

进行加热时间计算时，应当按照钢件截面尺寸大小分为薄件和厚件。对于钢件而言，厚度小于280mm的工件，可视为薄件，大于280mm的工件，为厚件。对于薄件，可认为表面达到淬火温度后，表面和心部温度基本上是一致的，温差极小。对于厚件，热透时间较长，若依据经验公式计算，时间太长，耗时、耗能，不可取，这是由于经验公式把加热时间看成与钢件有效厚度成线性关系，实际上是非线性关系，因此计算结果不准确。利用计算机进行传热计算，计算热透时间是较为准确的。图9-2和图9-3所示为实测曲线。

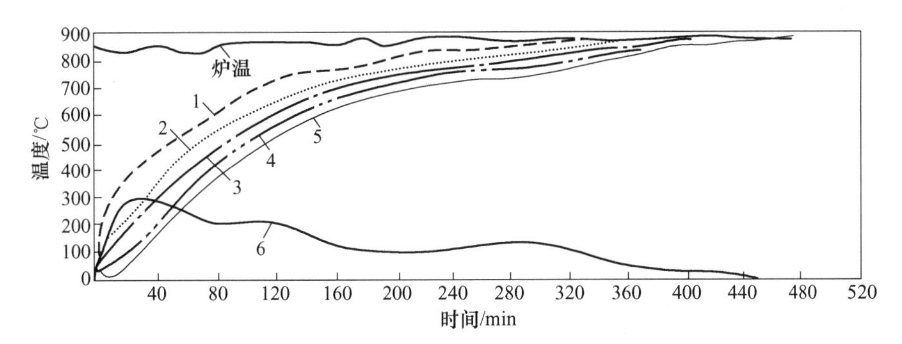

图9-2 直径为600mm的34CrNi3Mo大锻件加热曲线（850℃装炉）

1—距表面10mm；2—距表面70mm；3—距表面150mm；
4—距表面200mm；5—距表面300mm；6—表面与中心温差

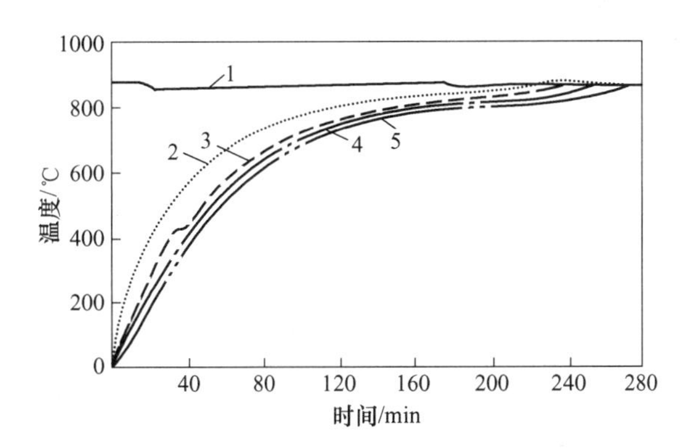

图9-3 直径为400mm的40Cr大锻件加热曲线（850℃装炉）

1—炉温；2—距表面10mm；3—距表面75mm；4—距表面130mm；5—中心温度

图9-2所示为直径为600mm的34CrNi3Mo大锻件热装炉时的加热曲线，炉温为850℃，热装炉，在距表面10mm、70mm、150mm、200mm、300mm不同深度处测定温度随着加热时间的延长而不断升温的情况，也表示了表面与中心的温差。可见约经历420min（7h）心部才能热透。对于直径600mm的中碳合金结构钢的加热均可参考。图9-3所示为直径400mm的40Cr钢，热装炉，经历8h可完全热透。

9.3.2 中小型零件（薄件）加热时间的计算

对于中小型零件，一般热装炉，把升温时间和保温时间一并称为钢件淬火加热时间。

加热时间依钢种、炉型等不同因素而有所不同。对于碳素钢、低合金钢，热透后不必长时间保温，即可淬火，甚至采用“零”保温。所谓“零保温”即指热透后即可准备出炉淬火了。因为这类钢在 A_{c1} 以上奥氏体化过程经几秒到数分钟即可完成。

各种炉型、不同钢种和不同工件尺寸均影响加热时间，可查看相关手册进行选择。

9.4　常用淬火法

为了使各种钢达到所要求的淬火组织，又能减小淬火应力，防止变形或开裂，可以选用不同的淬火方法。按照操作方法不同分为单液淬火法、双液淬火法、分级淬火法、等温淬火法、喷射淬火法等。

9.4.1　单液淬火

将加热奥氏体化的工件投入一种淬火介质中，连续冷却至介质温度，称为**单液淬火**，如图 9-4 中曲线 *a* 所示。通常碳钢淬透性差，多采用水或盐水淬火；合金钢淬透性好，淬裂倾向也大，常用油淬。单液淬火简便易行，容易实现机械化和自动化。通常用于形状简单的碳素钢及合金钢工件。3 ~ 5mm 厚度的碳素钢工件应用水淬。有些合金钢采用油淬难以达到强化要求，也可采用水淬、喷雾淬火。

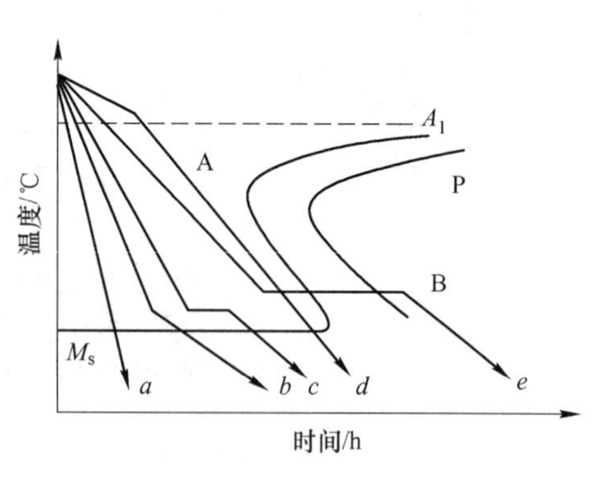

图 9-4　各种淬火方法的冷却曲线示意图

9.4.2　双液淬火

为了利用水在高温区快冷的优点，又避免水在低温区快冷的缺点，可以采用先水冷后油冷的**双液淬火法**，如图 9-4 中曲线 *b* 所示。对于某些合金钢也可以先在油中冷却再转入空气中冷却，也是双液淬火法。进行双液淬火要准确掌握水中停留的时间，使工件的表面温度刚好接近马氏体点（M_s）时，立即从水中取出，转移到油中冷却。水中停留时间不当，将会引起奥氏体共析分解或马氏体相变，失去双液淬火的作用。此法要求有一定的实践经验，或通过试验来确定水中停留的时间。根据实际经验，碳素钢工件厚度 5 ~ 30mm 时，水冷时间按 3 ~ 4mm 冷却 1s 计算。合金钢或形状复杂的工件水冷时间可减少到每 4 ~ 5mm 冷却 1s。

双液淬火法常用于处理淬透性较小、尺寸较大的碳素工具钢、低合金结构钢等工件。在真空炉、网带炉中处理工具钢、合金钢等零件时也有采用，以减少变形和开裂。

9.4.3　预冷淬火

将加热的工件在炉中冷却一段时间，或出炉后在空气中预冷一段时间，使温度稍微降低一些，再快速冷却（入水或入油），进行淬火的方法，称为**预冷淬火**。如图 9-4 中曲线 *d* 所示。一般可预冷到 A_1 附近，预冷到此温度时，奥氏体较为稳定，可减小工件各部位之间的温差，以降低淬火变形、开裂的倾向。尤其是大、中型钢件，经常被采用。

9.4.4 分级淬火

将奥氏体化的工件淬入略高于或略低于 M_s 的低温盐浴或碱浴等介质中，等温停留一段时间，使工件内外温度均匀，然后取出空冷或油冷，这种淬火冷却方法称为**分级淬火**，如图 9-4 中曲线 *c* 所示。分级淬火缩小了工件与冷却介质之间的温差，减小工件冷却过程中的热应力。通过分级等温，整个工件温度趋于均匀，在空冷或油冷过程中，转变为马氏体组织，相变应力也很小，因而工件变形小，可避免开裂。

采用分级淬火时，加热温度应当稍高一些，以增加奥氏体的稳定性。分级淬火的分级温度选用该钢 M_s 点稍上 10～20℃。分级等温停留时间应以工件内外温度达到一致为准。注意不能超过该温度下贝氏体的孕育期，否则转变为下贝氏体，就成为等温淬火了。

分级淬火有时在 M_s 点稍下等温，也称为马氏体分级淬火。

对于某些合金钢，其 TTT 图中存在较宽的“海湾区”，它是过冷奥氏体的亚稳区，在此温度区等温，使内外均温后再继续冷却，也是一种很好的分级淬火法。如高速钢的分级淬火。对于尺寸较大，形状复杂的高合金钢工件可采用二次分级或多次分级淬火。

分级淬火，需要附加设备，操作工序复杂，工件在盐浴中冷却速度慢，并且等温时间受到限制，所以分级淬火多用于尺寸较小的工件，如刀具、量具和要求变形很小的精密工件。

9.4.5 等温淬火

等温淬火是将奥氏体化后的工件淬入 M_s 点以上某温度的盐浴中等温保持足够长时间，使之转变为下贝氏体组织，然后于空气中冷却，这种淬火方法称为**等温淬火**。如图 9-4 中曲线 *e* 所示。等温淬火实际上是分级淬火的进一步发展。所不同的是等温淬火获得下贝氏体组织。等温淬火可以显著减小工件变形和开裂倾向，适宜处理形状复杂、尺寸要求精密的工具和重要的机器零件，如模具、刀具、齿轮等。同分级淬火一样，等温淬火也只能适用于尺寸较小的工件。一般认为采用 M_s+30℃等温可获得良好的强度和韧性。等温时间可根据工件心部冷却到等温温度所需要的时间再加上 TTT 图上该温度下完成组织转变所需要的时间。

除了上述几种典型的淬火方法外，近年来还发展了许多提高钢的强韧性的新的淬火工艺，如高温淬火、循环快速加热淬火、高碳钢低温、快速、短时加热淬火和亚共析钢的亚温淬火等，不再详述。

9.5 冷 处 理

工件淬火到室温后，继续冷却到 0℃以下更低的温度，保持一定时间，然后回温到室温，使过冷奥氏体进一步充分转变为马氏体组织，这种操作称为**冷处理**。一般将冷却到-100℃以上的处理称为冷处理，而将-100℃以下的处理称为“深冷处理”。

20 世纪 50 年代，采用干冰进行刀具的冷处理，处理温度为-80℃或更高一点的零下温度。20 世纪 70 年代采用液氮为制冷剂，可将终冷温度控制在-196℃以上各个温度，并且可控制降温速度。高碳钢马氏体点较低，淬火后残留奥氏体较多，冷处理效果较好。

表 9-1 为一些钢采用干冰进行冷处理的比较。可见冷处理后仍然存在残留奥氏体（$A/\%$），冷处理后硬度普遍提高。

表 9-1 高碳钢冷处理前后的比较

钢号	M_s/℃	M_f/℃	冷处理前 $A/\%$	冷处理后 $A/\%$	冷处理增加硬度值 ΔHRC
T7	250~300	-50	3~5	1	0.5
T10	175~210	-60	6~18	4~12	1.5~3
9SiCr	185~210	-60	6~17	4~17	1.5~2.5
GCr15	145~180	-80	9~23	4~14	3~6
CrWMn	120~155	-110	13~25	3~17	5~10

冷处理温度原则上由钢的 M_f 点确定，一般工具钢、模具钢的 M_f 点高于-60℃，因此采用干冰冷处理，冷却到-80~-60℃是足够的。但对于高合金钢、高速钢、高合金渗碳钢，因其 M_f 点很低，冷处理需要在-120℃以下进行。

冷处理的保温时间需要 1~2h，以保证冷透。冷处理以后务必回火或时效，保温 4~10h。

从相变机理上讲，深冷处理应当放在淬火后、回火前进行，但是深冷处理时组织应力较大，易于开裂，对于形状复杂的、尺寸较大的高速钢零件，在如下方法中选择：

（1）淬火后，先在 350℃回火 1h，然后深冷处理。

（2）第一次回火后，冷却到-80℃，第二次回火后再冷却到-196℃进行冷处理。

（3）第一次回火后进行深冷处理。

9.6 淬火冷却介质

为了实现钢件淬火时冷却速度大于临界冷却速度，又要做到尽量减小工件在淬火过程中产生应力。不同的钢种需要在不同冷却速度的冷却介质中完成的，将钢从奥氏体状态冷至临界点以下使其转变为马氏体或贝氏体组织所用的介质称为**淬火冷却介质**。

9.6.1 淬火介质的特性

淬火冷却介质应具备一定的冷却特性。介质冷却能力越大，钢的冷却速度越快，越容易超过钢的临界淬火速度，则工件越容易淬硬，淬硬层的深度越深。但是，冷却速度过大也将产生较大的淬火应力，易于使工件产生变形或开裂。因此，淬火介质的理想冷却能力如图 9-5 所示，曲线 a 为临界冷却速度，曲线 b 为理想淬火冷却曲线。

淬火介质在使用过程中应当具有稳定性，不易变质而老化。不腐蚀工件。不污染环境。不易燃、不易爆，安全可靠。

9.6.2 常用淬火介质

常用淬火介质有水、盐水或碱水溶液及各种矿物油等。各种介质的冷却特性如表 9-2 所示。

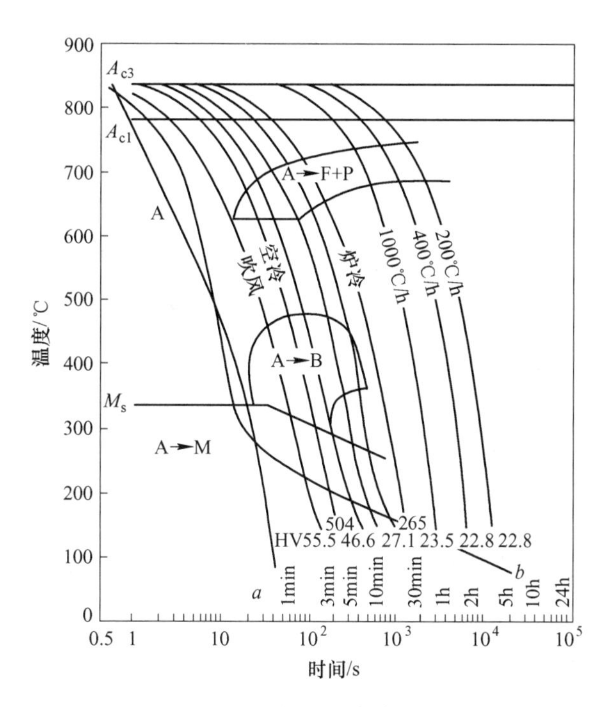

图 9-5 35CrMnSiA 钢的 CCT 图

a—临界冷却速度；*b*—理想淬火冷却曲线

表 9-2 常用各种淬火介质的冷却特性

名 称	最大冷却速度时		平均冷却速度/℃ · s^{-1}	
	所在温度/℃	冷却速度/℃ · s^{-1}	550~650℃	20~300℃
静止自来水，20℃	340	775	135	450
10%NaCl 水溶液，20℃	580	2000	1900	1000
15%NaOH 水溶液，20℃	560	2830	2750	775
5%Na_2CO_3 水溶液，20℃	430	1640	1140	820
N15（10 号机械油），20℃	430	230	60	65
N15（10 号机械油），80℃	430	230	70	55
3 号锭子油，20℃	500	120	100	50

9.6.2.1 水

水是最古老的淬火介质。便宜、清洁、安全、无污染。水的冷却能力较强，但膜沸腾阶段长，静止水的最大表面换热系数在 400℃以下，因此在马氏体相变时冷却速度大。水的温度对其冷却能力也有较大影响。图 9-6 为静止和循环水的冷却特性曲线，可见在200~300℃之间具有最大的冷却速度（可达 780℃/s），这时正是大多数钢种马氏体相变的温度，需要缓冷；而在 500~650℃之间需要快冷，以便躲过珠光体转“鼻温”。这是水作为淬火介质的缺点。采用循环、搅拌来提高水的流动速度，破坏蒸汽膜，提高冷却能力。喷水、喷雾可显著提高 500~700℃区间的冷却速度，而且水压越高，流量越大，效果越好。

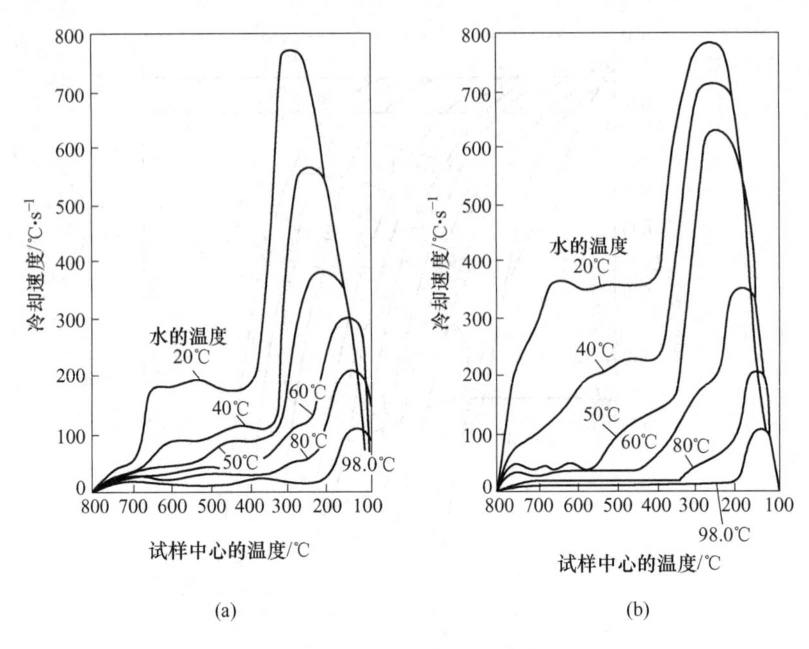

图9-6　水的冷却特性曲线

（试样为直径20mm银球）

（a）静止的水；（b）循环的水

9.6.2.2　无机物水溶液

将无机盐或碱溶入自来水中，可加快破坏蒸汽膜，提高高温区间的冷却速度，见表9-2。浓度为10%NaCl或15%NaOH的水溶液可使高温区（500~650℃）的冷却能力显著提高。但这两种水基淬火介质在低温区（200~300℃）的冷却速度很快，这也是不足的一面。

氯化钠水溶液浓度（质量分数）多为5%~10%，冷却速度随着浓度的增加而迅速增大，但20%溶液冷却速度回落。冷却速度曲线如图9-7所示，可见在400~700℃区间冷却速度很快，但在200~300℃区间，冷却速度接近自来水。

除了氯化钠水溶液外，还有碳酸钠水溶液、氢氧化钠水溶液、氯化钙水溶液、过饱和硝盐水溶液等，这些淬火介质虽有较好的冷却特性，但污染环境，不宜推广应用。

9.6.2.3　淬火用油

淬火用油应当具备以下特性：（1）较高的闪点和燃点，以避免火灾；（2）黏度低；（3）不易老化；（4）在珠光体“鼻温”温度区间（或贝氏体鼻温）冷却速度快。

选择具备这些性能的矿物油作为淬火用油。油的主要优点是低温区的冷却速度比水小得多，从而可大大降低淬火工件的组织应力，减小工件变形和开裂倾向。油在高温区间冷却能力低是其主要缺点。但是对于过冷奥氏体比较稳定的合金钢，油是合适的淬火介质。与水相反，提高油温可以降低黏度，增加流动性，故可提高高温区间的冷却能力。

（1）机械油。机械油现称为全损耗系统用油。常用的淬火用机械油列于表9-3中。在常温下使用应选择N15、N22全损耗系统用油；若在80℃以上使用，如分级淬火，应选择闪点较高的N100全损耗系统用油。

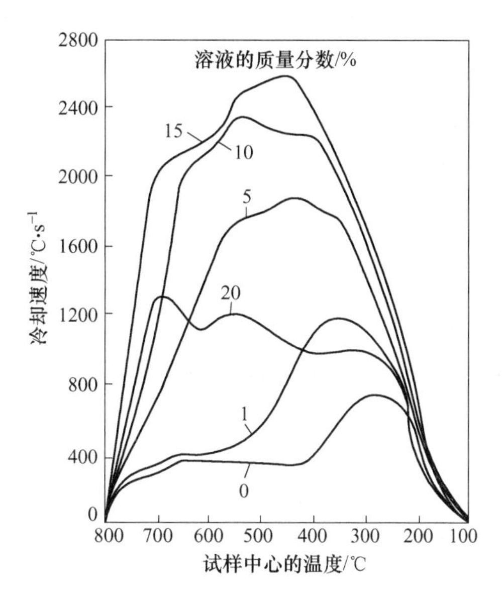

图 9-7 氯化钠水溶液的冷却速度曲线

（直径 20mm 银球，液温 20℃，试样移动速度 0.25m/s）

表 9-3 几种全损耗系统淬火用油

性 能	N15（10 号机械油）	N22（20 号机械油）	N46（40 号机械油）	N100（50 号机械油）
50℃运动黏度/$m^2 \cdot s^{-1}$	7~13	17~23	37~43	47~53
闪点/℃	165	170	190	200
凝点/℃	-15	-15	-10	-10
使用温度/℃	20~80	20~80	80~120	80~140

（2）普通淬火油。全损耗系统用油冷却能力较低；易氧化、老化。若加入催冷剂、抗氧化剂、表面活性剂等，则可调制成普通淬火油。

（3）快速淬火油。在全损耗系统用油中加入催化剂可制成快速淬火油。在使用过程中需要不断补充添加剂，以保持较快的冷却速度。

此外还有**光亮淬火油、真空淬火油、分级淬火油**等。

淬火油经过长期使用会老化，即黏度、闪点升高，生成油渣，冷却能力降低。为了防止老化，应当控制油温，防止过热，避免混入水分，清理油渣。

9.6.2.4 高分子聚合物水溶液

为了得到冷却能力介于水、油之间的淬火剂，在高分子聚合物水溶液中适量的防腐剂、防锈剂，配制成聚合物淬火介质。常用的高分子聚合物如聚乙烯醇（PVA）、聚二醇（PAG）、聚酰胺（PAM）等。

聚乙烯醇（PVA）是应用最早的高分子聚合物淬火介质，在感应喷射淬火中广泛应用。其缺点是易老化、冷却速度波动较大、管理困难。表 9-4 为聚乙烯醇淬火介质配方。

表 9-4　聚乙烯醇淬火介质配方

组成成分名称	含量（质量分数）/%
聚乙烯醇（聚合物度 1750，醇解度 88%）	10
防锈剂（三乙醇胺）	1
防腐剂（苯甲酸钠）	0.2
消泡剂（太古油）	0.02
水	余量

9.6.2.5　气体淬火介质

用气体作为淬火介质，将钢淬火得到马氏体组织的工艺操作，称“气淬”，气体的冷却能力与气体的种类、压力、流动速度有关。

A　压气淬

Cr12 型钢、W18Cr4V 高速钢等，淬透性高，在空气中吹风冷却可得到马氏体组织，称为气淬，也将高速钢称为“风钢”。

B　高压气淬

工件加热后，采用高压气体喷射冷却获得马氏体组织。冷却气体有：N_2、He 和 Ar 等。如加热试样得奥氏体组织，然后喷射氩气淬火，测定钢的膨胀曲线，确定马氏体点。

100~200MPa 的惰性气体具有相当高的冷却能力，采用这种气体淬火，冷却均匀、变形小、表面光洁，对环境无污染。

此外，工业上还有将盐浴、金属板、流态床等作为淬火介质。

9.7　钢的淬透性

9.7.1　淬透性的概念

钢件淬火时能否得到马氏体组织取决于钢的淬透性。**钢的淬透性是指奥氏体化后的钢在淬火时获得马氏体的能力，其大小用钢在一定条件下淬火获得的淬透层的深度表示。**

一定尺寸的工件在某介质中淬火，其淬透层的深度与工件截面各点的冷却速度有关。如果工件截面中心的冷却速度大于钢的临界淬火速度，工件就会淬透。工件由表面至心部冷却速度逐渐降低（图 9-8）。只有冷却速度大于临界淬火速度的工件外层部分才能得到马氏体组织。而冷却速度小于临界淬火速度的心部只能获得非马氏体组织，是未淬透区。

当淬火组织中马氏体和非马氏体组织各占一半，即所谓半马氏体区，显微观察极为方便，硬度变化最为剧烈，为测试方便，通常采用从淬火工件表面至半马氏体区距离作为淬透层的深度。半马氏体区的硬度称为测定淬透层深度的临界硬度。钢的半马氏体组织的硬度与其含碳量的关系如图 9-9 所示。研究表明，钢的半马氏体的硬度主要取决于奥氏体中含碳量，而与合金元素的含量关系不大。

淬透性表示钢淬火时获得马氏体的能力，它反映钢的过冷奥氏体稳定性，即与钢的临界冷却速度有关。过冷奥氏体越稳定，临界淬火速度越小，钢在一定条件下淬透层深度越深，则钢的淬透性越好。而淬硬性表示钢淬成马氏体可能得到的最高硬度。它主要取决于

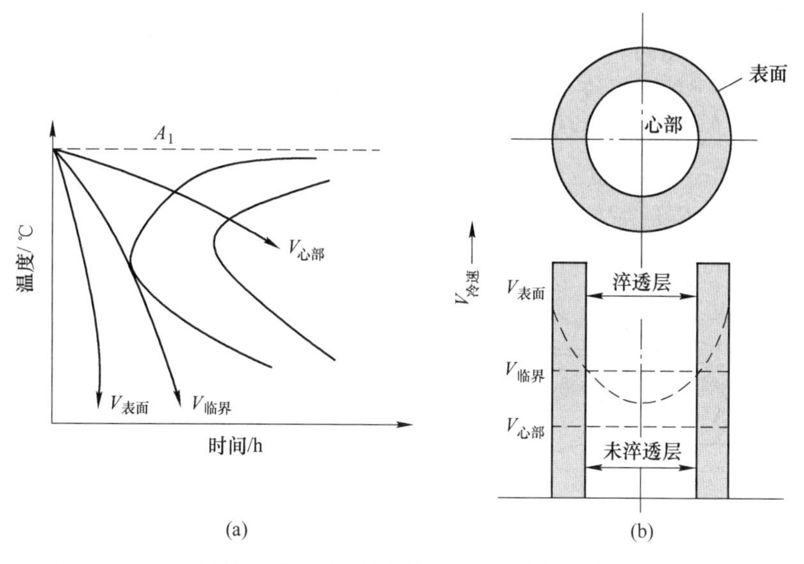

图 9-8 工件不同截面处的冷却速度曲线（a）和淬透情况示意图（b）

马氏体中的含碳量。马氏体中含碳量越高，钢的淬硬性越高。例如高碳工具钢的淬硬性高，但淬透性很低，而低碳合金钢的淬硬性不高，但淬透性却很好。淬透层的深度是指某一次淬火后工件表面至半马氏体区距离。

钢的淬透性越高，能淬透的截面尺寸越大。对于大截面的重要工件，为了增加淬透层的深度，必须选用淬透性高的合金钢，工件厚度越大，要求的淬透层越深，钢的合金化程度应越高。所以淬透性是机器零件选材的重要参考数据。

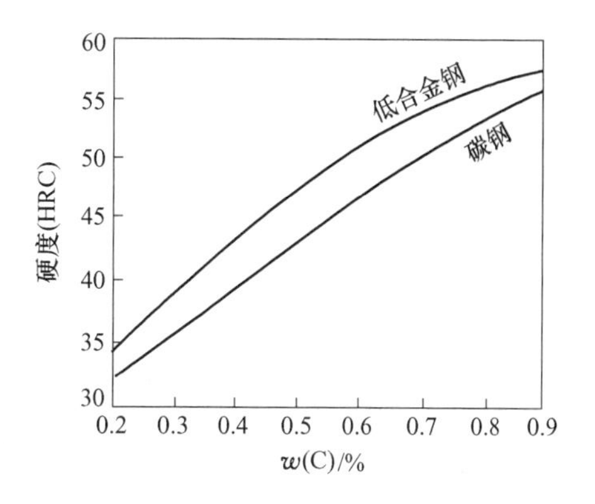

图 9-9 半马氏体硬度与碳含量的关系

从热处理工艺性能考虑，对于形状复杂、要求变形很小的工件，如果钢的淬透性较高，例如合金钢工件，可以在较缓慢的冷却介质中淬火。如果钢的淬透性很高，甚至可以在空气中冷却淬火，因此淬火变形更小。

淬透性是零件设计，钢材选用的依据，也对热处理工艺制订有重要价值。可为热处理生产中选用淬火介质和制订冷却方法提供数据。

9.7.2 影响淬透性的因素

9.7.2.1 钢的化学成分

钢的淬透性主要取决于过冷奥氏体的稳定性。而奥氏体的稳定性与其碳含量、合金元素种类和含量有关。从钢的 TTT 图、CCT 图可见，凡是使 C-曲线向右移的因素均可提高钢的淬透性。使 C-曲线右移的合金元素越多，其临界冷却速度越小，则钢的淬透性越好。除 Ti、Zr、Co 外，所有溶于奥体中的合金元素都提高钢的淬透性。

影响奥氏体共析分解的因素是极为复杂的，不是各合金元素单个作用的简单叠加。强碳化物形成元素、弱碳化物形成元素、非碳化物形成元素、内吸附元素等在奥氏体共析分解时所起的作用各不相同。将它们综合加入钢中，由于各个元素之间的非线性相互作用，相互加强，形成一个整合系统，各元素的作用，将产生整体大于部分之总和的效果。合金元素的整合作用对于提高奥氏体稳定性将产生极大的影响。

图 9-10 是 35Cr、35CrMo、35CrNiMo、35CrNi4Mo 几种钢的 TTT 图。从图中可以看出，4 种成分的合金钢含碳量基本相同。随着合金元素种类和数量的增加，转变的孕育期不断增大，C-曲线明显右移，说明各种合金元素对于过冷奥氏体转变的整合作用。

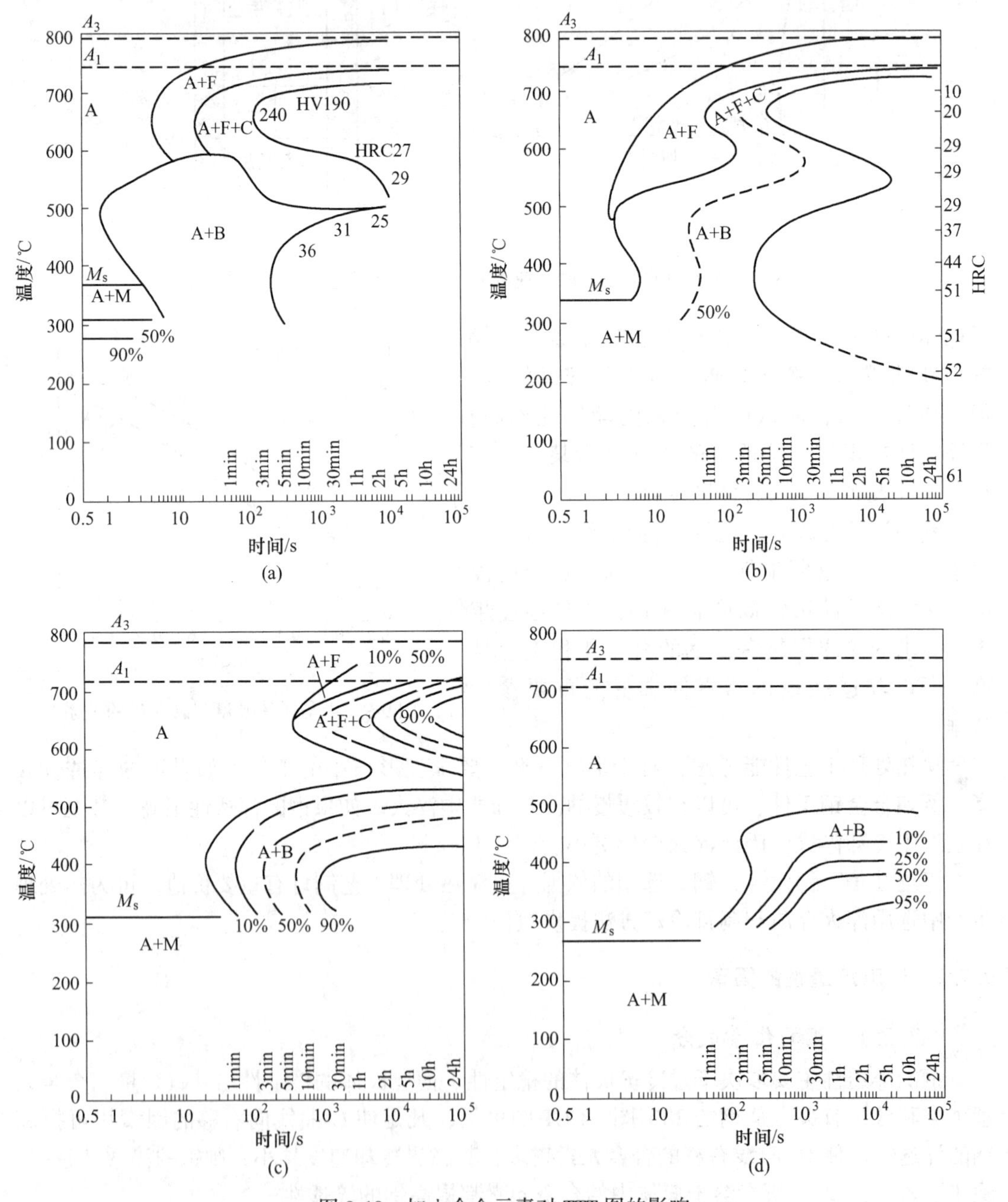

图 9-10　加入合金元素对 TTT 图的影响

（a）35Cr；（b）35CrMo；（c）35CrNiMo；（d）35CrNi4Mo

9.7.2.2　奥氏体的物理状态

奥氏体物理状态是指奥氏体的晶粒度、成分不均匀性、晶界偏聚、存在剩余碳化物和夹杂物等，这些因素会对过冷奥氏体的转变产生重要影响。如在 $A_{c1} \sim A_{ccm}$ 之间加热时，存在剩余碳化物，成分也不均匀，具有促进珠光体形核及长大的作用，降低淬透性。

细小的奥氏体晶粒，单位体积内的界面积大，形核位置多，将加速转变，也降低淬透性。

奥氏体晶界上偏聚硼、稀土等元素时，将提高过冷奥氏体的稳定性，使 C-曲线右移，增加淬透性。

加热温度高、保温时间长，奥氏体晶粒长大，并且成分趋向均匀化，那么过冷奥氏体将更加稳定，则转变速度变慢，提高淬透性。

9.7.3　淬透性的测定

测定淬透性的方法较多，目前广泛采用的方法是**端淬法**。

顶端淬火的方法是将直径 25mm×100mm 的试样加热到淬火温度，保温 30min，然后在 5s 内将试样放在端淬实验台上，喷水冷却试样的下端部，如图 9-11（a）所示。喷水冷透后，沿试样的轴线方向，相对两个侧面磨削去除 0.5mm，得两个相互平行的平面，从顶端开始沿着轴线每隔 3mm 测定硬度（HRC），绘制顶端到 100mm 处的硬度分布曲线，即为淬透性曲线，如图 9-11（b）所示。由于每一种钢的成分有波动，故每次测定的曲线不同，在试样不同位置处，硬度值有所波动，故形成淬透性带。图 9-12 所示为 40MnB 钢的淬透性带。各种钢的淬透性曲线可查阅相关手册。

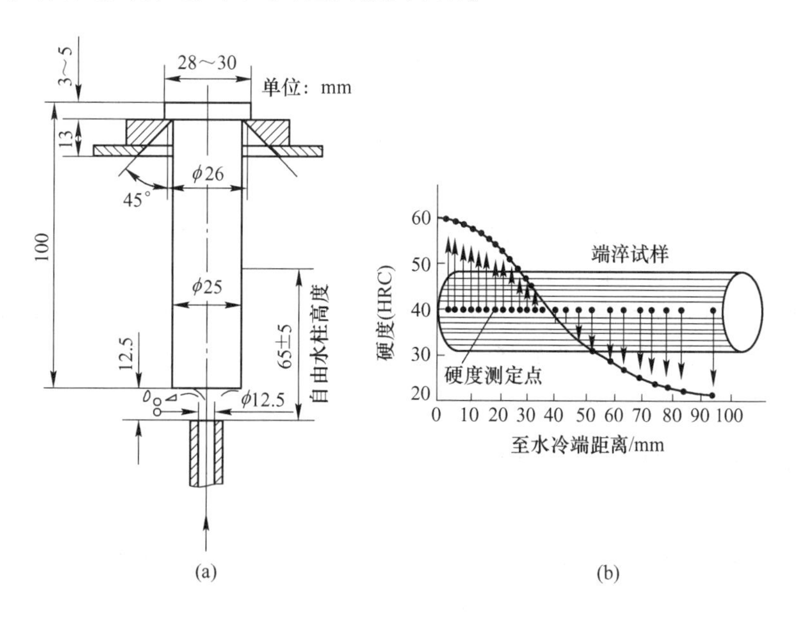

图 9-11　端淬法
（a）试样及装置；（b）测定端淬曲线

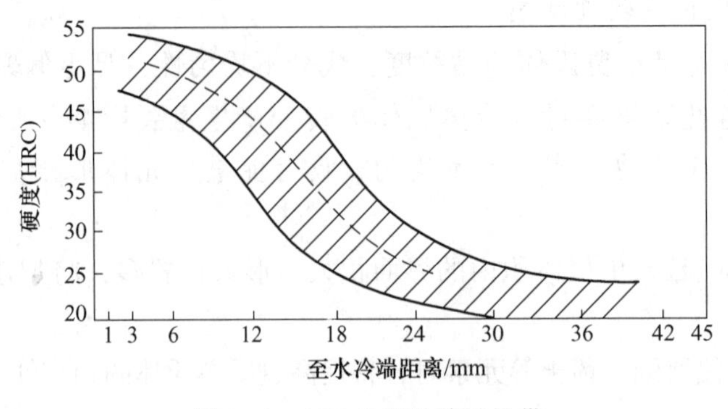

图 9-12 40MnB 钢的淬透性带

9.8 淬火工艺的改进和创新

热处理工艺随着固态相变原理的更新和发展而不断创新或改进，永远不会停留在一个水平上。依据各种工况条件而灵活的应用，没有最好，只有更好。近年来有许多创新，举例如下。

9.8.1 大型锻件的间隙淬火法

按坯表面积（*S*）和体积（*V*）的比值，将 *S/V* 小于 0.16 时，称为大型锻坯；*S/V* 为 0.16~0.22 时，为中型锻坯；*S/V* 大于 0.22 时为小型锻坯。表面积与体积的比值越小，锻坯中心的冷却速度越小。

加热时间按锻坯有效厚度每 25mm 加热 1h 计算。其中约 2/3 为均温时间，1/3 为保温时间。

大型锻坯采用空气预冷或炉内降温，水-油双液淬火法，符合理想的冷却曲线。锻坯在空冷降温后，采用“水-油”双液冷却，当锻坯中心在水中冷却到 350~450℃后，再转入油中冷却。以防止奥氏体转变为珠光体、贝氏体组织。为了防止产生淬火裂纹，应施行间隙冷却。对于大、中型锻坯应适时从水中提出，进行空冷，大型锻坯空冷进行 1~2 次。空冷的时间大型锻坯 1~2min，中型锻坯 0.5~1min。对于大中型锻坯，第一次入水冷却的时间应为 3~4min，以保证锻坯表面能冷却到 200℃左右。

对于 P20 钢的大中型锻坯应先在水中冷却 3~4min，使锻坯中心冷却到 350~400℃，然后再放入油中冷却。对于小型锻坯可直接进行油淬火。在油中的终冷温度，锻坯中心应达到 200℃以下，工艺曲线如图 9-13 所示。

9.8.2 高铬轴承钢的等温贝氏体淬火

高铬轴承钢通常采用奥氏体化后，油冷，以获得马氏体+未溶碳化物的整合组织，具有较高的硬度和耐磨性。近年来对 GCr18Mo、GCr15 钢广泛采用贝氏体淬火法，在 230℃等温一定时间获得下贝氏体+未溶碳化物的整合组织如图 9-14 所示。采用这种工艺的优点是：（1）综合力学性能高于淬火-回火马氏体组织；（2）断裂韧性较高，裂纹扩展速率低；（3）淬火变形小，尺寸稳定性高。

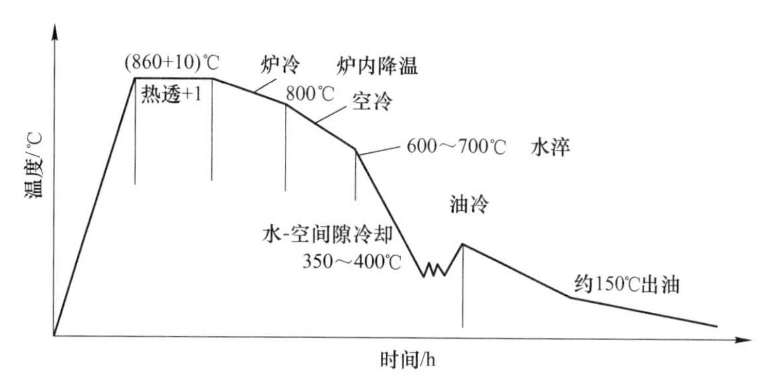

图 9-13 大型锻坯的间隙淬火法

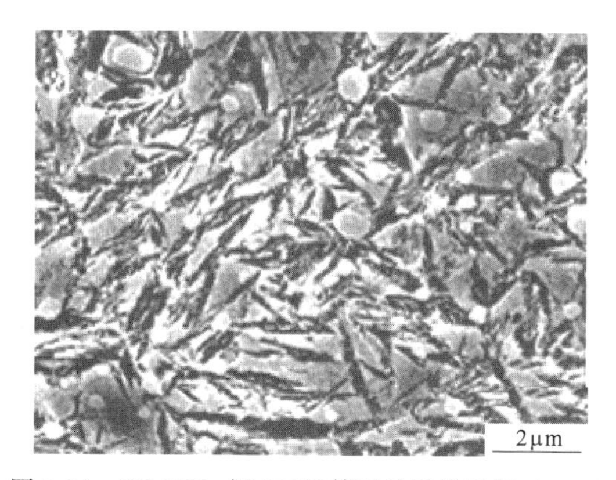

图 9-14 GCr18Mo 钢 230℃等温贝氏体组织（SEM）

9.8.3 钢轨全长“淬火”

钢轨全长淬火是提高其强韧性、耐磨性的重要途径。U74、BNbRE 钢轨经喷雾或喷风，以 2~5℃/s 速度冷却，得到片状珠光体组织。在淬火生产线上，钢轨以 0.8m/min 的速度匀速移动，钢轨轨头被加热到 900~1050℃，先喷风后喷雾连续冷却。钢轨淬火硬化层深度为至踏面中心 17mm。硬度（HRC）为 35~40。所得珠光体的片间距为 100~140μm 之间，这种片间距的珠光体应当称为**索氏体**。

9.8.4 高温淬火

对于低碳钢、中碳钢提高淬火加热温度，可增加板条状马氏体量，或获得完全的板条状马氏体组织，从而获得良好的性能。一般来说，小于 0.3%C 的低碳钢，淬火可得板条状马氏体组织。但中碳钢淬火后得到板条状马氏体+片状马氏体的整合组织，或者得到介于两者之间的条片状马氏体组织。高温淬火可避免片状马氏体形成。而且在马氏体板条间夹着一层厚度为 100~200nm 残留奥氏体，它对裂纹尖端应力集中起缓冲作用，有利于提高韧性。例如 40CrNiMoA 钢采用 870℃ 加热后油淬，200℃ 回火后，屈服强度 1621MPa，K_{IC} 67.6MN/m；当采用 1200℃ 加热，预冷到 870℃ 油淬，200℃ 回火，屈服强度 1586MPa，K_{IC} 81.8MN/m。

9.8.5　亚温淬火

亚共析合金结构钢加热到$A_{c1}\sim A_{c3}$温度，得到奥氏体和铁素体，淬火后得到马氏体+少量铁素体的整合组织，对于改善韧性，减少回火脆性有一定作用，将这种淬火操作称为亚温淬火。

亚温淬火之所以可提高韧性，减少回火脆性，可能由于在$A_{c1}\sim A_{c3}$两相区加热时，存在少量铁素体组织，而P、Sb、Sn等杂质元素均为铁素体形成元素，它们富集于铁素体中，淬火后得到M+F组织，在回火时，减少了这些杂质元素向原奥氏体晶界富集，因而降低了回火脆性。

除了上述新工艺外，还有高碳钢低温、短时加热淬火法、循环快速加热淬火法、流态化床淬火法等。随着固态相变理论的不断更新，现代化热处理设备的应用，对于工件性能的新要求，淬火方法将不断改进和创新。

9.9　淬火钢的回火

回火是将淬火钢在A_1以下温度加热，使其转变为稳定的组织，并以适当方式冷却到室温的热处理工艺。回火的主要目的是韧化，减少或消除淬火残余内应力，通过相应的组织转变，获得适当的硬度、强度、塑性和韧性的良好配合，以达到工件设计性能，满足使用要求。

9.9.1　回火温度

按照回火温度分为低温回火、中温回火和高温回火。

9.9.1.1　低温回火

低温回火温度为150~250℃，得到以回火马氏体为主的组织。从金相形貌上看，低温回火时，组织仍然保持着淬火马氏体的原有形貌，即仍为板条状、条片状、透镜片状等形貌特征，仅条片内发生微细结构的变化，如G.P区（Dc、Hc）的形成，η（或ε）碳化物的析出。这种整合组织称为回火马氏体。T8碳素钢淬火马氏体于200℃回火，得到的回火马氏体的组织如图9-15所示。

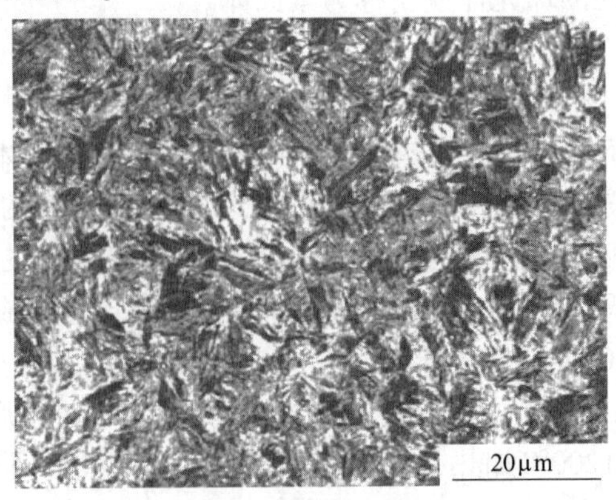

图9-15　共析钢回火马氏体组织（OM）

回火马氏体既保持了钢的高硬度、高强度和良好耐磨性，又适当提高了韧性。因此，低温回火特别适用于刀具、量具、滚动轴承、渗碳件及高频表面淬火工件。低温回火钢大部分是高碳钢和高碳合金钢，经淬火并低温回火后得到隐晶回火马氏体组织，其基体上分布着均匀细小的粒状碳化物，具有很高的硬度和耐磨性，同时显著降低了钢的淬火应力和脆性。高碳工具钢、模具钢通常在180~200℃回火，某些要求尺寸稳定性高的量具等工件进行200~225℃、8~10h 回火。

9.9.1.2 中温回火

中温回火温度为350~500℃，得到组织为回火托氏体组织（回火屈氏体）。**中温回火得到的尚保留着马氏体形貌特征的铁素体和片状（或细小颗粒）渗碳体的整合组织，称为回火托氏体。以往文献中称其为回火屈氏体。如果贝氏体回火时也得到这些相和具有同样的形貌特征，也称为回火托氏体**。图9-16所示为碳素钢马氏体于400℃回火时得到的托氏体组织。0.6%~0.9%C 碳素弹簧钢和0.45%~0.75%C 的合金弹簧钢均在此温度范围内回火。中温回火后钢具有高的弹性极限，较高的强度和硬度，良好的塑性和韧性。故中温回火主要用于各种弹簧零件及热锻模具。

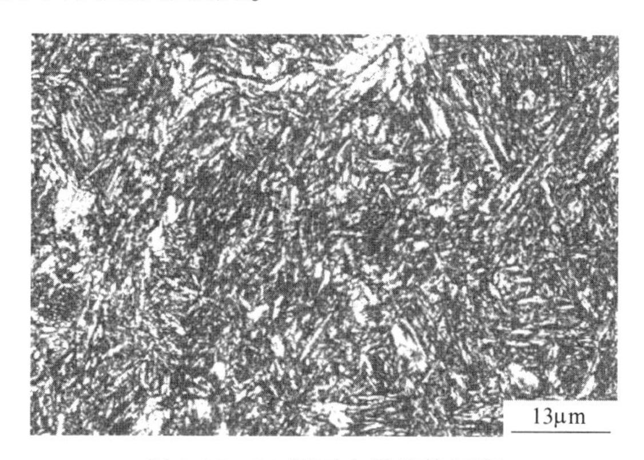

图9-16 T8钢回火托氏体组织

9.9.1.3 高温回火

高温回火温度为500~650℃，得到回火索氏体组织。**淬火钢经高温回火得到等轴状铁素体+较大颗粒状（或球状）的碳化物的整合组织，称为回火索氏体。回火索氏体中的铁素体已经完成再结晶，失去了马氏体和贝氏体的条片状特征**。合金马氏体在高温回火时，铁素体往往难以再结晶，仍然保持条片状形貌，其上分布着粒状碳化物，这种组织在现场也经常被称为回火索氏体。图9-17所示为碳素钢的淬火马氏体于600℃回火，得到的回火索氏体组织。

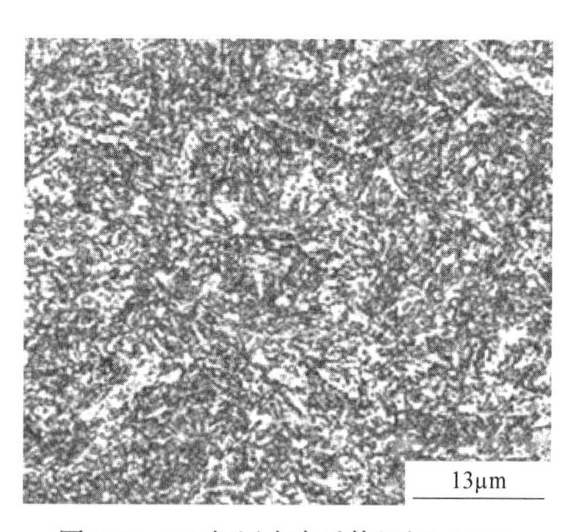

图9-17 T8钢回火索氏体组织（OM）

淬火+高温回火也称为调质处理。经调质处理后，钢具有优良的综合力学性能。高温回火主要适用于中碳结构钢或低合金结构钢，用来制作曲轴、连杆、连杆螺栓、汽车半轴、机床主轴及齿轮等重要的机器零件。这些机器零件在使用中要求较高的强度并能承受冲击和交变负荷的作用。

9.9.2 回火时间及内应力的变化

淬火钢的回火时间除了应当满足工件的热透时间和组织转变所需的时间外，还要考虑消除或降低内应力的时间。

回火过程中，随着回火温度的升高，原子活动能力增加，位错的运动而使位错密度不断降低；孪晶不断减少直至消失；进行回复、再结晶等过程，这些均使得内应力不断降低直至消除。

9.9.2.1 第一类内应力的消失

图 9-18 为淬火内应力与回火温度的关系。可见，淬火态内应力较大，经过 200℃、500℃ 回火 1h，随着马氏体分解和 α 相的回复，内应力显著降低。图 9-19 表示了回火温度和时间对 0.3%C 钢淬火第一类内应力的影响。可见，回火温度越高，内应力消除率越高。到 550℃ 回火一定时间，第一类内应力可以基本上消除。

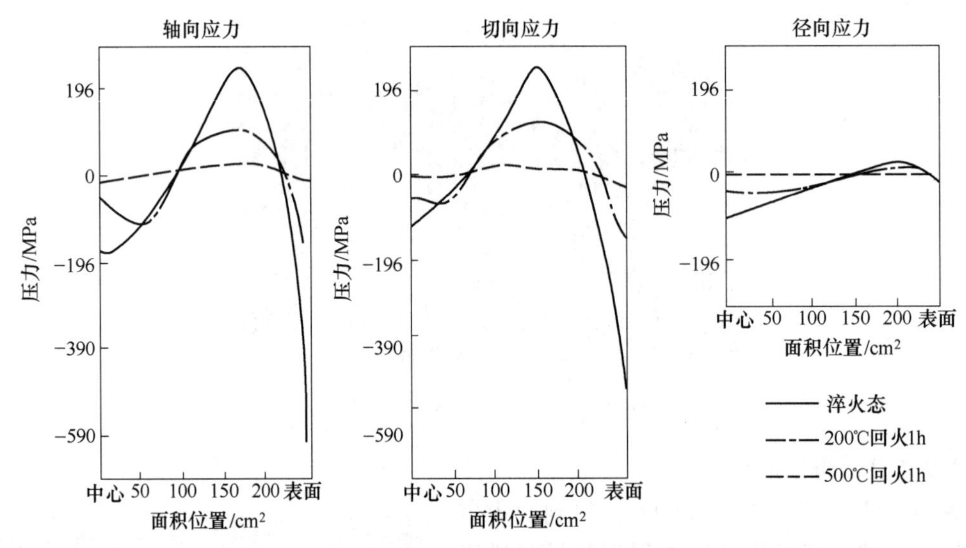

图 9-18　0.7%C 钢圆柱体（ϕ18mm）从 900℃淬火时热处理应力及与回火温度的关系

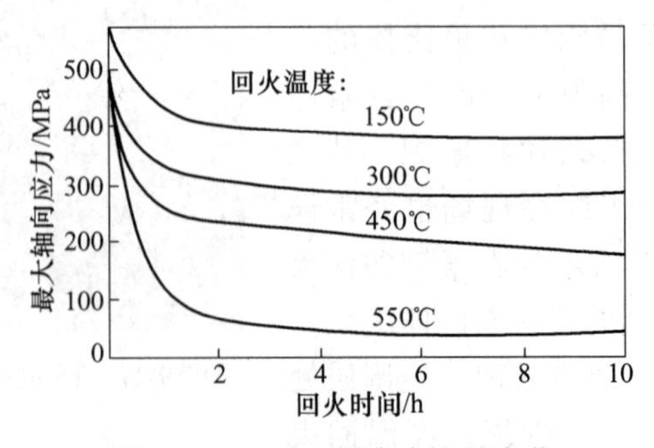

图 9-19　0.3%C 钢内应力的变化

9.9.2.2 第二类内应力的消失

在晶粒或亚晶范围内处于平衡的内应力能够引起点阵常数的改变，因此可以用点阵常数的变化 $\Delta a/a$ 表示，也称第二类畸变。在高碳马氏体中 $\Delta a/a$ 可高达 8×10^{-3}，折合应力约为 150MPa。随着回火温度的升高和时间的延长，淬火第二类内应力，第二类畸变将不断地下降，500℃回火时，第二类内应力基本消除。

回火时间延长也影响第二类内应力，如图 9-20 所示。可见，回火 2h 内，畸变降低幅度较大，此后变化平缓。在 400~500℃，$\Delta a/a$ 的变化随着回火时间的变化基本上是水平的，即第二类内应力难以彻底消除。

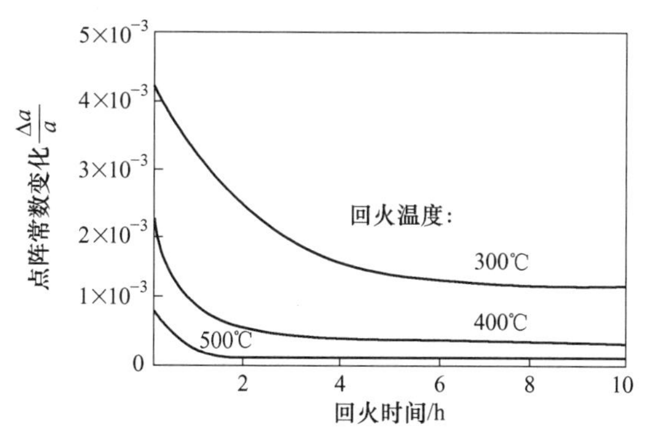

图 9-20 回火时间对 $\Delta a/a$ 的影响

9.9.2.3 第三类内应力的消失

第三类内应力是存在于一个原子集团范围内的内应力，它主要是由于碳原子间隙溶入马氏体晶格而引起的畸变应力。因此，随着马氏体的分解，碳原子不断从 α 相中析出，则第三类内应力不断下降。对于碳素钢而言，马氏体在 300℃左右分解完毕，那么，第三类内应力应当在此温度消失。对于各类合金钢的淬火马氏体，由于抗回火性强，消除内应力的温度较高，消除过程较慢。

综上所述，回火温度比淬火温度低，工件热透较慢；淬火钢组织转变较慢，如需要碳化物析出、聚集长大等；减少或消除内应力需要较长时间。因此回火保温时间不能低于 2h。推荐回火保温时间可参考表 9-5。

表 9-5 回火保温参考时间

<table>
<tr><td colspan="8">低温回火（150~250℃）</td></tr>
<tr><td colspan="2">有效厚度/mm</td><td>≤50</td><td>51~75</td><td>76~100</td><td>101~125</td><td>126~150</td><td>≥151</td></tr>
<tr><td colspan="2">保温时间/min</td><td>120</td><td>120~180</td><td>180~240</td><td>240~270</td><td>270~300</td><td>300~360</td></tr>
<tr><td colspan="8">中、高温回火（350℃ ~A_1稍下）</td></tr>
<tr><td colspan="2">有效厚度/mm</td><td>≤50</td><td>51~75</td><td>76~100</td><td>101~125</td><td>126~150</td><td>≥151</td></tr>
<tr><td rowspan="2">保温时间/min</td><td>盐炉</td><td>60</td><td>60~90</td><td>90~120</td><td>120~140</td><td>140~160</td><td>160~180</td></tr>
<tr><td>空气炉</td><td>90~120</td><td>100~120</td><td>150~180</td><td>180~240</td><td>240~270</td><td>260~300</td></tr>
</table>

9.9.3　稳定化处理

从图9-18和9-19可见，淬火钢回火后，内应力并没有彻底消除，这部分残余应力在工件使用或存放过程中会引起时效变形。若工具低温回火后，需要磨削，会产生磨削应力。残余内应力及磨削应力合并，可能导致磨削裂纹，或引起时效变形，因此这类工件，尤其是精密工具，需要进行稳定化处理，或称时效处理。

稳定化处理的温度低于原回火温度20~30℃，对于高精密零件需要保温15~24h，有些工件在磨削过程中安排2~3次长时间的稳定化处理。为了提高轴承零件的尺寸稳定性，在磨削加工后进行附加回火，以便稳定组织，消除部分磨削应力。附加回火温度一般比原回火温度低10~30℃，也可以采用原回火温度。保温通常6~24h。某些精度较高的合金钢零件，为使其残留奥氏体稳定化而进行人工时效，时效温度一般低于回火温度20~30℃。高精度机床铸件常常进行两次人工时效，低于200℃装炉，加热速度小于60~100℃/h。保温时间视铸件尺寸和装炉量而定。保温后，以30~50℃/h冷却到200℃以下出炉。

复习思考题

9-1 名词解释：
淬火；回火；等温淬火；回火马氏体；回火托氏体；回火索氏体。

9-2 试比较淬火与正火时组织转变的区别和操作工艺的不同。

9-3 说明淬透性、淬硬性的概念，二者之间的关系。淬透性对工件性能有何影响？

9-4 什么是淬硬层？影响因素是什么？

9-5 淬火介质水、油、有机水溶液的性能特点和优缺点？

9-6 现有直径100mm H13钢制挤压工件，空气炉加热，试制订淬火-回火工艺，说明温度、时间参数选择的依据，绘出工艺曲线。

9-7 40cr钢制螺栓，直径15mm，长度80mm，采用什么淬火技术？制订调质处理工艺。

9-8 试制订W6Mo5Cr4V2钢刀具淬火-回火热处理工艺，冷处理的作用及操作注意事项。

10　表面淬火

表面淬火是强化金属材料表面的重要手段之一。凡是可以通过淬火提高材料强度和硬度的金属材料，都可以通过表面淬火来强化其材料的表面。

10.1　表面淬火的定义、目的和分类

10.1.1　表面淬火的定义

表面淬火是将工件的表面有限深度范围内快速加热到奥氏体化温度，然后迅速冷却，仅使工件表面淬火获得马氏体组织的热处理方法。

10.1.2　表面淬火的目的

表面淬火的目的是在工件表面一定深度范围内获得马氏体组织，而心部仍保持着表面淬火前的组织状态（调质处理或正火状态），从而获得零件要求的表面具有更高的硬度和耐磨性，而心部则要求一定的强度、足够的塑性和韧性，即获得表层硬而心部韧的性能。

10.1.3　表面淬火的分类

根据表面加热的热源不同，钢的表面淬火可以分为以下几类。

（1）感应加热表面淬火：利用电磁感应原理在工件表面产生高密度的涡流快速把工件表面部分快速加热，随后快速冷却，使工件表面得到马氏体组织而实现工件表面淬火的工艺。根据产生电流频率的不同，可以分为：高频表面淬火、中频表面淬火和工频感应加热表面淬火。

（2）激光加热表面淬火：利用高能量激光束扫描工件表面快速加热，随后利用工件基体的热传导实现自冷快速冷却，使工件表面得到马氏体组织而实现工件表面淬火的工艺。激光加热表面淬火是由点到线，由线到面而实现的一种表面淬火。

（3）火焰加热表面淬火：利用温度极高的可燃气体火焰直接将工件表面迅速加热，随后快速冷却，使工件表面部分得到马氏体组织而实现工件表面淬火的工艺。其可燃气体有乙炔、煤气、天然气和丙烷等和氧气的混合气体。

（4）电接触加热表面淬火：利用通以低电压（2~5V）、大电流（80~800A）的电极与工件表面间的接触电阻发生的热量将工件表面迅速加热，随后利用工件基体的热传导实现自冷快速冷却，使工件表面部分得到马氏体组织而实现工件表面淬火的工艺。

（5）电解液加热表面淬火：将浸入电解液的工件接负极，液槽接正极，工件的表面浸入部分当接通电源时被快速加热（5~10s）到淬火温度。断电后在电解液中冷却，也可

取出放入另设的淬火槽中冷却，使工件表面部分得到马氏体组织而实现工件表面淬火的工艺。

其他还有电子束加热表面淬火、等离子束加热表面淬火和红外线聚焦加热表面淬火等。

10.1.4　表面淬火的应用

表面淬火广泛应用于含碳量为 0.4%～0.5%中碳调质钢和球磨铸铁等。因为中碳调质钢经调质或正火处理预备热处理后，进行表面淬火，可以获得心部具有较高综合力学性能，表面具有较高硬度和耐磨性。例如机床主轴、齿轮、柴油机曲轴和凸轮轴等。

高碳钢表面淬火后，尽管表面具有了高硬度和高耐磨性，但心部的塑性及韧性较低，因此高碳钢的表面淬火主要用于承载较小冲击和交变载荷下工作的工具和量具等。低碳钢表面淬火后，表面强化效果不明显，故较少应用。

10.2　钢在快速加热时的转变

表面淬火加热时，表面的组织也要发生向奥氏体的转变，但是由于加热能量密度高，使表面有足够快的速度达到奥氏体化温度。因此，表面淬火加热时，钢处于非平衡加热转变。钢在非平衡加热时有以下特点。

10.2.1　快速加热将改变钢的临界点温度

随着加热速度的增加，相温度提高。图 10-1 为快速加热时，钢的非平衡加热状态图。可以看出，加热速度提高均使 A_{c3}和 A_{ccm}线升高。但当加热速度大到一定程度时，所有亚共析钢的相变温度均相同。

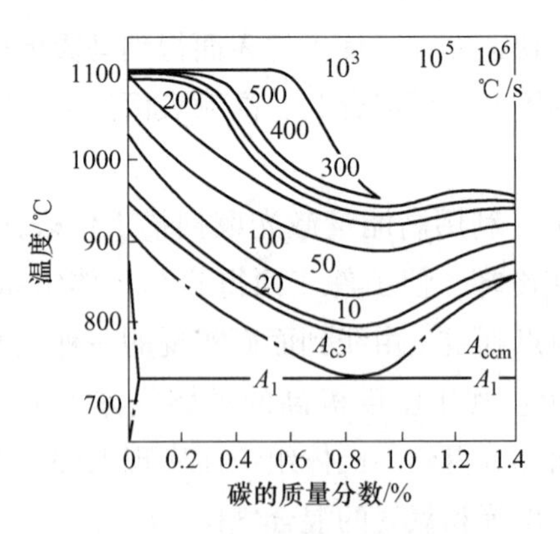

图 10-1　钢的非平衡加热状态图

钢在不同加热速度时的加热曲线如图 10-2 所示，在加热速度较慢的情况下曲线 1 呈现一个曲线平台。这表明供给的热能与相变所需要的热能几乎相等。在快速加热（如感应加热）条件下，珠光体向奥氏体转变是在一个温度（A_{c1}）范围内进行，没有出现一个曲线平台，如图 10-2 中的曲线 2 所示。这表明供给的热能远超过相变所需要的热能。

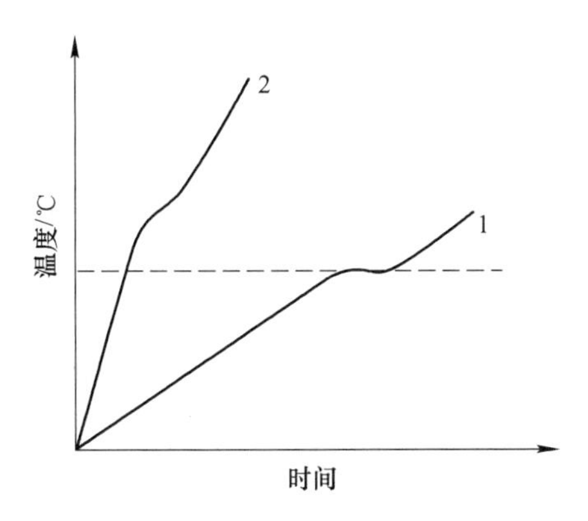

图 10-2　钢在不同加热速度时的加热曲线

在快速加热时，珠光体向奥氏体的转变不是一个恒温过程，而是在一定的温度范围内完成。如图 10-3 所示。加热速度越快，形成奥氏体的温度范围就越宽，且形成奥氏体的时间越短。加热速度对开始向奥氏转变的温度影响不大，但随着加热速度的提高，形成奥氏体的终了温度显著升高。且原始组织越不均匀，形成奥氏体的终了温度越高。

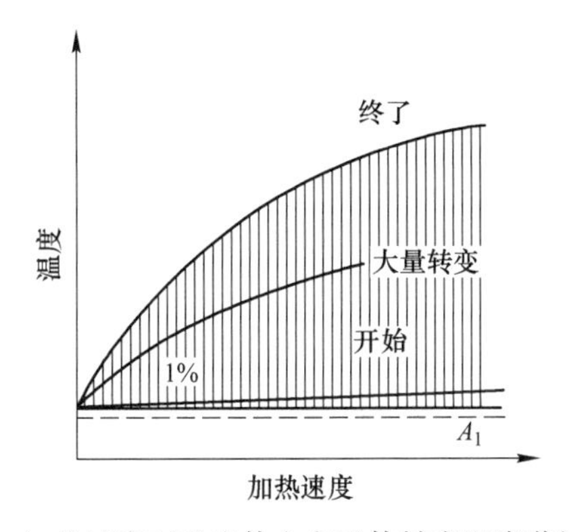

图 10-3　加热速度对珠光体向奥氏体转变温度范围的影响

对 A_{c3} 的影响：在快速加热条件下，铁素体转变为奥氏体（即铁素体向奥氏体中溶解，原子要扩散较长距离）是在不断升温（使原子充分扩散）的过程中进行的，随着温度的升高，铁素体向奥氏体的转变加快。加热速度越快：铁素体向奥氏体的转变温度越高。图 10-4 所示为不同加热速度下亚共析钢铁素体转变为奥氏体的温度曲线，由图可知，随着加热速度的增大，转变温度不断升高。

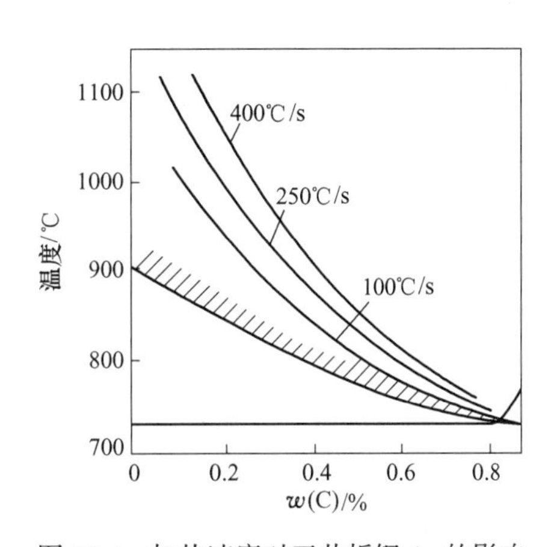

图 10-4　加热速度对亚共析钢 A_{c3} 的影响

对 A_{cm} 的影响：在快速加热条件下，随着加热速度的增大而使 A_{cm} 向更高的温度方向移动。

10. 2. 2　快速加热形成的奥氏体成分不均匀

快速加热条件下形成的奥氏体成分不均匀，且加热速度越快，形成的奥氏体成分越不均匀。此外，由于大部分的合金元素以碳化物的形式存在，且合金元素的扩散系数也小，因此，合金钢在快速加热条件下，合金元素更难实现成分的相对均匀化。

10. 2. 3　快速加热获得细小的奥氏体晶粒

加热速度越快，形成的奥氏体晶粒越细小。这是由于加热速度越快，转变时的过热度越大，奥氏体晶核不仅在碳化物与渗碳体的相界面处形核，而且也可能在铁素体内的亚晶界形核，因此，奥氏体的形核率增大。且在快速加热的条件下，奥氏体晶粒也来不及长大。由图 10-5 可以看出，在保证得到最佳性能的高频加热规范下与缓慢加热相比，在相同加热温度下，高频加热得到较细的奥氏体晶粒，亚共析钢、共析钢、过共析钢都是这样。

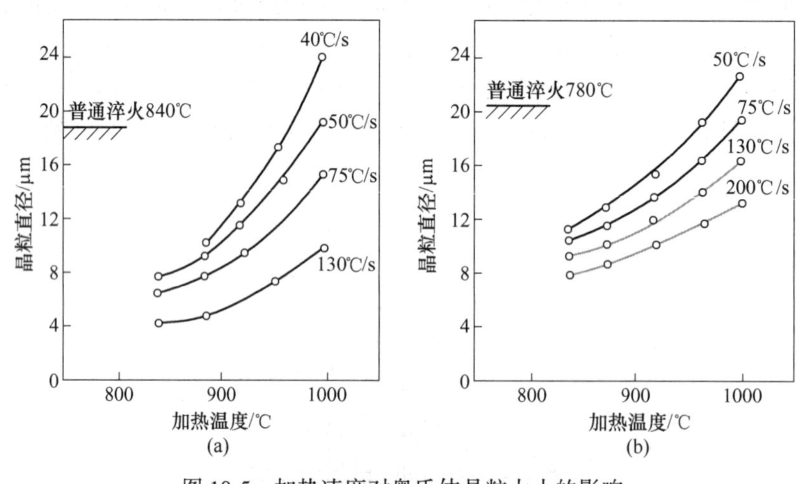

图 10-5　加热速度对奥氏体晶粒大小的影响

（a）40 钢；（b）T10

10. 3　表面淬火后的组织和性能

10. 3. 1　表面淬火的金相组织

经表面淬火后钢件的金相组织与钢种、表面淬火前的原始组织及淬火加热时沿截面温度的分布有关。可以分为淬硬层、过渡层和心部组织三部分。

例如退火状态的共析钢经表面淬火后的组织为：表面为马氏体区（M）（少量残余奥氏体），过渡区为马氏体加珠光体（M+P），心部为珠光体（P）区。所以出现马氏体加珠光体区，是因快速加热时奥氏体是在一个温度区间形成的，在温度低于奥氏体形成终了的温度区，感应淬火不发生组织变化，故为淬火前原始珠光体组织。

如 45 钢经表面淬火后的组织：（1）若表面淬火前为正火，从表面到心部的金相组织为：马氏体区（M）、马氏体加铁素体（M+F）、马氏体加铁素体加珠光体区、珠光体加铁素体区。（2）若表面淬火前调质处理，在截面上相当于 A_{c1} 与 A_{c3} 温度区的淬火组织中，未溶铁素体也分布得比较均匀。在淬火加热温度低于 A_{c1}，至相当于调质回火温度区，如图 10-6 中 C 区，由于其温度高于原调质回火温度而又低于临界点，因此将发生进一步回火现象。表面淬火将导致这一区域硬度下降（图 10-6），其区域大小取决于表面淬火加热时沿截面的温度梯度。加热速度越快，沿截面的温度梯度越陡，该区域越小。

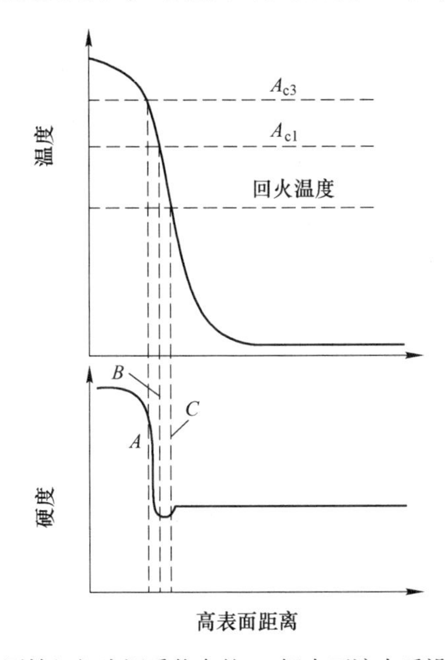

图 10-6　原始组织为调质状态的 45 钢表面淬火后沿截面硬度

表面淬火淬硬层深度一般计至半马氏体（50%M）区，宏观的测定方法是沿截面制取金相试样，用硝酸酒精腐蚀，根据淬硬区与未淬硬区的颜色差别来确定（淬硬区颜色浅）；也可测定截面硬度来决定。

10.3.2　表面淬火后的性能

10.3.2.1　表面硬度

表面淬火后钢件表面硬度比普通加热淬火高，如图 10-7 所示。例如激光加热淬火的

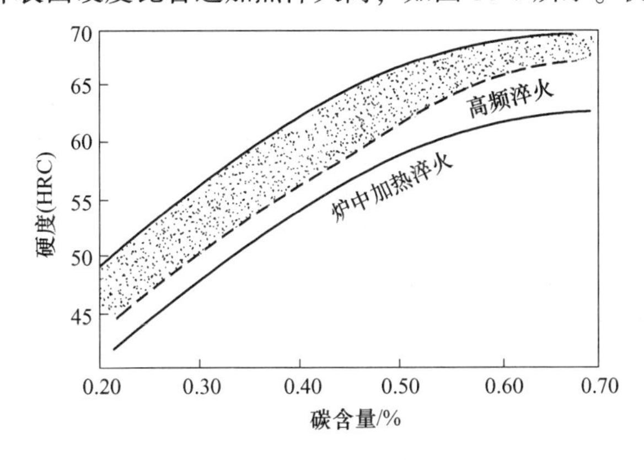

图 10-7　碳含量对高频淬火的硬度的影响

45钢硬度比普通淬火的可高4个洛氏硬度单位；高频加热喷射淬火的，其表面硬度比普通加热淬火的硬度也高2~3个洛氏硬度单位。由于加热速度快，奥氏体晶粒细小，亚结构细化，并且存在残余压应力。况且工件仅表层快速加热后快速冷却，要比整体淬火的冷却速度快得多，淬火后表层的残余高压力有利于提高表面硬度。

10.3.2.2　耐磨性

快速加热表面淬火后工件的耐磨性比普通淬火的高。快速表面淬火的耐磨性优于普通淬火。这也与其奥氏体晶粒细化、得到马氏体组织极为细小，碳化物弥散度较高，以及表面压应力状态等因素有关。这些都将提高工件抗咬合磨损及抗疲劳磨损的能力。

10.3.2.3　疲劳强度

表面淬火可以显著地提高零件的抗疲劳性能。例如40Gr钢，调质加表面淬火（淬硬层深度0.9mm）的疲劳极限为324N/mm²，而调质处理的仅为235N/mm²。表面淬火还可显著地降低疲劳试验时的缺口敏感性。表面淬火提高疲劳强度的原因，除了由于表层本身的强度增高外，主要是因为在表层形成很大的残余压应力。残余压应力越大，抗疲劳性越高。

10.4　感应加热表面淬火

10.4.1　感应加热原理

利用电磁感应原理，在工件表面层产生密度很高的感应电流，迅速加热至奥氏体状态，随后快速冷却得到马氏体组织的淬火方法，如图10-8所示。当感应圈中通过一定频率的交流电时，在其内外将产生与电流变化频率相同的交变磁场。金属工件放入感应圈内，在磁场作用下，工件内就会产生与感应圈频率相同而方向相反的感应电流。由于感应电流沿工件表面形成封闭回路，通常称为涡流。此涡流将电能变成热能，将工件的表面迅速加热。涡流主要集中分布于工件表面，工件内部几乎没有电流通过。这种现象称为表面效应或集肤效应。感应加热就是利用集肤效应，依靠电流热效应把工件表面迅速加热到淬火温度的。感应圈用紫铜管制做，内通冷却水。当工件表面在感应圈内加热到一定温度时，立即喷水冷却，使表面层获得马氏体组织。

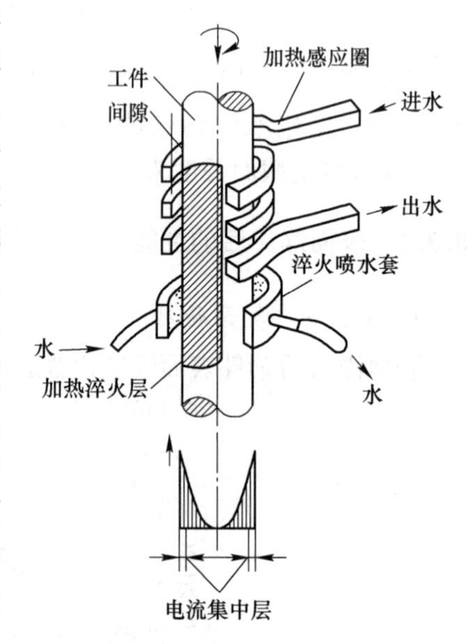

图10-8　感应加热表面淬火示意图

感应电动势的瞬时值为：

$$e = -\frac{\mathrm{d}\Phi}{\mathrm{d}t}$$

式中，e 为瞬时电势，V；$\mathrm{d}\Phi/\mathrm{d}t$ 为磁通变化率，其绝对值等于感应电势。式中的负号表示感应电势的方向与 $\mathrm{d}\Phi/\mathrm{d}t$ 的变化方向相反。

零件中感应出来的涡流的方向，在每一瞬时和感应器中的电流方向相反，涡流强度决定于感应电势及零件内涡流回路的电抗，可表示为：

$$I = \frac{e}{Z}$$

$$Z = \sqrt{R^2 + X^2}$$

式中，I 为涡流电流强度，A；Z 为自感电抗，Ω；R 为零件电阻，Ω；X 为阻抗，Ω。由于 Z 值很小，所以 I 值很大。

零件加热的热量为：

$$Q = 0.24I^2Rt$$

式中，Q 为热能，J；t 为加热时间，s。

对铁磁材料（如钢铁），涡流加热产生的热效应可使零件温度迅速提高。

10.4.2 感应加热中产生的感应电流的特征

当金属零件通过交流电时，沿金属零件截面的电流分布是不均匀的，最大电流密度出现在金属零件的最表面，如图 10-9 所示。这种交变电流的频率越高，电流向表面集中的现象就越严重。这种电流通过导体时，沿导体表面电流密度最大，越到中心电流密度越小的现象称为高频电流的集肤效应，又称表面效应。

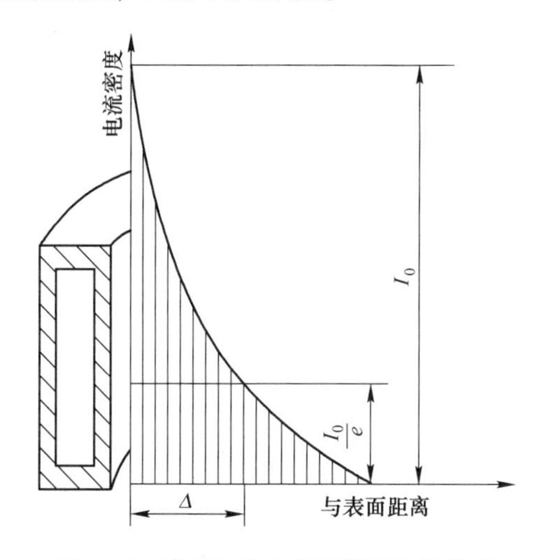

图 10-9 感应电流在金属截面上的分布

因此，零件感应加热时，其感应电流在零件中的分布从表面向中心指数衰减（图 10-9），可表示为：

$$I_x = I_0 e^{-x/\Delta}$$

式中，I_0为零件表面最大的电流（涡流）强度，A；I_x为距零件表面某一距离 x 的电流（涡流）强度，A；x 为到零件表面的距离，cm；Δ 为电流透入深度，cm，它是与材料物理性质有关的系数。

由上式可知：$x=0$ 时，$I_x=I_0$；当 $x>0$ 时，$I_x<I_0$；$x=\Delta$ 时，$I_x=I_0/e=0.368I_0$，工程上规定，当电流（涡流）强度从表面向内部降低到表面最大电流（涡流）强度的 0.368

（即 l_0/e）时，则该处到表面的距离就称为电流透入深度。电流透入深度用 δ（单位：mm）表示，可以求出：

$$\delta = 50300\sqrt{\frac{\rho}{\mu f}}$$

可见，电流透入深度随着工件材料的电阻率 ρ 的增加而增加，随工件材料的磁导率 μ 及电流频率 f 的增加而减小。随温度提高，电阻率和磁导率会发生变化，如图 10-10 所示。可见当工件加热温度超过钢的磁性转变点 A_2 时，电流透入深度将急剧增加。此外，感应电流频率越高，电流透入深度越小，工件加热层越薄。因此，感应加热透入工件表层的深度主要取决于电流频率。

当电流频率为 f(Hz) 时，把室温下和 800℃ 时的 ρ 和 μ 带入公式，计算电流透入深度 δ（单位：mm）：

20℃，冷态：　$\delta_{20} = \dfrac{20}{\sqrt{f}}$

800℃，热态　$\delta_{800} = \dfrac{500}{\sqrt{f}}$

20℃时的电流透入深度 δ_{20} 称为“冷态电流透入深度”，而把 800℃的电流透入深度 δ_{800} 称为“热态电流透入深度”。

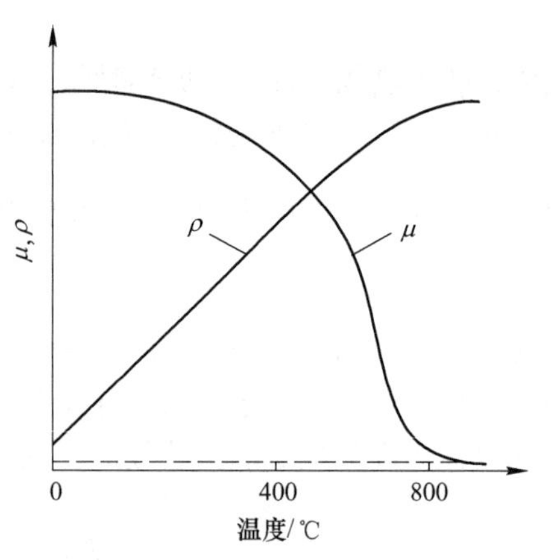

图 10-10　钢的磁导率、电阻率与加热温度的关系

这样规定是由于分布在金属零件表面的电流（涡流），只在零件表面深度为 δ 的薄层中通过，但它并不能全部用于将零件表面加热，而是有一部分热量被传到零件内部或心部损耗了，此外，还有一部分热量向零件周围空间热辐射而损失。由于涡流所产生的热量与电流（涡流）强度的平方成正比，因此，由表面向内部的热量降低速率比涡流降低速率快得多。

10.4.3　感应加热的物理过程

感应加热开始时，工件处于室温，电流透入深度仅在此薄层内进行加热。随着时间的延长，表面温度升高，薄层有一定深度，且温度超过磁性转变点 A_2 温度时，此薄层变为顺磁体，交变电流产生的磁力线移向与之毗连的内侧铁磁体处，涡流移向内侧铁磁体处，由于表面电流密度下降，而在紧靠顺磁体层的铁磁体处，电流密度剧增，此处迅速被加热。此时工件截面内最大密度的涡流由表面向心部逐渐推移，同时自表面向心部依次加热。这种加热方式称为透入式加热。当变成顺磁体的高温层的厚度超过热态电流进入的深度后，涡流不再向内部推移，而按着热态特性分布，继续加热时，电能只在热态电流透入层范围内变成热量，此层的温度继续升高，如图 10-11 所示。与此同时，由于热传导的作用，热量向工件内部传递，加热层厚度增厚，这时工件内部的加热和普通加热相同，称为传导式加热。

透入式加热较传导式加热有如下特点：

（1）表面的温度超过 A_2 点以后，表层的加热速度变慢，因而表面不易产生过热，而传导式加热，表面持续加热，容易过热；

(2) 加热迅速，热损失小，热效率较大；

(3) 热量分布较陡，淬火后过渡层较窄，使表面压应力提高，有助于提高工件表面的疲劳强度。

10.4.4　感应加热表面淬火工艺

10.4.4.1　预备热处理

表面淬火前的预备热处理不仅是为淬火作组织准备，更是为整个截面尤其是心部具备优良的力学性能。表面淬火前的预备热处理一般是调质或正火，对于性能要求较高的工件采用调质处理，要求低的工件采用正火处理。预备热处理一定要严格控制表面脱碳，以免降低表面淬火硬度。

10.4.4.2　设备频率的选择

根据工件尺寸及硬化层厚度要求，合理选择设备，频率的选择主要根据硬化层的厚度要求来选择。一般采用透入式加热，频率应符合：

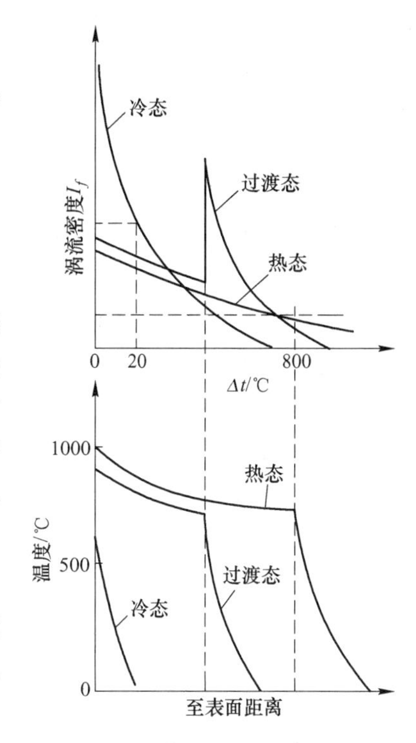

图 10-11　高频加热时零件截面电流密度与温度变化

$$f < \frac{2500}{\delta_x^2}$$

式中，δ_x为要求的硬化层深度，cm。

频率的选择也不宜太低，否则需要相当大的比功率才能获得硬化层深度，且无功损耗太大。当感应器单位损耗大于0.4kW/cm^{2}时，在一般冷却条件下会烧坏感应器，因此，硬化层深度不小于热态电流透入深度的四分之一，即所选频率下限应满足：

$$f > \frac{150}{\delta_x^2}$$

当硬化层深度为热态电流透入深度的40%~50%时，总效率最高，符合此条件的最佳频率为：

$$f_{最佳} > \frac{600}{\delta_x^2}$$

根据频率不同，感应加热表面淬火分为3类：

(1) 高频感应加热表面淬火：频率为80~1000kHz，可获得的表面硬化层深度为0.5~2mm。用于中小模数齿轮和小轴的表面淬火。

(2) 中频感应加热表面淬火：频率为2500~8000Hz，可获得3~6mm深的硬化层，用于要求淬硬层较深的零件，如发动机曲轴、凸轮轴、大模数齿轮、较大尺寸的轴的表面淬火。

(3) 工频感应加热表面淬火：频率为50Hz，可获得10~15mm以上的硬化层。适用于大直径钢材的穿透加热及要求淬硬层深的大工件的表面淬火。

10.4.4.3　比功率的选择

比功率（$\Delta\rho$）是指工件单位面积上吸收的电功率，单位：kW/cm^2。当工件的尺寸一定时，比功率越大，加热速度越快，工件表面能够达到的温度也越高。当比功率一定时，频率越低，电流透入深度越深，加热速度越慢。工件上获得的比功率很难测得，故常用设备比功率来表示，设备比功率为设备输出功率与零件同时被加热的面积之比，即：

$$\Delta P_{设} = P_{设}/A$$

式中，$P_{设}$为设备输出功率，kW；A为同时被加热工件的面积，cm^2。

工件比功率与设备比功率的关系是：

$$\Delta P_{工} = \Delta P_{设}\eta/A = \Delta P_{设}\eta$$

式中，η为设备总效率，机械式中频机η为0.64，电子管式高频机η为0.4~0.5。

在实际生产中，比功率还要结合工件尺寸大小、加热方式及淬火后的组织、硬度及硬化层分布等作最后调整。

10.4.4.4 淬火加热温度和加热方式

一般高频加热淬火温度要比普通加热淬火温度高30~200℃。加热速度越快，加热温度越高。淬火前的原始组织不同，也可适当地调整淬火加热温度。调质处理的组织比正火的均匀，可采用较低的温度。

常用感应加热有两种方式：一种为同时加热法，即通电后工件需硬化的表面同时一次加热，通过控制一次加热时间来控制加热温度；另一种为连续加热法，即对工件需硬化的表面中的一部分同时加热，通过感应器与工件之间的相对运动使工件表面逐次加热。在连续加热条件下，通过控制工件与感应圈相对位移速度来实现加热温度。

10.4.4.5 冷却方式和冷却介质的选择

最常用的冷却方式是喷射冷却法、漫液冷却法和埋油淬火法。

10.4.4.6 回火工艺

感应加热淬火后一般只进行低温回火。其主要目的是为了降低残余应力和降低脆性，但尽量保持高硬度和高的表面残余压应力。回火方式有炉中回火、自回火和感应加热回火。

(1) 炉中回火是将工件放到加热炉内回火。温度较低，一般为150~180℃，时间为1~2h。

(2) 自回火是利用缩短喷射冷却时间，使硬化层内层的残余热量传到硬化层进行回火。由于自回火时间短，在达到同样硬度条件下回火温度比炉中回火温度要高。自回火不仅简化了工艺，而且对防止淬火裂纹也很有效。自回火的主要缺点是工艺不易掌握。

(3) 感应加热回火，为了降低过渡层的拉应力，加热层的深度应比硬化层深一些，故常用中频或工频加热回火。感应加热回火比炉中回火加热时间短，显微组织中碳化物弥散度大，因此耐磨性高，冲击韧性较好，而且容易在流水线上生产。感应加热回火要求加热速度小于15℃/s。

10.4.5 感应器设计简介

感应器是将高频电流转化为高频磁场对工件实行感应加热的能量转换器。感应器中的电流密度很大，故所用材料的电阻率必须尽可能的低。一般感应器材料采用电解铜，通常是用紫铜管制成。在要求极高的情况下，例如脉冲淬火，感应器由银制成。有的感应器用紫铜制成，但外表面镀银。

感应器主要由感应圈、汇流条、冷却装置、定位紧固部分组成，如图 10-12 所示。

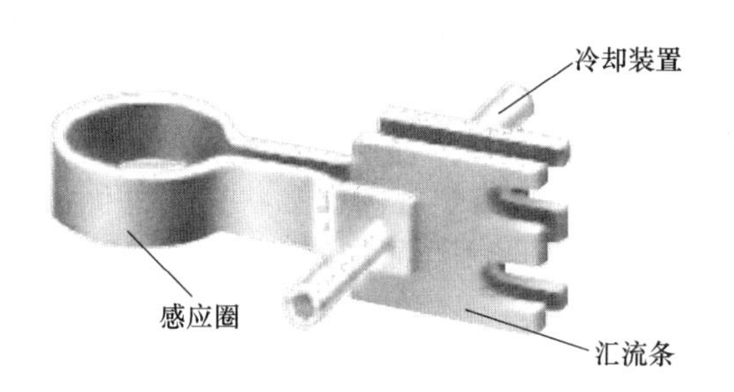

图 10-12　感应器示意图

10.4.5.1　感应线圈形状与结构的设计

感应线圈的几何形状主要根据工件加热部位的几何形状、尺寸及选择的加热方式来设计。设计感应线圈时必须要考虑感应加热时的几种效应，常见的形状如图 10-13 所示。

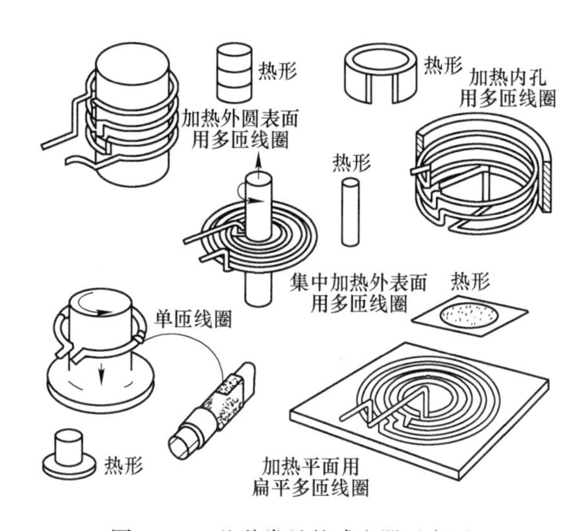

图 10-13　几种常见的感应器示意图

A　邻近效应

两个相邻载有高频电流的金属导体相互靠近时，由于磁场的相互影响，磁力线将发生重新分布，导致电流的重新分布，如图 10-14 所示。两个载流导体的电流方向相同时，电流从两导体的外侧流过，即导体相邻表面的电流密度最小；反之，如果两个载流导体的电流方向相反时，电流从两导体内侧流过，即导体相邻表面的电流密度最大，这种现象称为高频电流的邻近效应。频率越高，两导体靠得越近，邻近效应就越显著。

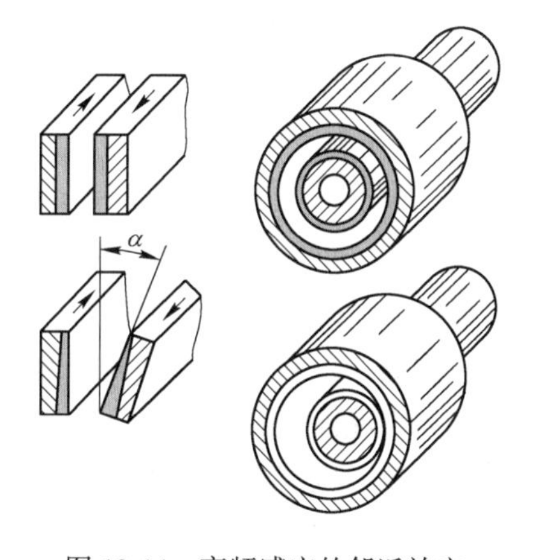

图 10-14　高频感应的邻近效应

B 环状效应（也称圆环效应或环流效应）

高频电流通过圆柱形状、圆环状或螺旋圆柱管状件时，最大的电流密度分布集中在圆柱状（圆环状或螺旋圆柱管状）零件的内侧，即圆环内侧的电流密度最大，这种现象称为环状效应，如图10-15所示。当电流频率高时，电流只在圆柱状（圆环状或螺旋圆柱管状）内侧表面流动，圆柱状（圆环状或螺旋圆柱管状）的外侧没有电流流过。图10-16所示为加热内孔时高频电流和涡流的相对位置图解。

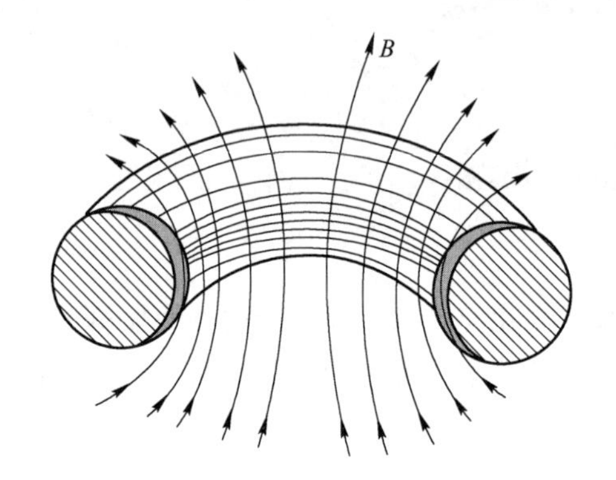

图10-15 高频电流的环状效应

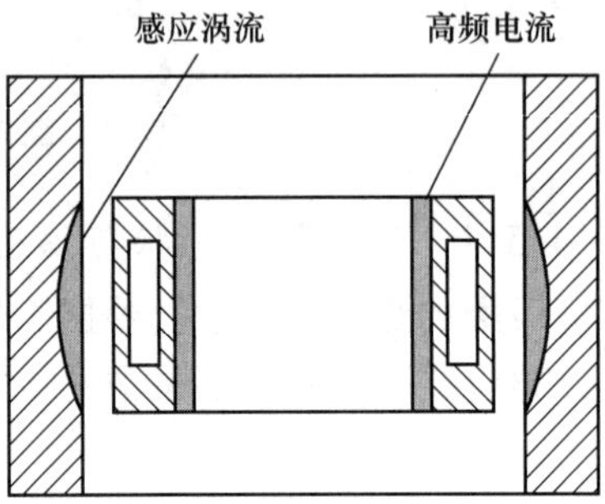

感应涡流
高频电流

图10-16 加热内孔时高频电流和涡流的相对位置

环状效应的大小，与电流频率和圆环状的曲率半径有关。频率越高，曲率半径越小，环状效应越显著。

C 尖角效应

将尖角（棱角）或形状不规则的零件放在环形感应器中，如果零件的高度小于感应器高度，感应加热时，在零件拐角处的尖角部位或棱角部分由于涡流强度大，加热激烈，在极短时间内升高温度，并造成过热，这种现象称为尖角效应。由于尖角效应的存在，为设计和制造感应器提供依据，即对有尖角或形状不规则的零件，必须考虑在感应器与曲率半径应适当加大感应器和零件的间隙，如图10-17所示。

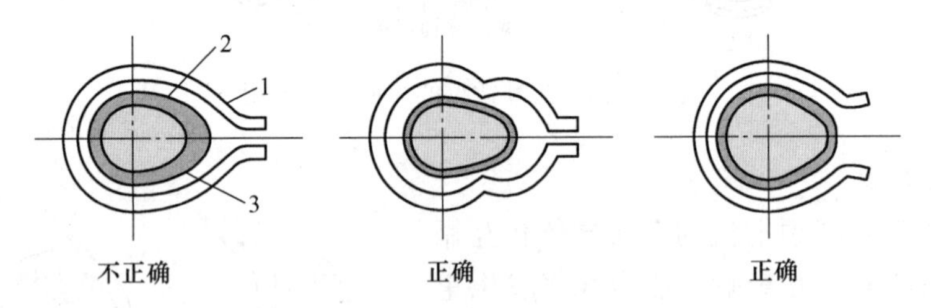

图10-17 尖角效应对淬硬层深度的影响

1—感应器；2—凸轮；3—淬硬层

感应圈的匝数，一般采用单匝，当工件直径较小时可采用双匝或多匝。感应线圈匝数增加，一方面，有利于提高效率；另一方面，增加了感抗，增加了损耗。采用多少匝有利，视具体情况而定。

采用多匝感应器时，为了加热均匀，匝间距离应在保证不接触前提下尽量缩小。对平面感应器，由于相邻两导体的电流相反，为了避免其产生的涡流相互抵消，两导体之间距离应大于感应器与工件之间间隙4倍，通常为6~12mm。

10.4.5.2　感应圈尺寸的确定

感应圈截面一般为矩形，以使加热均匀，高度 H 与宽度 B 之比越大，环状效应越明显，因此一般为长方形截面。为了保证硬化层的均匀分布，对于长轴件进行局部一次性加热时，感应圈高度为：$H=L+(8\sim10\text{mm})$，式中 L 为淬硬区长度（mm）。对于短轴零件进行局部一次性加热时，感应圈高度为：$H=L-2a$，式中 a 为感应圈与工件间间隙。如果轴形零件的淬硬区较长，可采用多圈感应器或移动连续加热。

为了减小磁力线在大气中逸散损失，尽量减小感应圈与工件之间的间隙，一般工件直径小于 30mm 时，间隙在 1~2.5mm；直径大于 30mm，间隙 2.5~5.0mm。

10.4.5.3　感应圈的驱流及屏蔽

为了提高感应线圈的效率，减少磁力线的逸散，在内孔、平面加热时广泛采用导磁体。如图 10-18 所示为内孔加热时感应圈卡上导磁体后增大了内侧的电感，所以改变了电流分布，使高频电流沿着电感较小的缺口部位通过。

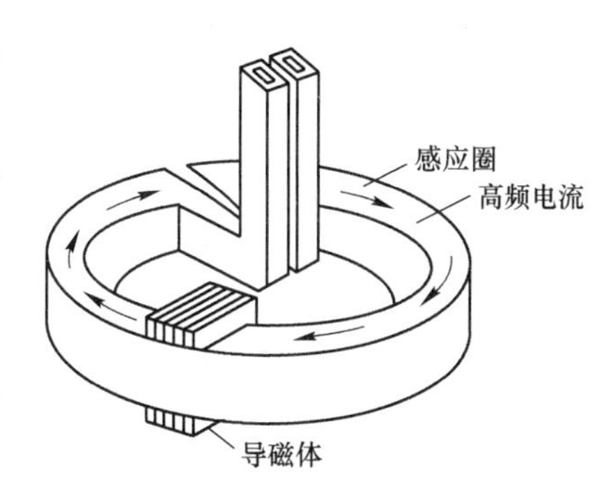

图 10-18　导磁体的驱流作用

感应加热时为了避免引起相邻部位的加热，可以采用屏蔽的方法。常采用铜环屏蔽和铁磁材料（硅钢片）磁短路环屏蔽，如图 10-19 所示。铜环屏蔽，当感应加热时所产生的磁力线穿过铜环时，铜环产生涡流，涡流所产生磁力线的方向与感应器产生的恰好相反，使上部不需要加热部位没有磁力线通过，避免了加热。铁磁材料（硅钢片）磁短路环屏蔽由于它们的磁阻较工件小，逸散的磁力线优先通过磁短路环而达到屏蔽母的。

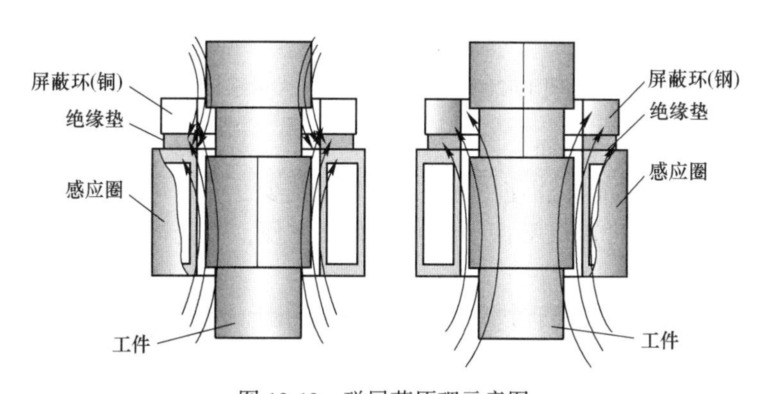

图 10-19　磁屏蔽原理示意图

10.4.6　感应加热表面淬火的特点

（1）感应加热时，由于电磁感应和集肤效应，工件表面在极短时间里达到 A_{c3} 以上温度，而工件心部仍处于相变点之下。中碳钢高频淬火后，工件表面得到马氏体组织，往里是马氏体加铁素体加托氏体组织，心部为铁素体加珠光体或回火索氏体原始组织。

（2）感应加热升温速度快，加热温度高，过热度大，基本上无保温时间，因此淬火后表面得到细小的隐晶马氏体，表面硬度（HRC）比一般淬火的高 2~3。工件的耐磨性比普通淬火的高。

（3）感应加热表面淬火，工件表层变为马氏体组织，体积膨胀，在工件表层产生很大的残余压应力，因此可以显著提高其疲劳强度并降低缺口敏感性。

（4）感应加热淬火件的冲击韧性与淬硬层深度和心部原始组织有关。同一钢种淬硬层深度相同时，原始组织为调质态比正火态冲击韧性高，原始组织相同时，淬硬层深度增加，冲击韧性降低。

（5）感应加热淬火时，由于无保温时间，工件氧化和脱碳少得多，工件淬火变形小。

（6）感应加热淬火的生产率高，便于实现机械化和自动化，淬火层深度又易于控制，适于批量生产形状简单的机器零件，广泛被应用。

10.5　火焰加热表面淬火

火焰加热表面淬火是利用氧-乙炔气体或其他可燃气体（如天然气、焦炉煤气、石油气等）以一定比例混合进行燃烧，形成强烈的高温火焰，将零件迅速加热至淬火温度，然后急速冷却（冷却介质最常用的是水，也可以用乳化液），使表面获得要求的硬度和一定的硬化层深度，而中心保持原有组织的一种表面淬火方法，如图 10-20 所示。

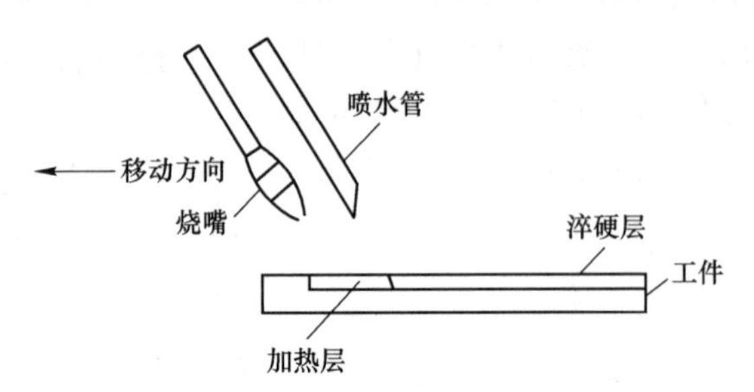

图 10-20　火焰加热表面淬火示意图

火焰加热表面淬火的特点如下：

（1）火焰加热的设备简单，使用方便，设备投资少。

（2）设备体积小，可以灵活搬动，使用非常方便，不受被加热的零件体积大小的限制。

（3）操作简便，既可以用于小型零件，又可以用于大型零件；既可以用于单一品种的加热处理，又可以用于多品种批量生产的加热处理。特别是局部表面淬火的零件，使用火焰加热表面淬火，操作工艺容易掌握，成本低、生产效率高。

（4）火焰加热温度高、加热快、所需加热时间短，因而热由表面向内部传播的深度浅，所以最适合于处理硬化层较浅的零件，但零件容易过热，故操作时必须加以注意。

（5）淬火后表面清洁，无氧化、脱碳现象，同时零件的变形也较小。

（6）火焰加热时，表面温度不易测量，同时表面淬火过程硬化层深度不易控制。

（7）火焰加热表面淬火的质量有许多影响因素，难于控制，因此被处理的零件质量不稳定。

10.5.1 火焰结构及其特性

火焰淬火可用下列混合气体作为燃料：(1) 煤气和氧气（1∶0.6）；(2) 天然气和氧气（1∶2.3）；(3) 丙烷和氧气（1∶4–1∶5）；(4) 乙炔和氧气（1∶1–1∶1.5）。不同混合气体所能达到的火焰温度不同，最高的是氧和乙炔焰，可达3100℃，最低为氧和丙烷焰，可达2650℃. 通常用氧和乙炔焰，简称氧炔焰。乙炔和氧气的比例不同，火焰的温度不同，火焰的性质也不同，可分为还原焰、中性焰或氧化焰。火焰分3区：焰心、还原区及全然区。其中还原区温度最高（一般距焰心顶端2~3mm处温度达最高值），应尽量利用这个高温区加热工件。

10.5.1.1 火焰的组成与调整

火焰加热表面淬火一般采用特制的喷嘴。氧-乙炔气体混合后经喷嘴喷射出而燃烧。图10-21所示为氧-乙炔火焰所形成的中性焰的组成及沿火焰长度温度分布情况。火焰还原区温度最高（一般距焰心顶端2~4mm处温度达到最高值），火焰加热表面淬火就是利用这部分火焰的高温区加热零件。

10.5.1.2 火焰淬火喷嘴

火焰淬火采用特别的喷嘴，有孔型喷嘴、缝隙型喷嘴和筛孔或多孔喷嘴。整个喷头由喷嘴、带混合阀的手柄管和一个紧急保险阀组成，且有通水冷却装置。

根据工件形状不同，喷嘴可以设计成不同的结构。图10-22为典型的火焰喷头结构图，图10-23为几种不同形状工件淬火用的喷嘴。

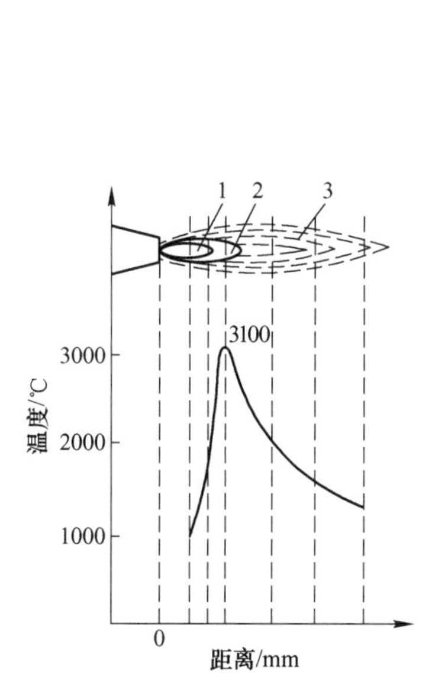

图10-21 氧-乙炔火焰所形成的中性火焰的组成及沿火焰长度温度分布

1—焰心；2—还原区；3—全燃区

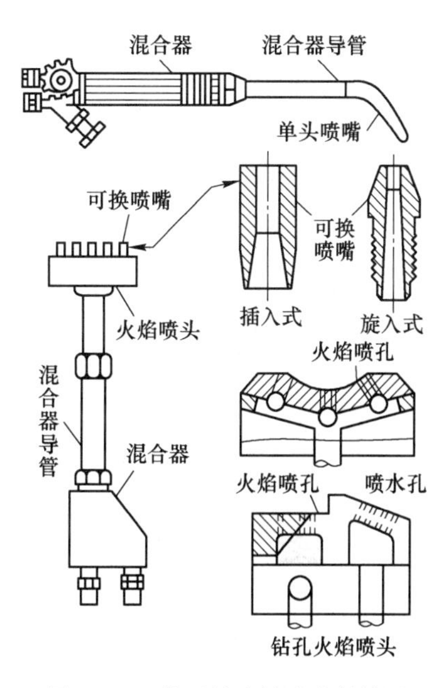

图10-22 典型的火焰喷头结构图

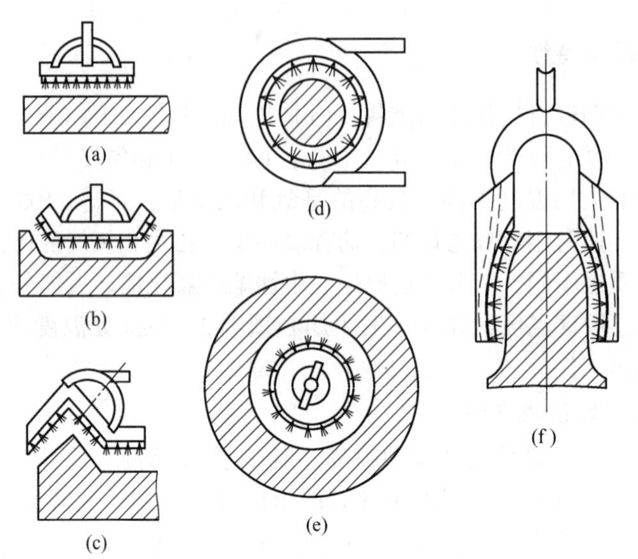

图 10-23 不同形状火焰喷嘴结构图

（a）平面喷嘴；（b）翘形喷嘴；（c）三角形喷嘴；（d）圆环喷嘴；（e）内口喷嘴；（f）钳形喷嘴

10.5.2 火焰淬火工艺

10.5.2.1 同时加热淬火

被处理工件与喷嘴都不动。零件放在淬火工作台上加热到淬火温度后，关闭气体，移开火焰喷嘴，喷冷却液立即冷却。此法用于同时加热淬火，适用于面积小的淬火，喷嘴尺寸应与零件局部淬火形状相配合。这种方法适用于较大批量生产淬火部位不大的零件的局部表面淬火，便于实现自动化，如图 10-24（a）所示。

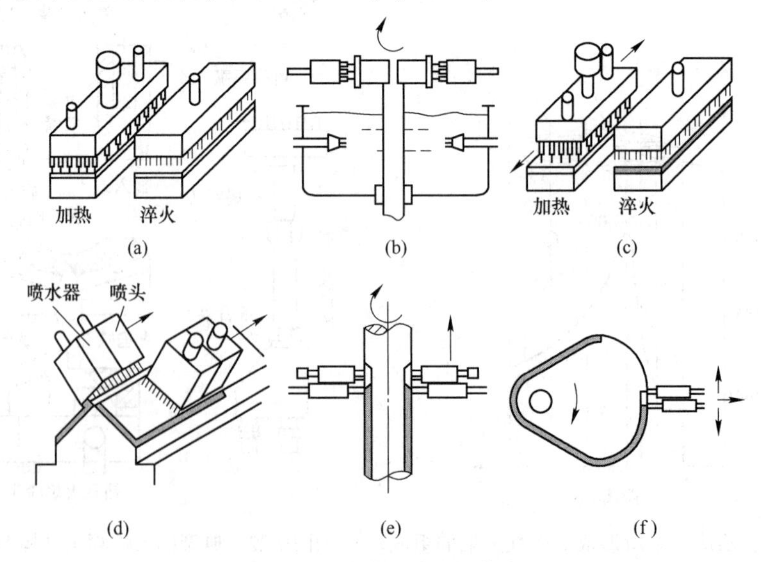

图 10-24 火焰表面淬火操作方法

（a）同时加热淬火；（b）旋架淬火；（c）摆动淬火；（d）推进淬火；（e）旋转连续淬火；（f）周边连续淬火

10.5.2.2 旋转火焰淬火法

利用一个或两个不移动的火焰喷嘴，对以一定速度绕轴旋转的零件表面加热，达到淬火温度后，关闭气体，喷水冷却。此法适用于处理宽度和直径不太大的圆柱和圆盘形零件。如小型的曲轴轴颈和模数 $m<4$mm 的齿轮表面淬火，如图 10-24（b）所示。

10.5.2.3 摆动火焰淬火

零件放在淬火台架上，喷嘴在需要加热的零件表面来回摆动，使其加热到淬火温度，采用和同时加热法一样的冷却方式淬火。适用于淬硬层面积较大，淬硬层深度较深的工件，如图 10-24（c）所示。

10.5.2.4 连续移动火焰淬火法（推进式淬火法）

火焰喷嘴和喷液器沿着工件表面需要淬火的部位，以一定速度（60~300mm/min）移动，火焰喷嘴加热表面，接着喷液器进行喷液冷却。此法能获得一条淬火带，适用于处理硬化区大的零件，如长形平面零件，导轨、机床床身的滑动槽等，如图 10-24（d）所示。

10.5.2.5 旋转连续淬火

利用火焰喷嘴与喷液器，相对被淬火零件的中心作平行直线运动，零件以一定速度（75~150r/min）绕轴旋转，连续加热和冷却。这种方法适用于处理直径与长度大的零件。如长轴类零件的表面淬火，如图 10-24（e）所示。

10.5.2.6 周边连续淬火法

利用火焰喷嘴与喷液器沿着淬火零件的周边作曲线运动来加热零件的周边和冷却。这种方法适用于处理大型曲面盘等零件的表面淬火，如图 10-24（f）所示。

10.5.3 影响火焰表面淬火质量的因素

影响火焰表面淬火质量的因素如下：

（1）火焰形状与喷嘴结构有关，为了使加热区温度均匀，通常采用多头喷嘴以达到淬火表面温度合理分布，确定火焰最佳形式。

（2）火焰喷嘴与零件表面距离。火焰最高温度区在距焰心顶 2~3mm 处，工件表面离这个部位的远近，直接影响工件表面的加热速度。火焰喷嘴与零件之间的距离一般保持在 6~8mm，过大加热温度不足，过小会造成过热。

（3）火焰喷嘴与零件相对移动速度。硬化层深度要求较深，则相对移动速度应小，反之，相对移动速度应大。通常在 50~300/min。

（4）火焰喷嘴与喷液器间的距离。火焰喷嘴与喷液器间的距离太近，有可能喷到火焰上，造成火焰熄灭，影响加热，距离太远，零件加热可能不足。

10.6 其他表面淬火法

10.6.1 激光加热表面淬火

激光淬火是利用激光将材料表面加热到相变点以上，随着材料自身冷却，奥氏体转变为马氏体，从而使材料表面硬化的淬火技术。

激光加热金属主要是通过光子同金属材料表面的电子和声子的能量交换，使处理层材料温度升高，在 10^{-9} ~ 10^{-7}s 之内就能使作用深度内达到局部热平衡，在金属材料表面形成的这层高温“热层”继而又作为内部金属的加热热源，并以热传导方式进行传热。激光加热表面淬火就是以高能量激光作为能源以极快速度加热工件并自冷淬火的工艺。

激光加热与一般加热方式不同，它是以激光束扫描的方式进行，目前扫描方式有 3 种，散焦激光束单程扫描、散焦激光束交叠扫描、摆动激光束加热。用激光加热表面时，为了使表面不受损伤（过热或烧伤），表面温度一般不应超过 1200℃，并规定最大淬硬层深度是从表面向内到 900℃处。激光具有较强的反射能力，吸收率仅为 10%左右，为了提高表面的吸收率，在激光热处理前，工件件表面黑化处理，如磷化、氧化、涂石墨等。

当涂层材料和工件的化学成分一定时，改变激光束功率密度和激光束扫描速度，可获得不同硬化层深度、硬度值及组织等，以达到所需的力学性能。硬化层的组织则与工件的化学成分有关。一般碳素钢的激光硬化层组织基本上是细针状马氏体；合金钢则为板条马氏体+碳化物+少量残余奥氏体等。激光硬化层与基体交界的过渡区组织极为复杂，呈多相状态。激光束未照射部位仍为原始金相组织。表 10-1 为几种常用钢材的激光淬火工艺参数与力学性能及组织的关系。

表 10-1　几种常见钢材的激光淬火工艺参数与力学性能及组织的关系

材料	功率密度 /W·cm^{-2}	功率/W	涂料	扫描速度 /mm·s^{-1}	硬化层深度 /mm	硬度 (HV)	金相组织
20	4.4×10^3	700	碳素墨汁	19	0.3	476.8	板条状马氏体+少量针状马氏体
45	2×10^3	1000	磷化	14.7	0.45	770.8	细针状马氏体
T10A	3.4×10^3	1200	碳素墨汁	10.9	0.38	926	隐晶马氏体
GCr15	3.4×10^3	1200	碳素墨汁	19	0.45	941	隐晶马氏体
40CrNiMoA	2×10^3	1000	石墨	14.7	0.29	617.5	隐晶马氏体+合金碳化物

与普通热处理相比，激光加热表面淬火具有如下特点：

（1）加热速度极快，工件热变形极小。由于激光功率密度很高，加热速度可达 1010℃/s，因而热影响区小，工件热变形小。

（2）其冷却速度很高，在工件有足够质量前提下，冷速可达 1023℃/s；不需冷却介质，靠热量由表向里的传导自动淬火。

（3）工件经激光淬火后表面获得细小的马氏体组织，其表面硬度高（比普通淬火硬度值高 15%~20%）、疲劳强度高（表面具有 4000MPa 以上的残余压应力）。

（4）由于激光束扫描（加热）面积很小，可十分精确地对形状复杂的工件（如有小槽、盲孔、小孔、薄壁零件等）进行处理或局部处理，也可根据需要在同一零件的不同部位进行不同的处理。

（5）不需要加热介质，不会排出气体污染环境，有利于环境保护。

（6）节省能源，并且工件表面清洁，处理后不需修磨，可作为工件精机械加工的最后一道工序。

激光加热表面淬火最大的不足之是激光发生器价格昂贵。

因为激光加热表面淬火具备以上有点，因此虽然开发时间较短，但进展较快，已在一些机械产品的生产中获得成功应用，例如变速箱齿轮、发动机气缸套、轴承圈和导轨等。

10.6.2 电解液加热表面淬火

电解液加热表面淬火是将零件放置在电解液中，以零件作为阴极，电解液槽作为阳极，并加一定的直流电压，使电解液电解，而产生阴极效应将零件表面快速加热，断电后电解液快速将工件冷却，使表面获得马氏体组织，即为电解液加热表面淬火。图 10-25 所示为电解液加热表面淬火装置，其加热原理如下。

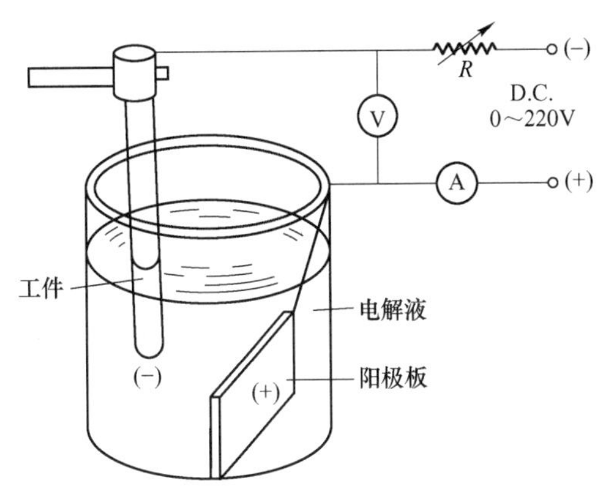

图 10-25 电解液加热表面淬火示意图

将需要表面淬火的零件表面浸入到有电解液中、作为阴极，盛放电解质溶液的金属容器作为阳极，或者电解质溶液中的一定位置上放置金属板（铝、不锈钢或铜）作为阳极，在两极之间加上一定的直流电压，电解质发生电解，在阳极上放出氧气，在被加热零件即阴极上析出氢气。由于零件浸入电解液中的面积不大，零件的表面被析出的具有高电阻的氢气膜所包围，将零件表面与电解液隔开，电流通过时，气膜产生大量的热量，使零件浸入部分的表面迅速加热。断电后，气膜立即消失，周围的电解液迅速将工件冷却，达到淬火的目的。

电解液一般是 5%～15%的 $NaCO_3$ 的水溶液，该电解液对工件没有腐蚀性，成本低。施加 150～300V 的直流电压，通入的电流密度为 3～15A/cm^2，加热时间要根据通入的电压、电流及硬化层的深度来定。一般为几秒到几十秒。

电解液加热淬火工艺简单，生产率高，加热时间短，无氧化现象，变形小，可纳入生产流水线，并且加热装置成本低，结构简单，可以自制。但操作不当，极易使零件被加热表面造成过热或烧熔，并且电解液加热表面淬火操作的调整时间较长，不适合量产。

10.6.3 电接触加热表面淬火

借助于一个特制的可移动的电极与零件表面接触，电极通入低电压大电流，利用工件表面和电极的接触电阻所产生的热量将零件表面迅速加热，并利用工件自行冷却淬火的热处理工艺称为电接触加热表面淬火（也称电接触加热自冷表面淬火）。

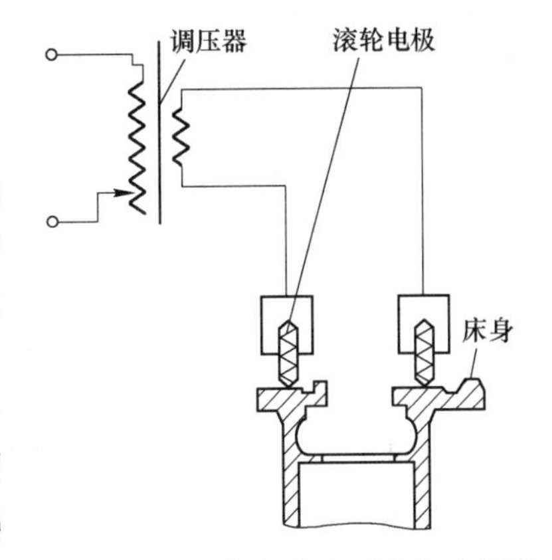

图 10-26 电接触加热表面淬火示意图

如图 10-26 电接触加热表面淬火装置示意图，一般用铜或石墨制滚轮作为一个电极，滚轮与工件表面接触，在接触点上产生接触电阻，利用滚轮在被加热工件表面的移动过程将接触部分加热。电接触加热的零件表面很薄，当滚轮移开后，该处通过自身的热传导而迅速冷却，淬火形成马氏体组织。有时为了加快冷却速度，可以在滚轮后面附近安装一个压缩空气喷嘴。

影响表面硬化层深度的因素：

（1）电流强度：电流强度越大，表面硬化层深度越深。实际生产应用中的滚轮上的电流强度一般选择在400~600A范围之内。

（2）滚轮回转速度：滚轮回转速度是指滚轮与工件件表面的接触时间。滚轮回转速度越快，与表面接触的时间越短，表面硬化层越浅。实际生产中滚轮回转速度一般选择在2~3m/min范围内。

（3）滚轮与零件表面接触压力：滚轮与工件表面的接触压力过小，滚轮回转时就会不平稳，容易产生打电弧现象；滚轮与工件件表面的接触压力过大，滚轮又容易发生变形，造成滚轮与工件表面的接触面积增加，电流密度减小，接触良好，接触电阻小，这样发热少，故硬化层深度浅。因此，滚轮与工件表面接触压力应有一个最佳值，一般选择的压力为40~60MPa。

（4）两个滚轮之间的距离：两个滚轮之间的距离越小，工件表面的硬化层深度越深。一般两个滚轮之间距离选择在30~40mm。

电接触加热表面淬火加热设备简单，操作方便，劳动条件好，被处理的零件经电接触加热表面淬火后具有高硬度和良好耐磨性。

10.6.4 电子束加热表面淬火

电子束加热表面淬火是将工件放置在高能密度的电子枪下，保持一定的真空度，用电子束流轰击工件的表面，在极短的时间内，使其表面加热，靠工件自身快速冷却进行淬火。

电子束加热表面淬火的淬火装置10-27所示。这种装置的主要部件是电子（束）枪。电子（束）枪和零件装在真空容器内，而被处理的工件处于空气或惰性气体的工作室内。高能量的电子束撞击工件表面。在与金属原子碰撞时，电子释放出大量的能量，被撞击的工件表面迅速加热。穿透速度取决于电子束的能量和电子束轰击工件表面的时间。

10.6.4.1 能量密度

电子束光点的能量密度，它可以用电磁方法调整电子束焦距来控制。电子束光点越小，能量密度越大。散焦的电子束使零件表面迅速加热，加热的温度由电子束扫描速度决定。如果停留时间太长，除非热量能以某种方式传出去，否则将会使被射击的零件表面发生熔化。实际生产中电子束光点的能量密度一般为30~120kW/cm^2。

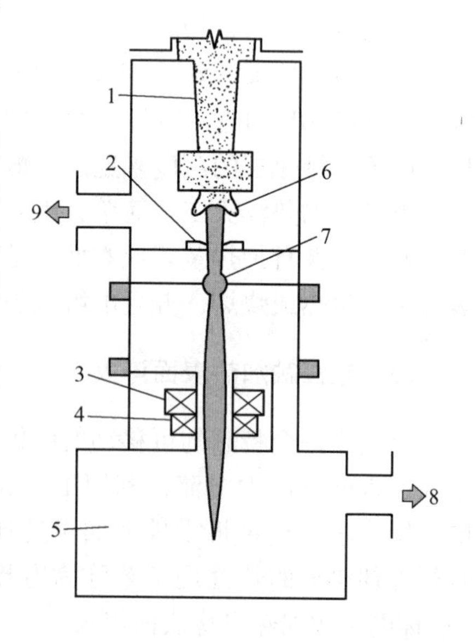

图10-27 电子束加热表面淬火示意图
1—高压绝缘件；2—阳极；3—磁透镜；4—偏转线圈；5—工作室；6—电子（束）枪；7—圆柱阀；8—局部真空；9—真空

10.6.4.2 入射角

对处理工件孔内表面加热来说，加热受到限制。需要有一定的入射角，入射角一般选择在 25°~30°，可以照射到零件内径原来看不见的地方，使零件被加热。对这类零件加热时间略有延长，但不超过几秒钟。采用偏转线圈能使电子束转向 45°~90°，以照射那些根本照射不到的表面。

10.6.4.3 聚焦点的直径

电子束采用“微聚焦”，并以高速扫射加热表面，使工件表面产生预期的均匀分布能量。用于电子束加热表面淬火时，聚焦点直径一般不大于 2mm。

10.6.4.4 扫描速度

电子束的扫描速度对工件的加热速度与加热深度有很大的影响。扫描速度一般在 10~500mm/s。

电子束加热表面淬火的特点：

（1）加热速度极快，消耗能量少。

（2）无氧化、无脱碳，不影响零件表面粗糙度，处理后的工件表面呈白色。

（3）变形小，处理后不需要再精加工，可以直接装配使用。

（4）零件局部淬火部分的形状不受限制，即使是深孔底部和狭小的沟槽内部也能进行表面淬火。

（5）表面淬火后的工件，表面呈压应力状态，有利于提高疲劳强度，从而延长零件使用寿命。

（6）不需要冷却和加热介质，有利于环境保护。

（7）操作简单，可在生产线上应用。

电子束加热表面淬火也存在不足，淬火装置比较复杂，需要真空泵系统及工作室，既需要电子束发生器，又需要一个小型计算机控制电子束定位的准确性，以及接口设备的硬件和软件。设备的成本较高。

10.6.5 太阳能加热表面淬火

太阳能加热表面淬火是将零件放在太阳炉焦点处，利用焦点上的集中热流，对工件表面进行局部快速加热，随后靠钢件自身的导热将工件冷却，实现表面淬火的目的。

太阳能加热表面淬火设备也叫高温太阳炉，如图 10-28 所示。

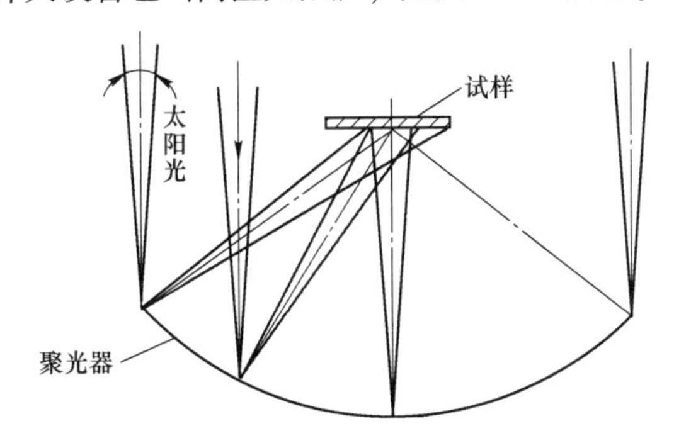

图 10-28 太阳炉聚焦及加热原理示意图

太阳能加热表面淬火的优点如下：

（1）节省常规能源（如油、煤、电等）。

（2）无公害。

（3）表面质量好，硬度高、组织细、变形小（一般可以省去淬火后的磨削）。

（4）工艺简单，操作容易。

（5）设备简单，造价低廉。

太阳能加热表面淬火的缺点如下：

（1）太阳能加热表面淬火的操作受天气条件限制。

（2）需要大面积淬火时，存在软带或软化区。

复习思考题

10-1 表面淬火的目的、分类与适用钢种。

10-2 比较高频感应加热、火焰加热的异同点，以及它们在表面淬火时的特点。

10-3 什么是透入式加热？

10-4 什么是集肤效应、邻近效应、环状效应和尖角效应？

10-5 表面淬火后在性能上有何特点？为什么高频表面淬火后有较高的疲劳强度？

10-6 激光表面加热的原理是什么？其性能有何特点？

11 化学热处理

11.1 化学热处理的目的、种类和定义

化学热处理是将工件置于一定温度的活性介质中加热、保温和冷却，使渗入元素被吸附并扩散到工件表面层，以改变表面层化学成分和组织，从而使钢件表面具有特殊性能的一种工艺。化学热处理的目的是通过改变金属表面的化学成分及热处理的方法获得单一材料难以获得的性能，满足和提高工件的使用性能。

在工业生产中，化学热处理的主要用途有 3 个方面：一是强化表面，提高表面层强度，主要是疲劳强度和耐磨性，如渗碳、渗氮、碳氮共渗、氮碳共渗等；二是提高表面层硬度或降低摩擦系数，增加耐磨性，如渗硼、渗硫、硫氮共渗、氧氮碳共渗等；三是改善表面化学性能，提高耐蚀性和抗高温氧化性，如渗铬、渗硅、渗铝及铬硅铝共渗。

11.2 化学热处理原理

11.2.1 化学热处理的基本过程

化学热处理大致可分为 4 个基本过程：介质中的化学反应；在工件表面处界面层中的扩散（外扩散）；介质中某些组分被工件表面吸附进而发生各种界面反应，反应生产的渗入元素的活性原子进入工件表面；渗入元素的活性原子由工件表面向里扩散（内扩散），形成一定厚度的渗层。

4 个过程之间既是独立的，彼此间又相互关联、相互制约。以水煤气反应所产生的渗碳过程为例，其 4 个基本过程如图 11-1 所示。

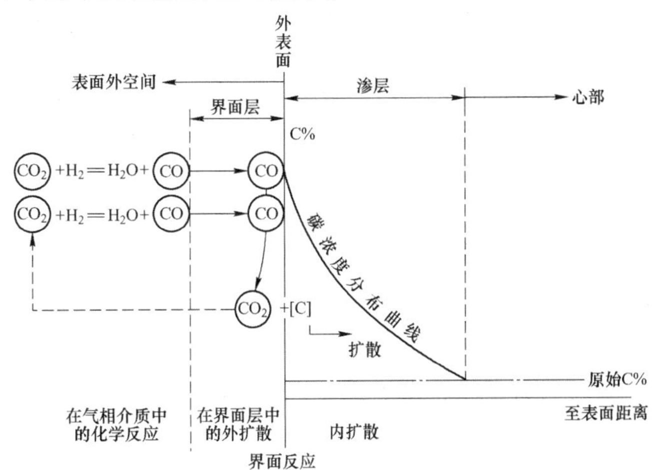

图 11-1 化学热处理 4 个基本过程示意图

11.2.1.1　化学热处理渗剂及其反应机理

化学热处理的渗剂一般由含有欲渗元素的物质组成，有时还需要加入一定量的催渗剂，以便从渗剂中分解出活性的被渗元素的原子。此外渗剂要求无毒、不易爆炸、不易腐蚀工件及设备。

催渗剂是促进含有被渗元素的物质分解或产生出活性原子的物质，本身不产生被渗元素的活性原子。例如固体渗碳，碳粒是渗剂，碳酸钡和碳酸钠是催渗剂。

化学热处理时分解出被渗元素的活性原子的化学反应主要有：

（1）置换反应，如：

$$MeCl_x + Fe \longrightarrow FeCl_3 + [Me]$$

（2）分解反应，如：

$$CH_4 \longrightarrow 2H_2 + [C]$$

$$2NH_3 \longrightarrow 3H_2 + 2[N]$$

$$2CO \longrightarrow CO_2 + [C]$$

$$3AlCl \longrightarrow AlCl_3 + [Al]$$

$$3TiCl_2 \longrightarrow 2TiCl_3 + [Ti]$$

（3）还原反应，如：

$$MeCl_x + H_2 \longrightarrow HCl + [Me]$$

11.2.1.2　渗剂中的扩散（外扩散）

外扩散在流体介质中进行，一般条件下，外扩散不会成为整个化学热处理过程的制约因素。但在某些特定的情况下，外扩散也可能成为化学热处理的关键所在。例如在气体渗碳时，直径不大的深孔内壁，尤其是盲孔内壁，由于孔内的气体介质接近静止状体，外扩散速度减慢，致使内孔壁的表面碳浓度明显降低，同时渗碳层厚度也明显减小。

11.2.1.3　表面吸附与界面反应

介质中的组分与工件表面接触时，被工件表面所吸附，进而发生各种界面反应，产生渗入元素的活性原子和其他产物。渗入元素的活性原子被工件表面吸附溶入或形成化合物。

界面反应的首要条件是介质中的活性组分被工件表面吸附，吸附的必要条件是工件表面必须洁净。例如，钢件表面存在氧化铁或油污，就会阻止铁对渗碳气体中 CO 的吸附。洁净表面还可以是界面反应的催化剂。表面吸附与界面反应是渗入元素由介质进入工件的开端。

11.2.1.4　渗入元素由工件表面向里扩散

表面吸附及界面反应结果是在工件表面与心部之间出现了浓度差，促使渗入元素的原子不断向工件的纵深迁移，将这种扩散称为内扩散，习惯上称为扩散。当渗入元素的数量超过其在基体中的溶解度极限时，将发生反应扩散，形成新相。

A　散过程的宏观规律

渗入元素的原子在工件基体内部扩散的宏观规律可用菲克第二定律来处理。

B 反应扩散

渗入元素渗入工件基体后，随着其在表面浓度的增加，伴随着形成新相的扩散称为反应扩散或相变扩散。反应扩散新相形成的过程有两种情形。一种是在扩散温度下金属表面与介质组分直接发生化学反应而形成化合物，而新相的形成是反应元素相互间化学键作用的结果，它可以较快地在金属表面形成极薄的化合物层。该化合物层将活性原子与工件基体隔开，新相长大使活性原子扩散通过所形成的化合物层。另一种情形是渗入元素首先要达到在固溶体中的极限溶解度，然后再形成新的化合物相，该相在相图中与饱和的固溶体处于平衡状态。

反应扩散的基本特征之一是反应扩散时在两个相区内都存在着浓度梯度；高浓度新相是在低浓度相达到饱和浓度之后才能形成的，在相界面上浓度突变，界面处各相的浓度对应于相图中相的平衡浓度。反应扩散的另一特征是在二元系扩散过程中，扩散层中不会出现两相区。

11.2.2 化学热处理质量控制

化学热处理后工件质量指标包括表面浓度、层深、沿层深浓度分布和渗层组织等。

11.2.2.1 影响化学热处理工件表面浓度的因素

化学热处理后的工件的表面浓度主要取决于介质中渗入元素的化学势、加热温度和时间、工件的表面状态等因素。

A 介质中渗入元素的化学势

化学热处理可以看为恒温、恒压过程，介质中某一组元之所以能够通过工件表面渗入工件内部，是因为该组元在介质中的化学势大于它在工件表面内的化学势。但介质中过高的化学势往往是不必要的，甚至是有害的，会引起渗层出现不正常的组织。介质中某元素的化学势取决于介质的组成和温度；工件表面上某元素的化学势则取决于其化学成分和温度。

B 处理温度

温度对反应速率有很大影响，而且温度对渗入元素的原子由表面向心部的扩散也会产生影响。当由介质进入工件表面的渗入元素原子数量恒定时，扩散速度大小会影响工件表面的浓度。

C 工件的表面状态

工件表面是否有锈、油污、氧化膜，或是否进行过其他表面处理，即表面是否洁净或活化等都会影响表面对化学反应的催化或产生机械阻碍作用。

11.2.2.2 工艺参数对层深及渗入元素沿层深分布的影响

化学热处理的4个过程对其速度的影响不是等同的，而是取决于其中最慢的一个过程。这个过程称为化学热处理过程的“控制因子”，当“控制因子”不同时，则对渗层厚度和浓度分布起决定性影响的工艺参数也不同。当界面反应是控制因素时，则表面浓度和层深主要受界面反应速度影响，而界面反应速度取决于介质的化学组分和介质中渗入元素的化学势。如果过程主要由扩散控制，则层深及浓度分布主要受渗入元素在工件中扩散速度的影响。扩散速度取决于渗入元素在工件中的扩散系数、处理温度和工件的几何形状等。

11.2.2.3 化学催渗

化学催渗法是在渗剂中加入催渗剂，促使渗剂分解，活化工件表面，提高渗入元素的渗入能力。例如在渗氮时先向炉内添加少量的NH_4Cl，其分解产物可清除零件表面的钝化膜，使零件表面活化。再如采用NH_3气进行气体渗氮时，向炉气中添加适量的氧气或空气，由于氧和氨分解气中的氢结合成水蒸气，有效地降低了氢气的分压或相对提高了炉气中活性氮原子的分压，即提高了渗氮炉气的活性，从而加速了渗氮过程。

11.2.2.4 采用物理催渗

物理催渗是工件放在特定的物理场中（如真空、等离子场、机械能、高频电磁场、高温、高压、电场、磁场、辐照、超声波等）进行化学热处理，可加速化学热处理过程，提高渗速。

11.2.3 化学热处理渗层的组织特征

11.2.3.1 纯金属渗入单一元素时的渗层组织

纯金属的渗层犹如基体金属与渗入元素在表层组成了一个二元合金，基体金属与渗入元素的二元相图可作为分析渗层组织的依据。

A 形成无限固溶体的渗层组织

如果基体金属和渗入元素之间可以无限固溶，那么渗层由单相的二元固溶体组成，呈等轴状晶粒，渗入元素在固溶体中的浓度由表及里逐渐减少。

B 渗入可形成固溶体并具有异晶转变相图元素的渗层组织

图11-2为A–B二元相图。基体金属为A，渗入元素为B。当在线2所示的温度扩散时，渗入元素B溶入基体金属中首先形成α固溶体。随着渗入元素B在表面的浓度增长到α+γ的二相区时，从表面开始生成γ相，并沿扩散方向长大，长成与扩散方向一致的柱状晶。从扩散温度冷却到室温，γ相又发生相变重结晶γ→α，重结晶将破坏γ相的柱状晶形态，最后得到等轴的α晶粒。当在线5所示的温度扩散时，渗入元素B溶入基体金属中首先形成γ固溶体，渗入元素浓度在表面增长，将发生γ→α的重结晶，表面形成α相的柱状晶。由于表面非同时形核，柱状晶的尺度将有差别，但都沿着扩散方向分布。从扩散温度再冷却到室温时，表面柱状α晶粒将不再发生相变重结晶而保留到室温。

C 渗入可形成有限固溶体并有中间相相图时元素的渗层组织

图11-3（a）为渗入元素B与基体金属A形成有限固溶体并有中间相的相图和渗层组织的关系。当温度为t时，α固溶体中B的最大固溶度为C_2；β固溶体中的含B量则为C_5~100% B。在α固溶体与β固溶体之间有一中间相A_mB_n，此中间相在温度t时的含B量为C_3~C_4。如果介质的活性足够强，随着处理时间的延长，表面B元素的含量将逐次增高，渗层组织也将相应地发生变化，如图11-3（b）所示。经τ_4时间后获得的渗层组织如图11-3（c）所示。

从图11-3（b）中可以看出，当渗层中出现不同相区的分层时，渗入元素浓度分布曲

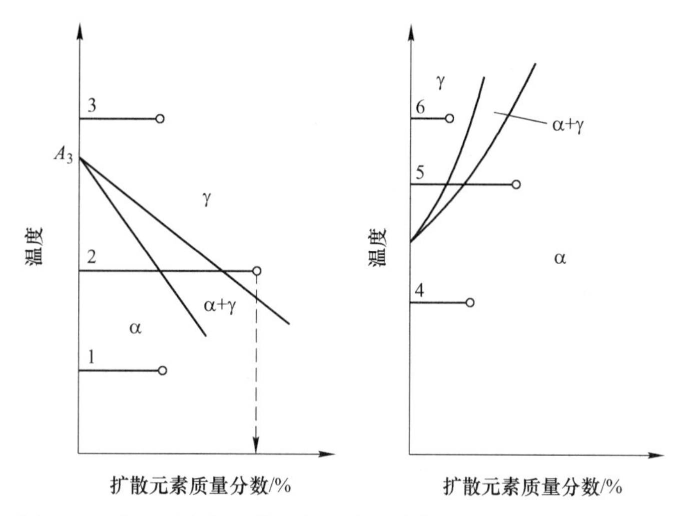

图 11-2　渗入元素与基体金属形成固溶体并具有异晶转变的相图

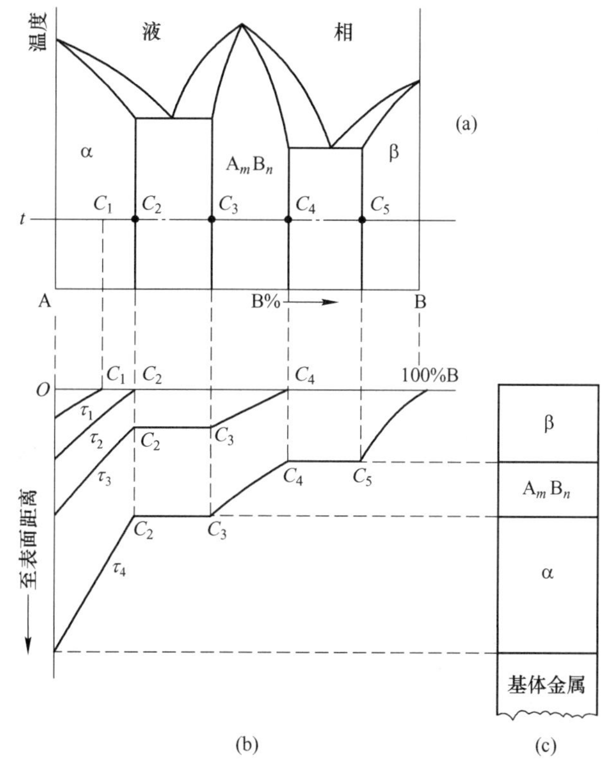

图 11-3　渗入元素与基体金属形成有限固溶体

线将在两个相区交界处发生突变。这说明两相区之间界限分明，不存在两相共存的过渡区。但需指出：上述结论仅适用于单一渗入元素对纯金属进行化学热处理时所得渗层的情况。

根据以上分析可以认为：单一元素渗入纯金属时所得的渗层，按其组织结构可以分为两大类。第一类是固溶体型的渗层。这类渗层可能只有一个单相的固溶体相层，当渗入元素B与基体金属A组成无限固溶的二元相图，或虽组成有限固溶相图，但表面含B量并未超过其固溶度时，将形成这种渗层。如果A与B组成两端均为有限固溶体却又无化合物的二元相图时，渗层分成了两个分层，外层为含B量较高的β固溶体，内层为含B量较低的α固溶体。第二类是化合物型的渗层。这一类型的渗层常在化合物相层以内或以外还存在一个固溶体的分层。虽然化合物相层一般不可能很厚，但对渗层的形成以及渗层的性能往往起重要作用。

11.2.3.2　渗层组织

A　钢进行化学热处理时碳的活动

某元素渗入钢的表面后，随着表面成分的变化，钢中碳的重分配有如下3种情况。

第一种情况：当钢中含有中等的碳量，渗入元素为非碳化物形成元素铝、硅或硼，而且渗入元素的表面浓度足以形成各种金属化合物相层（如Fe_2Al_5、Fe_3Si、Fe_2B、FeB等）时，由于这些化合物中都不能固溶碳，故在其相层下将出现一层富碳区，如图11-4（a）所示。

第二种情况：当钢中含有中等以上的碳量时，渗入元素为强碳化物形成元素（如铬、钨、钼、钒、锆、钛等）时，渗层的外层将为碳化物层，而在此相层之下将出现一贫碳层，如图11-4（b）所示。

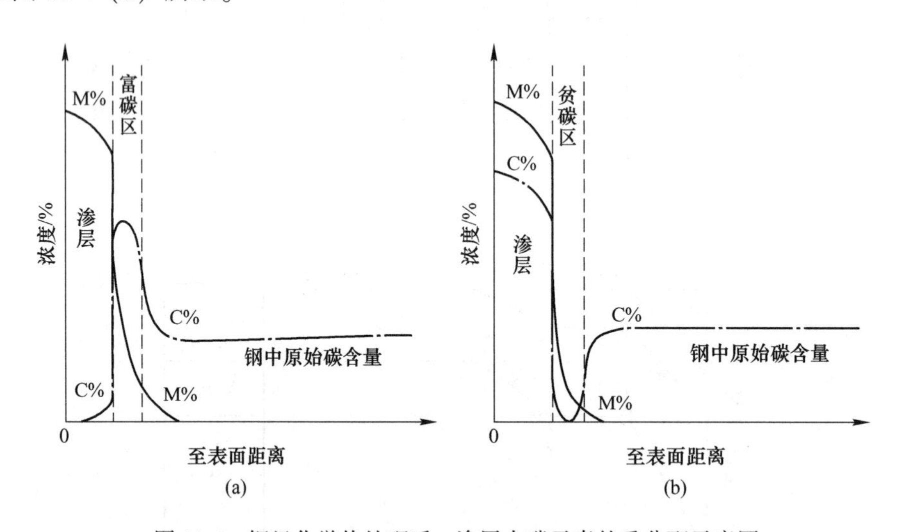

图11-4　钢经化学热处理后，渗层中碳元素的重分配示意图

第三种情况：不论钢中碳含量高低，如渗入元素为锰、镍、钴时，由于这些元素与铁的性质十分相近，故碳的重新分配不明显。

B　钢的成分对渗层形成的影响

钢中碳含量不仅影响到渗层的增厚速率，而且直接影响着渗层中相的类型。以渗铬为例。纯铁渗铬所得的渗层常为单相α固溶体，因为当铁中铬含量达到12.5%时，即可封闭γ相区。此固溶体的晶粒生长方向与表面相垂直，晶粒呈柱状，渗层深度可达25～120μm。当铁中碳含量增加到0.10%～0.12%时，铬的扩散强烈地被抑制，渗层的增厚速率大为减慢。当钢中碳含量为0.16%～0.20%时，渗铬层的增厚速率达一极小值（图11-5），这时已形成比较完整的碳化物层。

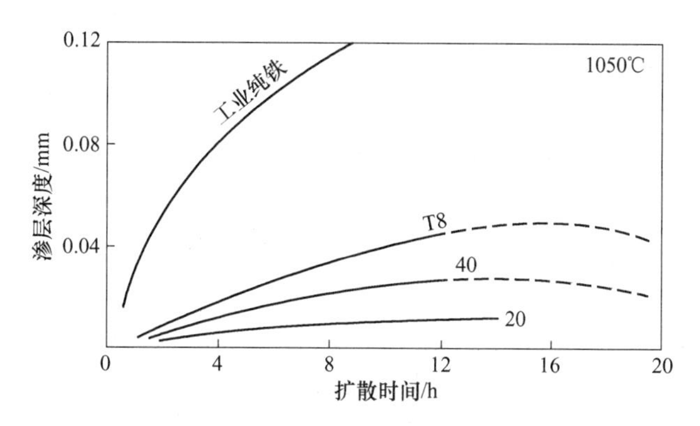

图 11-5　不同碳含量的钢在粉末渗铬时渗铬层的增厚曲线

当钢中碳含量超过 0.2%时，进一步增加碳含量，渗铬速率将逐步加快，这是由于碳含量增高为碳化铬相的形成提供了便利条件。直到钢中碳含量达到 0.7%~0.8%时，渗铬层的增厚速率达一极大值。如果钢中的碳含量超过这一界限，进一步增加，又会使渗铬层的厚度速率减慢，如图 11-6 所示。

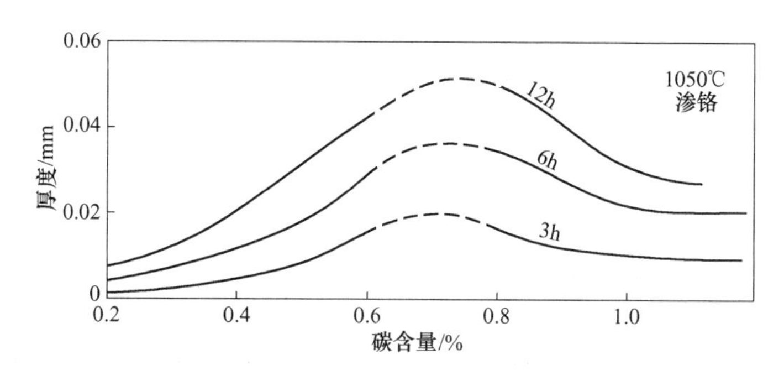

图 11-6　当钢中碳含量超过 0.2%时，碳含量对粉末渗铬层厚度的影响

钢中碳含量不仅影响到渗层的增厚速率，而且直接影响到渗层的相组成。仍以渗铬为例，随钢中碳含量的变化，对应的渗铬层组织见表 11-1。

表 11-1　钢中碳含量对渗铬层组织的影响

钢中碳含量/%	渗铬层组织	钢中碳含量/%	渗铬层组织
0.03	α（固溶体）	0.85	$Cr_{23}C_6$
0.25	$Cr_{23}C_6$		Cr_7C_3
	$\alpha+Cr_{23}C_6$		

钢渗入合金元素时，由于渗入元素与碳的相互作用，在钢中渗入元素时，对渗层成分和组织产生显著的影响；缩小 γ 相区的非碳化物形成元素 Si、Al、P、Cu 渗入钢表面后，产生 α 相区，从而将碳从表层挤向内层，在内层出现富碳区，表层为贫碳区。扩大 γ 相区的 Ni、B 也有类似的作用。当碳化物形成元素 Cr、V、Ti、W、Nb 等渗入钢件表面后，又强烈地将碳拉到表面，甚至在表面形成很薄的碳化物外壳，表面出现富碳区，而内侧出现贫碳区。

影响渗层组织的因素有很多方面。其一是渗入元素和被渗金属的物理、化学特性以及同时渗入基体金属元素的数目和基体的化学成分。其二是扩散渗的温度和时间不同，渗层的组织可能不同；渗后的冷却速度不同，渗层的组织可能不同。此外，渗剂活性的强弱和金属表面的状态等对渗层的组织也有重大的影响。

11.3 钢的渗碳

渗碳是将低碳钢工件放在富碳气氛的介质中进行加热（温度一般为880~950℃）、保温、使活性碳原子渗入工件表面，从而提高表层碳浓度，表面获得高碳的渗层组织。对于在交变载荷、冲击载荷、较大接触应力和严重磨损条件下工作的零件，如齿轮、活塞销和凸轮轴等，要求表面具有很高的耐磨性、疲劳强度和抗弯强度，而心部具有足够的强度和韧性，采用渗碳工艺则可满足其性能要求。

11.3.1 对渗碳层的技术要求

渗碳件在经淬火和回火后，其组织和性能满足技术要求的前提是必须使工件具有合适的表面碳浓度、渗层深度及碳浓度梯度。

11.3.1.1 表面碳浓度对力学性能的影响

为了综合考虑表面碳浓度对渗碳件力学性能的影响，渗碳时将其控制在一定范围内。一般情况下低碳钢0.9%~1.05%；镍铬合金钢0.7%~0.8%；低合金钢0.8%~0.9%。

渗碳层的碳浓度对疲劳强度的影响见表11-2。可以看出，疲劳强度随碳浓度的增加而升高，在0.93%附近具有最大值，随后随碳浓度的增加而降低。

表11-2 18CrMnMo钢渗碳层中不同碳浓度对疲劳强度的影响

渗碳层浓度/%	0.8	0.93	1.15	1.42
疲劳强度/MPa	85.3	92.1	82.3	66.6

如图11-7所示，对18CrMnTi钢渗碳后进行磨损试验，结果表明随着碳浓度的增大，耐磨性有明显的提高。表面碳含量对抗弯强度及扭转强度的影响如图11-8、图11-9所示，随表面碳含量的增高，试样抗弯强度下降，而渗碳层的碳含量在0.8%~1.05%范围内，具有较高的扭转强度。

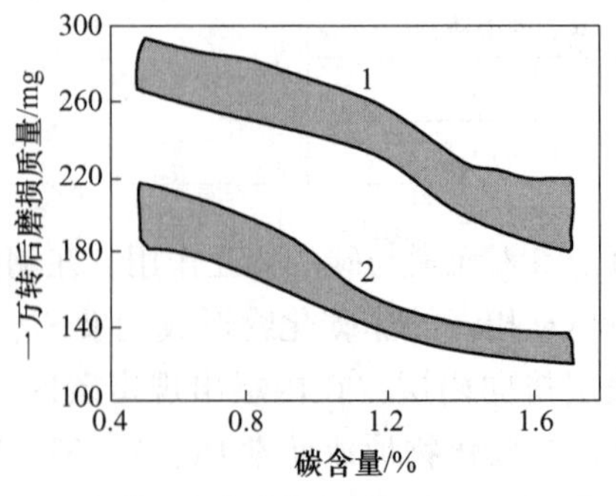

图11-7 表面碳含量对18CrMnTi钢耐磨性的影响

1—上样品；2—下样品

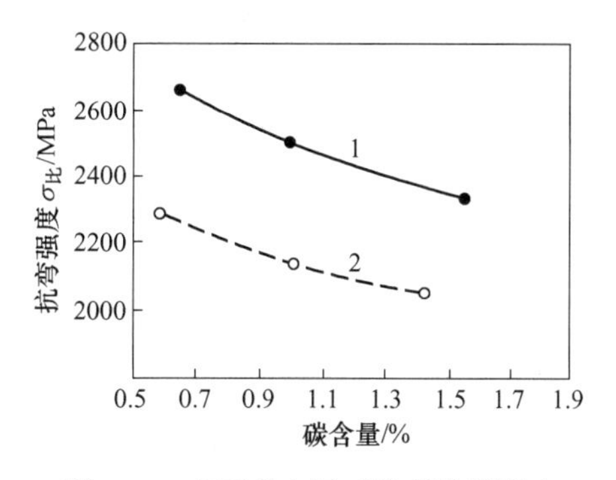

图 11-8　表面碳含量对抗弯强度影响

1—12Cr2Ni4 钢，渗层厚度 1.0mm；

2—18CrMnTi 钢，渗层厚度 1.25mm

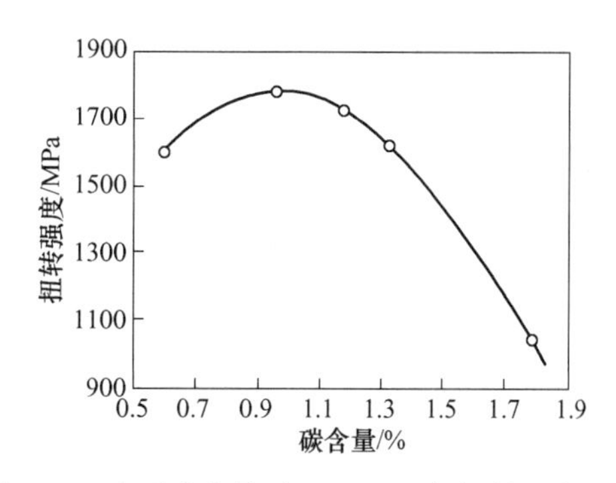

图 11-9　表面碳含量对 18CrMnTi 钢扭转强度影响

（0.6%时为切断，其余为正断）

11.3.1.2　渗碳层厚度对力学性能的影响

渗碳层厚度的增加就要求渗碳时间延长。当气氛控制不稳定时，层厚的增加往往伴随着表面碳浓度的增加，对表层组织和性能会产生不良影响，同时对内应力的分布也会产生不利的影响，故渗碳层厚度必须选择适当，在实际生产中综合考虑各种性能，总结出渗碳层厚度（渗碳层总厚度）和零件的断面尺寸有一定比例关系：

$$\delta=(0.1\sim0.2)R$$

式中，δ 渗碳层厚度；R 为零件半径。

同时，某些零件的最佳渗碳层厚度，可通过多次试验找出规律。渗碳层厚度应根据工件的尺寸、工件条件和渗碳钢的化学成分决定，通常制定工艺的原则为：大工件渗碳层 2~3mm，小截面及薄壁零件的渗碳层厚度小于其零件截面尺寸的 20%。

11.3.2　气体渗碳

在实际生产中渗碳的方法较多，根据介质的不同状态可分为固体渗碳、液体渗碳及气体渗碳 3 种，应用最多的为气体渗碳，是目前应用最广泛、最成熟的渗碳方法。

气体渗碳的主要优点如下：

（1）气氛的配比基本稳定在一个范围内，并可实现气氛控制，产品质量容易控制；

（2）渗碳速度较快（0.2mm/h），生产周期短，约为固体渗碳时间的 1/2；

（3）适用于大批量生产，既用于贯通式连续作业炉，又适用于周期式渗碳炉，可实现连续生产及渗碳作业的机械化和自动化；

（4）劳动条件好，工件不需装箱可直接加热，大大提高了劳动生产率和减轻劳动强度。

11.3.2.1　气体渗碳的平衡问题

渗碳应在奥氏体状态下进行，为了控制渗碳层的碳含量，发展了“碳势控制”技术，“碳势”是指与气相平衡的钢中的碳含量。

11.3.2.2　气体渗碳碳势控制

微型计算机多因素碳势控制是一种比较完善的方法，具有良好的适应性，用氧探头

（或 CO_2 红外仪）及 CO 红外仪进行多因素控制，在一定温度下同时控制3种气体成分就可以实现精确的碳势控制。

11.3.3 气体渗碳工艺参数的选择

11.3.3.1 渗碳介质的选择

生产中使用气体渗碳剂按原料存在的物态分为两类：一类为液体介质，可直接滴入高温渗碳炉内，经热分解后产生渗碳气体，使工件表面渗碳；另一类是气体介质，如天然气、煤气、液化石油气及吸热式可控气氛，直接通入高温渗碳炉内渗碳。

在渗碳过程中，按介质的作用不同分为渗碳剂和稀释剂两种，选择渗碳剂应必须具有如下特性。

（1）渗碳剂应具有足够活性，渗碳能力强，渗剂活性的大小常用碳当量来表示。它是指形成1mol碳原子所需要的该物质的质量，碳当量越大，则该物质的渗碳能力越弱，反之则越强。

（2）应具有良好的稳定性，杂质少。渗碳剂和稀释剂不需严格控制就能保持气氛成分基本稳定，在渗碳过程中具有恒定的碳势，易于控制和调节，从而得到良好的渗碳效果。同时渗碳剂中含有硫的成分要低，否则会降低渗层碳浓度，破坏镀铜层，也会与炉具、电热元件形成共晶体，缩短其使用寿命。

（3）渗碳剂碳氧比值要大于1［指分子式中碳氧的原子比（C/O）］。大于1时，分解出大量的 CO 和 H_2 外，还有一定的活性碳原子，可以作渗碳剂。碳氧比越大，分解出的活性碳原子越多，渗碳能力越强；小于1时，其分解产物主要为 CO 和 H_2，气氛中活性碳原子不多，可选做稀释剂。

（4）渗碳剂裂解后应产气量高，不生成大量的炭黑，因为沉积在工件表面上的炭黑会影响渗碳速度和质量。一般将炭黑含量控制到0.4%以下，几种常见渗碳剂分解后的产气量与产生炭黑的数量见表11-3。常用的渗碳剂有煤油、苯、甲苯、甲醇、乙醇和丙酮等。

表11-3 几种常见渗碳剂分解后的产气量与产生炭黑的数量

渗碳剂名称	产气量/$m^3 \cdot L^{-1}$	单位体积的渗碳剂产生炭黑的数量/$g \cdot cm^{-1}$
苯	0.42	0.60
焦苯	0.58	0.54
异丙苯	0.64	0.51
煤油	0.73	0.39
合成煤油	0.80	0.28
甲醇	1.48	—

11.3.3.2 渗碳温度

根据 $Fe\text{-}Fe_3C$ 状态图可知，钢的加热温度越高，碳在奥氏体中的溶解度越大。如在800℃时仅为0.99%，而在1100℃时，碳在奥氏体中溶解度为1.86%，当渗碳温度 $T_1>A_{c3}$

时，表面碳浓度较高，渗层较深，而当 $T_1<A_{c3}$ 时，表面碳浓度较低，渗层较浅。通常的渗碳温度为 920～950℃，此时渗碳钢是处于全部奥氏体状态，由于 γ-Fe 的溶碳能力较 α-Fe大，因此在强渗介质中，时间相同、渗碳温度不同，结果也不同，如图 11-10 所示。

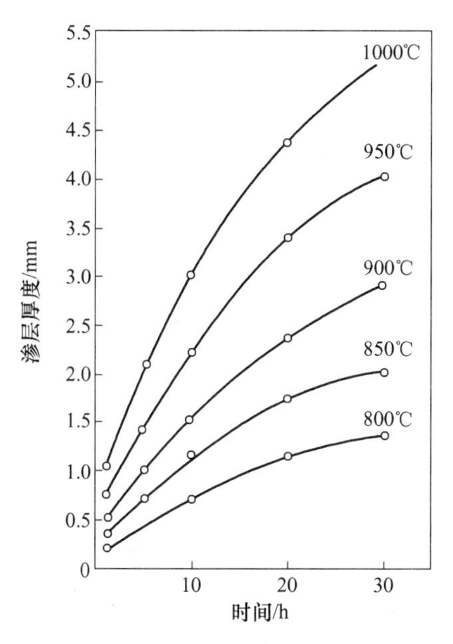

图 11-10　渗碳层厚度与渗碳时间和温度的关系

渗碳温度对碳浓度及渗层深度的影响如图 11-11 所示，在表面碳浓度和渗碳时间一定时，提高渗碳温度可使渗碳层内碳含量的变化趋于平缓，对于提高接触疲劳强度、增强渗层与基体结合的牢固性很有益处。

渗碳温度的提高使工件表面吸收碳原子的能力增强，加快了碳原子的扩散，从而增加渗碳层厚度。缩短生产周期，但过高的温度会引起奥氏体晶粒粗大，增加零件变形，降低设备和夹具寿命，同时为了确定提高渗碳温度是否会使成本降低还必须考虑加热升温时间和用重新加热和淬火取代直接淬火所需的成本。故在实际生产中，一般选用的渗碳温度为 920℃左右。

11.3.3.3　渗碳保温时间

渗碳保温时间主要取决于要求的渗碳层厚度，它是影响渗碳温度的主要参数，在渗碳剂渗碳能力一定的条件下，渗碳层厚度是温度和时间的函数，在相同的渗碳温度下，渗碳层的厚度与时间呈抛物线关系。如图 11-12 所示，渗碳初期速度较快，渗碳后期速度减慢，渗碳层中碳浓度梯度逐渐减少。

渗碳时间主要根据渗层要求而定，生产中，常根据渗碳平均速度来计算保温时间，对周期式作业的井式气体渗碳炉，渗碳温度为 920℃，渗碳剂为煤油，对 20CrMnTi 的渗碳保温时间可按渗碳平均速度 0.25mm/h 来计算。同时也应考虑渗碳温度、渗碳介质活性、钢材的化学成分、设备及工艺特点等影响因素。为了在生产中准确地确定保温时间，判定何时出炉，一般采取在渗碳过程中检查试验棒的方法。渗碳层的厚度为技术要求厚度加上磨削余量。

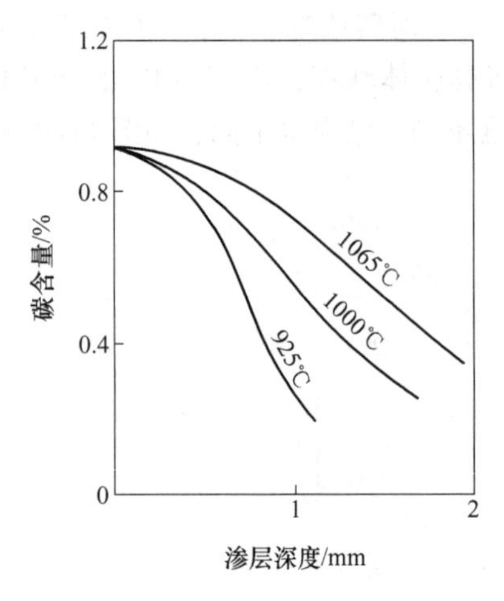

图 11-11　20 钢渗碳温度与碳浓度的关系

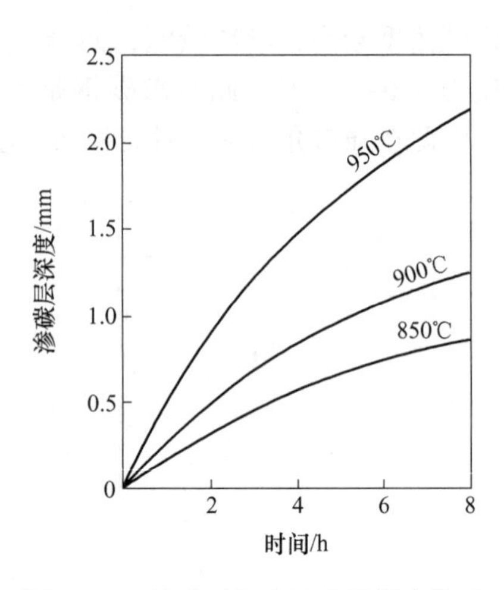

图 11-12　渗碳时间和渗碳层深度关系

11.3.3.4　渗碳剂流量的选择

渗碳剂的流量直接关系到介质的供碳能力。滴入适当的渗碳剂，使零件表面的分解气体不断地更新，产生活性碳原子，因此确定渗碳剂的流量时，应使供给的碳原子与吸收的碳原子相适应。若流量太大，分解的活性碳原子来不及被吸附，将形成炭黑沉积在工件表面上，或被吸附后来不及扩散，使渗层表面碳浓度太高，造成表面有网状渗碳体和残余奥氏体增多；流量太小，表面碳浓度小，渗碳速度低，影响渗碳质量和生产效率。从以下几个方面考虑渗碳剂流量：

（1）装炉量的大小或工件渗碳部位面积的大小。渗碳面积越大则吸收的碳量越多，渗碳剂流量应适当加大，保证渗碳剂有充分的供碳能力。

（2）碳势的高低。对碳势的要求越高，渗碳剂的流量应越大，其流量应根据渗碳不同阶段的碳势要求来调整。

（3）渗碳件的化学成分。若钢中有减慢渗碳速度的合金元素，则会增加残余奥氏体的数量，还会增加渗碳层网状碳化物，因此渗剂的滴量应当适当减少，防止工件表面形成炭黑。

（4）炉罐的容积以及工夹具的使用情况。一般新罐、新夹具初次使用时，应加大渗碳剂的供给量或进行预渗，炉罐与工卡具氧化严重时也应增加渗碳剂的流量，以免影响炉内碳势，也可对渗碳罐进行 10~15h 的预渗，对挂具和夹具采用 2h 预渗处理。

（5）工艺方法，采用小滴量气体渗碳工艺时，在排气阶段和强烈渗碳阶段应加大滴入量；用两种滴剂时，可用调整富化剂滴量的方法来改变炉内的渗碳气氛。在扩散阶段要适当降低碳浓度，可采用小滴量或减少富化气的流量等措施。

（6）渗碳剂的种类。渗剂流量应根据渗碳剂当量进行调节，用易产生炭黑的渗碳剂时，其流量要控制在较低的数值范围内。同时渗剂的流量还与渗层的厚度要求、钢的化学成分有关。

目前生产中，广泛使用井式炉滴注式气体渗碳，如 RJJ 型井式渗碳炉中滴入渗碳介质进行气体渗碳。同时，吸热式气体渗碳、氮基气氛气体渗碳和直生式气体渗碳（又称超级渗碳）也在使用。

11.3.4 其他渗碳方法

渗碳按渗剂存在的状态可分为气态、液态和固态 3 种，除了气体渗碳外，近年来又有许多新的渗碳工艺在生产中得到广泛应用，常见的方法有液态床渗碳、离子轰击渗碳、真空渗碳、高频加热液体渗碳、感应加热气体渗碳、高压气体渗碳、火焰渗碳等。

11.3.4.1 液体渗碳法

液体渗碳是工件在熔融的液体渗碳介质中进行渗碳的工艺方法，该工艺具有加热均匀、渗碳速度快，便于直接淬火和局部渗碳等特点，但由于成本高，渗碳盐浴多数有毒，同时盐浴成分变化不易掌握，故不适合大批量生产。无毒液体渗碳例如：

A 普通无毒液体渗碳

其配比为：75%碳酸钠+5%120 目金刚砂+20%氯化钠。碳酸钠为供碳剂。金刚砂为还原剂，氯化钠只起助熔和加热作用，能增加盐浴流动性。在 860℃的温度下，碳化硅将碳酸钠还原出活性碳原子，很快被奥氏体吸收并在工件表面扩散而形成渗碳层。

B “603”无毒液体渗碳剂

“603”原料配比为：10%氯化钠+10%氯化钾+80%木炭。混合后加水在 800~900℃密封干燥后磨成 100 目以下的细粉，含水量为 15%~20%。“603”液体盐浴配方为 30%~50%氯化钠+40%~50%氯化钾+7%~10%碳酸钠+10%~14%“603”+0.5%~1%硼砂。盐浴反应机理为碳酸钠的分解形成 CO_2，然后与木炭作用形成 CO，进行渗碳。

11.3.4.2 固体渗碳法

固体渗碳是将工件埋入装有渗碳剂的箱内，箱盖用耐火泥密封，然后放置于热处理炉中加热，待炉温升到奥氏体状态（800~850℃），保温一段时间，使渗碳箱透烧，再继续加热到 900~950℃，保温一定时间后，取出零件淬火或空冷后再重新加热淬火。

11.3.4.3 气体固体渗碳

气体固体渗碳法是指气体渗碳过程中，向炉内加入一定量的碳酸钡，在渗碳温度下碳酸钡分解出二氧化碳，同渗碳炉内的炭黑反应，生成一氧化碳，可有效防止因渗碳剂供给量太多，造成渗碳炉内形成部分炭黑而减缓渗碳速度、降低工件表面渗碳均匀性所带来的弊端。同时也使活性碳原子增多，可加快渗碳的进行。

11.3.4.4 真空渗碳

真空渗碳是在低于大气压力下的渗碳气氛中进行的渗碳过程。一般预热、渗碳和渗后热处理都在同一真空炉中进行。真空渗碳的特点是：

（1）渗碳温度高（980~1100℃），工件表面洁净，有利于活性碳原子在表面的吸附，可加速渗碳过程。

（2）零件表面无脱碳，不产生晶界氧化，有利于提高零件的疲劳强度。

（3）可以直接将甲烷、丙烷或天然气等脉冲式通入渗碳炉内，渗碳无须添加气体装置。

（4）设备费用昂贵，碳势控制比较困难。

11.3.5 渗碳后的热处理

渗碳后热处理目的是：提高渗层表面的强度、硬度和耐磨性；提高心部的强度和韧性；细化晶粒；消除网状渗碳体和减少残留奥氏体量。常见的渗碳后采用直接淬火法或**重新加热淬火后回火**。

直接淬火法是指工件渗碳后随炉降温（或出炉预冷）到760~860℃后直接淬火的方法，如图11-13（a）所示。预冷的温度要根据零件的要求和钢的A_{r1}点的位置而定。直接淬火适用于本质细晶粒钢制作的零件。如果渗碳时表面碳浓度很高，预冷时沿奥氏体晶界析出网状碳化物，使脆性增大，则不宜采用直接淬火。图11-13（b）和（c）为渗后重新加热淬火工艺。工件在渗碳后冷却到室温接着重新将它加热到所希望的淬火温度，然后淬火。这种方法可以得到晶粒较细的组织。此外，也可以安排一次中间回火，为了避免重复加热引起变形，可进行一次或几次预热。

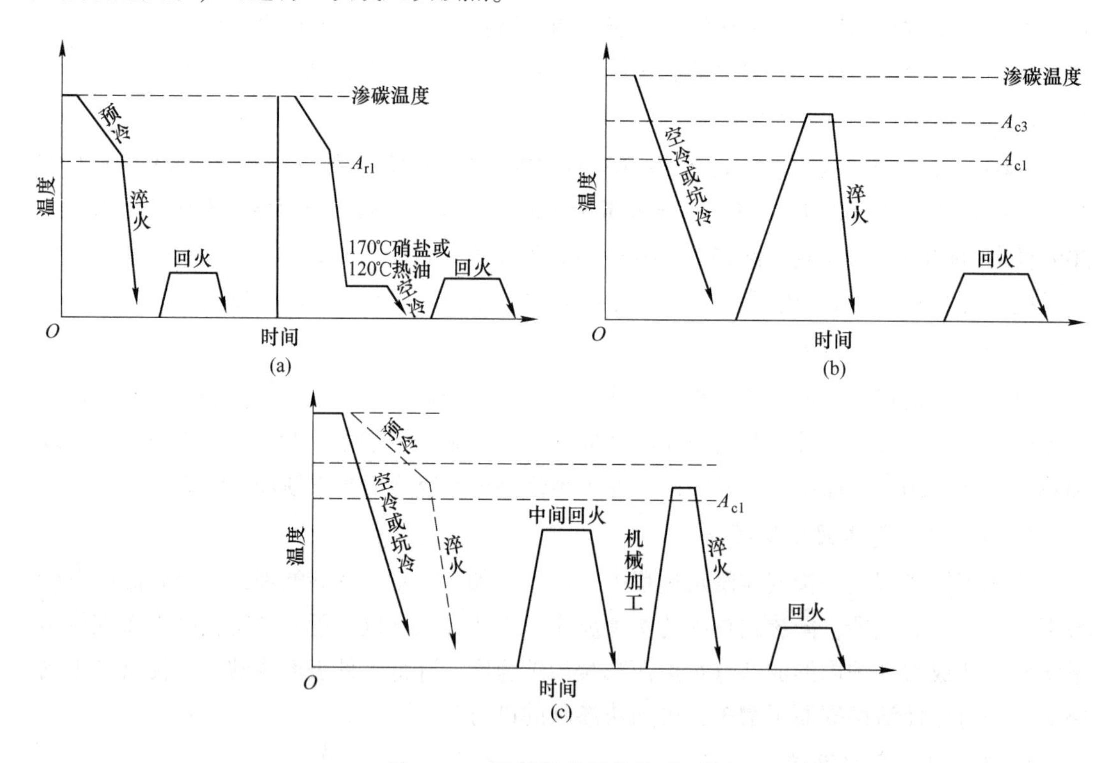

图11-13 几种渗碳后热处理工艺

（a）直接淬火；（b）重新加热淬火；（c）带有中间加热工序的重新加热淬火

渗碳零件淬火后，接着在150~250℃之间回火处理。回火后，可降低组织应力，而在最外层保持压应力。此外，回火改善了渗碳淬火零件的磨削性，降低磨削裂纹敏感性。

11.3.6 渗碳后的组织与性能

11.3.6.1 渗碳层的组织

在碳素钢渗碳时，当渗碳剂的碳势一定，在渗碳温度只可能存在单相奥氏体，其碳浓度分布曲线自表面相当于介质碳势所对应的浓度向心部逐渐降低，如图11-14（a）所示。

自渗碳温度直接淬火后，渗层组织无过剩碳化物，仅为针状马氏体加残余奥氏体，如图 11-14（b）所示。残余奥氏体量自表面向内部逐渐减少，如图 11-14（c）所示，渗层硬度符合淬火钢硬度与含碳量的关系，在高于或接近于含碳 0.6%处硬度最高，而在表面处，由于残余奥氏体较多，硬度稍低，如图 11-14（d）所示。

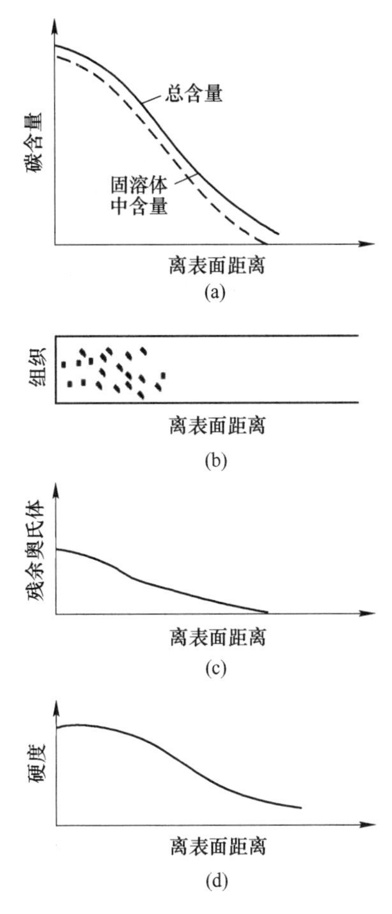

图 11-14　碳素钢渗碳后渗层碳浓度分布及组织示意图

合金钢渗碳时，渗层组织可以根据多元状态图及反应扩散过程进行分析。

在正常情况下，渗碳层在淬火后的组织从表面到心部依次为：马氏体和残余奥氏体加碳化物→马氏体加残余奥氏体→马氏体→心部组织。心部组织在完全淬火情况下为低碳马氏体；淬火温度较低的为马氏体加游离铁素体；在淬透性较差的钢中，心部为屈氏体或索氏体加铁素体。

11.3.6.2　渗碳件的性能

渗碳件的性能是渗层和心部的组织结构及渗层深度与工件直径相对比例等因素的综合反映。

A　渗碳层的组织结构

其组织结构包括渗碳层碳浓度分布曲线、基体组织、渗碳层中的第二相数量、分布及形状。渗碳层的碳浓度是提供一定渗层组织的先决条件，一般希望渗层浓度梯度平缓。为了得到良好的综合性能，表面含碳量控制在0.9%左右。渗碳层存在残余奥氏体，其降低硬度和强度。过去常把残余奥氏体作为渗层中的有害相而加以严格限制。近年来的研究表明，渗碳层中存在适量的残余奥氏体不仅对渗碳件的性能无害，而且有利。碳化物的数量、分布、大小、形状对渗碳层性能有很大影响。表面粒状碳化物增多，可提高表面耐磨性及接触疲劳强度。但碳化物数量过多，特别是呈粗大网状或条块状分布时，将使冲击韧性、疲劳强度等性能变坏。

B 心部组织对渗碳件性能的影响

渗碳零件的心部组织对渗碳件性能有重大影响。合适的心部组织应为低碳马氏体，但在零件尺寸较大、钢的淬透性较差时，也允许心部出现托氏体。

11.4 钢的氮化

11.4.1 概述

氮化是将活性氮原子渗入钢件表面层的过程，又称渗氮。钢的氮化与渗碳、中温碳氮共渗相比，具有许多优点。渗氮改变了钢铁材料在静载荷和交变应力下的强度性能、摩擦性、成型性及腐蚀性。渗氮的目的是提高零件的表面硬度、耐磨性、疲劳强度和抗腐蚀能力。因此，普遍应用于各种精密的高速传动齿轮、高精度机床主轴和丝杠、镗杆等重载工件，在交变负荷下工件要求高疲劳强度的柴油机曲轴、内燃机曲轴、气缸套、套环、螺杆等，要求变形小并具有一定抗热耐热能力的气阀（气门）、凸轮、成型模具和部分量具等。

经过氮化处理后的工件具有以下特点：

（1）钢件经氮化后，其表面硬度很高、良好的耐磨性，这种性能可以保持至600℃左右而不下降。

（2）具有高的疲劳强度和耐腐蚀性。

（3）处理温度较低（450~600℃），所引起的零件变形极小，氮化后渗层直接获得高硬度，避免淬火引起的变形。

氮化的不足之处：

（1）生产周期太长，若渗层厚度为0.5mm，则需要50h左右，渗速太慢（一般渗氮速度为0.01mm/h）。

（2）生产效率低，劳动条件差。

（3）氮化层薄而脆，氮化件不能承受太大的压力和冲击。

为了克服氮化时间长的不足，进一步提高产品质量，研究了许多氮化方法，如离子氮化、感应加热气体氮化、镀钛氮化、催渗氮化等，在不同程度上提高了效率，降低了生产成本。

11.4.2 气体氮化

气体氮化是在气体介质中进行渗氮。具有操作简单、成本低、产品质量稳定等优点被普遍应用。

11.4.2.1 铁氮状态图

由Fe-N状态图（图11-15）可见，铁和氮可以形成5种相。

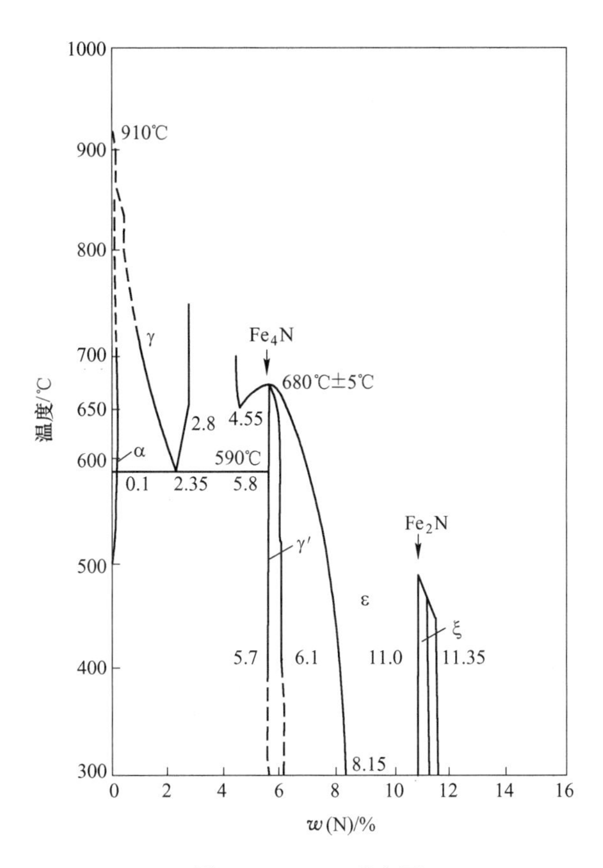

图 11-15 Fe-N 状态图

α 相是氮在 α-Fe 中的间隙固溶体。在 590℃时，氮的最大溶解度约为 0.1%（质量分数）。γ 相是氮在 γ-Fe 中的间隙固溶体。γ 相在共析温度 590℃以上存在，共析点含氮量为 2.35%（质量分数），在 650℃时氮的最大溶解度为 2.8%（质量分数）。γ′相是以 Fe_4N 为基的固溶体，面心立方点阵，含氮量在 5.7%~6.1%（质量分数）的范围内。γ′相在 680℃以上转变为 ε 相。ε 相是以 Fe_3N 为基的固溶体，密排六方点阵。ε 相的含氮量变化范围很宽，在室温下，ε 相含氮量下限为 8.15%，随着温度升高 ε 相区向低氮方向扩散，至 650℃，含氮量下限只有约 6.4%，高于 650℃，ε 相区进一步向低氮方向发展。ξ 相是以 Fe_2N 为基的固溶体，斜方点阵，含氮量为 11.0%~11.35%。ξ 相在约 500℃以上转变为 ε 相。

11.4.2.2 合金钢渗氮的组织和扩散层中的沉淀硬化

合金钢渗氮时除了表面可能形成化合物层之外，其扩散层较易腐蚀，比基体暗，而且硬度高。用透射电镜观察，可以看到扩散层出现超显微的沉淀物（图 11-16）。

钢中含与氮的亲和力较强的元素时，这些元素对扩散层的沉淀硬化过程的影响表现在两个方面。

（1）大约在 300℃以下置换型原子基本上不能扩散，只能通过淬火时效产生类似 α′或 γ′的沉淀，而不可能形成合金氮化物。

（2）随温度升高，合金元素活动能力逐渐增大，将直接参与沉淀过程。在铁合金和

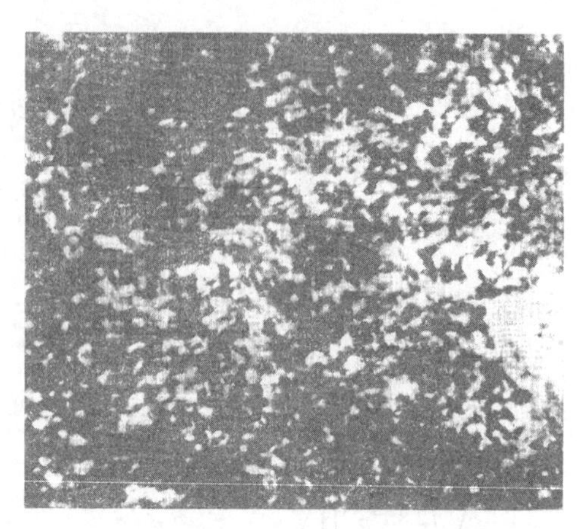

图 11-16 18Cr2Ni4WA 钢渗氮层超显微沉淀物的 TEM 明场像

合金钢的渗氮过程中，扩散层中的沉淀过程将随着温度的变化而变化。Jack 认为，铁合金渗氮时，沉淀过程的顺序通常是：

Ⅰ	→	$Ⅱ_a$	→	$Ⅱ_b$	→	Ⅲ
GP 区		α′型（bcc）		γ′型（fcc）		稳定型合金相
中间相		中间相		准平衡相		

常用的渗氮温度（约 500℃）正处在氮原子能长程扩散而置换型原子只能短程扩散（几个原子间距）的“中间温度”范围，将发生置换型原子与氮原子的偏聚。

11.4.2.3 疲劳强度

碳钢和合金钢渗氮后，疲劳强度都明显提高，缺口试样尤为明显，横截面的尺寸越小，或者结构上存在应力集中的因素越大，则渗氮提高疲劳极限的作用越明显。渗氮温度越高，疲劳极限的绝对值越低，这与残余压应力的减少和心部软化有关，渗氮零件的校直以及过深的磨削（磨削深度大于 0.05mm）都将降低其疲劳强度。

11.4.2.4 抗腐蚀性

钢渗氮后致密的化合物层在大气、潮湿空气、自来水、过热水蒸气和弱碱性溶液中有良好的抗腐蚀性，可以代替部分铜件或镀铬件，但渗氮层在酸性溶液中并不具有抗腐蚀性，这是因为 ε 相易溶解于酸，故不耐酸的腐蚀。渗氮层中 ε 相的抗腐蚀性能起主要作用。ε 相过薄或 ε 相不致密均使抗腐蚀性能降低。

11.4.3 气体氮化工艺

一般采用的氮化工艺有等温氮化（一段）、二段氮化和三段氮化。为了改善渗氮层的脆性，需要正确掌握渗氮层的氮含量，发展了可控渗氮技术。渗氮工艺不断改进，如短时渗氮、脉冲渗氮和深层渗氮等。

11.4.3.1 氮化前的处理

氮化前应进行退火、调质处理或去应力处理。

经氮化后的工件要求表面有高硬度，并具有一定深度的氮化层，有时它本身是最后一道热处理工序。工件氮化前要有均匀而细致的组织（回火索氏体），以保证工件心部有比较高的强度和良好的韧性，因此氮化工件都必须进行调质处理。

对于形状复杂的重要零件在磨削前要进行稳定化处理，即去应力退火，才能保证零件氮化后变形量符合工艺的要求。一般的工艺 550~600℃，保温 3~10h，随后缓慢冷却。

11.4.3.2　气体氮化工艺的应用

以挤压模具和纺织机械用凸轮为例，介绍渗氮工艺的制订，材料选用 38CrMoAl 钢，由于工件的表面要承受一定的压力，故要求的渗层较厚，同时心部仍具有较高的强度，以满足工作需要。图 11-17 为其工艺曲线。

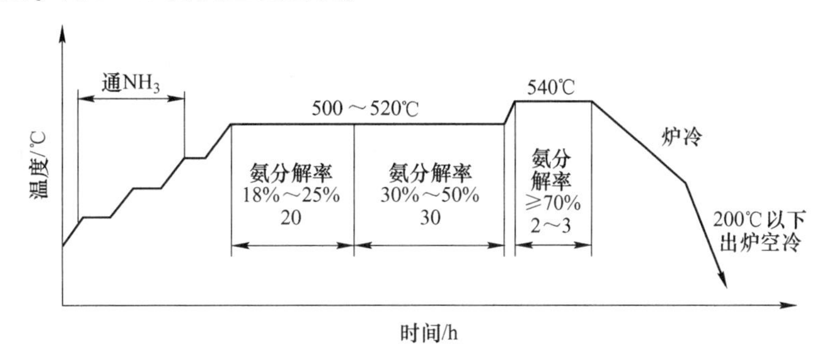

图 11-17　模具及凸轮的气体氮化工艺曲线

11.4.4　离子氮化

利用高压电场在稀薄的含氮气体中引起的辉光放电进行氮化的一种化学热处理方法，称为离子氮化，又称辉光离子氮化和离子轰击氮化，它克服了常规气体氮化工艺周期长和渗层脆等缺点，具有以下优点。

（1）渗氮速度快，与普通气体渗氮相比，可显著缩短渗氮时间，渗氮层在 0.30~0.60mm，氮化时间仅为普通气体渗氮的 1/5~1/3，缩短了氮化周期。

（2）有良好的综合性能，可以改变渗氮成分和组织结构，韧性好，工件表面脆性低，工件变形小。

（3）可节省渗氮气体和电力，减少了能源消耗。

（4）对非渗氮面不用保护，对不锈钢和耐热钢可直接处理，不用去除钝化膜。

（5）没有污染性气体产生。

（6）可以低于 500℃渗氮，也可以在 610℃渗氮，质量稳定。

因此离子氮化在国内外得到推广和应用。其缺点是存在温度均匀性等问题。

离子氮化的渗层具有良好的综合力学性能，特别容易形成单一的 γ′相，渗层表面十分致密，且具有较好的韧性，故采用气体氮化的零件均可采用离子氮化工艺，由于离子氮化工件形状对表面温度的均匀性影响较大，同一零件不同部位的形状不同，或不同形状的工件同炉氮化，会出现很大的温差，直接影响了表层的渗氮质量，故该工艺适合于形状均匀、对称的大型零件和大批生产的单一零件。

11.5　碳氮共渗

碳氮共渗是向钢的表层同时渗入碳和氮的化学热处理过程。碳氮共渗可以在气体介质中进行，也可在液体介质中进行。因为液体介质的主要成分是氰盐，故液体碳氮共渗习惯又称作氰化。

碳氮共渗的目的是，对低碳结构钢、中碳结构钢和不锈钢等进行碳氮共渗，为了提高其表面硬度、耐磨性及疲劳强度，进行820~850℃碳氮共渗；对于中碳调质钢则在570~600℃温度进行碳氮共渗，可提高其耐磨性及疲劳强度，而对于高速钢在550~560℃碳氮共渗的目的是进一步提高其表面硬度、耐磨性及热稳定性。

根据碳氮共渗温度的不同，可以把碳氮共渗分为3种：高温（900~950℃）、中温（700~880℃）和低温（500~600℃）。中温碳氮、低温碳氮共渗使碳、氮同时渗入工件层，大多用于结构钢耐磨工件，低温碳氮共渗最初在中碳钢中应用，以渗氮为主，主要是提高其耐磨性及疲劳强度，而硬度提高不多（在碳素钢中），故又谓之软氮化。

11.5.1　碳和氮同时在钢中扩散的特点

同时将碳和氮渗入钢中，在渗入的过程中，至少是三元系状态图问题，故应以Fe-N-C三元状态图为依据。在这里重要讲述一些C、N二元共渗的一些特点。

11.5.1.1　共渗温度不同，共渗层中碳氮含量不同

氮含量随着共渗温度的提高而降低，而碳含量则随着共渗温度的升高，先增加，至一定温度后反而降低。渗剂的增碳能力不同，达到最大碳含量的温度也不同，如图11-18所示。

11.5.1.2　碳、氮共渗时碳氮元素相互对钢中溶解度及扩散深度有影响

由于N是扩大γ相区的元素，且降低A_{c3}点，因而能使钢在更低的温度下增碳。如氮元素渗入浓度过高，在表面会形成碳氮化合物相，因而氮又阻碍了碳原子的扩散。碳降低氮在α、ε相中的扩散系数，所以碳减缓氮的扩散。

11.5.1.3　碳氮共渗过程中碳对氮的吸附有影响

碳氮共渗过程可分为两个阶段：第一阶段，共渗时间较短（1~3h），碳和氮在钢中的渗入情况相同；若延长共渗时间，出现第二阶段，此时碳继续渗入而氮不仅不从介质中吸收，反而使渗层表面部分氮原子进入到气体介质中去，表面脱氮，分析证明，这时共渗介质成分有变化，可见是由于氮和碳在钢中相互作用的结果。

11.5.2　液体碳氮共渗

液体碳氮共渗是采用含氰化物的盐浴作为共渗介质，利用氰化盐分解产生的活性碳、氮原子渗入到金属的表层，因此液体碳氮共渗也称氰化。

液体碳氮共渗的渗剂通常由KCN(NaCN)、K_2CO_3(Na_2CO_3)以及KCl(NaCl)3种物质组成，其中KCN是产生活性碳原子，NaCl和Na_2CO_3用来控制盐浴的熔点及调节流动性。生产中常用的液体碳氮共渗盐浴成分30%NaCN+40%Na_2CO_3+30%NaCl。熔点为605℃，使用温度在760~870℃之间。

加热时，NaCN与空气和盐浴中的氧作用，产生氰酸钠：

$$2NaCN + O_2 \longrightarrow 2NaCNO$$

氰酸钠并不稳定，继续被氧化和自身分解，产生活性碳、氮原子：

$$2NaCNO + O_2 \longrightarrow Na_2CO_3 + CO + 2[C]$$
$$4NaCNO \longrightarrow Na_2CO_3 + CO + 2[N] + 2NaCN$$
$$2CO \longrightarrow CO_2 + [C]$$

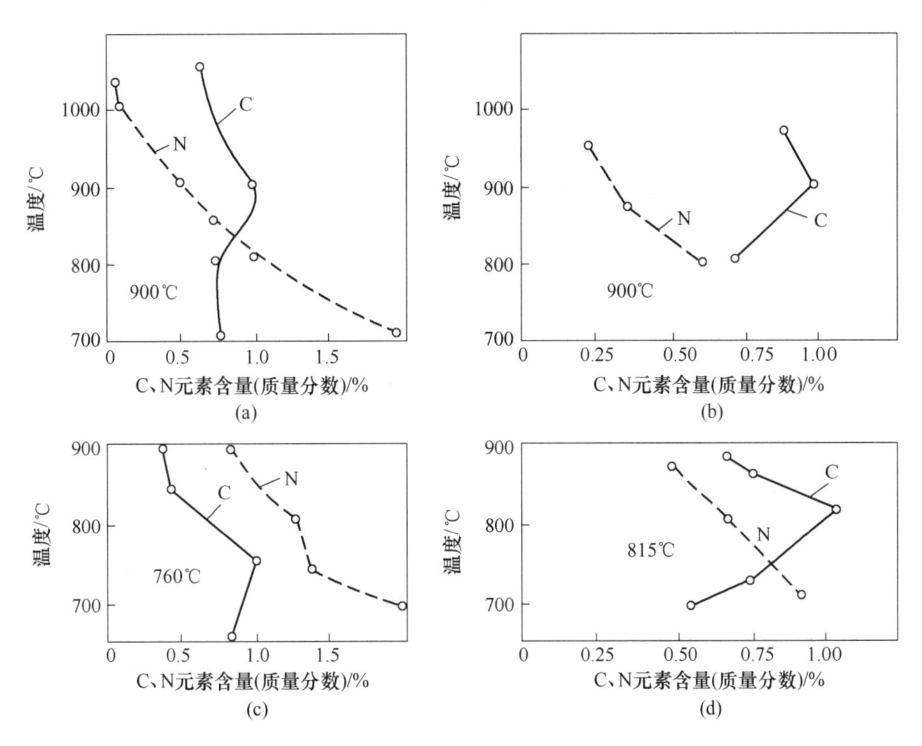

图 11-18 碳氮元素含量与共渗温度的关系

（a）在 50%CO+50%NH_3 中共渗；（b）23%~27%NaCN 盐浴中；

（c）50%NaCN 盐浴中；（d）30%NaCN+8.5%NaCNO+25%NaCl+36.5%Na_2CO_3 盐浴中

（在深度为 0.075~0.15mm 表层内）

由以上反应可以看出，盐浴的活性直接决定于 NaCNO 含量。新配置的盐浴熔化后，不能立即使用，必须停留一段时间，使一部分 NaCN 氧化为 NaCNO。

适量的碳酸钠在盐浴中与氰化钠发生下列反应，起催化作用：

$$2NaCN + Na_2CO_3 \longrightarrow 2Na_2O + 2[C] + CO$$

当碳酸钠含量超过限度后，将发生以下反应，生成大量二氧化碳，将会阻碍渗碳。因而对碳酸钠的含量必须控制：

$$2NaCN + 6Na_2CO_3 \longrightarrow 7Na_2O + 2[N] + 5CO + 3CO_2$$

在使用过程中，氰化盐浴的成分会发生变化的。要保持盐浴具有活性，必须定期添加新盐，更新盐浴，以调整盐浴中各组元的比例。

氰化层中的氮、碳含量随工艺温度不同而不同，温度升高，氰化层中的氮含量不断下降，而碳含量不断增加。最常用的氰化温度为 820~870℃。低于这个温度，盐浴的流动性太差；高于这个温度，则盐浴剧烈蒸发。

为了解决氰盐的剧毒与价格昂贵的问题，国内研制了以尿素和碳酸盐为原料的无毒液体碳氮共渗剂，其反应原理如下：

$$3(NH_2)2CO + Na_2CO_3 \longrightarrow 2NaCNO + 4NH_3 + 2CO_2$$

其中氨气继续分解，产生氮原子；氰酸钠则分解出活性氮原子和一氧化碳。这种盐浴成分的稳定性比较差，经常需要调整。采用的原料虽然无毒，但反应的产物 NaCN 是有毒的，仍应注意消毒。

11.5.3　气体碳氮共渗

目前气体碳氮共渗的渗剂分为渗碳介质加氨气和含有碳氮元素的有机化合物。

（1）提供碳的渗碳剂是以丙烷富化的吸热式气体；氮由氨气提供。碳氮共渗时，将上述两种气体按比例同时通入炉罐，发生渗碳和渗氮反应：

$$NH_3 + CH_4 \longrightarrow HCN + 3H_2$$

$$NH_3 + CO \longrightarrow HCN + H_2O$$

生成的 HCN（氰化氢）在工件表面分解产生活性碳、氮原子：

$$2HCN \longrightarrow H_2 + 2[C] + 2[N]$$

活性碳、氮原子被工件表面吸收并向内部扩散，形成共渗表层。调整和控制炉气中的碳势与氮势，就能控制渗层的质量。

（2）直接滴注含有碳氮元素的有机液体，如三乙醇胺、尿素的甲醇溶液等。

三乙醇胺是一种暗黄色黏稠液体，在高温下发生热分解反应：

$$(C_2H_4OH)_3N \longrightarrow 3CO + NH_3 + 3CH_4$$

尿素 $(NH_2)_2CO$ 的甲醇溶液（最大溶解度为 20%）也可以作为共渗介质，直接滴入炉内。

尿素和甲醇在高温下发生分解反应：

$$(NH_2)_2CO \longrightarrow CO + 2H_2 + 2[N]$$

$$CH_3OH \longrightarrow CO + 2H_2$$

目前以三乙醇胺、甲醇及尿素的混合液为共渗剂，其配比为：三乙醇胺 1L+甲醇 1L+尿素 360g，共渗时发生如下反应：

$$N(C_2H_4OH)_3 \longrightarrow CH_4 + CO + HCN + 3H_2$$

$$CH_4 \longrightarrow 2H_2 + [C]$$

$$2CO \longrightarrow CO_2 + [C]$$

$$2HCN \longrightarrow H_2 + 2[C] + 2[N]$$

A　共渗温度

提高共渗温度使共渗介质的活性和扩散系数增加，有利于共渗速度的加快。

共渗温度还影响渗层的碳氮浓度，渗层的氮含量随着温度的升高而下降。高温碳氮共渗，以渗碳为主；低温碳氮共渗，以渗氮为主。在选择共渗温度时要综合考虑共渗速度，渗层质量与变形量等因素。目前碳氮共渗温度一般选择在 820~880℃ 范围内。温度太高，渗层中氮含量太少，基本属于渗碳，而且容易过热，工件变形较大。温度太低，不仅共渗速度减慢，而且表层的氮含量又会过高，在渗层中容易形成脆性的高氮化合物，使渗层变脆。

B　共渗时间

共渗时间的长短主要取决于共渗层深度、共渗温度和钢种。此外，共渗剂的成分和流量以及装炉量也有一定的影响。温度确定后，渗层深度与时间程抛物线规律，即：

$$X = K\sqrt{\tau}$$

式中，X 为渗层深度，mm；τ 为共渗时间，h；K 为常数。

共渗系数 K 与共渗温度、共渗介质和钢种有关，可以通过实验测得，然后根据所要求的共渗层深度利用上式计算出共渗时间。表 11-4 列出常用钢种的 K 值。

表 11-4 常用钢种的 *K* 值

钢　　种	K 值	共渗温度/℃	共渗介质
20Cr	0.30	850~870	氨气 0.05m^3/h，液化气 0.1m^3/h
18CrMnTi	0.32	850~870	保护气，装炉后 20min 内 5m^3/h
40Cr	0.37	860~870	20min 后 0.5m^3/h
20	0.28	860~870	液化气 0.15m^3/h，其余同上
18CrMnTi	0.315	840	氨气 0.42m^3/h，保护气 7m^3/h
20MnMoB	0.345	840	渗碳气（CH_4）0.28m^3/h

实际生产中，工件出炉前必须观察试棒，检查渗层深度。

C　碳氮共渗后的热处理

一般可以采用共渗后直接淬火加低温回火。一般零件采用油淬，也可以采用分级淬火，在 180~200℃的热油或碱浴（63%KOH+37%NaOH）中停留 10~15min，然后空冷至室温。淬火后低温回火，回火温度大约为 180~260℃。有时为了减少残余奥氏体的含量，可以在直接淬火后，低温回火前，进行冷处理。

D　碳氮共渗层的组织与性能

a　共渗层的组织和性能

一般中温碳氮共渗直接淬火后表面金相组织为含碳氮的马氏体，少量的碳氮化合物和残余奥氏体，向里组织基本不变，但残余奥氏体量增加，心部组织决定于钢的成分与淬透性，具有低碳或中碳马氏体或贝氏体等组织。

渗层中的碳氮化合物的相结构与共渗温度有关，800℃以上，基本上是含氮的合金渗碳体 $Fe_3(C、N)$；800℃以下由含氮渗碳体 $Fe_3(C、N)$、含碳 ε 相 $Fe_{2\sim3}(C、N)$ 及 γ' 相组成。

处理后工件的硬度取决于共渗层组织。马氏体与碳氮化合物的硬度高，残余奥氏体的硬度低。氮增加了固溶强化的效果，共渗层的最高硬度值比渗碳高。但是，共渗层的表面硬度却稍低于次层。这是由于碳氮元素的综合作用而使 M_s 点显著下降，残余奥氏体增多。

碳氮共渗还可以显著提高零件的弯曲疲劳强度，提高幅度高于渗碳。这是由于当残余奥氏体量相同时，含氮马氏体的比体积大于不含氮的马氏体，共渗层的压应力大于渗碳层。

b　碳氮共渗层中的组织缺陷

如果碳氮含量过高时，渗层表面会出现密集粗大条块状的碳氮化合物，使渗层变脆。如果共渗层中碳氮化合物过量并集中与表层壳状，则脆性过大，几乎不能承受冲击，再喷丸及碰撞时就可能剥落。产生这种缺陷的主要原因在于共渗温度偏低，氨的供应量过大，过早地形成化合物，碳氮元素难以向内层扩散。这是必须防止的缺陷。如果氮含量过高时，表面还会出现空洞，在未腐蚀的金相式样上能清楚地看到这种缺陷。碳氮共渗的组织缺陷还可能存在，残余奥氏体量过多、影响表面硬度、耐磨性与疲劳强度。

11.5.4 氮碳共渗（软氮化）

软氮化实质上是以渗氮为主的低温碳氮共渗，钢中除了氮原子的渗入，同时，还有少量的碳原子渗入，其处理结果与前述一般气体氮相比，渗层硬度较低，脆性较小，故称为软氮化。

软氮化方法分为气体软氮化和液体软氮化两大类。目前国内生产中应用最广泛的是气体软氮化。气体软氮化是在含有碳、氮原子的气氛中进行低温氮、碳共渗，常用的共渗介质有尿素、甲酰胺和三乙醇胺，它们在软氮化温度下发生热分解反应，产生活性碳、氮原子。活性碳、氮原子被工件表面吸收，通过扩散渗入工件表层，从而获得以氮为主的碳氮共渗层。

钢经软氮化后，表面最外层可获得几微米至几十微米的白层，它是由 ε 相、γ′相和含氮的渗碳体 $Fe_3(C, N)$ 所组成，次层为 0.3～0.4mm 的扩散层，它主要是由 γ′相和 ε 相组成。

化合物层的性能与碳、氮含量有很大关系。含碳量过高，虽然硬度较高，但接近于渗碳体性能，脆性增加；含碳量低，含氮量高，则趋向于纯氮相的性能，不仅硬度降低，脆性也反而提高。因此，应该根据钢种及使用性能要求，控制合适的碳、氮含量。氮碳共渗后应该快冷，以获得过饱和的固溶体，造成表面残余压应力，可显著提高疲劳强度。氮碳共渗后，表面形成的化合物层也可显著提高抗腐蚀性能。

软氮化具有以下特点：

（1）共渗温度低，时间短，工件变形小。

（2）工艺不受钢种限制，碳钢、低合金钢、工模具钢、不锈钢、铸铁及铁基粉末冶金材料均可进行软氮化处理。工件经软氮化后的表面硬度与氮化工艺及材料有关。

（3）能显著地提高工件的疲劳极限、耐磨性和耐腐蚀性。在干摩擦条件下还具有抗擦伤和抗咬合等性能。

（4）由于软氮化层不存在脆性 ξ 相，故氮化层硬而具有一定的韧性，不容易剥落。

因此，目前生产中软氮化已广泛应用于模具、量具、高速钢刀具、曲轴、齿轮、气缸套等耐磨工件的处理。

气体软氮化目前存在问题是表层中铁氮化合物层厚度较薄（0.01～0.02mm），且氮化层硬度梯度较陡，故重载条件下工作的工件不宜采用该工艺。另外，要防止炉气漏出污染环境。

11.6 渗 金 属

渗金属是使一种或多种金属原子渗入金属工件表层的化学热处理工艺。根据所用渗剂聚集状态不同，可分固体法、液体法及气体法。

将金属工件放在含有渗入金属元素的渗剂中，加热到一定温度，保持适当时间后，渗剂热分解所产生的渗入金属元素的活性原子便被吸附到工件表面，并扩散进入工件表层，从而改变工件表层的化学成分、组织和性能。与渗非金属相比，金属元素的原子半径大、不易渗入、渗层浅，一般须在较高温度下进行扩散。金属元素渗入以后形成的化合物或钝化膜，具有较高的抗高温氧化能力和抗腐蚀能力，能分别适应不同的环境介质。

11.6.1 固体法渗金属

最常用的是粉末包装法，把工件、粉末状的渗剂、催渗剂和烧结防止剂共同装箱、密封、加热保温扩散而得。渗剂是含有渗入元素的各种铁合金粉粒，如铝铁粉、铬铁粉等，它们提供铝或铬原子。用氧化铝粉、高岭土或耐火黏土作为烧结防止剂，用以防止渗剂和工件黏结。催渗剂一般用 NH_4Cl。渗金属的加热温度要更高点（一般 950~1050℃）和较长的保温时间。这种方法的优点是操作简单，不需要特殊设备，小批生产应用较多。此法可以渗铬、渗铝、渗钛、渗锌、渗钒等。缺点是生产效率低，劳动条件差，渗层有时不均匀，质量不容易控制等。

固体渗铬，渗剂为 100~200 目铬铁粉（含 Cr 65%）（40~60)%+NH_4Cl（12~3)%，其余为 Al_2O_3。工件埋入装有渗铬剂的渗箱内，箱盖用耐火泥密封，然后放置于热处理炉中加热，加热到 1050℃的渗铬温度时，渗剂与工件发生如下反应：

$$2NH_4Cl \longrightarrow HCl + H_2 + N_2$$

$$HCl + Cr \longrightarrow CrCl_2 + H_2$$

当 $CrCl_2$ 与被渗工件表面接触时，通过发生化学反应，在被渗工件表面沉积出活性 Cr 原子，并向工件内部扩散。反应为：

$$CrCl_2 \longrightarrow Cr + Cl_2$$

$$CrCl_2 + H_2 \longrightarrow Cr + HCl$$

$$CrCl_2 + Fe \longrightarrow Cr + FeCl_2$$

11.6.2 液体法渗金属

液体渗金属可分两种，一种是盐浴法，一种是热浸法。目前最常用的盐浴法渗金属是日本丰田汽车公司发明的 T. D. 法。它是在熔融的硼砂浴中加入被渗金属粉末，工件在盐浴中被加热，通过悬浮在熔盐中的欲渗入金属原子与被渗金属相互作用形成渗层，或者渗剂中反应还原出的金属原子在工件表面吸附、扩散渗入工件表面。

该种方法的优点是操作简单，可以直接淬火；缺点是盐浴有比重偏析，必须在渗入过程中不断搅动盐浴。另外，硼砂的 pH 值为 9，有腐蚀作用，必须及时清洗工件。

热浸法渗金属是较早应用的渗金属工艺，典型的例子是渗铝。其方法是：把渗铝零件经过除油去锈后，浸入（780±10)℃熔融的铝液中经 15~60min 后取出，此时在零件表面附着一层高浓度铝覆盖层，然后将工件放到加热炉内，加热到 950~1050℃温度下保温 4~5h，让表层的铝原子渗入到工件表层。为了防止零件在渗铝时铁的溶解，在铝液中应加入 10%左右的铁。

11.7 渗　　硼

将钢的表面在高温下渗入硼元素以获得铁的硼化物的工艺称为渗硼。渗硼能显著提高钢件表面硬度（HV1300~2000）和耐磨性，以及具有良好的红硬性及耐蚀性和抗氧化性，故获得了很快的发展。

11.7.1 渗硼的方法

渗硼可根据渗剂不同分为固体渗硼、气体渗硼、膏剂渗硼、电解盐浴渗硼和非电解盐浴渗硼 5 种。但由于气体渗硼采用的乙硼烷或三氯化硼气体，乙硼烷不稳定且易爆炸，三氯化硼有毒，又易不解，因此未被采用。现在生产上主要采用的是固体渗硼和盐浴渗硼。

11.7.1.1 固体渗硼

目前最常用渗硼剂的是：5%KBF_4+5%B_4C+90%SiC+Mn-Fe。其中 B_4C 是提供活性 B 原子，KBF_4 是催渗剂，SiC 是填充剂，Mn-Fe 则起到使渗剂渗后松散而不结块的作用。将这些物质的粉末和工件均装入耐热钢板焊成的箱内，工件以一定的间隔（20~30mm）埋入渗剂内，盖上箱盖，在 900~1000℃的温度保温 1~5h 后，出炉随箱冷却即可。

11.7.1.2 盐浴渗硼

常用硼砂作为渗硼剂和加热剂，再加入一定的还原剂，如 SiC，以分解出活性硼原子。为了增加熔融硼砂浴的流动性，还可加入氯化钠、氯化钡或盐酸盐等助熔盐类，其反应为：

$$Na_2B_4O_7 + SiC \longrightarrow Na_2O \cdot SiO_2 + CO_2 + O_2 + 4[B]$$

生成的活性硼原子被工件表面吸附，扩散到内部与 Fe 形成 Fe_2B 或 FeB。

常用的盐浴成分有下列 3 种：

（1）60%硼砂+40%碳化硼或硼铁；

（2）50%~60%硼砂+40%~50%SiC；

（3）45%BaCl+45%NaCl+10%B_4C 或硼铁。

盐浴渗硼同样具有设备简单，渗层结构易于控制等优点。但有盐浴流动性差，工件粘盐难以清理等缺点。为了降低盐浴的熔点、改善盐浴的流动性和提高渗硼的速度，在盐浴中加入了氯化钠、碳酸钠等中性盐。一般盐浴渗硼温度采用 950~1000℃，渗硼时间根据渗层深度要求而定，一般不超过 6h。因为时间过长，不仅渗层增深缓慢，而且使渗硼层脆性增加。

11.7.2 渗硼后的热处理

对心部强度要求较高的渗硼件，在渗硼后还需进行热处理。由于 FeB 相、Fe_2B 相和基体的线膨胀系数相差较大，在热处理工程中，基体发生相变，而硼化物不发生相变。因此渗硼层容易出现微裂纹和崩落现象。这就要求热处理时尽可能采用较缓和的淬火介质，并且淬火后应及时进行回火。

11.7.3 渗硼层的组织性能

从铁硼系相图（图 11-19）可知，硼渗入到工件表面后，很快就形成硼化物 Fe_2B，再进一步渗入 B 则形成硼化物 FeB。随着硼原子的渗入，硼化物的不断长大，并逐渐连接成致密的硼化物层。渗硼层组织自表面至中心只能看到硼化物层，如浓度较高，则表面为 FeB，其次为 Fe_2B，呈梳齿状楔入基体，扩散区和基体（图 11-20）。当渗硼层由 FeB 和 Fe_2B 两相构成时，在它们之间将产生应力，在外力（特别是冲击载荷）作用下，极易产生裂缝而剥落。

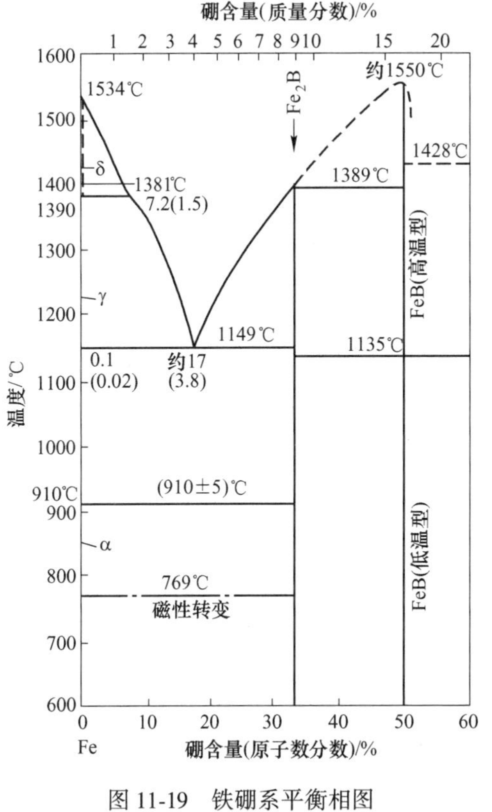

图 11-19 铁硼系平衡相图

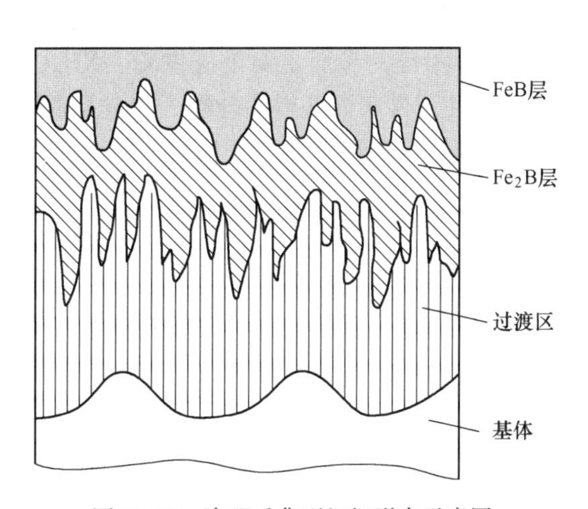

图 11-20 渗硼后典型组织形态示意图

渗硼后的工件具有比渗碳、碳氮共渗高的耐磨性，较高的抗氧化及热稳定性，又具有较高耐浓酸（HCl，H_3PO_4，H_2SO_4）腐蚀能力及良好的耐 10%食盐水和苛性碱水溶液的腐蚀，但耐大气及水的腐蚀能力较差。

11.8 其他化学热处理

11.8.1 渗硫

渗硫（硫化），在含硫介质中加热，使工件表面形成以 FeS 为主的化合物层的化学热处理工艺。渗硫的主要目的是使摩擦时不会产生“咬合”现象，即改善了零件的抗“咬合”能力，降低了摩擦系数，使能在不提高表面硬度的条件下增加耐磨性。

按照渗硫温度不同，可以分为高温渗硫（850~930℃）、中温渗硫（500~600℃）及低温渗硫（180~220℃）。渗硫的方法主要有 4 种，分别是液体渗硫、固体渗硫和气体渗硫等。

低温电解渗硫生产周期短，设备简单。因此。低温电解渗硫应用很广。

低温电解渗硫工艺：渗硫的浴液是由 KSCN（75%）与 NaSCN（25%）组成，加热到 180~190℃ KSCN 与 NaSCN 离子化，其反应为：

$$KSCN \longrightarrow K^+ + SCN^-$$

$$NaSCN \longrightarrow Na^+ + SCN^-$$

电解渗硫时，正极与工件相接，负极与坩埚相接，电极上发生的反应为：

阴极反应：　$SCN^- + 2e^- \longrightarrow S^{2-} + CN^-$

阳极反应：　$Fe \longrightarrow Fe^{2+} + 2e^-$　　$Fe^+ + S \longrightarrow FeS$

阳极反应生的 FeS 就沉积在工件的表面。

11.8.2　渗硅

将钢铁制件放入含硅的介质（如硅铁粉或含有四氯化硅的气体）中加热，新生的活性硅渗入钢铁表层，使其表面具有耐热性和耐酸性。

固体渗硅的渗剂主要是硅铁粉、NH_4Cl 和少量的石墨组成，加热到 1050℃，保温到 3~5h，使工件表面获得渗硅层。渗硅层是 Si 在 α-Fe 中的固溶体，呈柱状组织。渗硅层具有耐海水、盐酸、硝酸和硫酸的耐蚀性，特别对盐酸的耐蚀性更强。

11.8.3　辉光放电离子化学热处理

利用稀薄气体的辉光放电现象加热工件表面和电离化学热处理介质，使之实现在金属表面渗入欲渗元素的工艺称为辉光放电离子化学热处理，简称离子化学热处理。因为在主要工作空间内是等离子体，故又称等离子化学热处理。

采用不同成分的放电气体，可以在金属表面渗入不同的元素。和普通化学热处理相同，根据渗入元素的不同，有离子渗碳、离子渗氮、离子碳氮共渗、离子渗硼、离子渗金属等。其中离子渗氮已在生产中广泛地应用。

复习思考题

11-1 什么是化学热处理，主要目的是什么？

11-2 什么是碳势，如何测量碳势？

11-3 何为渗碳，渗碳的目的是什么？主要用于哪些钢？

11-4 画出 38CrMoAlA 钢制磨床主轴等温渗氮的工艺曲线，为什么要在最后进行退氮处理？

11-5 写出 20Cr2Ni4A 钢重载渗碳齿轮的冷、热加工工学安排，并说明热处理工序所起的作用。

12 热处理变形开裂及防止方法

钢件热处理时，由于加热和冷却的不均匀，相变的不等时性，以及组织结构的不均匀性，必然会使钢件内部产生热处理应力，从而导致钢件的变形，以致开裂。本章根据不同类型的热处理应力作用，阐述热处理变形和开裂的一般规律。

12.1 热处理变形

12.1.1 热歪扭和相变歪扭

零件热处理过程中经常产生变形、歪扭畸变及体积变化，通常称为热处理变形。除了热处理引起钢件微小的体积变化外，变形方式主要是歪扭或称翘曲，按照歪扭的成因，可分为：热歪扭和相变歪扭。

12.1.1.1 热歪扭（翘曲）

零件在加热和冷却过程中，由于内部温度分布不均匀而产生热应力。当此热应力超过材料在相应温度下的弹性极限时，则产生热歪扭，于热处理后残留下来并形成永久变形。同时，残余应力还造成弹性歪扭。两者均称为热歪扭。

对弹性极限低和导热性差的材料来说，加热速度、冷却速度越大，则温度分布不均匀程度越大，热歪扭越严重。

12.1.1.2 相变歪扭（翘曲）

热处理时伴有比体积的变化，则必然产生体积变化的变形。图 12-1 是 0.97% C 钢淬火为马氏体后，慢慢加热时的回火膨胀曲线，在大于 100℃收缩（析出碳化物），230℃附近膨胀（残留奥氏体分解），300℃附近又发生收缩（正方度 $c/a \to 1$）。这是由于马氏体回火时，析出渗碳体，马氏体的正方度逐渐变为 1 的缘故。马氏体、渗碳体、铁素体的比体积不同，因而引起体积和尺寸变化。

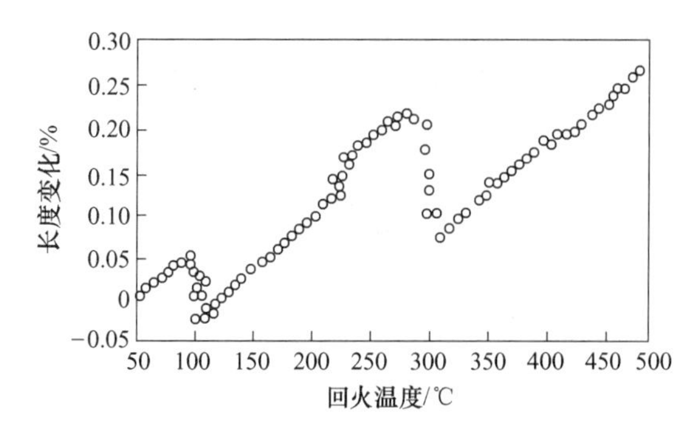

图 12-1 0.97% C 钢的回火膨胀曲线

除了热歪扭和相变歪扭外，还有自重变形，自重变形是指钢材在炉中的放置、堆积、出炉方法不当时，因自重而产生的往往是非常大的变形。

12.1.2　热处理变形的原因

引起热处理变形的因素颇多，总括起来，基本上有 3 点：

（1）固态相变时，各相比体积的变化必然引起体积的变化，造成零件的胀与缩的尺寸变化；

（2）热应力，包括急热热应力和急冷热应力，当它们超过零件在该温度下所具有的屈服极限时，将使零件产生塑性变形，造成零件的形状变化，即歪扭，或称为畸变；

（3）组织应力也引起形状的改变，即相变歪扭。

一般来说，淬火工件的变形总是由于以上的 2 种或 3 种因素综合作用的结果。但究竟哪一个因素对变形的影响较大，则需要具体情况作具体的分析。

体积变化是由相变时比体积的改变而引起的。马氏体的比体积比钢的其他组成相的要大，热处理时钢由其他组成相转化为马氏体时，必然引起体积的增加。而奥氏体的比体积要比钢的其他组织比体积要小，在热处理时由其他组成相转变为奥氏体时，则引起体积的减小。

关于形状的变化，歪扭或称畸变，主要是由于内应力或者外加应力作用的结果。在加热、冷却过程中，因工件各个部位的温度有差别，相变在时间上有先后，发生的组织转变不一致，而造成内应力。这种内应力一旦超过了该温度下材料的屈服极限，就产生塑性变形，引起形状的改变。此外工件内的冷加工残余应力在加热过程中的松弛，以及由于加热时受到较大的外加应力也会引起形状的变化。

在热处理时可能引起体积变化和形状变化的原因见表 12-1。表中“体积变化原因”一栏未列入因热胀冷缩现象而产生的体积变化，钢由淬火加热温度到零下温度进行冷处理，均随温度的变化而有相应的体积变化，因热胀冷缩而引起的体积变化不均匀乃是热应力产生的原因，而且对变形有相当的影响。

表 12-1　热处理可能引起体积变化和形状变化的原因

热处理工艺	操作顺序	体积变化原因	形状改变原因
淬火	加热到奥氏体化温度并保温	奥氏体的形成，碳化物的溶解	残余应力的松弛，热应力、外加应力
	冷却	马氏体的形成，非马氏体转变产物的形成	热应力、组织应力
冷处理	过冷到 0℃ 以下并保温和回到室温	马氏体量增加	热应力、组织应力
回火	加热到回火温度并保温	马氏体的分解及转变，残留奥氏体分解	应力的松弛，热应力、组织应力
	回火冷却	残留奥氏体的转变	热应力、组织应力

12.1.3　热处理变形的控制

控制、减少、防止热处理变形，是生产中长期以来十分重视的问题。生产经验证明，要减少并控制热处理畸变，不仅需要在热处理工艺和操作方面采取有效的措施，而且还要在零件生产各个环节严格要求及合理配合，才能取得满意的效果。

12.1.3.1　材料的选择

越是使用冷却能力强的冷却剂，冷却速度越不均匀，则越容易产生较大内应力，引起工件变形。所以，选择淬透性好的钢，并以油冷、空冷实现硬化，则变形小。但是如无必要将内部淬硬时，选择淬透性小的钢，仅将其表面层淬火硬化，心部不淬硬，从而达到减小和控制变形的目的也是可以的。

马氏体的含碳量越高，尺寸变化和变形都越大。因此可根据需要，选择低碳马氏体加分散碳化物来提高硬度的钢种，同时有效地利用含有比体积小的残留奥氏体。但是这种场合，存在着硬度和时效变形问题。

将具有带状组织的钢材淬火将出现方向性。用具有明显带状组织的低碳钢及低碳合金钢淬火，则顺纤维方向产生伸长的变形。模具钢和其他工具钢具有带状组织时，淬火则出现方向性，不容易均质化。关于这种合金工具钢淬火歪扭的方向性已明了两点：含 C，Cr 非常多的 Cr12、Cr12W3、Cr12MoV 钢其膨胀在纤维方向大，原因是在延伸方向上排列着许多碳化物。

变形大小首先取决于钢材，因而选用钢材是否得当，对工件热处理时是否较大变形有很大影响。例如，图 12-2 为 T10 钢制模具，淬火时型腔 *A* 处不易淬硬，需采用剧烈的冷却介质，但变形较大。改用高淬透性的 CrWMn 钢或 9Mn2V 钢制造，则可使变形在允许范围内。

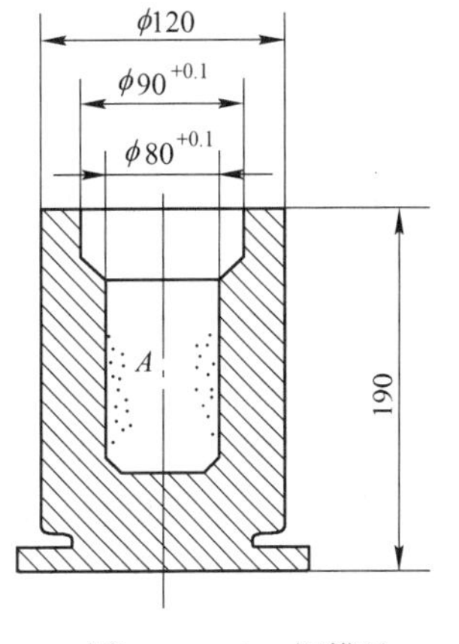

图 12-2　T10 钢模具
（单位：mm）

12.1.3.2　冷却方式的选择

冷却方式对淬火变形有较大的影响，一般采用均匀冷却的方法。

相变引起的尺寸变化能够因钢材的合理选择而变小。但是，当钢种若已选定时，则由此而产生的热处理尺寸变化是不可避免的。在实际淬火操作中，主要是因钢件各部位不同时发生相变而产生的变形、开裂及热歪扭。

为了缩小各部位马氏体化时间上的错开，采用在出现屈氏体组织附近的温度范围实行急冷，而在 M_s 点以下实行缓冷的方法较好。淬火冷却剂使用水时，则在 M_s 点以下冷却速度较大，则变形大。要在 M_s 点以下实行缓冷，最好采用油中淬火，空气中冷却。水中急冷后，估计达到 M_s 点附近温度的时间，即从水中取出，移入油中，吹风冷却，空冷等。这里关键是控制淬火移入油中的时间。

等温淬火或者分级淬火对于减轻变形尤其有效。图 12-3 表示了 0.95%C、0.30%Si、1.20%Mn、0.50%W、0.5%Cr、0.20%V 的高碳工具钢的形状和尺寸，从 845℃冷却到 60℃的油中淬火，在 204℃等温淬火及 246℃等温淬火，将这些处理的零件均回火到硬度 (HRC) 为 63~64 后，测定尺寸变化，其结果表示在图中。淬火液均剧烈搅动。从中可见等温淬火是非常有效的。同样，在等温淬火中有利于进行矫正歪扭。

冲裁模的尺寸精度要求很高，凸模和凹模的间隙配合严格，对于获得高质量冲压件非常重要。因此要严格控制冲裁模的热处理畸变。Cr12MoV 钢的特点是淬火前后的比体积

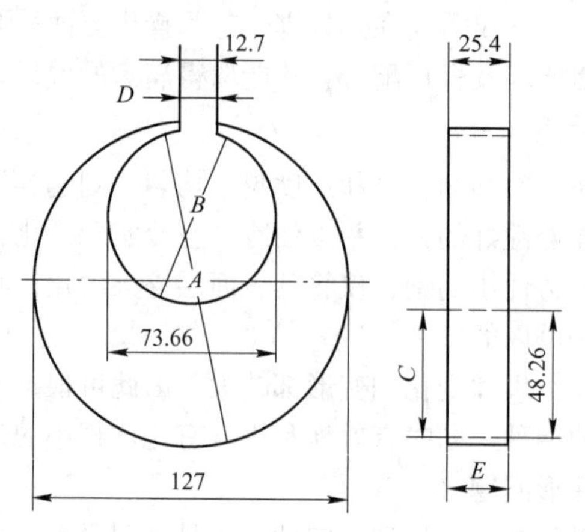

热处理方法	尺寸变化/mm				
	A	*B*	*C*	*D*	*E*
60℃油中淬火	0.21	0.24	0.20	0.6	0.08
204℃盐浴分级	0.13	0.15	0.12	0	0.02
246℃盐浴分级	0.11	0.08	0.002	−0.05	0.02

图 12-3 油中淬火及等温淬火时的歪扭（单位：mm）

之差相差甚微。但是淬火冷却容易形成较大的内应力引起畸变。为了减少畸变采用缓慢的冷却方式，两次分级等温，即加热到 1030℃，然后在 300～380℃ 等温（0. 2～0. 3min/mm），再取出转入 160～180℃ 等温（0. 2～0. 3min/mm），后空冷至室温。

斜齿轮等零件，由于要求齿面的精度，靠等温淬火也很难充分达到目的。对于这种零件要进行压床淬火。板弹簧进行压床淬火也能得到良好的效果。

高频淬火，由于加热表层，整体变形小是个优点。同时正确地支撑零件，使用稳定的高频加热装置，以一定量的水，一定的方向，一定的时间进行喷射淬火，这样产生的歪扭也是稳定的。但这时同样要注意被硬化表面应均匀地进行冷却。齿轮进行高频淬火时，多数是将齿轮在感应圈中一面旋转，一面加热并喷水淬火。冷却水通常是向感应圈的中心喷射的。

高频淬火和火焰淬火中，采用将零件在卡盘中固定约束淬火变形的方法，或是将非硬化部浸泡在水中后再淬火的方法。将应硬化的部分浸在液体中（水中或油中），运用高电流密度进行高频加热，连续淬火。这种方法能使歪扭特别小。

12. 1. 3. 3　*加热方式*

防止变形的途径主要是均匀加热、均匀冷却，做到缓冷、缓热。加热速度太快，会出现急热热应力而引起变形，尤其是大型工件，要控制加热速度。做到均匀加热。放慢加热速度（50～100℃/h），采用多次预热均能收到良好效果。

一般来说，在高频淬火时，加热时间较短，加热层较浅，因而产生的歪扭少。若采用预先整体预热，适当地选择加热温度分布也是有效的。

另外，还应注意防止预热时产生的自重扭曲以及氧化、脱碳等现象发生。

12.1.3.4 微畸变淬火

通过调节加热温度、分级淬火温度、时间。从而调整残留奥氏体量，达到微小的淬火变形的方法，即所谓**微畸变淬火**。其根据是：由铁素体+碳化物组成的原始组织转变为马氏体时，体积膨胀最大，而加热完全奥氏体化后，体积收缩最大，这是由于马氏体的比体积最大，而奥氏体的比体积最小。若淬火得到马氏体+残留奥氏体的整合组织，控制残留奥氏体量，则可以使淬火钢的的体积膨胀与原始组织的体积之差最小。这样就可达到淬火钢的体积畸变最小，减少内应力，使歪扭变形最小。这就是**微畸变淬火**的理论依据。

为了实现微畸变淬火：(1) 调整淬火加热温度，通过控制奥氏体的成分来调节马氏体点 (M_s)，改变淬火后的残留奥氏体量，达到控制淬火钢件的体积变化最小；(2) 调整分级等温停留温度和时间，实现过冷奥氏体的稳定化，调整淬火组织中的残留奥氏体量，并且减小淬火内应力，使歪扭变形最小。

各种钢件均可采用**微畸变淬火工艺**。以 9SiCr 板牙为例，奥氏体化温度为 860℃，加热时间按 30~45s/mm 计算，然后在 180℃ 等温 30~45min，冷却到室温后，于 200℃ 温度回火。

12.1.3.5 零件设计应考虑控制变形

工件设计时应尽可能地考虑到均匀对称，如增加工艺孔等，以便冷却时温度分布均匀，从而减少变形。如图 12-4 为一模具，材料为 T10A，硬度 (HRC) 为 58~62。采用碱浴冷却，则 *A* 处有软点；水淬油冷，则 *B* 处变形严重。后改为图 12-4 (b) 所示结构，冷却易于均匀。这时采用碱浴淬火，获得了均匀的硬度，并克服了 *B* 处变形严重的缺点。

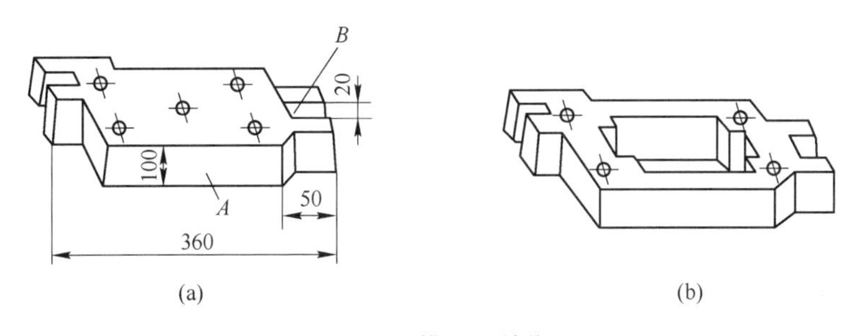

图 12-4 T10A 模具（单位：mm）

12.1.4 变形的校正

12.1.4.1 冷压校直法

工件在热处理过程中，由于热处理应力的作用而产生的零件弯曲变形，需在弯曲最高点施加外力，使零件发生塑性变形而压直。考虑到在外力作用下工件发生的变形有一部分是弹性变形，故需在校正时压过头 0.05mm 左右为好。硬度 (HRC) 低于 40 的碳素工具钢或合金工具钢的棒形或薄片形工件，都可以采用冷压校直法。硬度 (HRC) 高于 40 的工件，用此法校直比较困难，且硬度越高，越容易压裂。

12.1.4.2 烧红校直法

淬火低温回火后钢的硬度高，塑性差，采用冷压校直法容易折断，这时可采用氧-乙炔火焰，对工件弯曲最大处（系硬度要求不高的地方）加热，加热到一定程度，利用热塑性进行校直。烧红的部位一般在非切削刃部，例如锥柄钻头的颈部。烧红的温度为900℃左右，趁热快速校正，在600℃以上时可用较大压力，短时间加压，在600℃以下时则用较小压力，长时间加压。

12.1.4.3 热点校直法

用氧-乙炔火焰热点于工件凸起部分，碳素钢以水冷却，合金工具钢或高速钢用油冷或空冷。工件热点区在火焰加热时，马氏体被回火，比体积变小，体积收缩；另外在冷却时还可能发生中温转变。总之，这些转变使热点区收缩，在水冷、油冷或自冷过程中还产生收缩热应力，因而使工件得到校直。这种校直方法大量应用于碳素钢、合金钢等工件。

凡是硬度（HRC）在40以上的工件，用冷压校直法有困难时多采用热点法。一般高硬度工件热点法效果较好。合金工具钢热点效果比碳素工具钢好。高合金工具钢热点时须防止开裂。

热点校直法必须在回火后进行，否则，因淬火残余应力很大，如再热点，可能导致裂纹。碳素工具钢热点后应水冷；对低合金钢可以用油废纱覆盖热点区冷却或空冷。合金工具钢在高硬度区热点易引起开裂，因此应在硝盐中进行180℃左右的预热。热点时亦应在热点区四周用火焰预热。热点后应作低温消除应力处理。合金工具钢热点后不宜进行发黑处理，因发黑后热点处容易引起裂纹。

12.1.4.4 反击校直法

采用高硬度的钢锤，连续锤击工件之凹处。在表面产生压应力，使小块面积产生塑性变形以使锤击的表面向两端扩展延伸，从而得到少量的校直。适用于高硬度（HRC50以上）的细长刀具和偏平刀具，例如小铰刀、长直柄钻头、铰刀刀片及锯片铣刀回火后校直。锤子硬度（HRC）为64~68，平板硬度（HRC）为40~50即可。反击时从凹处最低点开始，有规则地向两端延伸，锤击点的位置对称于最低点，力量应均匀。未经回火的工件不能采用反击法，否则容易开裂。

与反击校直法相对应的有正击校直法。硬度（HRC）一般应小于40，用铜制榔头敲击凸起部分。对于≥4mm的直柄钻头，淬火后因含有较多的残余奥氏体，有一定塑性，可用正击法进行校直，但用力不宜过大。实际上正击校直法也是冷压校直法的一种特殊形式。

12.1.4.5 淬火校直法

钢在淬火冷却过程中，趁它还处于奥氏体状态时即进行热校直。因为奥氏体的塑性好，易于校直。这种校直法特别适用于淬透性好的高合金钢，如高速钢等。对于合金工具钢，如9WSi、CrWMn等也可采用此法，当在油中冷到200℃左右取出校直，或于200℃左右的硝盐中冷却后再取出校直。这种校直法在校直过程中内部组织转变不断进行，马氏体量不断增加，可能随时出现新的弯曲，因此必须反复验校，到100℃以下时，施力要缓，以防断裂。

12.1.4.6 回火校直法

高速钢淬火以后，其内部尚剩有25%左右的残余奥氏体，等温淬火后残余奥氏体更多。在回火冷却的过程中大部分残余奥氏体将发生转变。回火校直就是在回火后，趁钢尚有高的热塑性及易于变形的残余奥氏体尚存在时，进行校直。此法适用于高合金工具钢，尤其是高速钢等温淬火件，如梯形丝椎、细长铰刀等。回火校直法也可以在回火过程中进行，例如锯片铣刀淬火后用夹具压紧回火，回火出炉后再趁热加压，这样锯片铣刀的变形可以达到技术要求。

12.2　热处理开裂

12.2.1　热处理裂纹的种类

12.2.1.1　纵向裂纹

纵向裂纹是沿着工件的纵向，或随着工件的形状而改变开裂方向，此一般称为纵向裂纹。经常在长杆状工件上发生。纵向裂纹往往在完全淬透的工件上形成。由于冷却不均匀，工件表层和心部的马氏体相变不是同时进行的，心部后转变为马氏体组织，体积膨胀，使表层受到拉应力作用，当拉压力中的切向应力值超过钢的断裂强度时，便形成由表面裂向内部纵向裂纹。图 12-5 所示为热处理各类裂纹的图解，其中纵向裂纹（图 12-5（a））表层承受拉压力，心部是压应力状态。此外还有弧形裂纹（图 12-5（b））、网状裂纹（图 12-5（c））、剥离裂纹（图 12-5（d））的内应力图解。

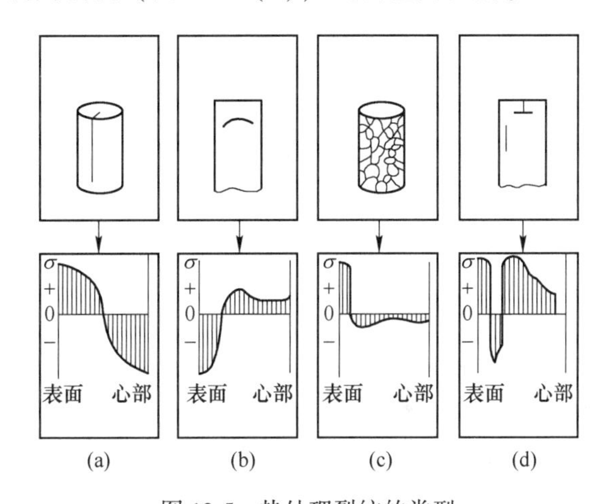

图 12-5　热处理裂纹的类型

（a）纵向裂纹；（b）内部弧裂；（c）网状裂纹；（d）剥离裂纹

当钢材沿着轧制方向分布着带状组织或带状夹杂物时，在切向拉应力作用下，易导致纵向裂纹。

12.2.1.2　横向裂纹、弧形裂纹

横向裂纹大多发生在轴类大锻件上，如轧辊、汽轮机转子等，其特征是垂直于轴线方向，由内部向外部延伸断裂，多数是没有淬透，心部处于拉应力状态，实验表明在心部没有淬透时，心部承受拉压力，表层为压应力状态。

弧形裂纹主要产生在工件内部，或者在尖锐棱角、孔洞附近等应力集中处，分布在棱角附近，有时会延伸到工件表面。这种弧形裂纹还可能蔓延到工件表面。这种裂纹往往在未淬透的工件或者渗碳淬火工件上产生。因表层马氏体组织比体积大，或表层渗碳后淬火得到马氏体组织，比体积较心部未硬化的组织相比，体积膨胀较大，这种膨胀受到心部的牵制使表层处于压应力状态，而心部受拉压力，如图12-5（b）所示。弧形裂纹产生在拉压力部位。

12.2.1.3　表面裂纹和剥离裂纹

表面裂纹（表面龟裂）是分布在工件表面上很浅的裂纹，深度0.01～2mm。当深度很浅时，裂纹在表面呈网状分布，如图12-5（c）所示，而深度在1mm以上时，则不一定呈网状。淬火后工件磨削易产生网状的磨削裂纹，某些热作模具，芯棒经长时间使用，会在表面形成网状的疲劳龟裂。

表面淬火工件、渗碳工件和某些模具，在接近表层极薄的区域，形成拉压力状态，如图12-5（d）所示，在拉压力向压应力过渡的极薄的区域形成裂纹，严重时剥落，即为剥离裂纹。

12.2.2　钢件淬火开裂机理

一般认为工件淬火开裂是由于淬火冷却时产生的内应力超过了钢的断裂强度而引起的。实际上导致钢件淬裂的原因复杂。钢件淬火开裂的原因包括内部因素和外部条件。内部因素包括马氏体本质脆性和内应力的类型、大小、分布以及原始组织、冶金质量、钢的淬透性、淬透深度、脱碳等因素对钢的脆性和应力状态的影响。外部条件主要是热处理炉及工艺规范、淬火介质、零件尺寸和形状等对内应力、组织结构的影响以及附加外力的作用等。

钢的本质脆性是淬裂的根源，内应力及附加外力中的拉应力成分的大小、分布是淬火裂纹产生的条件。抓住这两条线索，掌握各种因素作用的本质、途径、规律性，并对具体零件的淬火裂纹进行具体分析、检测，就能弄清主要因素、次要因素，并确定防止措施，提高成品率。

马氏体脆性是淬火开裂的主要原因。钢中马氏体一般来说随含碳量的增加，韧性急剧下降。低于0.4% C的马氏体尚具有较好的韧性；高于0.6% C的马氏体韧性变差，即使进行低温回火，冲击韧性值依然很低。这主要是由于中、高碳钢马氏体的固有脆性决定的。马氏体固有脆性取决于固溶碳量、组织形态和亚结构、显微局部应力及显微裂缝等因素。

12.2.2.1　马氏体固溶碳量的影响

随固溶碳量增加，马氏体正方度增大，而且影响了马氏体的组织结构，使马氏体变脆。马氏体中的碳原子间隙固溶，使铁原子移离其平衡位置，晶格发生静畸变，形成畸变应力场，即第三类内应力，它使晶格原子间结合力降低。含碳量高于0.25%的马氏体，形成不对称的畸变偶极，严重阻碍位错运动，是使马氏体韧性降低的最敏感的因素。

12.2.2.2　马氏体组织形态和亚结构对脆性影响

板条状马氏体韧性较好，而孪晶型片状马氏体很脆。马氏体板条越细小，断裂韧性值越高，“隐晶”马氏体比粗大的片状马氏体韧性好。位错马氏体中含碳量低，对韧性损害小。另外，位错亚结构较孪晶可动性大，能缓和局部应力集中，延迟裂纹形核，故韧性好。孪晶亚结构使有效滑移系统减少到1/4。孪晶马氏体含碳量高，正方度大，其变形方式容易以孪生方式进行，这种变形方式易于诱发裂纹，故脆性大。

12.2.2.3 宏观内应力是钢件淬裂的应力条件

宏观内应力促成了淬火工件的宏观裂纹。热传导时工件表面比心部先加热或先冷却，在截面上各部分之间产生温差，工件截面上温差越大，组织转变的不等时性越大，内应力也越大。在淬火过程中内应力是不断变化着的瞬时应力，即随温度变化和组织转变的进程而不断地改变其大小、方向、分布状态。淬火冷却后尚未松弛而残留下来的应力为残余内应力。

工件中的内应力包括 4 种基本应力，即急冷热应力、急冷相变应力、急热热应力以及表面硬化层与心部组织不同而产生的内应力。其中急冷热应力最终使表面受压，心部受拉，它难以引起工件开裂。急冷相变应力最终使表面受拉，心部受压，这种拉应力易导致工件淬火开裂。

不均匀拉应力集中的微区或存在显微裂缝的区域，在淬火宏观内应力或外加应力作用下，与显微不均匀拉应力相叠加，就会导致钢件淬火宏观开裂。

12.2.3 影响钢件淬火开裂的因素及控制措施

钢件的淬火裂纹的形成原因包括内部因素和外部条件。内部因素主要是由马氏体的成分、组织结构等决定的本质脆性；外部因素主要是各种工艺条件、零件尺寸形状等。影响本质脆性的因素，如钢材的冶金质量、钢中的含碳量及合金元素、马氏体的组织结构、马氏体显微裂纹、原始组织状态等。影响宏观内应力的因素较为复杂，诸如淬透性、淬透深度、脱碳、表面硬化、工件尺寸和形状、加工质量及粗糙度、热处理工艺规范、加热及冷却设备、淬火后的回火与矫直等，影响因素十分复杂。只有认清各种因素作用的本质、规律性，并对具体零件的淬裂现象进行具体分析、检测，才能搞清主要、次要因素，并确定防止淬裂的措施。

12.2.3.1 钢材冶金质量的影响

A 偏析的影响

具有偏析的零件，尤其是形状复杂的工件，其淬火开裂的倾向性较高。这是由于各区域化学成分不同，M_s 点不同，则马氏体转变的不同时性较大，造成较大内应力，易导致淬火开裂。因此不宜选择宏观偏析严重的钢材制造热处理工件。

枝晶偏析会形成带状组织，如图 12-6 所示。具有枝晶偏析的钢材，经轧、锻热变形，枝晶干和枝晶间被延伸拉长，在加热时，形成成分不同的奥氏体带，带状区域化学成分差别较大，发生马氏体转变的时间先后不一，在显微局部区域出现很大的显微内应力。带状组织使钢的力学性能产生方向性，垂直于流线方向强度较低。可能使钢材沿流线方向产生淬火裂纹。

B 夹杂物的影响

钢材中的带状夹杂物会大大提高淬火内应力分布的不均匀性，使淬火裂纹敏感性增加。图 12-7 为沿着夹杂物扩展的淬火裂纹。在亚共析钢中，铁素体-珠光体带状组织会使带状夹杂的淬火开裂倾向进一步增大。在富碳的条带中易出现导致微观裂纹的片状马氏体，增加淬火组织和内应力的不均匀性。

图 12-6　42CrMo 钢的带状组织

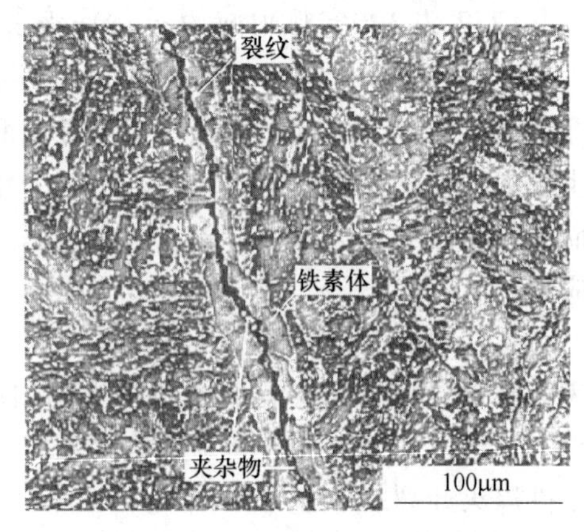

图 12-7　沿夹杂物扩展的淬火裂纹

12.2.3.2　化学成分的影响

A　含碳量的影响

马氏体中含碳量增加时，断裂强度降低。含碳量增加，位错亚结构逐渐变为孪晶亚结构，淬火显微开裂倾向增加，即增加了马氏体的脆性，降低断裂强度。图 12-8 为含碳量对淬火钢断裂强度的影响，可见从中碳到高碳，淬火态钢的断裂强度值迅速降低，将增加钢件的淬裂敏感性。对于过共析钢来说，继续增加含碳量对淬裂倾向的影响与淬火加热温度有关。如果加热温度在 A_{c1} ~ A_{cm}之间，奥氏体中的固溶碳量较低些，并且有较多的未溶解的渗碳体或合金碳化物。淬火后得到隐晶马氏体，淬火开裂倾向变小。

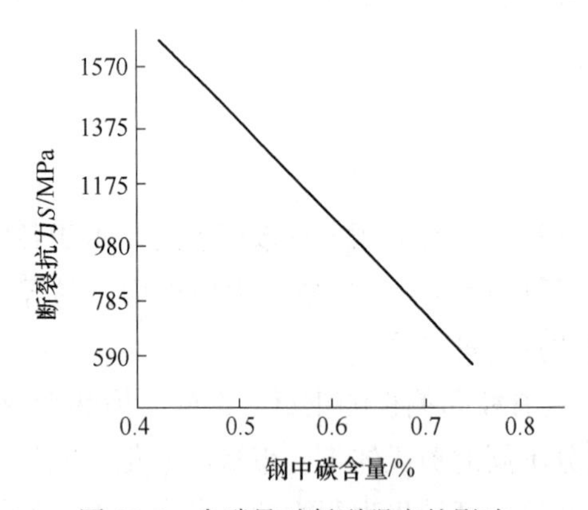

图 12-8　含碳量对断裂强度的影响

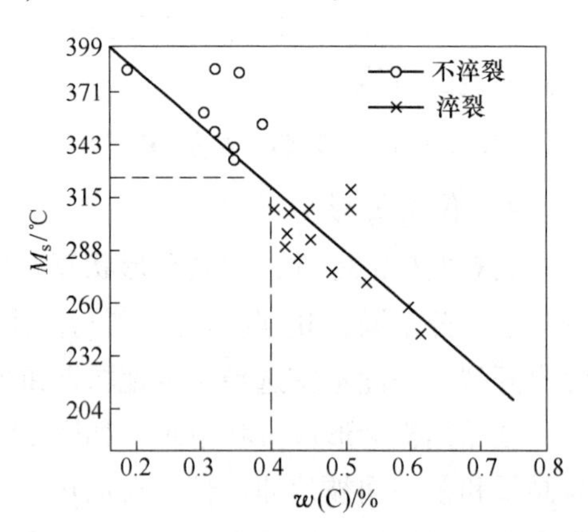

图 12-9　淬裂的倾向与 M_s 和含碳量的关系

钢中含碳量增加时 M_s点降低。由图 12-9 可见，淬裂与不淬裂的倾向与 M_s和含碳量有对应关系。从图可见淬火开裂发生在 0.4%C 以上、M_s点在 330℃以下的钢中。而含碳量低于 0.4%C、M_s点在 330℃以上的钢不容易产生淬火裂纹。由此可见，为了避免零件淬裂，最好选用 0.4%C 以下的钢种。

B　合金元素的影响

合金元素对淬裂的影响较为复杂，需综合分析。一般来说，淬透性好且 M_s点低的钢一般淬裂倾向较大。降低 M_s点最显著的元素是碳，其次是锰。Mn、Cr、V、Mo 等元素与碳一样，随含量的增加而淬裂倾向变大。实际上含有 Cr、Mn 等元素的钢都是比较容易淬裂的钢。硼元素较为特殊，硼能有效地提高淬透性，使 C-曲线右移，但不降低 M_s点，因而硼钢对淬裂的敏感性较低。

合金元素较多时会降低钢的导热性，淬火时增加零件内外温差，加大相变的不等时性，因而增加内应力。有些合金元素，如钒、铌、钛有细化奥氏体晶粒的作用，减少过热倾向，因而淬火后得到的马氏体组织也被细化，这也有助于减少淬裂倾向。

C　原始组织的影响

片状珠光体分为粗片状珠光体、索氏体、托氏体。粒状珠光体比片状珠光体淬裂倾向小。珠光体组织越细，奥氏体形成速度越快。例如，760℃等温分解时，珠光体的片层间距从 0.5μm 减薄到 0.1μm，奥氏体长大速度增加近 7 倍。可见细片状珠光体向奥氏体的转变速度比粗片状珠光体快。珠光体中碳化物的形状对奥氏体形成速度也有影响，片状珠光体相界面面积较大，渗碳体较薄，较粒状渗碳体易于溶解，所以奥氏体形成较快。那么，在相同的加热条件下，细片状珠光体完成奥氏体转变最快，并先行晶粒长大，因而易于过热。这样淬火时得到较粗大的片状马氏体，无疑会增大淬裂倾向。

淬火处理一般采用平衡或接近平衡的铁素体-珠光体类为原始组织，而很少采用非平衡组织，如淬火马氏体、贝氏体等。因为这些非平衡组织在淬火加热时，可能发生组织"遗传"，这不仅不能矫正过热组织，反而会更加倾向于过热，如高速钢重复淬火会形成过热的萘状组织。高碳高合金钢的马氏体，性能较脆，导热性较差，加热时容易引起开裂。因此，需将非平衡组织进行退火或正火，切断组织"遗传"，再加热淬火，以防止淬火裂纹。

对某些钢件也可以采用非平衡组织进行淬火，但要注意它对淬裂的影响。

所谓碳化物不均匀性，主要指碳化物液析、碳化物带状、碳化物网状及碳化物颗粒的大小和分布不均匀等，它们可能成为断裂源，增加钢的淬裂倾向。这在高碳高合金的 Cr12 型钢及高速钢中表现最为突出。这类钢中大量的莱氏体共晶碳化物堆集于奥氏体晶粒周围，有时呈网状分布，如图 12-10 所示。在淬火加热条件下，碳化物堆集处碳和合金元素含量偏高，该处熔点低，易出现过烧。该处的奥氏体稳定性大，马氏体点低；而碳化物分布少的部位 M_s点高，这样就导致了马氏体转变的不均匀性和不等时性。当碳和合金元素的富集区向马氏体转化时，而低浓度区已完成马氏体转变而处于硬化状态，这就造成较大组织应力，因而增大淬裂倾向。碳素工具钢和低合金工具钢中二次渗碳体或过剩碳化物沿晶界呈网状分布时，裂纹经常沿碳化物网状扩展，淬裂倾向较大。网状碳化物要采用正火来消除。

12.2.3.3　零件尺寸和形状的影响

过细或过粗的工件一般不容易淬裂，因存在一个淬裂的危险尺寸。细、薄工件淬火硬化到心部，由于表面和心部的马氏体转变在时间上几乎没有什么差别，即内外几乎同时淬火硬化，组织应力小，不容易淬裂。例如，针、小直径的冲子及剃须刀片一般是不发生淬裂的。过粗的零件难以淬火硬化，甚至连表层也得不到马氏体，主要呈现热应力，也难以出现淬火裂纹。

水中淬火时，临界直径是淬裂的危险尺寸。临界直径是工件在一定的淬火介质中冷却

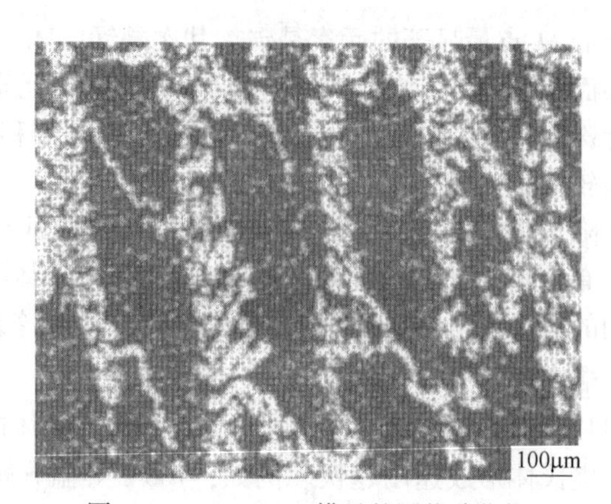

图 12-10　Cr12MoV 模具的网状碳化物

时，心部恰好能够得到 50%马氏体那样大小的直径。假设淬火介质的冷却强度值为无穷大，淬火时其表面温度可立即冷却到淬火介质的温度，称此为理想淬火（急冷度 $H=\infty$）。此时淬透的（形成 50%马氏体）最大直径，称为理想临界直径，用 D_{I} 表示。临界直径 D_{I}、含碳量与淬裂的关系如图 12-11 所示。从图中可见，含碳量低于 0.25%C 的钢，D_{I} 为 200mm 以下者不发生淬裂现象。高碳钢在各种 D_{I} 大小时均发生淬裂，含碳量中等的钢可以找到淬裂的临界尺寸。

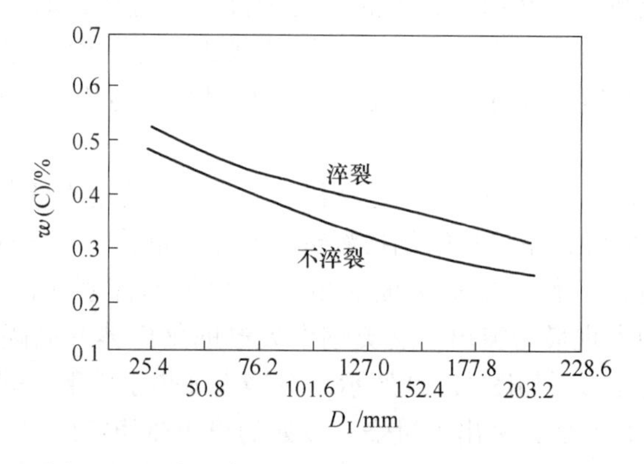

图 12-11　临界直径 D_{I}、含碳量与淬裂的关系

淬火开裂与工件的形状也有密切的关系。工件形状影响淬火应力的大小和分布。工件上的缺口、尖角、沟槽、孔穴及断面急剧变化的部位都是淬火内应力集中的地方，是淬裂的危险部位。

零件的尖角、棱角等部位在淬火时先被冷却，得到马氏体组织，而后冷却的心部形成马氏体时，体积膨胀，使尖角部分受到很大的拉应力，加上应力集中因素可使尖角部位的应力达到平滑部位应力的 10 倍，故易产生淬火裂纹。尖角、棱边处尽可能加工成圆角。

随着零件截面积不均匀（薄厚不均）性的增加，淬裂倾向加大。零件薄的部位在淬火冷却时先进行马氏体转变而硬化，随后，当厚的部位发生马氏体化转变时，体积膨胀，给薄的部位以拉应力，并在薄厚相连处产生应力集中，因而常出现淬火裂纹。与尖角、截面不均匀情况一样，零件上有槽口和盲孔时，也能产生应力集中，容易引起淬火开裂。

12.2.3.4 加热不当的影响

淬火加热温度越高，淬裂倾向越大。过共析高碳钢随淬火温度升高，奥氏体中的含碳量和合金元素量增加，从而增加了淬透性和可硬性，降低了马氏体点，这些也是增加淬裂倾向的因素。对于淬火裂纹敏感性较大的零件，应尽量选用较低的淬火加热温度。

A 临界区和危险区

在淬火冷却时，在两个温度范围内必须注意控制冷却速度的快慢。其中一个区域是为了完全淬火硬化而需要快冷的临界区域，包括珠光体临界区和贝氏体临界区。不发生铁素体-珠光体反应的最小冷却速度，称为珠光体临界冷却速度。这种冷却速度可在珠光体钢中获得100%马氏体组织。不发生贝氏体转变的最小冷却速度，称为贝氏体临界冷却速度。在贝氏体型钢中以大于贝氏体临界冷却速度进行冷却时，可获100%马氏体组织。显然，为了使零件淬火硬化，在临界区应当急冷，如图12-12所示。

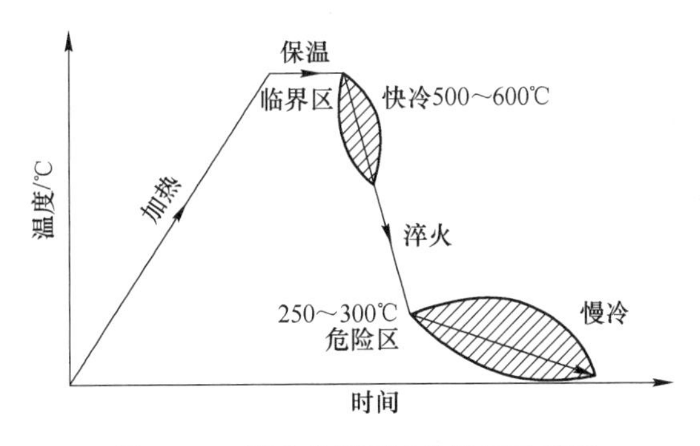

图12-12 淬火临界区和危险区示意图

另一个区域是容易产生淬火裂纹危险的低温区。在这个温度区间发生奥氏体向马氏体的转变，体积膨胀，产生第二类畸变、第二类应力及宏观的热处理应力，可能导致淬火裂纹，因此称危险区。在危险区应当尽量慢冷，以缓和淬火内应力。因此，零件在淬火时，既要求淬火硬化，又要避免淬火裂纹，则在临界区应快冷，在危险区应慢冷，即采用先快后慢的冷却方式，普通碳钢尤其应当如此。水、油双液淬火就是采用先快后慢的冷却方式，是一种常用来防止碎裂的工艺方法，但是要特别注意零件在水中停留的时间。对于碳素工具钢，以每3mm有效厚度停留1s来计算；对于形状复杂者以每4~5mm有效厚度在水中停留1s来计算；大截面低合金钢可以按每1mm有效厚度停留1.5~3s来计算。如果水中停留时间过长，就可能产生淬火裂纹。

B 淬裂的危险时刻

实际上，一般钢件淬入水中冷却到约250℃以下的时刻才会开裂。这是由于在零件入水的开始阶段，过冷奥氏体是软韧的组织，受到应力时可以通过变形而使应力松弛，因此不易淬裂。而过冷奥氏体向马氏体转变时，组织从急冷收缩转为急冷膨胀，突然收缩接着突然膨胀，应力也急剧变化，当马氏体不能以变形方式松弛这种应力时，则将导致开裂。

此外，已淬火冷却到室温的零件，如不及时回火，在较低的温度下放置或过夜也会出现开裂，这种放置开裂当然也是在危险区的一种淬火开裂，称为“放置开裂”。

C 调整淬火应力，控制开裂

工件从高温急冷下来时产生较大的热应力，在表层呈现压应力状态，不致淬裂。而在危险区产生的相变应力，在工件表层形成的拉应力，则促发淬火裂纹。因此，是否发生淬裂取决于热应力和相变应力之和的大小及分布状态。若调节热应力和相变应力的比例，使热应力大于相变应力，就可以避免淬火开裂。

例如，水中淬火时容易产生淬火裂纹，是由于水冷时，在危险区冷却速度太快，相变应力成分较大，当相变应力大于热应力时，淬火开裂就可能发生。但是，如果采用比自来水冷却速度快的盐水淬火，盐水在高温区域具有比自来水大得多的冷却速度，约相当于自来水的 10 倍，而在危险区的冷却速度激减到低于自来水的冷却速度，因此认为盐水淬火反而比自来水淬火开裂倾向小。这是由于盐水淬火比自来水淬火热应力大的缘故。但要注意，盐水在低温区域的冷速仍然很大，淬裂危险也大。为此，可以采用盐水-油、盐水-空气等双液淬火法，这样就增加了热应力的比重，从而防止淬裂。

复习思考题

12-1 简述产生热歪扭和相变歪扭的原因。

12-2 产生组织应力和热应力的原因？如何避免或减轻？

12-3 分析总结钢件热处理变形的原因。

12-4 阐述控制热处理变形的方法。

12-5 总结淬火开裂的原因和控制淬火裂纹的方法。

12-6 如何控制工件淬火的临界区和危险区？

12-7 掌握合金结构钢淬火开裂的危险时刻，如何调整其淬火应力？

12-8 钢材的冶金质量对热处理开裂有什么影响？

参 考 文 献

[1] 刘宗昌，任慧平，宋义全，等．金属固态相变教程［M］.2 版．北京：冶金工业出版社，2011.
[2] 孙珍宝，朱谱藩，林慧国，等．合金钢手册［M］. 北京：冶金工业出版社，1984.
[3] 陈景榕，李承基．金属与合金中的固态相变［M］. 北京：冶金工业出版社，1997.
[4] 刘宗昌，任慧平．过冷奥氏体扩散型相变［M］. 北京：科学出版社，2007.
[5] 余永宁．金属学原理［M］. 北京：冶金工业出版社，2000.
[6] 刘宗昌，任慧平．贝氏体与贝氏体相变［M］. 北京：冶金工业出版社，2009.
[7] Kempen A T W，Sommer F，Mittemeijer E J. Determination and interpretation of isothermal and non-isothermal transformation kinetics：the effective activation energies in terms of nucleation and growth［J］. Journal of Materials Science，2002，37（7）：1321～1332.
[8] Christian J W. The theory of transformations in metals and alloys［M］. Oxford：Pergamon Press，1965：545.
[9] 戚正风．固态金属中的扩散与相变［M］. 北京：机械工业出版社，1998.
[10] 刘宗昌，张羊换，麻永林．冶金类热处理及计算机应用［M］. 北京：冶金工业出版社，1999.
[11] 苏德达，李家俊．钢的高温金相学［M］. 天津：天津大学出版社，2007.
[12] 钢铁研究总院结构材料研究所．钢的微观组织图像精选［M］. 北京：冶金工业出版社，2009.
[13] 戚正风．金属热处理原理［M］. 北京：机械工业出版社，1987.
[14] Nakai K，Ohmori Y. Pearlite to austenite transformation in an Fe-2. 6Cr-1C alloy［J］. Acta Materialia，1999，47（9）：2619～2632.
[15] Law N C，Edmonds D V. The formation of austenite in a low-alloy steel［J］. Metallurgical and Materials Transactions A，1980，11（1）：33～46.
[16] 刘宗昌，任慧平，王海燕．奥氏体形成与珠光体转变［M］. 北京：冶金工业出版社，2010.
[17] 刘宗昌，任慧平，计云萍．固态相变原理新论［M］. 北京：科学出版社，2015.
[18] 林慧国，傅代直．钢的奥氏体转变曲线［M］. 北京：机械工业出版社，1988.
[19] 刘宗昌．材料组织结构转变原理［M］. 北京：冶金工业出版社，2006.
[20] 刘云旭．金属热处理原理［M］. 北京：机械工业出版社，1981.
[21] 陈景榕，李承基．金属与合金中的固态相变［M］. 北京：冶金工业出版社，1997.
[22] Marder A R，Bramfitt B L. The effect of morphology on the strength of pearlite［J］. Metallurgical Transactions A（Physical Metallurgy and Materials，Science），1976，7（3）：365～372.
[23] Hackney S A，Shiflet G J. The pearlite-austenite growth interface in an Fe-0. 8C-12Mn alloy［J］. Acta Metallurgica，1987，35（5）：1007～1017.
[24] 刘宗昌，段宝玉，王海燕，等．珠光体表面浮凸的形貌及成因［J］. 金属热处理，2009，34（1）：24～28.
[25] 段宝玉，刘宗昌，任慧平，等. T8 钢中珠光体表面浮凸观察［J］. 内蒙古科技大学学报，2008，27（2）：108～114.
[26] 荒木透ほか. 鋼の熱處理技術［M］. 東京：朝倉書店，1969.
[27] 刘宗昌．贝氏体相变的过渡性［J］. 材料热处理学报，2003，24（2）：37～41.
[28] 罗伯茨 G A，卡里 R A. 工具钢［M］. 徐进，姜先余，等译．北京：冶金工业出版社，1987.
[29] 刘宗昌，李文学，高占勇，等．钢的退火软化机理［J］. 包头钢铁学院学报，1998（3）：178～182.
[30] 李文学，刘宗昌，任慧平，等. S7 钢退火 TTT 曲线的测定及研究［J］. 物理测试，1997（3）：9～12.

[31] 刘宗昌，李文学 . H13 钢 A_1 稍下转变动力学及相分析 [J]. 兵器材料科学与工程，1998 (3)：33~36.
[32] 闫俊萍，李文学，刘宗昌，等 . S5 钢软化退火的研究 [J]. 金属热处理学报，1998，19 (2)：53~55.
[33] 徐进，刘宗昌 . S7 钢 CCT 图的测定及研究 [J]. 包头钢铁学院学报，2000，19 (1)：46~49.
[34] 李文学，刘宗昌，徐进，等 . S7 钢过冷奥氏体转变曲线及碳化物研究 [J]. 金属热处理学报，2000，21 (3)：75~77.
[35] 刘宗昌，李文学，邵淑艳 . 工模具钢退火用 C-曲线测定及应用 [J]. 金属热处理，2001，26 (7)：36~38.
[36] Liu Z C, Gao Z Y, Dong X D, et al. Mechanism of softening annealing of rolled or forged tool steels [J]. Journal of Iron and Steel Research, 2003, 10 (1)：40~44.
[37] 章守华 . 合金钢 [M]. 北京：冶金工业出版社，1981.
[38] 方鸿生，王家军，杨志刚，等 . 贝氏体相变 [M]. 北京：科学出版社，1999.
[39] 戚正风 . 固态金属中的扩散与相变 [M]. 北京：机械工业出版社，1998.
[40] 刘宗昌，袁泽喜，刘永长 . 固态相变 [M]. 北京：机械工业出版社，2010.
[41] 徐祖耀 . 马氏体相变与马氏体 [M]. 2 版 . 北京：科学出版社，1999.
[42] 刘宗昌，王海燕，任慧平 . 再评马氏体相变的切变学说 [J]. 内蒙古科技大学学报，2009，28 (2)：99~105.
[43] 刘宗昌，计云萍，林学强，等 . 三评马氏体相变的切变机制 [J]. 金属热处理，2010，35 (2)：1~6.
[44] 刘宗昌，计云萍，段宝玉，等 . 板条状马氏体的亚结构及形成机制 [J]. 材料热处理学报，2011，32 (3)：56~61.
[45] 刘宗昌，王海燕，任慧平 . 过冷奥氏体转变产物的表面浮凸 [J]. 中国体视学与图像分析，2009，14 (3)：227~236.
[46] 林晓娉，张勇，谷南驹，等 . γ (fcc)→α (bcc) 马氏体相变表面浮凸的 AFM 观察与定量分析 [J]. 金属热处理学报，2001 (4)：4~8.
[47] 刘宗昌，段宝玉，王海燕，等 . 珠光体表面浮凸的形貌及成因 [J]. 金属热处理，2009，34 (1)：23~27.
[48] 刘宗昌，任慧平，安胜利 . 马氏体相变 [M]. 北京：科学出版社，2012.
[49] 刘宗昌，任慧平，计云萍，等 . 贝氏体相变新论 [M]. 美国：汉斯出版社，2019.
[50] 刘宗昌，王海燕，袁长军，等 . 马氏体形核-长大机制的研究 [J]. 内蒙古科技大学学报，2009，28 (3)：95~201.
[51] 刘宗昌，袁长军，计云萍，等 . 马氏体的形核及临界晶核的研究 [J]. 金属热处理，2010，35 (11)：18~22.
[52] 徐祖耀 . 马氏体相变与马氏体 [M]. 北京：科学出版社，1980.
[53] Ji Y P, Liu Z C, Ren H P. Morphology and formation mechanism of martensite in steels with different carbon content [J]. Advanced Materials Research, 2011, 201~203：1612~1618.
[54] 刘宗昌，袁长军，计云萍，等 . 钢中马氏体组织形貌的变化规律 [J]. 热处理，2011，26 (1)：20~25.
[55] Ji Y P, Liu Z C, Li W X, et al. Morphology and formation mechanism of bainitein in chromium-molybdenum steel [J]. Transactions of Materials and Heat Treatment, 2010, 31 (9)：55~59.
[56]《金属机械性能》编写组 . 金属机械性能 [M]. 北京：机械工业出版社，1978.
[57] 邓永瑞 . 马氏体转变理论 [M]. 北京：科学出版社，1993.

[58] 刘宗昌，赵莉萍．热处理工程师必备基础理论［M］．北京：机械工业出版社，2013.
[59] 刘宗昌，冯佃臣．热处理工艺学［M］．北京：冶金工业出版社，2015.
[60] 刘宗昌．合金钢显微组织辨识［M］．北京：高等教育出版社，2017.
[61] 徐祖跃，刘世楷．贝氏体相变及贝氏体［M］．北京：科学出版社，1991.
[62] 方鸿生，王家军，杨志刚，等．贝氏体相变［M］．北京：科学出版社，1999.
[63] 贺信莱，尚成嘉，杨善武，等．高性能低碳贝氏体钢［M］．北京：冶金工业出版社，2008.
[64] Caballero F G, Miller M K, Babu S S, et al. Atomic scale observations of bainite transformation in a high carbon high silicon steel [J]. Acta Materialia, 2007, 55 (1): 381~390.
[65] 李凤照，敖青，姜江，等．贝氏体钢中贝氏体铁素体纳米结构［J］．金属热处理，1999（12）：7~10.
[66] 赵乃勤，杨志刚，冯运莉．合金固态相变［M］．长沙：中南大学出版社，2008.
[67] 敖青，秦超，孟凡妍，等．贝氏体铁素体精细结构孪晶及纳米结构［J］．材料热处理学报，2002，23（3）：20~23.
[68] Okamoto H, Oka M. Isothermal martensite transformation in a 1.80Wt Pct C steel [J]. Metallurgical Transactions A, 1985, 16 (12): 2257~2262.
[69] 魏成富，栾道成．贝氏体中脊形貌特征研究［J］．材料热处理学报，2001，22（3）：14~18.
[70] 章守华．合金钢［M］．北京：冶金工业出版社，1981.
[71] 杨立波，刘文西，陈玉如，等．含硅钢中的贝氏体中脊［J］．钢铁，1989（9）：43~48.
[72] 刘宗昌，王海燕，任慧平，等．贝氏体铁素体形核长大的热激活迁移机制［J］．金属热处理，2007，32（11）：1~5.
[73] Liu Z C, Wang H Y, et al. Morphology and formation mechanism of bainite carbide [J]. 材料科学与工程：中英文版，2008，2（12）：58~64.
[74] 康沫狂．贝氏体相变理论研究工作的主要回顾［J］．材料热处理学报，2000，21（2）：2~8.
[75] 刘宗昌，王海燕，任慧平．钢中贝氏体相变热力学［J］．内蒙古科技大学学报，2006，25（4）：307~313.
[76] Hehemann R F, Kinsman K R, Aaronson H I. A debate on the bainite reaction [J]. Metallurgical Transactions, 1972, 3 (5): 1077~1094.
[77] Bhadeshia H K D H, Edmonds D V. The bainite transformation in a silicon steel [J]. Metallurgical Transactions A, 1979, 10 (7): 895~907.
[78] Christian J W, Edmonds D V. Proceedings of an international conference on phase transformations in ferrous alloys, 1984: 293.
[79] Lee H J, Spanos G, Shiflet G J, et al. Mechanisms of the bainite (non-lamellar eutectoid) reaction and a fundamental distinction between the bainite and pearlite (lamellar eutectoid) reactions [J]. Acta Metallurgica, 1988, 36 (4): 1129~1140.
[80] 刘宗昌，李文学，李承基．10SiMn 钢的 CCT 曲线及铈的影响［J］．材料热处理学报，1990，11（1）：75~80.
[81] 刘宗昌．正火 45MnVRE 钢的组织［J］．兵器材料科学与工程，1988（11）：41~45.
[82] 徐祖耀．块状相变［J］．热处理，2003（3）：1~9.
[83] 李承基．贝氏体相变理论［M］．北京：机械工业出版社，1995.
[84] 俞德刚，王世道．贝氏体相变理论［M］．上海：上海交通大学出版社，1997.
[85] 刘宗昌，王海燕，任慧平，等．贝氏体碳化物形成机理［J］．热处理技术与装备，2007，28（4）：19~23.
[86] 弘津祯彦．碳钢马氏体回火过程中的结构变化［J］．热处理，1974，14（6）：323~329.

[87] Nagakura S, Hirotsu Y, Kusunoki M, et al. Crystallographic study of the tempering of martensitic carbon steel by electron microscopy and diffraction [J]. Metallurgical Transactions A, 1983, 14 (5): 1025~1031.

[88] Speich G R, Leslie W C. Tempering of steel [J]. Metall, Trans, 1972, 3 (5): 1043~1054.

[89] 徐祖耀. 马氏体相变的定义 [J]. 金属热处理学报, 1996, 17: 27~29.

[90] 束国刚, 刘江南, 石崇哲, 等. 超临界锅炉用T/P91钢的组织性能与工程应用 [M]. 西安: 陕西科学技术出版社, 2006.

[91] 吴承建, 陈国良, 强文江, 等. 金属材料学 [M]. 北京: 冶金工业出版社, 2000.

[92] 刘宗昌, 杜志伟, 朱文方, 等. H13钢的回火二次硬化 [J]. 兵器材料科学与工程, 2001, 24 (3): 11~14.

[93] 郑立允, 赵立新, 吴炳胜, 等. W4Mo3Cr4VsiN低合金高速钢中马氏体二次硬化的研究 [J]. 金属热处理, 2002, 27 (12): 17~18.

[94] 邱军, 袁逸, 陈景榕. 高速钢中马氏体二次硬化的TEM研究 [J]. 金属学报, 1992, 28 (7): 19~24.

[95] 计云萍, 任慧平, 侯敬超, 等. 稀土低合金贝氏体耐磨铸钢回火过程中的组织演变 [J]. 稀有金属材料与工程, 2018, 47 (4): 1261~1265.

[96] 康沫狂, 杨思品, 管敦惠. 钢中贝氏体 [M]. 上海: 上海科学技术出版社, 1990.

[97] 计云萍, 亢磊, 齐建波, 等. 稀土对20MnCrNi2Mo铸钢粒状贝氏体脱溶平衡相的影响 [J]. 稀有金属, 2018, 42 (8): 820~825.

[98] 刘宗昌, 李文学, 王玉峰, 等, Fe-1.12Cu合金中铜的沉淀 [J]. 金属热处理, 2005, 30 (6): 40~45.

[99] 刘宗昌, 任慧平, 王海燕. 含铜高纯净钢的固溶与时效工艺 [J]. 金属热处理, 2004, 29 (12): 58~61.

[100] 郭凤莲, 刘宗昌, 任慧平. 含1.55%铜高纯钢的时效行为 [J]. 内蒙古科技大学学报, 2007, 26 (1): 14~18.

[101] Liu Zongchang, Wang Haiyan, Li Wenxue, et al. Morphology and formation mechanism of bainite carbied [M]. Journal of Materials Science and Engineering, 2008, 2 (12): 58~64.

[102] 潘金生, 仝健民, 田民波. 材料科学基础 [M]. 北京: 清华大学出版社, 1998.

[103] Nedelcu S, Kizler P, Schmauder S, et al. Atomic scale modelling of edge dislocation movement in the alpha-Fe-Cu system [J]. Modelling and Simulation in Materials Science and Engineering, 2000, 8 (2): 181~191.

[104] Guo A, Song X, Tang J, et al. Effect of tempering temperature on the mechanical properties and microstructure of an copper-bearing low carbon bainitic steel [J]. Journal of University of Science and Technology Beijing, 2008, 15 (1): 38~42.

[105] 宋新莉, 郭爱民, 袁泽喜, 等. 铜含量对超高强度低碳贝氏体钢力学性能的影响 [J]. 特殊钢, 2007, 28 (1): 19~20.

[106] 刘宗昌, 李文学, 王海燕, 等. 含铜高纯钢中有序结构的高分辨电子显微分析 [J]. 包头钢铁学院学报, 2005, 23 (2): 137~143.

[107] 戚翠芬, 张树海. 加热炉基础知识与操作 [M]. 北京: 冶金工业出版社, 2005: 1~5.

[108] 蔡乔方. 加热炉 [M]. 北京: 冶金工业出版社, 2007: 3.

[109] 夏立芳. 金属热处理工艺学 [M]. 修订版. 哈尔滨: 哈尔滨工业大学出版社, 2008: 4~7.

[110] 安运铮. 热处理工艺学 [M]. 北京: 机械工业出版社, 1983: 11.

[111] 麻永林, 刘宗昌, 贺友多. 钢锭退火时间的计算机辅助设计 [J]. 包头钢铁学院学报, 1991

(1)：36~43.
[112] 樊东黎．热处理技术数据手册 [M]．北京：机械工业出版社，2000.
[113] 刘宗昌，麻永林，贺友多．钢锭节能退火新工艺研究 [J]．兵器材料科学与工程，1992，3：27~32.
[114] 刘宗昌，麻永林，等．钢锭退火工艺现状及工艺参数的合理制定 [J]．包头钢铁学院学报，1990 (2)：29~44.
[115] 赵莉萍，刘宗昌，计算机在冶金厂热循环工艺设计中的应用 [J]．包头钢铁学院学报，1998 (3)：195~200.
[116] 刘宗昌，孙久红，马党参．特殊钢厂退火工艺研究 [J]．国外金属热处理，2002，23 (1)：13~15.
[117] 刘宗昌，孙久红．特殊钢热循环新工艺 [J]．金属热处理，2003，28 (7)：41~44.
[118] 刘宗昌，杨慧，李文学，等．去氢退火工艺设计及应用 [J]．金属热处理，2003，28 (3)：51~53.
[119] 马永杰．热处理工艺方法 600 种 [M]．北京：化学工业出版社，2008.
[120] 刘宗昌，李慧琴，冯佃臣，等．冶金厂热处理技术 [M]．北京：冶金工业出版社，2010：7.
[121] 陈天民，吴建．热处理设计简明手册 [M]．北京：机械工业出版社，1993.
[122] 董允．深冷处理对高速钢红硬性和耐磨性的影响 [J]．金属热处理，1997 (9)：13~15.
[123] 潘建生，胡明娟．热处理工艺学 [M]．北京：高等教育出版社，2009：95~150.
[124] 中国热处理行业协会．当代热处理技术与工艺装备精品集 [M]．北京：机械工业出版社，2002：285~300.
[125] 刘宗昌．钢件的淬火开裂及防止方法 [M]．2 版．北京：冶金工业出版社，2008：10.
[126]《钢的热处理裂纹和变形》编写组．钢的热处理裂纹和变形 [M]．北京：机械工业出版社，1978.
[127] 刘宗昌，计云萍，任慧平．珠光体、贝氏体、马氏体等概念的形成和发展 [J]．金属热处理，2013，38 (2)：15~20.
[128] 刘宗昌，赵莉萍．热处理工程师必备理论基础 [M]．北京：机械工业出版社，2013.
[129] 谷亦杰，林建国，张永刚，等．回归再时效处理对 7050 铝合金的影响 [J]．金属热处理，2001，26 (1)：31~35.
[130] 康大韬，叶国斌．大锻件材料热处理 [M]．北京：龙门书局，1998：481.
[131] 余伟，陈银莉，陈雨来，等. N80 级石油套管在线形变热处理工艺 [J]．北京科技大学学报，2002，24 (6)：643~648.
[132] 朱会文，胡晓平，许建芳. 导磁体在汽车零件感应加热中的应用技术 [J]．热处理，2003，18 (3)：36~42.
[133] 陈再良，阎承沛. 先进热处理制造技术 [M]．北京：机械工业出版社，2002：159~161.
[134] 姜江，彭其凤．表面淬火技术 [M]．北京：化学工业出版社，2006.
[135] 唐殿福，卯石刚．钢的化学热处理 [M]．沈阳：辽宁科技出版社，2009.
[136] 齐宝森，陈路宾，王忠诚，等．化学热处理技术 [M]．北京：化学工业出版社，2005.
[137] 张伟民，胡明娟．用氧探头测量碳势的偏差与气体渗碳的平衡 [C] //第六届全国热处理大会，1995.
[138] 胡明娟．气体渗碳 CAD 与计算机控制 [C] //年会，1988.
[139] Pan J S, Hu M J, et al. A research on dynamic control of carbon potential [C] //Environmental and energy efficient heat treatment tedndogies 1993.
[140] 潘健生，胡明娟，毛立忠，等．碳钢的氮化及软氮化化合物层的组织形态及形成机理 [J]．金属

热处理学报，1980，1（1）：58-69.
[141] 刘宗昌．钢件淬火开裂及防止方法［M］.2版．北京：冶金工业出版社，2008.
[142] 刘宗昌．淬火显微裂纹及控制因素［J］. 金属热处理，1981，3：21~26.
[143] 大和久重雄．熱処理のトうブルと对策150问［J］. 工业新闻社，1982：8~57.
[144] 刘宗昌．中高碳钢马氏体沿晶断裂成因的探讨［J］. 包头钢铁学院学报，1983，2（1）：122~129.
[145] 刘宗昌．高碳钢马氏体长大速度的研究［J］. 金属材料与热加工工艺，1981，2~3：111~121.
[146] 刘宗昌．淬火高碳马氏体沿晶断裂机制［J］. 金属学报，1989，25（4）：294~297.
[147] 刘宗昌．钢件淬火开裂机理［J］. 金属热处理，1990，156（8）：3~5.
[148]《热处理手册》编委会．热处理手册［M］.2版．北京：机械工业出版社，1992，4：380~400.
[149] 李挺，刘宗昌，吴福宝．H13钢均质化和球化退火工艺的研究［J］. 内蒙古科技大学学报，2012，30（30）：322~325.
[150] Bhadeshia H K D H. Bainite in steels［M］. 3nd ed. London：IOM Communikations Lad.，2001.